人工智能技术应用核心课程系列教材

人工智能技术应用导论

聂 明 编著

电子工业出版社
Publishing House of Electronics Industry
北京·BEIJING

内 容 简 介

本书是"人工智能技术应用核心课程系列教材"的第一本,通过对人工智能基础概念、技术分类、开发平台、应用场景和开发运行环境及编程语言等的系统介绍,结合样板程序、经典案例的上机实践与代码分析,使初学者快速地对人工智能的技术全貌建立起系统的认识,并且掌握典型应用开发环境与平台的安装、配置及应用编程基础技术。

本书非常适合:对人工智能、机器学习和深度学习感兴趣的读者;需要掌握人工智能通识知识的政府、企事业人员和高校学生;需要先行快速了解人工智能全貌、为后续深入学习奠定基础的高职相关专业的学生;期望快速进入智能文本分析、图像识别、语音处理、机器视觉、智能机器人等人工智能应用领域从事研发工作的工程技术人员。

未经许可,不得以任何方式复制或抄袭本书之部分或全部内容。
版权所有,侵权必究。

图书在版编目(CIP)数据

人工智能技术应用导论/聂明编著. —北京:电子工业出版社,2019.4
ISBN 978-7-121-35311-6

Ⅰ.①人… Ⅱ.①聂… Ⅲ.①人工智能-高等职业教育-教材 Ⅳ.①TP18

中国版本图书馆 CIP 数据核字(2018)第 248298 号

策划编辑:程超群
责任编辑:程超群
印　　刷:三河市良远印务有限公司
装　　订:三河市良远印务有限公司
出版发行:电子工业出版社
　　　　　北京市海淀区万寿路 173 信箱　邮编 100036
开　　本:787×1 092　1/16　印张:24.25　字数:621 千字
版　　次:2019 年 4 月第 1 版
印　　次:2022 年 5 月第 9 次印刷
定　　价:59.00 元

凡所购买电子工业出版社图书有缺损问题,请向购买书店调换。若书店售缺,请与本社发行部联系,联系及邮购电话:(010)88254888,88258888。
质量投诉请发邮件至 zlts@phei.com.cn,盗版侵权举报请发邮件至 dbqq@phei.com.cn。
本书咨询联系方式:(010)88254577,ccq@phei.com.cn。

"人工智能技术应用核心课程系列教材"
丛书编委会

顾问：
  丁秋林 南京航空航天大学教授、博导
  王国胤 中国人工智能学会副理事长
       重庆邮电大学计算机学院院长、教授、博导
  赵云峰 中国工信出版传媒集团副总经理，电子工业出版社副社长

主任：
  马 蔷 工业和信息化部教育与考试中心主任
       全国工业和信息化职业教育教学指导委员会主任
       中国电子教育学会理事长

副主任：
  张旭翔 全国工业和信息化职业教育教学指导委员会副主任
       南京信息职业技术学院教授、原校长/党委书记
  武马群 全国工业和信息化职业教育教学指导委员会副主任
       北京信息职业技术学院教授、原校长/党委书记
  田 敏 南京信息职业技术学院校长、教授

委员：
  陈力军 南京大学计算机科学与技术系教授、博导
  王卫宁 中国人工智能学会秘书长，北京邮电大学研究员
  杨 明 江苏省人工智能学会教育专委会主任，南京师范大学教授、博导
  张晓蕾 北京信息职业技术学院副校长、教授
  杜庆波 南京信息职业技术学院副校长、教授
  刘瑞祯 上海中科智谷人工智能工业研究院院长、博士
  刘黎黎 浙江华为人工智能产品首席架构师、博士
  刘小兵 清华紫光集团新华三大学副校长
  聂 明 南京信息职业技术学院人工智能学院院长、教授
  齐红威 数据堂（北京）科技股份有限公司总裁、博士
  余 意 中科院自动化所泰州智能制造研究院执行院长、博士
  胡光永 南京工业职业技术学院计算机与软件学院院长、副教授
  周连兵 东营职业学院人工智能学院院长、副教授

推荐序一

多年来，高等学校在人工智能相关领域的硕士、博士培养上非常活跃，以北京大学为代表的几十所重点大学也开设了"智能科学与技术"的本科专业，《神经元网络》《模式识别》《计算机视觉》《机器学习》《深度学习》《人工智能导论》《自然语言处理》等人工智能领域的专著、教材也很多。但是，针对人工智能产业人才培养、针对高等职业院校学生以及社会上对人工智能感兴趣的政府与企事业人员，能够低起点地、通俗易懂地系统讲解人工智能技术应用，并且能够上机一步步地进行案例实践，这是本书的一大创新。

2016年，随着AlphaGo击败人类顶级围棋大师，人工智能产业迎来了蓬勃发展的春天。在谷歌、微软、IBM、BAT、科大讯飞等专业公司开发的通用技术与产品的支撑下，人工智能正在"赋能"各行各业，"AI+教育""AI+媒体""AI+医学""AI+物流""AI+农业"等行业应用层出不穷。蓬勃发展的人工智能产业需要高端的基础理论、算法、工具和芯片等的研究型、开拓型人才，同时还需要大量的人工智能技术应用型人才，去从事应用开发、数据处理、系统运维、开发管理、产品营销等技术应用型岗位的工作。

本书通过对人工智能基础概念、技术分类、开发平台、应用场景和开发运行环境及编程语言等的系统介绍，结合样板程序、经典案例的上机实践与代码分析，能够使初学者快速地对人工智能的技术全貌建立起系统的认识，并且掌握典型应用开发环境与平台的安装、配置及应用编程基础技术。本书是一部内容全面、概念清晰、通俗简洁的科普读物和专业入门教材。

作者聂明教授是上海交通大学阮雪榆院士的博士研究生，1996年进入南京航空航天大学航空宇航博士后流动站，由我指导从事互联网软件体系结构的研究工作，是国内早期在软件体系结构、CAD/CAM和Web开发等领域都具有深厚理论和实践经验的学者。1998年出站后，专业从事IT职业培训和职业教育工作。多年来，一直紧跟Web开发、云计算、大数据和人工智能等IT新技术的产业应用热点，对C++、Java、Linux、Hadoop、Spark、OpenStack、Python和Caffe、Tensorflow与PyTorch等工具、技术与平台已经融会贯通。相信本书能够帮助读者在较短时间内理解人工智能的全貌，掌握基本的上机案例实现技术，为后续的深入学习奠定良好基础。

丁秋林
南京航空航天大学教授、博导
2019年4月

推荐序二

自 1956 年的达特茅斯会议正式提出人工智能的概念后,经过六十多年的发展,今天的人工智能已经形成了一个由基础层、技术层与应用层构成的、蓬勃发展的产业生态,应用在人类生产、生活的各个领域,深刻而广泛地改变着人类的生产与生活方式,"AI+制造""AI+控制""AI+教育""AI+媒体""AI+医疗""AI+物流""AI+农业"等应用层出不穷。许多存在于科幻小说中的内容成为了现实:人工智能完胜人类顶尖围棋选手,自动驾驶汽车日趋成熟,生产线上大批量的机器人正在取代人工,城市装上了"智慧大脑"……

目前许多国内外知名的互联网企业、科研院所都在建立自己的人工智能研发团队,许多高校在开设人工智能相关的专业,许多企业在大量采用相关的人工智能技术,以期研发 AI 产品与工具,或者采用 AI 技术提升产品的体验和智能化程度。然而,各种 AI 名词也吓退了很多非科班出身的人工智能爱好者,神经元网络、知识表示、机器学习、深度学习、编程框架、海量计算、卷积、池化、贝叶斯公式、反向传播、梯度下降,等等,非常容易让初学者认为人工智能是个"高门槛"的专业领域。

这些现存问题,正是我对这本书寄予厚望的原因——这是一本适合具有初步计算机和数学基础的爱好者走近人工智能的入门级教程。因为它既有浅显易懂的文字叙述,又有完整的示例及代码注释,通过对人工智能产业构成、基础概念、技术分类、开发平台、应用场景和开发运行环境以及编程语言等的介绍,结合样板程序与经典案例分析,可以快速地使初学者对人工智能的技术全貌建立起系统的认识,并且还可以进一步通过"Step By Step"的上机操作,方便地掌握典型人工智能应用开发环境与平台的安装、配置和应用编程基础技术,让读者可以快速而直观地享受到上机调试、编程实现典型案例的成就感,激发学习兴趣。

蓬勃发展的人工智能产业需要大量的技术应用型人才;同时,企事业、政府的管理人员也需要了解、学习当前的人工智能基础知识。我相信有志于加入人工智能热潮的莘莘学子和企事业人员以及广大人工智能爱好者,能够通过此书快速系统地开启人工智能的学习之旅,在最短的时间内熟悉人工智能的主要概念、工具、技术与语言,为在这一领域更深入地学习打下基础,进一步成为人工智能技术应用的专业工程师或内行的组织、管理者。

本书简明扼要、理论实践相结合,是人工智能技术应用入门级教程,我很高兴地将它推荐给广大读者。

陈力军
南京大学-计算机科学与技术系教授
-计算机软件新技术国家重点实验室博导
-智能机器人研究所所长
2019 年 4 月

经过六十多年的发展,随着 2016 年谷歌 AlphaGo 战胜人类围棋顶尖选手,以及深度学习在图像识别、自然语言处理、计算机视觉、自动驾驶和商业智能等领域取得突破性成绩,人工智能的多种专项技术的工程化、实用化的黄金时代到来了,整个人工智能产业迎来了蓬勃发展的朝阳时代。

从技术角度看,人工智能可划分为基础理论、通用技术与工具、行业应用的三层纵向结构,是云计算下的大数据与芯片加速、算法与工具,以及目标识别、图像理解、计算机视觉、语音识别、知识表示、自然语言理解、机器翻译、语音合成、智能机器人、商业智能等一项项的分支技术;而从应用角度看,人工智能则是横向的,是已渗透到医疗、通信、教育、制造、交通、金融、商业、娱乐、居家等领域的一项项智能应用(AI+)。多种人工智能分支技术组合后形成的智能应用型产品或服务,正在"赋能"当今的各行各业,掀起了一场轰轰烈烈的智能化推进热潮。车牌识别、人脸识别、电商产品推荐、语音交互、智能音箱、智能导航、手术机器人、医学影像识别、智能检测、智能安防、智能配送、车脸识别、自动驾驶、情感机器人、智能客服、虚拟现实、谷歌 Brain、IBM Watson、阿里城市大脑、百度大脑、讯飞超脑等一系列由人工智能驱动的应用与平台,已经广泛融入当今的工农业生产和人们的日常生活,从技术和应用两个维度构造出了一个当今蓬勃发展的人工智能产业。中国信息通信研究院发布的《2017 年中国人工智能产业数据报告》显示,2017 年我国人工智能市场规模达到 216.9 亿元,同比增长 52.8%,预计 2018 年市场规模将达到 339 亿元,到 2030 年,中国人工智能核心产业规模将超过 1 万亿元,带动相关产业规模超过 10 万亿元。

蓬勃发展的人工智能产业需要高端的基础理论、算法、工具和芯片等的研究型、开拓型人才,同时还需要大量的人工智能技术应用型人才,去从事应用开发、数据处理(包括数据收集、转换、整理、管理、清洗、脱敏、标注等)、系统运维、产品营销等技术应用型岗位的工作。工信部教育考试中心相关负责人曾在 2016 年向媒体透露,中国人工智能人才缺口超过 500 万,而缺少的绝大多数是人工智能技术应用型人才。正是在这样一个人工智能产业人才缺口巨大的背景下,作者依靠多年的 IT 研发、职业培训和职业教育背景,在全国工业和信息化职业教育教学指导委员会的支持下,组织相关院校和产业界的专家、学者,于 2017 年开始着手规划设计高等职业院校"人工智能技术应用"新专业,从人工智能产业人才需求调研、目标岗位划分、岗位技能抽取、工作任务分解、人才培养方案制定、核心教材开发、实验实训解决方案规划、师资培养、线上学习平台开发等多个维度展开了系列的推进工作。本书是"人工智能技术应用核心课程系列教材"的第一本,面向大学新生或相当起点的人工智能爱好者，通过对人工智能产业构成、基础概念、技术分类、开发平台、应用场景和开发运行环境以及编程语言等的系统介绍，结合样板程序与经典案例分析，使初学者快速对人工智能的技术全貌建立起系统的认识，并且通过"Step by Step"的上机操作，方便地掌握典型人工智能应用开发环境和平台的安装、配置及应用编程基础技术。

万事开头难，而人工智能又是个公认的"高门槛"专业领域。本书的一大编写特征就是让初学者打消顾虑，从人工智能的基础知识到基本操作都轻松入门并建立起整体概念，为后续专项的、深入的人工智能应用技术学习奠定良好基础。第1章像讲故事一样叙述了人工智能的产生与发展；第2章以展现和体验的方式描述了当今人工智能的多种典型应用；第3章通过一个个样板程序讲述了Python语言的基础编程知识；第4章的数据处理是未来人工智能产业人才的主要岗位技能，给出了基础概念与基本处理示例；第5章～第7章通过基本概念讲解、开发环境搭建、样板程序展示、典型案例分析，通俗易懂地介绍了机器学习、神经元网络、深度学习等主流人工智能实现技术；第8章人工智能的机遇、挑战与未来是本书的结尾和落脚点，通过对当前火爆的人工智能产业的总结、"智能代工"大潮的分析，尤其是对人工智能即将引爆第五次工业革命的大胆预测，清晰地为广大读者展现出了一幅未来智能社会的美好蓝图，激发广大读者投身人工智能产业的热情。

感谢"人工智能技术应用核心课程系列教材"编委会各位专家、学者的指导；感谢参与本书部分章节编写和程序调试的南京信息职业技术学院人工智能学院的倪靖副教授（撰写第6章）、杨和稳副教授（撰写第3章和第4章）、夏飓博士（撰写第7章）和张霞博士（撰写第5章、第8章、附录F和附录G)，以及南京工业职业技术学院计算机与软件学院院长胡光永副教授；感谢为本书提出宝贵意见的数据堂（北京）科技股份有限公司总裁齐红威博士、中国科学院自动化研究所余意博士；感谢南京斯达通自动化科技有限公司陈正军总裁对本书的支持。另外，本书引用了一些专著、教材、论文、报告和网络上的成果、素材、结论或图文，受篇幅限制没有在参考文献中一一列出，在此一并向原创作者表示衷心感谢。

由于时间仓促，编者水平有限，疏漏和不足之处在所难免，恳请广大读者和社会各界朋友批评指正！编者联系邮箱：427723799@qq.com

期望《人工智能技术应用导论》的出版发行，能够为相关专业的大学生、企业家和广大爱好者了解人工智能产业、学习人工智能技术起到快速入门的指导作用，也期望能够为全国高等职业院校开设"人工智能技术应用"新专业起到引导作用。

编　者

2019年4月

CONTENTS 目录

第1章 人工智能的产生与发展 ·············· 1
  1.1 引言——激动人心的 AI-2016 ·············· 1
  1.2 人工智能的产生与发展 ·············· 6
  1.3 认识人工智能的赋能 ·············· 9
  1.4 人工智能、机器学习与深度学习 ·············· 18
  1.5 算法、算力与大数据 ·············· 22
  1.6 人工智能的产业生态 ·············· 24
    1.6.1 人工智能产业链的三层划分 ·············· 24
    1.6.2 基础层 ·············· 25
    1.6.3 技术层 ·············· 29
    1.6.4 应用层 ·············· 30
  1.7 科技巨头在 AI 领域的布局 ·············· 31
    1.7.1 国外科技巨头在 AI 领域的布局 ·············· 31
    1.7.2 中国科技巨头在 AI 领域的布局 ·············· 33
    1.7.3 全球各国人工智能政策 ·············· 37
    1.7.4 中美竞赛 ·············· 38
  1.8 人工智能技术应用的学习路径 ·············· 38

第2章 人工智能典型应用展现与体验 ·············· 40
  2.1 科大讯飞语音综合服务开放平台 ·············· 40
  2.2 指纹识别 ·············· 46
  2.3 人脸识别系统 ·············· 49
  2.4 电子商务人工智能应用 ·············· 50
  2.5 商业智能 ·············· 55
  2.6 智能商用服务机器人 ·············· 59
  2.7 智能视频监控 ·············· 67

第3章 Python 语言基础 ... 73
3.1 Python 语言的产生与发展 ... 73
3.2 Python 开发环境搭建 ... 74
3.3 Python 常用语句 ... 81
3.4 列表、元组、字典和字符串 ... 87
3.5 Python 的函数 ... 96
3.5.1 自定义函数 ... 96
3.5.2 Python 常用内置函数 ... 100
3.6 Python 矩阵运算 ... 103
3.7 Python 库 ... 106
3.8 典型样板程序 ... 107

第4章 Python 数据处理 ... 112
4.1 常见数据集简介 ... 112
4.1.1 MNIST 数据集 ... 112
4.1.2 CTW 数据集 ... 114
4.2 数据收集、整理与清洗 ... 115
4.2.1 数据收集 ... 115
4.2.2 数据整理 ... 122
4.2.3 数据清洗 ... 125
4.3 数据分析 ... 130
4.3.1 CSV 文件 ... 130
4.3.2 Excel 文件 ... 134
4.3.3 数据库 ... 139
4.4 数据可视化 ... 141
4.4.1 matplotlib 库应用 ... 141
4.4.2 pandas 库应用 ... 144
4.4.3 seaborn 应用 ... 145
4.5 图像处理 ... 146
4.5.1 数字图像处理技术 ... 146
4.5.2 图像格式的转化 ... 147
4.5.3 Python 图像处理 ... 149

第5章 机器学习及其典型算法应用 ... 155
5.1 机器学习简介 ... 155
5.1.1 基本含义 ... 155
5.1.2 应用场景 ... 155
5.1.3 机器学习类型 ... 157
5.1.4 相关术语 ... 159

目　录

　　5.1.5　scikit-learn 平台 160

5.2　分类任务 163
　　5.2.1　分类的含义 163
　　5.2.2　分类主要算法 164
　　5.2.3　分类任务示例 167

5.3　回归任务 171
　　5.3.1　回归的含义 171
　　5.3.2　回归主要算法 171
　　5.3.3　回归任务示例 171

5.4　聚类任务 175
　　5.4.1　聚类的含义 175
　　5.4.2　聚类主要算法 175
　　5.4.3　聚类任务示例 177

5.5　机器学习应用实例 178
　　5.5.1　手写数字识别 178
　　5.5.2　波士顿房价预测 180

第 6 章　神经网络及其基础算法应用 187

6.1　神经网络简介 187
　　6.1.1　神经网络的概念与地位 187
　　6.1.2　生物神经元 188
　　6.1.3　人工神经元模型与神经网络 189
　　6.1.4　感知器算法及应用示例 191

6.2　前馈型神经网络 195
　　6.2.1　前馈神经网络模型 195
　　6.2.2　反向传播神经网络 196
　　6.2.3　反向传播神经网络算法规则 197
　　6.2.4　反向传播神经网络应用示例 198

6.3　反馈型神经网络 202
　　6.3.1　反馈神经网络模型 202
　　6.3.2　离散 Hopfield 神经网络 203
　　6.3.3　连续 Hopfield 神经网络 208
　　6.3.4　用 DHNN 识别残缺的字母 211

6.4　卷积神经网络 214
　　6.4.1　卷积与卷积神经网络简介 214
　　6.4.2　卷积神经网络的结构——以 LeNet-5 为例 217
　　6.4.3　CNN 的学习规则 226
　　6.4.4　CNN 应用示例 228

第 7 章 深度学习及其典型算法应用 ... 232

- 7.1 神经网络可视化工具——PlayGround ... 232
- 7.2 TensorFlow 深度学习平台 ... 240
  - 7.2.1 TensorFlow 简介 ... 240
  - 7.2.2 TensorFlow 开发环境搭建 ... 242
  - 7.2.3 TensorFlow 的组成模型 ... 248
  - 7.2.4 TensorFlow 的 HelloWorld 程序示例 ... 258
  - 7.2.5 TensorFlow 实现线性回归 ... 259
  - 7.2.6 TensorFlow 实现全连接神经网络 ... 261
- 7.3 深度学习在 MNIST 图像识别中的应用 ... 263
  - 7.3.1 MNIST 数据集及其识别方法 ... 263
  - 7.3.2 全连接神经网络识别 MNIST 图像 ... 266
  - 7.3.3 卷积神经网络识别 MNIST 图像 ... 267
  - 7.3.4 循环神经网络识别 MNIST 图像 ... 270
- 7.4 典型深度学习平台 ... 274
  - 7.4.1 典型深度学习平台简介 ... 274
  - 7.4.2 样板深度学习平台的体验与分析 ... 275

第 8 章 人工智能的机遇、挑战与未来 ... 284

- 8.1 人工智能的行业应用日趋火爆 ... 284
- 8.2 "智能代工"大潮来袭 ... 287
- 8.3 新 IT、智联网与社会信息物理系统 ... 289
- 8.4 人工智能的未来 ... 293
  - 8.4.1 发展趋势预测 ... 293
  - 8.4.2 中国的人工智能布局 ... 295
  - 8.4.3 全球人工智能的产业规模 ... 299
- 8.5 人工智能面临的挑战 ... 300
  - 8.5.1 人工智能面临的人才挑战 ... 300
  - 8.5.2 人工智能面临的技术挑战 ... 301
  - 8.5.3 人工智能面临的法律、安全与伦理挑战 ... 301
- 8.6 拥抱人工智能的明天 ... 305

附录 A VirtualBox 虚拟机软件与 Linux 的安装和配置 ... 310
附录 B Linux（Ubuntu 14.4）的基本命令与使用 ... 333
附录 C GitHub 代码托管平台 ... 338
附录 D Docker 技术与应用 ... 342
附录 E 人工智能的数学基础与工具 ... 344
附录 F 公开数据集介绍与下载 ... 355

附录G 人工智能的网络学习资源 360
附录H 人工智能的技术图谱 363
附录I 人工智能技术应用就业岗位与技能需求 366
参考文献 371

第 1 章
人工智能的产生与发展

1.1 引言——激动人心的 AI-2016

人工智能（Artificial Intelligence，AI），简单地理解，就是通过计算机系统和模型（算法、数据），模拟人类心智（Mind）的技术体系与实现方法的集合。经过六十多年的发展，2016年3月随着谷歌 AlphaGo 以 4∶1 战胜世界著名围棋九段选手李世石，AI 达到的智能水平在全球引起轰动，也标志着 AI 技术发展达到了一个新的高度和热度。全球多家著名的 IT 公司，如谷歌、微软、腾讯、阿里巴巴、百度、科大讯飞、旷视等纷纷宣布将 AI 作为下一步发展的战略重心，大力研发 AI 博弈、图像识别、计算机视觉、自然语言处理、商业智能、自动驾驶、智能机器人等最新技术和产品，推动人类科技文明的进步。

卡内基·梅隆大学计算机博士、著名 IT 职业经理人、人工智能技术的早期研究者、"创新工场"总裁李开复先生指出："人工智能是人类有史以来最大的机遇！"

1. 无敌围棋系统——AlphaGo

AlphaGo 是由谷歌旗下位于英国伦敦的 DeepMind 公司的戴维·西尔弗、艾佳·黄和戴密斯·哈萨比斯与他们的团队开发的一款基于人工智能的围棋程序。截至 2017 年 12 月，已经由 2015 年的第一代 AlphaGo，发展出了第二代 AlphaGo-Master、第三代 AlphaGo-Zero 和第四代 AlphaZero 系统，在智能算法模型构造、计算环境硬件结构设计、围棋对弈水平等多方面都开创了人工智能技术的先河。AlphaGo 的演进过程如下：

- 2016 年 1 月 27 日，国际顶尖期刊《自然》封面文章报道，谷歌研究者开发的名为"阿尔法围棋"（AlphaGo）的人工智能机器人（人工智能应用程序），在没有任何让子的情况下，以 5∶0 完胜欧洲围棋冠军、职业二段选手樊麾。在围棋人工智能应用领域，人工智能机器人能在不让子的情况下，在 19×19 的完整棋盘竞技中击败专业选手，这是史无前例的突破。
- 2016 年 3 月 9 日至 15 日，AlphaGo 挑战世界围棋冠军李世石，在韩国首尔举行了一场围棋人机大战五番棋。比赛采用中国围棋规则，AlphaGo 以 4∶1 的总比分取得了胜利。
- 2016 年 12 月 29 日至 2017 年 1 月 4 日，AlphaGo 在弈城围棋网和野狐围棋网上以"Master"为注册名，冒允人类围棋选手，历时 5 天，依次对战数十位人类顶尖围棋高手，包括世界冠军井山裕太、朴延恒、柯洁、聂卫平等，取得总比分 60∶0 的辉煌战绩。
- 2017 年 5 月 23 日至 27 日，在中国乌镇围棋峰会上，AlphaGo-Master 以 3∶0 的总比

分战胜排名世界第一的世界围棋冠军柯洁。在这次围棋峰会期间，AlphaGo-Master 还战胜了由陈耀烨、唐韦星、周睿羊、时越、芈昱廷五位世界冠军组成的围棋团队。

- 2017 年 10 月 18 日，谷歌 DeepMind 团队又在《自然》发表论文，公布了最新版的 AlphaGo-Zero。它经过短短 3 天的自我训练、自主学习，就强势地以 100∶0 的战绩打败了此前战胜李世石的旧版 AlphaGo；又经过 40 天的自我训练、自主学习，再次完胜了 AlphaGo-Master。

- 2017 年 12 月 8 日，DeepMind 团队又在 arXiv 上扔了个重磅炸弹，新一代 AlphaZero 在用了强劲的计算资源（5000 个 TPU 1.0 和 64 个 TPU 2.0）之后，用不到 24 小时的时间自我对弈（tabula rasa，也叫白板）的强化学习，接连击败了三个世界冠军级的棋类程序：国际象棋 Stockfish（28∶0）、将棋 Elmo（90∶8）、围棋 AlphaGo-Zero（60∶40）。

2. 计算机视觉的"世界杯"——ILSVRC

ImageNet 是一个计算机视觉系统识别项目数据集（Data Set）的名称，是目前世界上用于图像识别的最大的免费数据集（1500 万张图片），由美国斯坦福大学的计算机科学家李飞飞教授牵头，模拟人类的视觉识别系统设计和开发的，目的是通过设计和训练相关的人工智能系统（算法、模型），使其能够从 ImageNet 的图片中识别物体、场景，解决未来的计算机视觉（机器视觉）对物品、人和场景的直接辨认。如图 1-1 所示给出了图像识别的典型场景（扫描二维码，可查看彩图，下同）。

图 1-1　图像识别的典型场景

ILSVRC（ImageNet Large Scale Visual Recognition Challenge），即"ImageNet 大规模视觉识别挑战赛"，是基于 ImageNet 图像数据集的国际计算机视觉识别的著名赛事，有"人工智能经典命题竞技场"的美称。实际上，计算机视觉识别是人工智能领域的经典命题，长久以来一直受到学术界和产业界的广泛关注。ILSVRC 不但是计算机视觉发展的重要推动者，也是深度学习热潮的关键驱动力之一，每年都吸引大量的全球各国的顶级人工智能团队在物体定位（识别）、物体检测、视频物体检测等三大类任务上展开激烈角逐。

ILSVRC 从 2010 年开始，到 2017 年已经成功举办八届，科技巨头如谷歌、微软、Facebook、360 等，以及来自世界知名高校、研究单位，如牛津大学、加州大学伯克利分校、多伦多大学、东京大学、阿姆斯特丹大学、香港中文大学、北京大学、中国科学院自动化所等均多次参加该竞赛。竞赛主办方会在每年的国际顶级计算机视觉大会 ECCV（European Conference on Computer Vision）或 ICCV（IEEE International Conference on Computer Vision）举办专题论坛，交流分享参赛经验。特别是 2012 年多伦多大学杰弗里·欣顿（Geoffrey Hinton，深度学习之父）教授带领的团队，首次在大规模数据集上使用深度神经网络模型将竞赛中图像分类任务的成绩大幅度提高，引起了学术界的空前关注。基于该竞赛数据集训练的模型，被验证具有很好的泛化能力，可以大幅提升各项计算机视觉任务的性能。因此，该竞赛一直得到学术界和工业界的积极参与和高度关注。

2017 年 7 月 17 日正式落幕的 ILSVRC-2017 共吸引了来自中、美、英等 7 个国家的 25 支顶尖人工智能团队参赛。令人惊喜的是，来自中国的 360 公司人工智能团队力压一直在此项任务中保持世界领先地位的谷歌、微软、牛津大学等强队，最终夺得了冠军，并在"物体定位"任务的两个场景赛中获得第一，同时在所有任务和场景中取得了全球前三的骄人战绩。

360 团队与新加坡国立大学团队合作提出的"DPN 双通道网络+基本聚合"深度学习模型取得了最低的定位错误率，分别为 0.062263 和 0.061941，刷新世界纪录！从最初的算法对物体进行识别的准确率只有 71.8% 上升到现在的 97.3%，识别错误率已经远远低于人类的 5.1%，如图 1-2 所示。

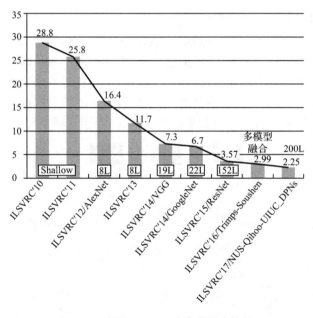

图 1-2　八届 ILSVRC 大赛错误率比较

3．计算机听觉的实现——智能语音处理

语音信号处理是一门跨多学科的综合技术。它以生理、心理、语言以及声学等基本实验为基础，以信息论、控制论、系统论等理论作为指导，通过运用信号处理、统计分析、模式识别等现代技术手段，发展成为一门新的学科。从 1939 年美国 H. 杜德莱展出的一个简单发音过程模拟系统，到 1965 年 J. L. Flanagan 编著出版《语音的分析、合成与感知》，及至今大，语音处理技术已经走过了漫长的发展历程。

让机器能够听懂人的讲话是人类梦寐以求的心愿。近年来，随着人工智能技术在语音处理领域的应用和发展，这一心愿已经逐步要变成现实了。我国的科大讯飞作为全球领先的智能语音技术提供商,在智能语音技术领域经过长期的研究积累,在语音识别、语音合成、语义理解、机器翻译、语音交互、口语评测、声纹特征识别等多项技术上取得了国际领先的成果,已经推出从大型电信级应用到小型嵌入式应用,从电信、金融等行业到企业和家庭用户,从 PC 到手机再到 MP3/MP4/PMP 和玩具,能够满足多种不同应用环境的智能语音类产品。

语音合成和语音识别技术是实现人机语音通信,建立一个具有听说能力的语音交互系统所必需的两项关键技术。使计算机具有类似于人一样的听说能力,是当代信息产业的重要竞争市场。和语音识别相比,语音合成的技术相对来说要成熟一些,并已开始向产业化方向成功迈进,大规模应用指日可待。

语音评测技术,又称计算机辅助语言学习(Computer Assisted Language Learning,CALL)技术,是一种通过机器自动对发音进行评分、检错并给出矫正指导的技术。语音评测技术是智能语音处理领域的一项研究前沿,同时又因为它能显著提高受众对语言(口语)学习的兴趣、效率和效果而有着广阔的应用前景。

自然语言是几千年来人们生活、工作、学习中必不可少的元素,而计算机是 20 世纪最伟大的发明之一。如何利用计算机对人类掌握的自然语言进行处理甚至理解,使计算机具备人类的听、说、读、写能力,一直是国内外研究机构非常关注和积极开展的研究工作。

4. 人工智能的综合应用——自动驾驶汽车

通过先进驾驶辅助系统(Advanced Driver Assistant System,ADAS)实现的自动驾驶汽车是一种智能汽车,也可以称之为轮式移动机器人,主要依靠车内的以计算机系统为主的智能驾驶仪来实现自动驾驶。它利用车载传感器(摄像机、雷达等)来感知车辆周围环境,并根据感知所获得的道路、车辆位置和障碍物信息,控制车辆的转向和速度,从而使车辆能够安全、可靠地在道路上行驶。自动驾驶的基本原理如图 1-3 所示。

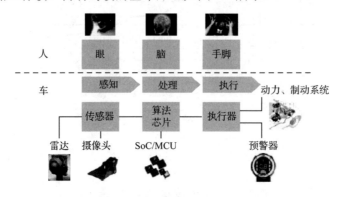

图 1-3 自动驾驶原理示意图

自动驾驶汽车从根本上改变了传统的"人—车—路"闭环控制方式,将不可控的驾驶员从该闭环系统中请出去,从而大大提高了交通系统的效率和安全性。自动驾驶汽车集自动控制、体系结构、人工智能、视觉计算等众多技术于一体,是计算机科学、模式识别和智能控制技术高度发展的产物,也是衡量一个国家科研实力和工业水平的一个重要标志,在国防和国民经济领域具有广阔的应用前景。

从 20 世纪 70 年代开始,美国、英国、德国等发达国家开始进行自动驾驶汽车的研究,目前在可行性和实用化方面都取得了突破性的进展。我国从 20 世纪 80 年代开始进行自动驾驶汽车的研究,国防科技大学在 1992 年成功研制出我国第一辆真正意义上的自动驾驶汽车。

谷歌自动驾驶汽车已经行驶超过 300 万英里（1 英里=1.609344 千米）。技术人员表示：谷歌自动驾驶汽车通过摄像机、雷达传感器和激光测距仪来"看到"其他车辆，并使用详细的地图来进行导航。自动驾驶车辆收集来的信息量非常巨大，必须将这些信息进行处理转换，谷歌数据中心将这一切变成了可能，它的数据处理能力非常强大。所面临的难题是自动驾驶汽车和人驾驶的汽车如何共处而不引起交通事故的问题。2015 年 12 月，百度无人车路测完成并成立自动驾驶事业部后，其负责人王劲曾明确表示，百度无人车项目的目标是 3 年商用，5 年量产。2016 年 5 月 16 日，百度宣布，与安徽省芜湖市联手打造首个全无人车运营区域，这也是国内第一个无人车运营区域。据悉，除芜湖外，百度还将与全国十几座城市达成无人车商用落地合作。

按照国际自动机工程师学会（SAE International，简称 SAE）提出的分级标准，自动驾驶被分为 L0～L5 共 6 个级别，不同级别的自动驾驶技术的自动化含义、驾驶主体、智能化程度和对环境的要求是不同的，如表 1-1 所示。

表 1-1 SAE 的自动驾驶分级与定义

SAE 分级		SAE 定义	驾驶主体			适应场景
			驾驶者	周边监控	支援者	
L0	无自动化	由人类驾驶者全权操作汽车，在行驶过程中可以得到警告和保护系统的辅助	人类驾驶者	人类驾驶者	人类驾驶者	无
L1	驾驶支援	通过驾驶系统对方向盘和加减速中的一项操作提供驾驶支援，其他的驾驶动作都由人类驾驶者进行操作	人类驾驶者			限定场景
L2	部分自动化	通过驾驶系统对方向盘和加减速中的多项操作提供驾驶支援，其他的驾驶动作都由人类驾驶者进行操作	驾驶系统			
L3	有条件自动化	由智能驾驶系统完成所有的驾驶操作，根据系统请求，人类驾驶者提供适当的应答	驾驶系统	驾驶系统		
L4	高度自动化	由智能驾驶系统完成所有的驾驶操作，根据系统请求，人类驾驶者不一定需要对所有的系统请求做出应答，对道路和环境条件等有一定的限制	驾驶系统	驾驶系统	驾驶系统	
L5	完全自动化	由智能驾驶系统在所有的道路和环境条件下完成驾驶操作，人类驾驶者只在认为确实需要的情况下接管	驾驶系统	驾驶系统	驾驶系统	所有场景

2018 年 3 月 22 日，北京市有关部门在经过封闭测试场训练、自动驾驶能力评估和专家评审等系列程序后，向百度发放了北京市首批 5 张 T3 级别的自动驾驶测试试验用临时号牌，这是国内当时颁出的最高级别自动驾驶牌照（T1～T5）。在当日举行的北京市自动驾驶车辆道路测试启动活动上，5 辆取得自动驾驶路测号牌的百度 Apollo 自动驾驶汽车向媒体进行了展示，并在亦庄周边的开放道路上进行了公开路测。

5．中国新一代人工智能发展规划出台

人工智能的迅速发展将深刻改变人类社会生活、改变世界。为抢抓人工智能发展的重大战略机遇，构筑我国人工智能发展的先发优势，加快建设创新型国家和世界科技强国，国务院于 2017 年 7 月 8 日印发了《新一代人工智能发展规划》（以下简称《规划》），提出了面向 2030 年我国新一代人工智能发展的指导思想、战略目标、重点任务和保障措施。

《规划》指出，要坚持科技引领、系统布局、市场主导、开源开放等基本原则，以加快人

工智能与经济、社会、国防深度融合为主线，以提升新一代人工智能科技创新能力为主攻方向，构建开放协同的人工智能科技创新体系，把握人工智能技术属性和社会属性高度融合的特征，坚持人工智能研发攻关、产品应用和产业培育"三位一体"推进，全面支撑科技、经济、社会发展和国家安全。

《规划》明确了我国新一代人工智能发展的战略目标：到 2020 年，人工智能总体技术和应用与世界先进水平同步，人工智能产业成为新的重要经济增长点，人工智能技术应用成为改善民生的新途径；到 2025 年，人工智能基础理论实现重大突破，部分技术与应用达到世界领先水平，人工智能成为我国产业升级和经济转型的主要动力，智能社会建设取得积极进展；到 2030 年，人工智能理论、技术与应用总体达到世界领先水平，成为世界主要人工智能创新中心。

《规划》提出六个方面重点任务：一是构建开放协同的人工智能科技创新体系，从前沿基础理论、关键共性技术、创新平台、高端人才队伍等方面强化部署；二是培育高端高效的智能经济，发展人工智能新兴产业，推进产业智能化升级，打造人工智能创新高地；三是建设安全便捷的智能社会，发展高效智能服务，提高社会治理智能化水平，利用人工智能提升公共安全保障能力，促进社会交往的共享互信；四是加强人工智能领域军民融合，促进人工智能技术军民双向转化、军民创新资源共建共享；五是构建泛在安全高效的智能化基础设施体系，加强网络、大数据、高效能计算等基础设施的建设升级；六是前瞻布局重大科技项目，针对新一代人工智能特有的重大基础理论和共性关键技术瓶颈，加强整体统筹，形成以新一代人工智能重大科技项目为核心、统筹当前和未来研发任务布局的人工智能项目群。

《规划》强调，要充分利用已有资金、基地等存量资源，发挥财政引导和市场主导作用，形成财政、金融和社会资本多方支持新一代人工智能发展的格局，并从法律法规、伦理规范、重点政策、知识产权与标准、安全监管与评估、劳动力培训、科学普及等方面提出相关保障措施。

1.2 人工智能的产生与发展

人工智能涉及哲学、数学、经济学、神经学、心理学、计算机工程、控制论、语言学等多学科、多领域。1956 年夏天，十人研讨会在美国达特茅斯学院召开，标志着 AI 的正式诞生。今天回头品味一下六十多年前达特茅斯会议的提案声明，真是敬佩大师们的高瞻远瞩：

"我们提议 1956 年夏天，在新罕布什尔州汉诺威市的达特茅斯学院开展一次由十个人参加的为期两个月的人工智能研究。学习的每个方面或智能的任何其他特征原则上可被这样精确地描述以至于能够建造一台机器来模拟它。该研究将基于这个推断来进行，并尝试着发现如何使机器使用语言，形成抽象概念，求解多种现在注定由人来求解的问题，进而改进机器。我们认为，如果仔细选择一组科学家对这些问题一起工作一个夏天，那么对其中的一个或多个问题就能够取得意义重大的进展。"

1. 人工智能的孕育与诞生（1943—1955）

现在一般认为人工智能的最早工作是由 Warren McCulloch 和 Walter Pitts 于 1943 年完成的。他们利用了三种资源：基础生理学知识和脑神经元的功能，归功于罗素和怀特海德的对命题逻辑的形式分析，以及图灵的计算理论。他们提出了一种人工神经元模型，其中每个神经元被描述为"开"或"关"的状态，作为一个神经元对足够数量邻近神经元刺激的反应，其状态将出现到"开"的转变。神经元的状态被设想为"事实上等价于提出足够刺激的一个命题"。例如，他们证明，任何可以计算的函数都可以通过相连神经元的某个网络来计算，并且所有逻辑连接词（与、或、非等）都可以用简单的网络结构来实现。Warren McCulloch 和 Walter Pitts 还提出适当定义的神经元网络能够学习。1949 年 Donald Hebb 提出一条简单的用于修改神经元之间的连接强度的更新规则，即现在仍然具有一定影响的"赫布型学习"（Hebbian Learning）规则。

两名哈佛大学的本科生 Marvin Minsky 和 Dean Edmonds 在 1950 年创建了第一台神经网络计算机。这台称为 SNARC 的计算机，使用了 3000 个真空管和 B-24 轰炸机上一个多余的自动指示装置，来模拟一个由 40 个神经元构成的网络。

阿兰·图灵是人工智能的重要奠基者之一，他的先见之明对人工智能的产生与发展具有重要的影响力。早在 1947 年，他就在伦敦数学协会发表了开创性的相关主题演讲，并在其 1950 年的文章"计算机器与智能（Computing Machinery and Intelligence）"中，清晰地表达了有说服力的人工智能相关工作，创造性地、高瞻远瞩地提出了图灵测试、机器学习、遗传算法和强化学习等概念。

1956 年夏天，在为期两个月的十人达特茅斯研讨会上，正式提出了"人工智能（Artifical Intelligence，AI）"的概念，标志着人工智能正式诞生并且成为一个独立领域。发起和参与研讨会的 J. McCarthy（麦卡锡，达特茅斯学院）、M. L. Minsky（明斯基，哈佛大学）、N. Rochester（IBM）、C.E. Shannon（贝尔电话实验室）、Trenchard More（摩尔，普利斯顿大学）、Ray Solomonoff（所罗门诺夫）与 Oliver Selfridge（赛弗里奇，麻省理工学院）等学者对随后的人工智能发展做出了巨大贡献。

2006 年，达特茅斯会议召开 50 周年之际，10 位当时的与会者中有 5 位已经仙逝，在世的摩尔、麦卡锡、明斯基、赛弗里奇和所罗门诺夫在达特茅斯学院重新团聚（参见图 1-4），忆往昔，展未来。参加 50 周年庆祝会之一的霍维茨（Horvitz）当时是微软实验室的一位高管，他和夫人拿出一笔钱捐助了斯坦福大学的一个 AI 100 活动，目的是在未来 100 年，每 5 年要由业界精英出一份人工智能进展报告，第一期已于 2015 年年底发表。

（左起：摩尔，麦卡锡，明斯基，赛弗里奇，所罗门诺夫）

图 1-4　2006 年 AI 创始人五十年后达特茅斯学院重聚

2. 人工智能的六十年历程（1956—2016）

2016 年是人工智能诞生六十周年。由于谷歌 DeepMind 项目组采用深度学习技术的 AlphaGo 战胜了人类围棋顶尖选手，以及深度学习在图像识别、自然语言处理、计算机视觉、自动驾驶和商业智能等多个领域取得的突破性成绩，2016 年被称为"人工智能的元年"，标志着 AI 技术工程化、实用化的黄金时代的到来。

中国电子技术标准化研究院 2018 年 1 月发布的《人工智能标准化白皮书（2018 版）》把人工智能的发展大致分为三个阶段。第一阶段是 20 世纪 50 年代—20 世纪 80 年代，这一阶段人工智能刚诞生，基于抽象数学推理的可编程数字计算机已经出现，符号主义（Symbolism）快速发展，但由于很多事物不能形式化表达，建立的模型存在一定的局限性。此外，随着计算任务的复杂性不断加大，人工智能发展一度遇到瓶颈。第二阶段是 20 世纪 80 年代—20 世纪 90 年代末，在这一阶段，专家系统得到快速发展，数学模型有了重大突破，但由于专家系统在知识获取、推理能力等方面的不足，以及开发成本高等原因，人工智能的发展又一次进入低谷期。第三阶段是 21 世纪初至今，随着大数据的积聚、理论算法的革新、计算能力的提升，人工智能在很多应用领域取得了突破性进展，迎来了又一个繁荣时期。人工智能具体的发展历程如图 1-5 所示。

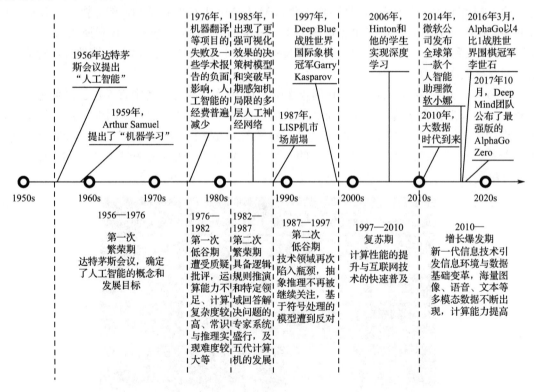

图 1-5　AI 的产生与发展历程

人工智能大事记：

- 1956 年人工智能的诞生：达特茅斯会议上，科学家们探讨用机器模拟人类智能等问题，并首次提出了人工智能（AI）的术语，AI 的名称和任务得以确定，同时出现了最初的成就和最早的一批研究者。
- 1959 年第一代机器人出现：德沃尔与美国发明家约瑟夫·英格伯格联手制造出第一台

工业机器人。随后，成立了世界上第一家机器人制造工厂——Unimation 公司。
- 1965 年兴起研究"有感觉"的机器人：约翰·霍普金斯大学应用物理实验室研制出 Beast 机器人。Beast 已经能通过声呐系统、光电管等装置，根据环境校正自己的位置。
- 1968 年世界第一台智能机器人诞生：美国斯坦福研究所公布他们研发成功的机器人 Shakey。它带有视觉传感器，能根据人的指令发现并抓取积木，不过控制它的计算机有一个房间那么大，可以算是世界第一台智能机器人。
- 1986 年 AI 算法取得重大突破：Hinton 提出"通过反向传播来训练深度神经网络理论"，标志着深度学习发展的一大转机，奠定了近年来人工智能发展的基础。
- 2002 年家用机器人诞生：美国 iRobot 公司推出了吸尘器机器人 Roomba，它能避开障碍，自动设计行进路线，还能在电量不足时自动驶向充电座。Roomba 是目前世界上销量较大的家用机器人之一。
- 2006 年深度学习大放光彩：随着计算机运行速度的巨大提升，超快速芯片的诞生以及海量训练数据的出现，深度学习（多层、反向传播的卷积神经元网络）在图像识别、语音识别、机器翻译等多个领域取得重大进展。
- 2014 年机器人首次通过图灵测试：在英国皇家学会举行的"2014 图灵测试"大会上，聊天程序"尤金·古斯特曼"（Eugene Goostman）首次通过了图灵测试，预示着人工智能进入全新时代。
- 2016 年 AlphaGo 打败人类：2016 年 3 月，AlphaGo 对战世界围棋冠军、职业九段选手李世石，并以 4∶1 的总比分获胜。这并不是机器人首次打败人类事件。

1.3 认识人工智能的赋能

1. 人工智能赋能的含义

赋能，即通过人工智能技术模仿和增强人类的记忆、感知、语言、学习、推理和规划等一系列能力，为应用系统、机器设备赋予人的能力、智力甚至智慧，提升应用系统与机器设备的服务水平，减少人的参与度，从而推动人类生产和生活朝着自动化、智能化甚至无人化的方向发展。自动化生产线、自动驾驶汽车、图像识别、聊天机器人、智能监控、语音识别、机器翻译等都是依靠人工智能赋能的典型应用。

如图 1-6 所示给出了当前实现人工智能赋能的主要研究领域与实现技术。

2. 记忆能力——知识表示与知识图谱

人类的智能活动过程主要是一个获得知识、记忆知识、更新知识并运用知识的过程，知识是人类一切智能行为的基础。为了使人工智能能够模仿人类的智能行为，首先就必须使它具有知识，即把人类积累尤其是专家拥有的知识，采用适当的模式表示出来、存储起来，供人工智能系统方便检索、快速提取和有效使用。这就是知识表示技术要解决的问题。

知识表示就是对知识的一种描述，或者说是对知识的一组约定，从某种意义上讲，知识表示可视为描述知识的结构模型及其知识处理机制的综合，即：

$$知识表示 = 结构模型 + 处理机制$$

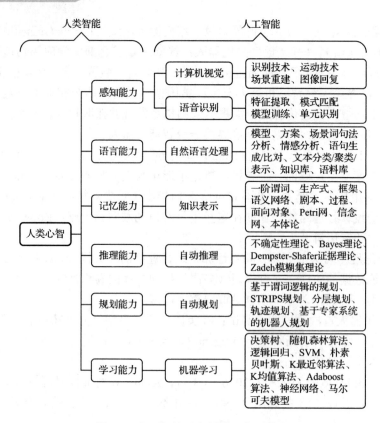

图 1-6　人工智能研究领域及实现技术

伴随着人工智能技术的发展，已经有许多种知识表示方法得到了深入的研究和应用，如逻辑表示法、产生式表示法、框架表示法、面向对象的表示方法、语义网表示法、基于 XML 的表示法、本体表示法、概念图、Petri 网法、基于网格的知识表示方法、粗糙集、基于云理论的知识表示方法等。在实际应用过程中，一个智能系统往往包含了多种知识表示方法。

知识库技术包括知识的组织、管理、维护、优化等技术。对知识库的操作要靠知识库管理系统的支持。显然，知识库与知识表示密切相关。需要说明的是，知识表示实际也隐含着知识的运用，知识表示和知识库是知识运用的基础，同时也与知识的获取密切相关。

知识库有两种含义：一种是指专家系统设计所应用的规则集合，包含规则所联系的事实及数据，它们的全体构成知识库，这种知识库与具体的专家系统有关，不存在知识库的共享问题；另一种是指具有特定领域、行业或特定专项知识的开放性质的、可共享的知识库，可通过互联网提供相关的服务，比如语音服务、自动驾驶服务、导航服务、健康服务等。

知识库是基于知识的系统（或专家系统），具有智能性。并不是所有具有智能的程序都拥有知识库，只有基于知识的系统才拥有知识库。许多应用程序都利用知识，其中有的还达到了很高的水平，但是，这些应用程序可能并不是基于知识的系统，它们也不拥有知识库。一般的应用程序与基于知识的系统之间的区别在于：一般的应用程序是把问题求解的知识隐含地编码在程序中，而基于知识的系统则将应用领域的问题求解知识显式地表达，并单独地组成一个相对独立的程序实体。

3．推理能力——自动推理与专家系统

运用相关知识进行逻辑推理是人类的一项复杂逻辑运算与推理的智能行为，人工智能在

获取了一定人类知识的基础上，还必须研究如何通过机器逻辑和机器推理模仿人的推理能力，从而通过简单推理如"规则演绎"，复杂推理如基于概率的不确定性推理（如"主观贝叶斯"），得到新知识，或者直接利用旧知识解决问题。

专家系统是一类具有专门知识和经验的计算机智能程序系统，通过对人类专家的问题求解能力的建模，采用人工智能中的知识表示和知识推理技术来模拟通常由专家才能解决的复杂问题，达到具有与专家同等解决问题能力的水平。这种基于知识的系统设计方法是以知识库和推理机为中心而展开的，即：

$$专家系统 = 知识库 + 推理机$$

它把知识从系统中与其他部分分离开来。专家系统强调的是知识而不是方法。很多问题没有基于算法的解决方案，或算法方案太复杂。采用专家系统，可以利用人类专家拥有的丰富知识，因此专家系统也称为基于知识的系统（Knowledge-Based Systems）。一般说来，一个专家系统应该具备以下三个要素：

- 具备某个应用领域的专家级知识；
- 能模拟专家的思维；
- 能达到专家级的解题水平。

专家系统与传统的计算机程序的主要区别如表 1-2 所示。

表 1-2　专家系统与传统的计算机程序的主要区别

比 较 项	传统的计算机程序	专 家 系 统
处理对象	数字	符号
处理方法	算法	启发式
处理方式	批处理	交互式
系统结构	数据和控制集成	知识和控制分离
系统修改	难	易
信息类型	确定性	不确定性
处理结果	最优解	可接受解
适用范围	无限制	封闭世界假设

建造一个专家系统的过程可以称为"知识工程"，它是把软件工程的思想应用于设计基于知识的系统。知识工程包括下面几个方面：

- 从专家那里获取系统所用的知识（即知识获取）；
- 选择合适的知识表示形式（即知识表示）；
- 进行软件设计；
- 以合适的计算机编程语言实现。

近年来专家系统技术逐渐成熟，广泛应用在工程、科学、医药、军事、商业等方面，而且成果相当丰硕，甚至在某些应用领域还超过人类专家的智能与判断。专家系统的功能应用领域包括：

- 解释（Interpretation），如肺功能测试（PUFF）。
- 预测（Prediction），如预测可能由黑蛾所造成的玉米损失（PLAN）。
- 诊断（Diagnosis），如诊断血液中细菌的感染（MYCIN），又如诊断汽车柴油引擎故障原因之 CATS 系统。
- 故障排除（Fault Isolation），如电话故障排除系统 ACE。
- 设计（Design），如专门设计小型马达弹簧与碳刷之专家系统 MOTORBRUSHDESIGNER。
- 规划（Planning），如辅助规划 IBM 计算机主架构之布置、重安装与重安排之专家系统 CSS，以及辅助财物管理之 PlanPower 专家系统。
- 监督（Monitoring），如监督 IBM MVS 操作系统之 YES/MVS。
- 除错（Debugging），如侦查学生减法算术错误原因之 BUGGY。
- 修理（Repair），如修理原油储油槽之专家系统 SECOFOR。
- 行程安排（Scheduling），如制造与运输行程安排之专家系统 ISA，又如工作站（work shop）制造步骤安排系统。
- 教学（Instruction），如教导使用者学习操作系统之 TVC 专家系统。
- 控制（Control），如帮助 Digital Corporation 计算机制造及分配之控制系统 PTRANS。
- 分析（Analysis），如分析油井储存量之专家系统 DIPMETER 及分析有机分子可能结构之 DENDRAL 系统，它是最早的专家系统，也是最成功者之一。
- 维护（Maintenance），如分析电话交换机故障原因并能建议人类该如何维修之专家系统 COMPASS。
- 架构设计（Configuration），如设计 VAX 计算机架构之专家系统 XCON 以及设计新电梯架构之专家系统 VT 等。
- 校准（Targeting），如校准武器如何工作。

4．规划能力——智能规划

智能规划（Intelligent Planning）是人工智能模仿人的规划能力的一个重要研究与应用领域。规划是指对某个待求解问题给出求解过程的步骤，是通过对周围环境的认识与分析，根据预定实现的目标，对若干可供选择的动作及所提供的资源限制施行推理，综合制定出实现目标的动作序列。智能规划是一种重要的问题求解技术，与一般问题求解相比，智能规划更注重于问题的求解过程，而不是求解结果。此外，规划要解决的问题往往是真实世界的问题，而不是抽象的问题。规划设计时，往往是将问题分解为若干相应的子问题，以及如何记录并处理在问题求解过程中发现的子问题之间的关系。

规划时，通常是把某些较复杂的问题分解为一些较小的子问题。实现问题分解有两条重要途径：
- 当从一个问题状态移动到下一个状态时，无须计算整个新的状态，而只要考虑状态中可能变化了的那些部分；
- 把单一的困难问题分割为几个有希望的较为容易解决的子问题。

智能规划应用场景包括航空航天自主控制、机器人动作规划、生产调度、物流调度、导航路径优化、网络安全、军事对抗等。

5．感知能力——图像与视觉

人工智能在模仿人的感知能力方面主要集中在视觉和听觉，对触觉和嗅觉的模仿在特定的领域也有研究与应用。

人工智能在视觉方面的研究与应用主要分为数字图像处理（Digital Image Processing）、计算机视觉（Computer Vision，CV）和机器视觉（Machine Vision，MV）三大领域。

（1）数字图像处理

数字图像处理又称为计算机图像处理，简称图像处理，是指将图像信号或视频信号（视频可以理解为连续的图像信号）转换成一幅幅数字图像信号并利用计算机对其进行处理的过程，主要处理方法和技术包括去噪、增强、复原、分割、变换、重建、提取特征、识别（场景、物体、动作、形态等）等。数字图像的基本处理技术经过几十年的发展，在理论、技术、工具上已经比较成熟，并且获得了广泛应用。

- 民众可以方便地使用图像处理工具获取、处理、存储、传输数字图像，手机上的美颜相机、美图秀秀每天都有上亿的用户在广泛使用；
- 农林部门通过遥感图像了解植物生长情况，进行估产，监视病虫害发展及治理；
- 水利部门通过遥感图像分析，获取水害灾情的变化；
- 气象部门通过分析气象云图，提高天气预报的准确程度；
- 国防、国土及测绘部门通过航测或卫星图像分析，获得地域、地貌及地面设施等资料；
- 机械部门通过使用图像处理技术，自动进行金相图分析识别；
- 医疗部门采用各种数字图像技术（CT等），对各种疾病进行自动诊断；
- 通信领域的传真通信、可视电话、会议电视、多媒体通信、宽带综合业务数字网（B-ISDN）和高清晰度电视（HDTV）等，都需要依靠数字图像处理技术。

（2）计算机视觉

计算机视觉是利用摄像机和计算机模仿人类视觉（眼睛与大脑），对目标进行分割、分类、识别、跟踪、判别、决策等功能的人工智能技术。它的研究目标是使计算机具有通过二维图像认知三维环境信息的能力，即在基本图像处理的基础上，进一步进行图像识别、图像（视频）理解和场景重构。计算机视觉是当今非常活跃的人工智能研究与应用领域。

- 人脸识别是当前人工智能"视觉与图像"领域中最热门的应用，我国的"刷脸支付"技术已经被列入《麻省理工科技评论》（MIT Technology Review）发布的"2017全球十大突破性技术"榜单。其主要应用场景包括门禁、考勤、身份认证、人脸属性认知、人脸检测跟踪、人脸对比、人脸搜索，等等；目前已经广泛应用于金融、司法、军队、公安、边检、政府、航天、电力、工厂、教育、医疗等行业和领域。
- 智能监控（视频/监控分析）实现对结构化的人、车、物等视频内容信息进行快速检索、查询。其主要应用场景包括物体（商品）的智能识别与分析定位，行人属性与行为的分析及跟踪，客流密度分析，道路车辆行为分析，等等；目前已经应用于各种安防监控、罪犯搜寻、电子商务、城市交通等行业和领域。
- 图像识别、分析实现对图像中蕴含的物件识别、类型区分、场景识别、内容解析等一系列智能化的处理。其主要应用场景包括电子商务的产品推荐、以图搜图、物体/场景识别、车型识别、人物分析（如年龄、性别、外表、颜值、服装、时尚等）、商品识别、违禁鉴别（如黄、赌、毒、暴等）、看图配文、图像分类等。电子商务、工农业生产和人们日常生活持续积累、生产和存储浩如烟海的图片，这些图片蕴含着大量的实用信息和商业价值，对这些图片进行智能化的分类、识别、分析和处理，具有非常广阔的商业前景。
- 驾驶辅助/智能驾驶是指基于计算机视觉和图像处理技术实现的辅助、进一步代替人的汽车驾驶系统。其主要应用场景包括车辆及物体检测、碰撞预警、车道检测、偏移预警、交通标识识别、行人检测、车距检测等。

- 三维图像视觉主要是对三维物体的识别，应用于三维视觉建模、三维测绘等领域。其主要应用场景包括三维机器视觉、双目立体视觉、三维重建、三维扫描、三维地理信息系统、工业仿真等。
- 工业视觉检测是将机器视觉可以快速获取大量信息并进行智能处理的特性应用在自动化生产过程中，进行工况监视、成品检验和质量控制等生产过程，提高生产效率、生产柔性和自动化程度，同时还可以运用在一些危险工作环境或人工视觉难以满足要求的场合。其主要应用场景包括工业相机、工业视觉监测、工业视觉测量、工业控制等。
- 智能医学影像是利用人工智能技术开发的对特定类别影像和疾病的智能识别、分析、诊断系统，将人工智能技术应用在医学影像的诊断上。人工智能在医学影像方面的应用主要分为两部分：一是图像识别，应用于感知环节，其主要目的是对影像进行分析，获取一些有意义的信息；二是深度学习，应用于学习和分析环节，通过大量的影像数据和诊断数据，不断对神经元网络进行深度学习训练，促使其掌握诊断能力。
- 文字识别也称为计算机文字识别或光学字符识别（Optical Character Recognition，OCR），它是利用光学技术和人工智能技术把印在或写在纸上（图上）的文字识别读取出来，并转换成一种计算机能够接受、人又可以理解的格式。这是一项实现文字高速录入、图文理解的关键技术。其主要应用场景包括互联网图像文字识别、对焦自然场景文字识别和随拍自然场景文字识别等。2017年3月，海康威视研究院预研团队基于深度学习技术的中文技术，刷新了ICDAR Robust Reading竞赛数据集的全球最好成绩，并在三项挑战的文字识别（Word Recognition）任务中战胜谷歌、微软、百度、三星、旷视等来自82个国家的2367个团队取得第一。
- 图像及视频的智能编辑是指利用人工智能技术对图像进行智能修复、美化、变换甚至创作图像的技术。其主要应用场景包括机器作画、美图、美颜、修复等。

（3）机器视觉

机器视觉是人工智能正在快速发展的一个分支。简单说来，机器视觉就是用机器代替人眼来做测量和判断。机器视觉系统是通过机器视觉产品（即图像摄取装置，分CMOS和CCD两种）将被摄取目标转换成图像信号，传送给专用的图像处理系统，得到被摄目标的形态信息，根据像素分布和亮度、颜色等信息，转变成数字化信号；图像系统对这些信号进行各种运算，来抽取目标的特征，进而根据判别的结果来控制现场的设备动作。

由于机器视觉系统可以快速获取大量信息，而且易于自动处理，也易于同设计信息以及加工控制信息集成，因此，在现代自动化生产过程中，人们将机器视觉系统广泛地应用于工业、农业、航空航天等场景的工况监视、成品检验和质量控制等领域。工业应用中的机器视觉包括：

- 引导和定位。视觉定位要求机器视觉系统能够快速准确地找到被测零件并确认其位置，上下料使用机器视觉来定位、引导机械手臂准确抓取。在半导体封装领域，设备需要根据机器视觉取得的芯片位置信息调整拾取头，准确拾取芯片并进行绑定，这就是视觉定位在机器视觉工业领域最基本的应用。
- 外观检测。检测生产线上产品有无质量问题，这也是取代人工最多的环节。机器视觉涉及的医药领域，其主要检测包括尺寸检测、瓶身外观缺陷检测、瓶肩部缺陷检测、瓶口检测等。
- 高精度检测。有些产品的精密度较高，达到 0.01～0.02mm 甚至 μm 级，人眼无法检测，必须使用机器完成。
- 识别。就是利用机器视觉对图像进行处理、分析和理解，以识别各种不同模式的目标和对象。可以达到数据的追溯和采集的目的，在汽车零部件、食品、药品等领域应用较多。

机器视觉和计算机视觉都与视觉相关，都是通过使用机器或者计算机代替人眼去工作，完成人眼不方便或者难以完成的工作。但是两者的侧重和应用领域有所不同：
- 机器视觉侧重的是视觉感官上去做人做不到的工作，包括测量、定位，与光源镜头自动化控制相关，比如常会用在测量一个硬币的直径、检测产品的损坏与否等相关场景。机器视觉会更注重对视觉上的一个"量"的分析。相关的知识侧重相机镜头光源、图像处理、运动控制等。同时，机器视觉更侧重机器，更"工程"一些。
- 计算机视觉则更侧重利用计算机分析得到的图像，往往是对图像内部信息进行分析处理，比如人脸识别、车牌识别、目标跟踪等，会更加侧重于对视觉的一个"质"的分析。同时，计算机视觉侧重计算机，更"学术"一些。

6. 语言能力——自然语言处理

听觉是人类的一项非常重要的交流和感知能力。人工智能模仿人的听觉能力主要分为语音识别、语义理解、语音输入、语音交互、语音合成、机器翻译、声纹特征识别等多个相互关联的研究与应用领域，统称为自然语言处理（Natural Language Processing，NLP），是人工智能的一个重要研究领域。

语音识别是自然语言处理技术中最重要、最困难的一个分支，是指从语音信号中识别出语音特征、语音含义，并转化为相应的文字（语音输入）、控制指令（语音交互）或其他语音（语音合成）、语言（机器翻译）的人工智能技术。由于受语种、方言、个人发音特征、表达习惯、环境噪声、拾音质量以及单词的边界界定、词义的多义、句法的模糊、口语表达的缩略等一系列复杂因素的影响，自然语言处理一直是个伴随人工智能一起艰难前行的研究与应用领域，实现人类与机器（计算机）通过语言的自由交流将是人类科技的一大进步。其应用场景包括语音录入（特定人语音输入、非特定人语音输入、方言输入）、声纹特征提取与说话人识别、机器翻译、智能问答、信息提取、情感分析、舆情分析等。近年来，科大讯飞在自然语言处理领域取得了一系列全球领先的技术突破，开发了讯飞语音输入法、语音交互平台（AIUI）、语言评测、同声翻译等一系列产品，如图1-7所示。

图1-7 科大讯飞语音处理技术体系

7. 学习能力——机器学习

人类的学习是一个靠感知输入（听觉、视觉、嗅觉、触觉）、持续积累的记忆、重复、思考、联想、推理、演绎、遗忘的复杂过程，进一步还上升到意识、情感的产生和掌控。应该讲，目前的医学及相关学科对人脑的学习机制、记忆方法、推理过程、意识的由来、情感的机理等许多问题都还没有研究清楚，因此人工智能模仿人的综合学习能力是件非常困难的事情。目前的主要实现方法是机器学习（Machine Learning，ML），尤其是基于反向传播深度卷积神经元网络的机器学习，后者习惯上简称为深度学习（Deep Learning，DL）。

深度学习是机器学习的一个分支，它们都是当前人工智能模仿人的学习能力的实现技术，解决数据分类、回归、聚类和规则等学习问题，也就是从大量的数据中找出规律，反复提炼模型，持续应用模型对新的相似数据进行预测。机器学习的应用遍及人工智能的各个领域，近年来取得突破进展的图像识别、语音识别、AlphaGo 围棋等都是基于深度学习的人工智能应用实现。

8. 人工智能赋能实体经济

从技术角度看，人工智能是机器人、自然语言处理、图像识别、计算机视觉、语音识别、自动驾驶等一个个热门产业的分支；从社会经济运行的角度看，随着多项技术的突破，全球AI 创业热情火爆，各种应用创新层出不穷。现在应用型 AI 已经渗透到了各行各业，多种技术组合后打包为产品或服务（AI+），改变了不同领域的商业实践，使垂直领域 AI 商业化进程加速，掀起一场轰轰烈烈的智能革命。

根据腾讯研究院发布的《2017 中美人工智能创投现状与趋势研究报告》中整理的中国 AI 渗透行业热度图显示，医疗行业成为目前 AI 应用最火热的行业；汽车行业借势自动驾驶/辅助驾驶等相关技术的发展脱颖而出，位列第二；第三梯队中包含了教育、制造、交通、电商等实体经济标志性领域，如图 1-8 所示。

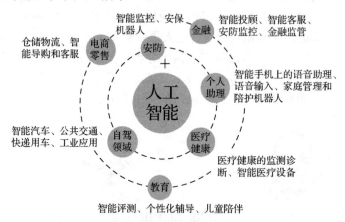

图 1-8　人工智能的主要应用领域

在各行各业引入人工智能（AI+）是一个渐进的过程。从最基础的感知能力，到对海量数据的分析能力（知识获取），再到理解、推理与决策，人工智能将逐步改变各领域的生产方式，推进社会的结构转型。根据人工智能当前的技术能力和应用热度，人工智能正在赋能以下几个实体经济领域：

(1) 健康医疗——从辅诊到精准医疗

历史上，重大技术进步都会催生医疗保健水平的飞跃。比如工业革命之后人类发明了抗生素，信息革命后发明了 CT 扫描仪、微创手术仪器等多种诊断与治疗仪器。

人工智能在医疗健康领域的应用已经相当广泛。依托深度学习算法，人工智能在提高健康医疗服务的效率和疾病诊断方面具有天然的优势，各种旨在提高医疗服务效率和体验的应用应运而生。

医疗诊断的人工智能主要有两个方向：一是基于计算机视觉，通过医学影像诊断疾病；二是基于自然语言处理，"听懂"患者对症状的描述，然后根据疾病数据库里的内容进行对比和深度学习诊断疾病。一些公司已经开始尝试基于海量数据和机器学习为病患量身定制诊疗方案。人工智能将加速医疗保健向医疗预防转变。充分理解 AI 如何应用到各个医疗场景，将对未来提升人类健康福祉有重要的意义。

(2) 智慧城市——为城市安装智慧中枢

人工智能正在助力智慧城市进入 2.0 版本。大数据和人工智能是建设智慧城市有力的抓手。城市的交通、能源、安防、供水等领域每天都产生大量数据，人工智能可以从城市运行与发展的海量数据中提取有效信息，使数据在处理和使用上更加有效，为智慧城市的发展提供新的路径。

在城市治理领域，人工智能可以应用于交通状况实时分析，实现公共交通资源自动调配、交通流量的自动管理。

如今，生产自动驾驶汽车已经在梅赛德斯-奔驰等老牌汽车巨头与科技巨头之间展开竞争。未来自动驾驶也将大幅提高城市整体通行效率，助力建设综合交通运输体系。

计算机视觉正在快速落地智能安防领域。腾讯的优图天眼系统正是基于人脸检索技术和公安已有的海量大数据建模，面向公安、安防行业推出的智能安防解决方案。

(3) 智能零售——实体店加速升级

零售行业将会是从人工智能发展创新中受益最多的产业之一。在 Amazon Go 的带动下，各类无人零售解决方案层出不穷。随着人口红利的消失，老龄化加剧，便利店的人力成本正在变得越来越高，无人零售正处在风口浪尖。无人便利店可以帮助提升经营效率，降低运营成本。

人脸识别技术可以提供全新的支付体验。《麻省理工科技评论》发布的"2017 全球十大突破性技术"榜单中，中国的"刷脸支付"技术位列其中。基于视觉设备及处理系统、动态 Wi-Fi 追踪、遍布店内的传感器、客流分析系统等技术，可以实时输出特定人群预警、定向营销及服务建议，以及用户行为及消费分析报告。

零售商可以利用人工智能简化库存和仓储管理。未来，人工智能将助力零售业以消费者为核心，在时间碎片化、信息获取社交化的大背景下，建立更加灵活便捷的零售场景，提升用户体验。

(4) 智能服务业务——"懂你"的服务入口

Bot 是建立在信息平台上与我们互动的一种人工智能虚拟助理。在未来以用户为中心的物联网时代，Bot 会变得越来越智能，成为下一代移动搜索和多元服务的入口。在生活服务领域，Bot 可以通过对话提供各式各样的服务，例如天气预报、交通查询、新闻资讯、网络购物、翻译等。在专业服务领域，借助专业知识图谱，Bot 也可以配合业务场景特性准确理解用户的行为和需求，提供专业的客服咨询。

虚拟助理并不是为了取代或颠覆人类，而是为了将人类从重复性、可替代的工作中解放出来，去完成更高阶的工作，如思考、创新、管理。

（5）智能教育——面向未来"自适应"教育

人工智能在教育行业的应用当前还处在初始阶段。语音识别和图像识别与教育相关的场景结合，将应用到个性化教育、自动评分、语音识别测评等场景中。通过语音测评、语义分析提升语言学习效率。人工智能不会取代教师，而是协助教师成为更高效的教育工作者；在算法制定的标准评估下，学生获得量身定制的学习支持，形成面向未来的"自适应"教育。

目前，一批中国人工智能企业正蓄势待发。在智能革命的影响下，旧的产业将以新的形态出现并形成新产业。人工智能与实体经济的融合，既是 AI 的产业化路径，也是传统产业升级的风向标。

1.4 人工智能、机器学习与深度学习

1. 人工智能的分类

1956 年夏天达特茅斯会议上正式提出的人工智能，经过六十多年的发展，已经成为一个比较完整的学科，在技术分类、研究方向、应用领域等多个维度上都已经形成体系。现在人工智能一般泛指"为机器赋予人的智能"的所有技术、方法和应用的统称。可以分为"强人工智能"（General AI）和"弱人工智能"（Narrow AI）。强人工智能是一种理想化的设想、憧憬与发展目标，是指拥有与人类智慧同样本质特性的、无所不能的机器，它具有甚至超过人类的感知、理性和思考力，比如科幻电影《星球大战》中的 C-3PO、邪恶终结者等。当前的人工智能都是弱人工智能，是指接近人的某些特定能力甚至比人更好地执行特定任务的智能系统，比如前面讲到的 AlphaGo 围棋系统、科大讯飞的语音识别系统、旷世科技的人脸识别系统、Sophia 机器人等。

从人工智能实现"智能"的方式和水平的视角，还可以将其分为计算智能、感知智能和认知智能：

（1）计算智能是指计算能力和存储能力超强的智能，如神经网络和遗传算法的出现，使得机器能够更高效、快速处理海量的数据，机器能够像人类一样进行计算的智能，AlphaGo 是其中的典型代表。

（2）感知智能是指机器能听会说人类的语言、看懂世界万物的智能，语音处理和视觉识别就属于这一范畴，这些技术能够很好地辅助甚至代替人类高效完成一些特定任务，比如第一个被授予国籍的机器人 Sophia。

（3）认知智能是指机器能够主动思考并采取行动，是对计算智能和感知智能的综合与升华，比如自动驾驶汽车、知识图谱、用户画像、考试机器人等。

2. 人工智能与机器智能

"人工智能"是以"人"为中心定义的"智能"，通过计算机程序和模型模拟人类心智（Mind）能做的各种事情，如记忆、推理、感知、语言和学习等能力；而"机器智能（Machine Intelligence，MI）"是以"机器（机械）"为中心实现的"智能"，通过人工智能的相关技术赋予机器特定的智能，甚至一些超越人类的能力。这里的"机器"可以是个大系统，如阿里巴巴为杭州市建造的"城市大脑"，也可以是一个称为智能机器人（智能机器）的小型装置，如自动驾驶汽车、

女性机器人 Sophia、打乒乓球的机器人 Agilus 等。

在 2017 中国国际大数据产业博览会的"机器智能"高峰对话上，全球 IT 届多位领军人物就 MI（机器智能）与 AI（人工智能）的区别与联系展开了讨论：

- 阿里巴巴集团技术委员会主席王坚说："只要创造出关于动物和人的智能，都可以叫作人工智能。但人与动物不具备的智能，如果机器具备了，那就是机器智能，这是我的理解。"他举例说，最常见的人工智能就是创造一个聊天机器人，但阿里巴巴 2016 年为杭州装了一个"城市大脑"，它具备人不具备的智能，更适合叫机器智能。
- 美国硅谷著名创业家、天使投资人史蒂夫·霍夫曼认为，AI 是以图灵测试作为定义的，能与人进行互动，通过图灵测试的都是 AI。"MI 会是人机共生的核心点，我希望在有生之年能看到 MI 无处不在。因为今天我所做的很多决定，如果有 MI 辅助，我可以做出更好的决定，这让每个人未来可以发挥潜力。""我是写书的，写每一本书的时候都要做大量的研究工作，如果有 MI 帮我收集信息、整理信息，把最相关的信息提取出来，我可以用更短时间写出更有水平的书。"
- 美国斯坦福大学人工智能与伦理学教授杰瑞·卡普兰认为，机器智能不应该是让机器变得像人一样有智慧，应该是新一代的自动化。它不是来取代人，它是来辅助人的，还会有大量的工作岗位，现在就有很多工作岗位不能靠自动化来取代，这个技术会改变工作的性质，让我们的工作变得更加高效。如果从这个视角来理解，机器智能是自动化的延伸。
- 北京大数据研究院院长鄂维南认为，机器智能的核心是会学习的机器，它将会把我们带入智能化社会，就像当年造出了会劳动的机器把我们带入了工业化社会一样。

机器智能如此无所不能，是否会取代人类？对此，王坚打了一个有趣的比喻："我们拿一条狗让它去找毒品的时候从来没有说过我们的鼻子被狗的鼻子给取代了。"他认为，我们要尊重机器在某些方面的能力超越人类。

从上面的分析可以看出，机器智能实际上是建立在人工智能技术基础之上的，为传统的机械、控制与传输赋予一定的感知、认知与学习能力的技术。显然，机器智能的内涵比人工智能更宽泛，但是由于本书重点是讨论智能技术，所以后续章节不再对两者详细区分，统一称为人工智能。

3．人工智能与模式识别

模式识别（Pattern Recognition），即通过计算机采用数学的知识和方法来研究模式的自动处理及判读，实现人工智能。在这里，我们将周围的环境及客体统统都称之为"模式"，即计算机需要对其周围所有的相关信息进行识别和感知，进而进行信息的处理。在人工智能开发即智能机器开发过程中的一个关键环节，就是采用计算机来实现模式（包括文字、声音、人物和物体等）的自动识别，其在实现智能的过程中也给人类对自身智能的认识提供了一个途径。

在模式识别的过程中，信息处理实际上是机器对周围环境及客体的识别过程，是对人参与智能识别的一个仿真。相对于人而言，光学信息及声学信息是两个重要的信息识别来源和方式，它同时也是人工智能机器在模式识别过程中的两个重要途径。在市场上具有代表性的产品有光学字符识别系统以及语音识别系统等。在这里的模式识别可以理解为：根据识别对象具有特征的观察值来将其进行分类的一个过程。采用计算机来进行模式识别，是在 20 世纪 60 年代初发展起来的一门新兴学科，但同样也是未来一段实践中发展的必然方向。模式识别的定义是借助计算机，就人类对外部世界某一特定环境中的客体、过程和现象的识别功能（包括视觉、听觉、触觉、判断等）进行自动模拟的科学技术。随着20世纪40年代计算机的出现以及20世纪50年代人工智能的兴起，人们当然也希望能用计算机来代替或扩展人类的部分脑力劳动。模式识别在20世纪60年代初迅速发展并成为一门新学科。

4．机器学习

如图1-9所示是英伟达公司（nVIDIA）网站上给出的人工智能、机器学习和深度学习三者的关系。人工智能是为机器赋予人的智能的所有理论、方法、技术和应用的统称；机器学习是实现人工智能的一套方法的统称；而深度学习是机器学习方法中的一类，其内涵是基于多层的、非线性变换的、反向传播的人工神经元网络的机器学习。

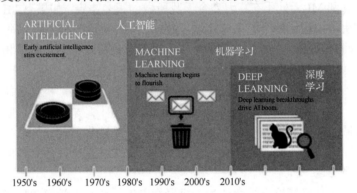

图1-9　人工智能、机器学习与深度学习的关系

机器学习是人工智能的一个重要分支与核心研究内容，是目前实现人工智能的一个重要途径。它专门研究机器怎样模拟或实现人类的学习行为，以获取新的知识或技能，并且能重新组织已有的知识结构使之不断改善自身的性能。这里的"机器"是指包含硬件和软件的计算机系统。机器学习的应用已遍及人工智能的各个分支，如专家系统、自动推理、自然语言理解、模式识别、计算机视觉、智能机器人等领域。

从技术实现的角度看，机器学习就是通过算法与模型设计，使机器从已有数据（训练数据集）中自动分析、习得规律（模型与参数），再利用规律对未知数据进行预测。不同的算法与模型的预测准确率、运算量不同。如图1-10所示给出了机器学习的基本原理和相关基本概念。

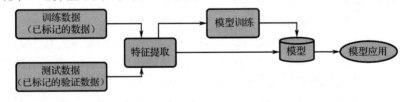

图1-10　机器学习的基本原理和相关基本概念

机器学习最基本的思路就是使用算法来解析训练数据（模型训练），从中学习到特征（得到模型），然后使用得到的模型对真实世界中的事物、事件做出分类、决策或预测。与传统的为解决特定任务、硬编码的软件程序不同，机器学习是用大量的数据来"训练"的，通过各种算法从数据中学习如何完成任务。机器学习的传统算法包括决策树学习、推导逻辑规划、聚类、强化学习和贝叶斯网络等。机器学习在数据处理、商业智能、邮政编码识别（邮件自动分拣）、产品检验（自动化生产线）、字符识别（印刷字母、手写字符、文字）、标示识别等

生产生活领域得到了广泛应用，提高了自动化程度，一定程度上实现了让机器可以持续学习、持续提高水平的方法。但是，传统的机器学习方法受算法、算力和训练数据获取等多方面的约束，"智能"水平非常有限，连弱人工智能的水平都还远远没有达到。

5．深度学习

2006年，由加拿大多伦多大学Geoffrey Hinton教授等人提出的"深度学习（Deep Learning，DL）"，突破了传统机器学习的算法瓶颈，在基于现代云计算的强大计算力（CPU/GPU/TPU、云计算）和海量数据操控力（存储、管理、传输）的支撑下，使得人工智能的实现技术取得了一系列突破性进展。这里的"深度"是指人工神经元网络的层数，可多达上千层，并且通过卷积、池化、反向传播等非线性变换方法进行分析、抽象和学习的神经网络，模仿人脑的机制来"分层"抽象和解释数据、提取特征、建立模型。相比于当今的深度学习，传统的机器学习可以认为是"浅度"机器学习，但是由于其模型简单、计算量小，仍然具有广泛的工程应用。

如图1-11所示给出了一种深度学习系统结构。在短短几年内，深度学习颠覆了图像分类、语音识别、文本理解等众多领域的算法设计思路，创造了一种从数据出发，经过一个端到端最后得到结果的新模式。由于深度学习是根据提供给它的大量的实际行为（训练数据集）来自动调整规则中的参数，进而调整规则的，因此在和训练数据集类似的场景下，可以做出一些比较准确的判断。

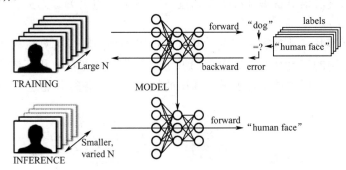

图1-11　深度学习系统结构

如图1-12所示是一个著名的多层卷积神经元网络模型LeNet-5的示意图。LeNet-5是Yann LeCun在1998年设计的用于手写数字识别的卷积神经网络，当年美国大多数银行使用它来识别支票上面的手写数字。LeNet-5是早期卷积神经网络中最有代表性的实验系统之一（详见第6章6.4节卷积神经网络）。

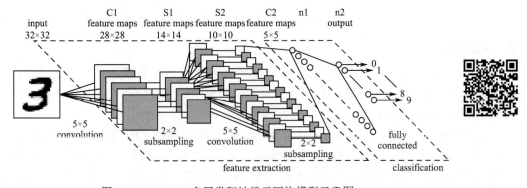

图1-12　LeNet-5多层卷积神经元网络模型示意图

现在，基于深度学习开发的图像识别系统，在一些场景中甚至可以比人做得还好。

- 百度的人脸识别准确度达到了 99.99%，超过了人眼的识别水平，并且能够识别年龄、性别、表情等多种属性；
- 从识别猫狗、物体、场景，到辨别血液中癌症的早期成分，再到识别核磁共振成像中的肿瘤；
- AlphaGo 是基于深度学习的人工智能围棋系统，它先是学会了如何下围棋，然后与它自己下棋训练，24 小时就可以与自己反复地下几十万盘，迅速提高棋艺；
- 科大讯飞的语音识别技术也是基于深度学习的智能系统，中文识别准确率达到了 98%，方言的识别种类达到了 22 种（其中准确率超过 90%的超过了十种）。

1.5 算法、算力与大数据

1. 人工智能崛起的三大基石

人工智能从 1956 年正式诞生，通过六十多年不断的理论和实践探索，经历多次起起伏伏，终于在 2016 年以 AlphaGo 击败人类围棋顶尖选手李世石、ILSVRC-2016 识别准确率达到 97% 超过人类、科大讯飞汉语语音识别准确率超过 97%等多项重大突破为标志，迎来了技术与应用的发展"元年"。

事实上，互联网与云计算支撑下的大数据、计算力和深度学习算法构成了当今人工智能技术快速发展和应用的三大基石，如图 1-13 所示。它们相辅相成、相互依赖、相互促进，使得人工智能有机会从专用的技术发展成为通用的技术，融入各行各业之中。

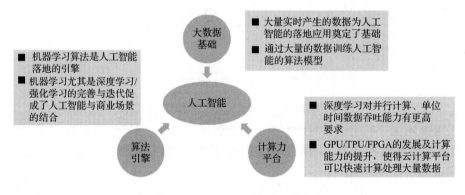

图 1-13 算法、计算力与大数据

2. 计算能力

首先，人工智能对计算能力的要求很高，而以前研究人工智能的科学家往往受限于单台计算机的计算能力，需要对数据样本进行裁剪，对算法模型进行简化，数据在单台计算机里对模型进行训练、分析，导致模型的准确率降低。

近几年随着网络技术尤其是云计算技术、高性能计算技术的发展，解决了同时利用成千上万台服务器进行并行计算的"算力横向扩展"的需求；同时，服务器芯片处理能力和处理方式的迅速发展解决了单台服务器"算力纵向扩展"的需求。计算能力的大幅度提升和计算成本的大幅度下降,使得海量数据样本、复杂算法模型的人工智能研究与应用得以广泛开展。

尤其是 GPU、FPGA 以及人工智能专用芯片(比如谷歌的 TPU)的发展为人工智能各种应用的落地提供了强大的计算能力,使得需要海量运算的、模拟类似于人类的深层神经网络算法模型的人工智能应用成为现实。

3. 云存储与大数据

伴随着互联网、物联网和各行各业信息化应用的普及与飞速发展,人类社会的数据量呈指数形态在爆发式地增长,如图 1-14 所示。对多来源、实时、海量、多类型数据的收集、存储、传输和处理的需求十分强烈。这些数据从不同的角度对现实世界进行逼近真实的描述,其中蕴藏着大量有价值的信息、规律和知识;而利用深度学习技术对这些数据之间的多层次关联关系进行挖掘具有重要的商业价值和社会价值,为人工智能应用奠定了数据源基础。

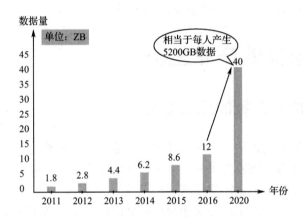

图 1-14 近几年来每年产生的数据量

阿里巴巴集团技术委员会主席王坚博士认为:人工智能是互联网驱动下的一个重要领域,能够发展到今天,不是靠自身内部的驱动力,而是因为互联网在不断完善,数据变得随处可得。所以,人工智能的进步来源于互联网基础设施的不断进步,离开互联网孤立地来看人工智能是没有意义的。

4. 深度学习算法

Geoffrey Hinton 教授于 2006 年提出的深度学习方法,在近几年超强计算力和大数据的支持下,使得人工智能模仿人的学习能力朝前迈进了一大步。AlphaGo、ILSVRC 图像识别、科大讯飞语音识别等重大人工智能突破都是通过设计和采用各种深度学习算法实现的。

如图 1-15 所示,谷歌在线平台(playground.tensorflow.org)给出了一种深度学习的演示模型与训练过程,是一个非常简洁、通俗易懂的深度学习可视化的交互学习教程。

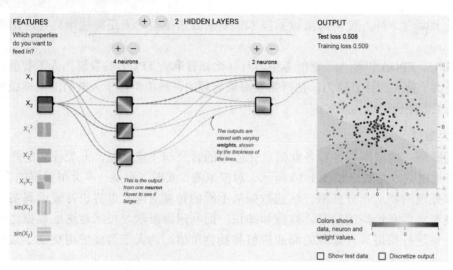

图 1-15 谷歌 Playground 深度学习算法演示

1.6 人工智能的产业生态

1.6.1 人工智能产业链的三层划分

人工智能产业链涉及的机构、企业、技术、产品和应用纷繁复杂，可以将相关的基础设施、核心算法、应用平台和解决方案与产品等，从承上启下和产业分工的视角，划分为三个大的层次，即底端的基础层、中间的技术层和顶端的应用层。实际上，全球的众多企业、院校、机构和学者，正在自身的工作层面和跨层拓展的层面上，从不同路径共同打造全球人工智能产业生态，如图 1-16 所示。

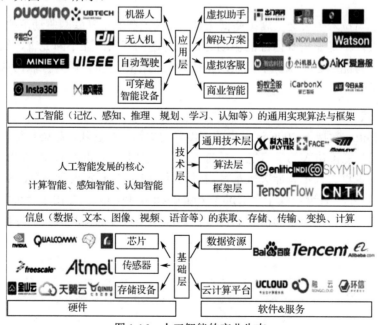

图 1-16 人工智能的产业生态

1.6.2 基础层

基础层主要包括芯片、传感器和存储设备等硬件技术,以及在此基础上以软件与服务方式实现的海量数据的获取、存储、传输和超大规模并行计算的实现技术。其中人工智能对芯片技术的需求有别于传统的信息技术,而超大规模计算能力和海量数据的收集与存储是通过互联网和云计算等技术实现的。

1. 人工智能芯片分类

根据应用场景的不同,目前人工智能芯片可以归纳为三个类别:

- 支持人工智能工程应用及实验室研发阶段的高速训练(在服务器端,Training on Servers)用的芯片,如英伟达(nVIDIA)的 GPU、谷歌的 TPU2.0;
- 支持数据中心人工智能应用推断(Inference on Cloud)的芯片,如亚马逊 Alexa、谷歌大脑(TPU 2.0)、寒武纪的 Dianao、讯飞语音服务等主流人工智能应用,均需要通过云端提供服务,即将推断环节放在云端而非用户设备上;
- 面向智能手机、智能安防摄像头、机器人/无人机、自动驾驶、VR 等终端设备推断(Inference on Device)的高度定制化、低功耗的芯片,如华为 Mate 10/X 的麒麟 970/980 中搭载的寒武纪 IP,旨在为手机端实现较强的深度学习本地端计算能力,从而支撑以往需要云端计算推断的人工智能应用。

按照上述的分类思路,从应用场景及芯片特性两个角度出发,可勾画出一个人工智能芯片的三层生态体系,即训练层、云端推断层和设备端推断层,如图 1-17 所示。

图 1-17 人工智能芯片的三层生态体系

在深度学习的训练和推断环节,常用到的芯片及特征如表 1-3 所示。

表 1-3 深度学习的训练和推断用芯片

类 型	训练(Training)		推断(Inference)
硬 件	GPU	TPU	CPU、GPU、FPGA、ASIC(TPU、DianNao 等)
数据需要量	多		少
运 算 量	大		小

2. 训练加速技术

一项商用的深度学习工程的搭建可分为训练（Training）和推断（Inference）两个环节。训练是指用大量标记过的数据来"训练"一个模型，使之具有特定的功能。推断是指利用训练好的模型，使用新数据推理出各种结论。

训练环节通常需要通过大量的数据输入，采用深度学习、增强学习等人工智能的学习方法，训练出一个复杂的深度神经网络模型。训练过程由于涉及海量的训练数据和复杂的深度神经网络结构，需要的计算规模非常庞大，通常需要采用多台服务器训练几天甚至数周的时间，主要的运算方式是向量与矩阵运算。目前在训练环节通过 GPU 加速尤其是采用英伟达的 GPU 及其通用计算架构 CUDA（Compute Unified Device Architecture）以及 cuDNN 等系列加速库提升训练速度，已经成为行业的一个普遍做法。作者 2017 年 3 月组装的一台双 GPU 实验训练机（Ubentu14.4 + CUDA + cuDNN + NCCL），使用 Caffe 架构下构建的深度学习模型训练 MNIST 手写识别案例，速度提升了 70 倍左右，原来需要训练两天的项目，现在只需要不到一个小时就完成了。2017 年 4 月英伟达发布的一款让人惊叹的、定位于深度学习的超级计算机 DGX-1，拥有 8 颗帕斯卡架构 GP100 核心的 Tesla P100 GPU，以及 7TB 的 SSD（固态硬盘），由两颗 16 核心的 Xeon E5-2698v3 以及 512GB 的 DDR4 内存驱动，其运算力相当于 250 台普通服务器。

英伟达和谷歌为了维护目前在 GPU 训练加速市场的垄断地位，还在持续发力：

- 在产品研发上，英伟达耗费了高达 30 亿美元的研发投入，推出了基于 Volta、首款速度超越 100TFlops 的处理器 Tesla，主打工业级超大规模深度网络加速。
- 加强人工智能软件堆栈体系的生态培育，即提供易用、完善的 GPU 深度学习平台，不断完善 CUDA、cuDNN 等套件以及深度学习框架、深度学习类库，来保持英伟达体系 GPU 加速方案的黏性。
- 推出 nVIDIA GPU Cloud 云计算平台，除了提供 GPU 云加速服务，英伟达以 NVDocker 方式提供全面集成和优化的深度学习框架容器库，以其便利性进一步吸引中小 AI 开发者使用其平台。
- 谷歌 2017 年 5 月又发布了一款针对深度学习加速的 ASIC 芯片 TPU 2.0，而此前的 TPU 1.0 仅能用于推断（即不可用于训练模型），并在 AlphaGo 人机大战中提供了巨大的算力支撑。而目前谷歌发布的 TPU 2.0 除了推断以外，还能高效支持训练环节的深度网络加速。谷歌披露，谷歌在自身的深度学习翻译模型的实践中，如果在 32 块顶级 GPU 上并行训练，需要一整天的训练时间，而在 TPU 2.0 上，1/8 个 TPU Pod（TPU 集群，每 64 个 TPU 组成一个 Pod）就能在 6 个小时内完成同样的训练任务。2018 年 5 月推出的 TPU 3.0 的总处理能力又比 TPU 2.0 提升了 8 倍。
- 目前谷歌并没有急于推进 TPU 芯片的商业化。谷歌对 TPU 芯片的整体规划是，基于自家开源、目前在深度学习框架领域排名第一的 TensorFlow，结合谷歌云服务推出 TensorFlow Cloud，通过 TensorFlow + TPU 云加速的模式为 AI 开发者提供服务。谷歌或许并不会考虑直接出售 TPU 芯片。如果一旦谷歌将来能为 AI 开发者提供相比购买 GPU 更低成本的 TPU 云加速服务，借助 TensorFlow 生态毫无疑问会对 nVIDIA 构成重大威胁。

3. 云端推断加速技术（Inference on Cloud）

当一项深度学习应用，如基于深度神经网络的机器翻译服务，经过数周甚至长达数月的 GPU 集群并行训练后获得了足够性能，接下来将投入面向终端用户的消费级服务应用中，如视频监控设备通过后台的深度神经网络模型判断一张抓拍到的人脸是否属于黑名单、智能手机语音输入和翻译等。一般而言，由于训练出来的深度神经网络模型往往非常复杂，其 Inference（推断）仍然是计算密集型和存储密集型的，这使得它难以被部署到资源有限的终端用户设备（如智能手机）上。正如谷歌不期望用户会安装一个大小超过 300MB 的机器翻译 App 应用到手机上，并且每次翻译推断（应用训练好的神经网络模型计算出翻译的结果）的手机本地计算时间长达数分钟甚至耗尽手机电量仍然未完成计算。这时候，云端推断（Inference on Cloud）在人工智能应用部署架构上变得非常必要。虽然单次推断的计算量远远无法和训练相比，但如果假设有 1000 万人同时使用这项机器翻译服务，其推断的计算量总和足以给云服务器带来巨大压力。而随着人工智能应用的普及，这点无疑会变成常态以及业界的另一个痛点。由于海量的推断请求仍然是计算密集型任务，CPU 在推断环节再次成为瓶颈。在云端推断环节，GPU 不再是最优的选择，取而代之的是，目前 3A（阿里云、Amazon、微软 Azure）都纷纷探索云服务器+FPGA 芯片模式替代传统 CPU 以支撑推断环节在云端的技术密集型任务。在推断环节，除了使用 CPU 或 GPU 进行运算外，FPGA 以及 ASIC 均能发挥重大作用。

FPGA（可编程门阵列，Field Programmable Gate Array）是一种集成大量基本门电路及存储器的芯片，可通过烧入 FPGA 配置文件来定义这些门电路及存储器间的连线，从而实现特定的功能。而且烧入的内容是可配置的，通过配置特定的文件可将 FPGA 转变为不同的处理器，就如一块可重复刷写的白板一样。因此，FPGA 可灵活支持各类深度学习的计算任务，性能上根据百度的一项研究显示，对于大量的矩阵运算，GPU 远好于 FPGA，但是当处理小计算量大批次的实际计算时 FPGA 性能优于 GPU。另外，FPGA 有低延迟的特点，非常适合在推断环节支撑海量的用户实时计算请求（如语音云识别）。

ASIC（专用集成电路，Application Specific Integrated Circuit）则是不可配置的高度定制专用芯片。其特点是需要大量的研发投入，如果不能保证出货量则其单颗成本难以下降，而且芯片的功能一旦流片后则无更改余地，若市场深度学习方向一旦改变，ASIC 前期投入将无法回收，意味着 ASIC 具有较大的市场风险。但 ASIC 作为专用芯片，其性能高于 FPGA，如能实现高出货量，则其单颗成本可做到远低于 FPGA。

亚马逊 AWS 在 2017 年推出了基于 FPGA 的云服务器 EC2 F1；微软早在 2015 年就通过 Catapult 项目在数据中心实验 CPU + FPGA 方案；而百度则选择与 FPGA 巨头 Xilinx（赛思灵）合作，在百度云服务器中部署 Kintex FPGA，用于深度学习推断；阿里云、腾讯云也均有类似围绕 FPGA 的布局。值得一提的是，FPGA 芯片厂商也出现了一家中国企业的身影——清华系背景、定位于深度学习 FPGA 方案的深鉴科技，目前深鉴科技已经获得了 Xilinx 的战略性投资。

云计算巨头纷纷布局云计算+FPGA 芯片，首先是因为 FPGA 作为一种可编程芯片，非常适合部署于提供虚拟化服务的云计算平台之中。FPGA 的灵活性，可赋予云服务商根据市场需求调整 FPGA 加速服务供给的能力。比如一批深度学习加速的 FPGA 实例，可根据市场需求导向，通过改变芯片内容变更为如加解密实例等其他应用，以确保数据中心中 FPGA 的巨大投资不会因为市场风向变化而陷入风险之中。另外，由于 FPGA 的体系结构特点，非常适合用于低延迟的流式计算密集型任务处理，意味着 FPGA 芯片做面向与海量用户高并发的云端推断，相比 GPU 具备更低计算延迟的优势，能够提供更佳的消费者体验。

在云端推断的芯片生态中，不得不提的最重要力量是 PC 时代的王者英特尔。面对摩尔定律失效的 CPU 产品线，英特尔痛定思痛，将 PC 时代积累的现金流，通过多桩大手笔的并购迅速补充人工智能时代的核心资源能力。首先以 167 亿美元的代价收购 FPGA 界排名第二的 Altera，整合 Altera 多年 FPGA 技术以及英特尔自身的生产线，推出 CPU + FPGA 异构计算产品，主攻深度学习的云端推断市场。另外，2017 年通过收购拥有为深度学习优化的硬件和软件堆栈的 Nervana，补全了深度学习领域的软件服务能力。当然，不得不提的是英特尔还收购了领先的先进驾驶辅助系统（Advanced Driver Assistance System，ADAS）服务商 Mobileye 以及计算机视觉处理芯片厂商 Movidius，将人工智能芯片的触角延伸到了设备端市场。

4．终端推断加速技术（Inference on Device）

随着人工智能应用生态的爆发，将会出现越来越多不能单纯依赖云端推断的设备。例如，自动驾驶汽车的推断不能交由云端完成，否则如果出现网络延时则是灾难性后果；或者大型城市动辄百万级数量的高清摄像头，其人脸识别推断如果全交由云端完成，高清录像的网络传输带宽将让整个城市的移动网络不堪重负。未来在相当一部分人工智能应用场景中，要求终端设备本身需要具备足够的推断计算能力，而显然当前 ARM 等架构芯片的计算能力并不能满足这些终端设备的本地深度神经网络推断的需求。业界需要全新的低功耗异构芯片，以赋予设备足够的计算力去应对未来越发增多的人工智能应用场景。

需要设备端具有直接推断能力的应用场景包括智能手机、ADAS、CV 设备、VR 设备、语音交互设备以及机器人等。具体应用包括：

- 智能手机——智能手机中嵌入深度神经网络加速芯片，或许将成为业界的一个新趋势，当然这个趋势要等到有足够多基于深度学习的"杀手级" App 出现才能得以确认。华为已经在 Mate 10 的麒麟 970 中搭载寒武纪 IP，为 Mate 10 带来较强的深度学习本地端推断能力，让各类基于深度神经网络的摄影/图像处理应用能够为用户提供更佳的体验。另外，高通同样有意在日后的芯片中加入骁龙神经处理引擎，用于本地端推断。同时 ARM 也推出了针对深度学习优化的 DynamIQ 技术。对于高通等 SoC 厂商，在其成熟的芯片方案中加入深度学习加速器 IP 并不是什么难事，智能手机未来人工智能芯片的生态基本可以断定仍会掌握在传统 SoC 厂商手中。
- ADAS（先进驾驶辅助系统）——ADAS 作为最吸引大众眼球的人工智能应用之一，需要处理海量由激光雷达、毫米波雷达、摄像头等传感器采集的海量实时数据。作为 ADAS 的中枢大脑，ADAS 芯片市场的主要玩家包括 2017 年被英特尔收购的 Mobileye、恩智浦（NXP），以及汽车电子的领军企业英飞凌。随着英伟达推出自家基于 GPU 的 ADAS 解决方案 Drive PX2，英伟达也加入到战团之中。
- 计算机视觉（Computer Vision，CV）设备——计算机视觉领域全球领先的芯片提供商是 Movidius，目前已被英特尔收购，大疆无人机、海康威视和大华股份的智能监控摄像头均使用了 Movidius 的 Myriad 系列芯片。需要深度使用计算机视觉技术的设备，如上述提及的智能摄像头、无人机，以及行车记录仪、人脸识别迎宾机器人、智能手写板等设备，往往都具有本地端推断的刚需，上述这些设备如果仅能在联网下工作，无疑将带来非常糟糕的体验。而计算机视觉技术目前看来将会成为人工智能应用的沃土之一，计算机视觉芯片将拥有广阔的市场前景。目前国内涉足计算机视觉技术的公司以初创公司为主，如商汤科技、旷视、腾讯优图，以及云从、依图等公司。在这些公司中，未来有可能随着其自身计算机视觉技术的积累渐深，部分公司将会自然而然转入 CV 芯片的研发中，正如 Movidius 也正是从计算机视觉技术到芯片商一路走来的路径。

- 虚拟现实（Virtual Reality，VR）设备、语音交互设备以及机器人——VR 设备芯片的代表有微软为自身 VR 设备 Hololens 而研发的 HPU 芯片，这颗由台积电代工的芯片能同时处理来自 5 个摄像头、一个深度传感器以及运动传感器的数据，并具备计算机视觉的矩阵运算和 CNN（Convolutional Neural Networks，卷积神经网络）运算的加速功能。语音交互设备芯片方面，国内有启英泰伦以及云知声两家公司，其提供的芯片方案均内置了为语音识别而优化的深度神经网络加速方案，实现设备的语音离线识别。机器人方面，无论是家居机器人还是商用服务机器人，均需要专用软件 + 芯片的人工智能解决方案，这方面的典型公司有由前百度深度学习实验室负责人余凯创办的地平线机器人，除此之外，地平线机器人还提供 ADAS、智能家居等其他嵌入式人工智能解决方案。

在 Inference on Device 领域，呈现的是一个缤纷的生态。因为无论是 ADAS 还是各类 CV、VR 等设备领域，人工智能应用仍远未成熟，各人工智能技术服务商在深耕各自领域的同时，逐渐由人工智能软件演进到软件 + 芯片解决方案是自然而然的路径，因此形成了丰富的芯片产品方案。同时，英伟达、英特尔等巨头逐渐也将触手延伸到了 Inference on Device 领域，意图形成端到端的综合人工智能解决方案体系，实现各层次资源的联动。

1.6.3 技术层

人工智能在模仿人类智能的过程中，根据智能程度的不同，可以分为运算智能、感知智能和认知智能。

- 运算智能，即快速计算和记忆存储能力。数据挖掘、人工智能所涉及的各项技术的发展是不均衡的，现阶段计算机比较具有优势的是运算能力和存储能力。1996 年 IBM 的深蓝计算机战胜了当时的国际象棋冠军卡斯帕罗夫，从此，人类在这样的强运算型的比赛方面就很难战胜机器了。
- 感知智能，即视觉、听觉、触觉等感知能力。人和动物都能够通过各种智能感知能力与自然界进行交互。自动驾驶汽车就是通过激光雷达等感知设备和人工智能算法，实现这样的感知智能的。机器在感知世界方面，比人类更有优势。人类都是被动感知的，但是机器可以主动感知，如激光雷达、微波雷达和红外雷达。不管是 Big Dog 这样的感知机器人，还是自动驾驶汽车，因为充分利用了 DNN（Deep Neural Networks，深层神经网络）和大数据的成果，机器在感知智能方面已越来越接近于人类。
- 认知智能，通俗讲就是机器"能理解、会思考"。人类有语言，才有概念，才有推理，所以概念、意识、观念等都是人类认知智能的表现。当前的自然语言处理、用户画像、服务机器人、考试机器人等就属于认知智能。

图 1-17 中间的技术层主要是提供实现人工智能（记忆、感知、推理、规划、学习、认知

等）的通用算法与框架，以及之上的通用技术服务，如语音处理、计算机视觉等。实际上，通用技术层是全球学者、企业多年积累的通用算法、工具，通过框架和服务等方式提供给人工智能应用产品的开发者，从而简化开发过程、缩短开发周期、提升产品质量。

所谓人工智能框架（现在多数称为深度学习框架，也称为人工智能开发平台），就是由机构、个人或厂商设计、开发和维护的人工智能通用算法、实现程序、编程接口以及应用案例、文档，经过封装、打包后提供给应用开发者使用的软件系统。当前流行的人工智能框架很多，而且绝大多数都是免费开源的，比如谷歌用来开发 AlphaGo 的 Tensorflow，微软的 CNTK，加州大学贾扬清博士开发的 Caffe，Facebook 的 PyTorch 等。如图 1-18 所示给出了当前全球主流 AI 框架的认可度比较。Keras 作者、Google 深度学习研究院 François Chollet，于 2017 年 10 月再次发布了 GitHub 上各种深度学习框架的排名情况。截至 2017 年 10 月，TensorFlow 仍然保持无可争议的霸主地位，Keras、Caffe、MXNet、Theano 分列第 2 至 5 位。另外，具有自动求导和 GPU 加速功能的 PyTorch 发展势头良好。

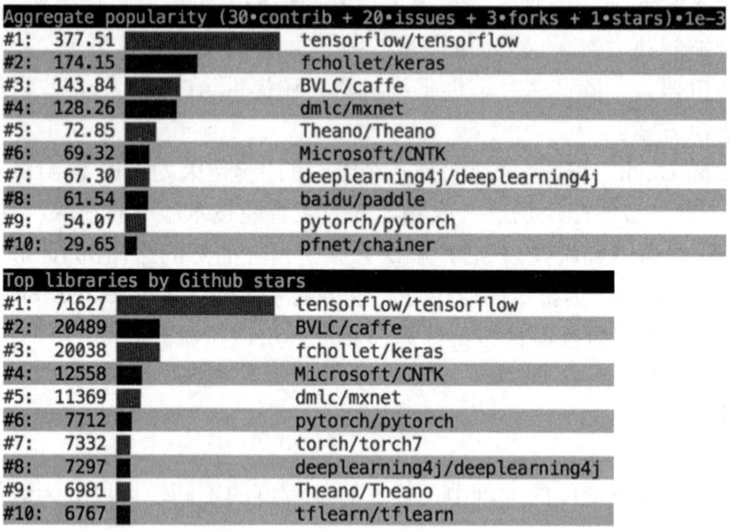

```
Aggregate popularity (30·contrib + 20·issues + 3·forks + 1·stars)·1e-3
#1:  377.51    tensorflow/tensorflow
#2:  174.15    fchollet/keras
#3:  143.84    BVLC/caffe
#4:  128.26    dmlc/mxnet
#5:   72.85    Theano/Theano
#6:   69.32    Microsoft/CNTK
#7:   67.30    deeplearning4j/deeplearning4j
#8:   61.54    baidu/paddle
#9:   54.07    pytorch/pytorch
#10:  29.65    pfnet/chainer

Top libraries by Github stars
#1:  71627     tensorflow/tensorflow
#2:  20489     BVLC/caffe
#3:  20038     fchollet/keras
#4:  12558     Microsoft/CNTK
#5:  11369     dmlc/mxnet
#6:   7712     pytorch/pytorch
#7:   7332     torch/torch7
#8:   7297     deeplearning4j/deeplearning4j
#9:   6981     Theano/Theano
#10:  6767     tflearn/tflearn
```

图 1-18　深度学习框架的 GitHub 综合指数及人气排行

所谓的通用技术服务，是指由高水平的专业公司在"攻克"特定的人工智能通用问题后，在互联网上将其实现的智能功能通过"服务"（Web Service）的形式提供给应用开发者使用，从而简化应用开发，支持复杂智能功能的实现。比如科大讯飞"人工智能交互界面——AIUI"，它集成了双全工技术、麦克风阵列技术、声纹识别技术、方言识别、语义理解技术和内容服务等一系列人工智能技术，通过互联网提供智能语音交互界面服务，使得应用开发者能够非常方便地在其应用系统中添加语音交互控制功能，在服务机器人、智能音箱、车载终端、移动 App 等产品上都得到了广泛应用。

1.6.4　应用层

应用层按照对象不同，可分为消费级终端应用产品和行业场景应用两大类。

消费级终端包括智能机器人、智能无人机以及智能硬件三个方向，主要是对接各类外部行业的 AI 应用场景，包括智慧医疗、智慧教育、智慧金融、新零售、智慧安防、智慧营销、智慧城市等。近年来,国内企业陆续推出应用层面的产品和服务,比如小 i 机器人、智齿客服等智能客服,"出门问问""度秘"等虚拟助手,工业机器人和服务型机器人也层出不穷,应用层产品和服务正逐步落地。

其中,IBM 最早布局人工智能,"万能 Watson"推动多行业变革;百度推出"百度大脑"计划,重点布局自动驾驶汽车;而谷歌的人工智能业务则较为繁杂,多领域遍地开花,包括 AlphaGo、自动驾驶汽车、谷歌大脑等;微软在语音识别、语义理解、计算机视觉等领域保持领先。除此之外,家电行业也掀起了人工智能的热潮,不少家电企业都瞄准了人工智能,潜心研发 AI 技术,将其应用于家电产品。近年来,长虹、美的、格力、格兰仕等都在向智能制造转型,试图立足"Smart Home",将人工智能和智能家居更紧密地结合在一起。

1.7 科技巨头在 AI 领域的布局

人工智能的高速发展,很大程度上得益于各大科技巨头的高度重视和大力推进。科技巨头在人工智能领域的布局大都比较全面,尤其在技术层有许多重合之处,常用的语音、图像、语义技术基本都会自主研发。

1.7.1 国外科技巨头在 AI 领域的布局

1. 谷歌

谷歌是全球在人工智能领域投入最大且整体实力最强的公司。2016 年 4 月,谷歌 CEO Sundar Pichai 明确提出将 AI 优先作为公司大战略。近年来,谷歌的传奇技术大神 Jeff Dean 的工作重心都投入到谷歌大脑项目。谷歌还吸引了深度学习鼻祖、多伦多大学 Geoffrey Hinton 教授,计算机视觉专家、斯坦福大学李飞飞教授等顶尖专家加盟。

- 基础技术:谷歌在 2011 年便推出了分布式深度学习框架 DistBelief,2015 年开源第二代深度学习框架 TensorFlow。TensorFlow 是目前最受关注的深度学习框架之一,谷歌还为其研发了专用芯片 TPU,将性能提高了一个数量级。谷歌云平台基于 TensorFlow 提供了云端机器学习引擎。
- 应用技术:谷歌云平台提供了自然语言、语音、翻译、视觉、视频智能等常用应用技术接口。
- 产品服务:早在 2009 年,谷歌便启动了自动驾驶汽车项目。2016 年 12 月,该项目分拆为一家独立的公司 Waymo。目前谷歌自动驾驶汽车测试里程已经突破 200 万英里,但由于真实路况的复杂性以及法律风险,自动驾驶汽车距大规模上路还有很长一段距离。2014 年 10 月,谷歌推出 Gmail 的进化版——Inbox,邮件可以被自动归类到旅行、财务、新闻资讯等类别。2015 年 5 月,谷歌发布 Google Photos,可以对照片自动识别、分类,并支持自然语言搜索。2016 年 5 月,谷歌推出智能家居中控系统 Google Home,对标亚马逊的 Echo。Google Home 背后的智能助手引擎是 Google Assistant,对标亚马逊的 Alexa。2016 年谷歌的 AlphaGo 在人机围棋大战中的碾压式胜利又一次引爆了公众对人工智能的关注。

2. 微软

1991 年创立的微软研究院（Microsoft Research）一直在从事人工智能领域相关的研究。2016 年 9 月，微软整合微软研究院、必应（Bing）和小娜（Cortana）产品部门以及机器人等团队，组建"微软人工智能与研究事业部"，借此来加速人工智能研发的进程。该事业部由微软全球执行副总裁沈向洋领导，目前拥有 7000 多名计算机科学家和工程师。

- 基础技术：微软开源了深度学习工具包 CNTK，推出了基于云平台的人工智能超级云计算机。微软在其云平台 Azure 中加入 FPGA，达到了前所未有的网络性能，提高了所有工作负载的吞吐量。
- 应用技术：微软认知服务（Microsoft Cognitive Services）目前已经集合了多种智能 API 以及知识 API 等二十多款工具可供开发者调用。
- 产品服务：微软 2014 年 5 月推出智能聊天机器人小冰，同年 7 月发布智能助手小娜（Cortana）。现在小娜每天都在为 1.13 亿用户服务，已回答超过 120 亿个问题。在商用领域，微软还推出了 Cortana 智能套件（Cortana Intelligence Suite）。微软 2016 年 4 月发布聊天机器人框架 Bot Framework，目前已经被超过 40000 名开发者使用。

3. Facebook

人工智能是 Facebook 的三大方向之一。2013 年 12 月成立人工智能实验室（Facebook AI Research，FAIR），由卷积神经网络 CNN 的发明者、纽约大学终身教授 Yann LeCun 领导。还成立了应用机器学习部门（Applied Machine Learning，AML），由机器学习专家 Joaquin Candela 领导，负责将 AI 研究成果应用到 Facebook 现有产品中。LeCun 和 Candela 都直接向 Facebook 的 CTO 汇报工作。Facebook CEO 扎克伯格在 2016 年还亲自写代码为自己家开发了一个人工智能管家 Jarvis。

- 基础技术：Facebook 于 2015 年 12 月开源人工智能硬件平台 Big Sur，2017 年 3 月又开源了新一代的服务器设计方案 Big Basin，能训练的模型比 Big Sur 大了 30%。2016 年和 2017 年分别开源了基于 Torch 的深度学习框架 Torchnet 和 PyTorch。Facebook 内部搭建了通用的机器学习平台 FBLearner Flow。目前在 FBLearner Flow 平台上平均每个月运行 120 万个 AI 任务。Lumos 构建于 FBLearner Flow 平台之上，是专用于图像和视频的学习平台。
- 应用技术：Facebook 在语义领域开发了文本理解引擎 DeepText，开源了文本表示和分类库 fastText。在图像领域，开发了人脸识别技术 DeepFace，开源了三款图像分割工具：DeepMask、SharpMask 和 MultiPathNet。
- 产品服务：Facebook 于 2015 年 8 月推出智能助手 M，2016 年 4 月推出基于 Facebook Messenger 的聊天机器人框架 Bot。但受限于当时的人工智能技术水平，聊天机器人的错误率被爆高达 70%，Facebook 已经将聊天机器人的重心转向一些特定的任务。Facebook 还开源了自己的围棋 AI 引擎 DarkForest，来自中国的田渊栋是其首席工程师。

4. IBM

人工智能是 IBM 在 2014 年后的重点关注领域，IBM 正在转型成为认知产品服务和云平台公司。IBM 未来十年战略核心是"智慧地球"计划，IBM 每年为其投入的研发经费在 30 亿美元以上。

- 基础技术：IBM 一直致力于研发类脑芯片 TrueNorth，并取得了不错的进展，但离量产尚有距离。IBM 还开源了大规模机器学习平台 SystemML。
- 应用技术：IBM 云平台 Bluemix 提供了覆盖语音、图像、语义等领域的十多种常用技术。
- 产品服务：Watson 在 "Jeopardy！"（美国著名的电视智力竞答节目）一战成名之后，IBM 围绕 Watson 继续发力，计划将其打造成商业领域的人工智能平台。医疗是他们目前最重要的领域。2016 年 8 月，Watson 只用了 10 分钟便为一名患者确诊了一种很难判断的罕见白血病。此外，Watson 还被广泛应用于教育、保险、气象等领域。

5. 亚马逊

有别于其他科技巨头，亚马逊鲜有宣传自己的 AI 布局，却不声不响地做出了 AI 明星产品 Echo。2016 年 7 月卡内基·梅隆大学教授、顶尖机器学习专家 Alex Smola 加盟亚马逊担任 AWS 机器学习总监。

- 基础技术：亚马逊在 AWS 上提供了分布式机器学习平台。
- 应用技术：2016 年年底，AWS 才正式推出自己的 AI 产品线——Amazon Lex、Amazon Polly 以及 Amazon Rekognition，分别用于聊天机器人、语音合成以及图像识别。
- 产品服务：亚马逊 2014 年发布智能音箱 Echo，据估计，截至 2018 年 6 月底 Echo 系列产品在美国家庭的安装量已经达到 3500 万台（市场占有率达到 70%），取得了巨大的商业成功。借助 Echo 的成功，Echo 背后的智能语音助手 Alexa 也被众多第三方设备采用。Alexa 目前已拥有超过 1 万项技能，这个数字还在快速增长。亚马逊还推出了新零售实体便利商超 Amazon Go。在 Amazon Go 中，没有服务员，没有收银台，消费者进店不用排队结账，拿了就走。

6. 苹果（Apple）

苹果于 2011 年最早推出语音助手 Siri，掀起语音助手的热潮。但 Siri 的效果远低于用户的预期，最终沦为一个玩具。在近几年的人工智能大潮中，苹果除收购了一些人工智能创业公司，并无重量级的产品或技术问世，已经明显落后于其他科技巨头。2016 年 10 月，苹果挖来 CMU 的深度学习专家 Russ Salakhutdinov 担任人工智能研究团队的负责人，表明苹果已经开始加紧步伐追赶。

1.7.2 中国科技巨头在 AI 领域的布局

1. 百度

百度是国内人工智能领域投入最大、布局最广且整体实力最强的公司之一。2013 年 1 月，百度建立深度学习研究院（Institute of Deep Learning, IDL）。2014 年 5 月，百度硅谷人工智能实验室在美国硅谷成立。同时，世界顶级人工智能专家、斯坦福大学教授吴恩达（Andrew Ng）出任百度首席科学家，全面负责百度研究院。2017 年 1 月，曾任微软集团全球执行副总裁的陆奇加入百度担任百度集团总裁和 COO（2018 年 5 月离任）。2017 年 2 月，百度宣布全资收购渡鸦科技，渡鸦创始人吕骋出任百度智能家居硬件总经理，直接向陆奇汇报。原度秘团队升级为度秘事业部，也直接向陆奇汇报。2017 年 3 月，百度成立智能驾驶事业群组，由陆奇兼任总经理，吴恩达离职。百度宣布整合包括 NLP、KG、IDL、Speech、Big Data 等在内的百度核心技术，组成百度 AI 技术平台体系（AIG），任命百度副总裁王海峰为 AI 技术平台体系（AIG）总负责人。目前百度人工智能团队已经增长到近 1300 人。从百度频繁且大规模的人工智能相关的人事和组织调整亦可以看出，百度在人工智能上下了重注。

- 基础技术：百度在数据中心也大规模采用了 FPGA 来加速计算。另外，百度还自主研发并开源了自己的深度学习框架 PaddlePaddle，这属于国内首家。
- 应用技术：百度云平台提供了语音、人脸识别、文字识别、自然语言处理、黄反识别、智能视频分析等常用应用技术。
- 产品服务：百度自动驾驶车项目于 2013 年起步。2015 年 12 月，百度自动驾驶车国内首次实现城市、环路及高速道路混合路况下的全自动驾驶，测试时最高时速达到 100km/h。2016 年 7 月，百度与乌镇旅游举行战略签约仪式，宣布双方在景区道路上实现 Level4 的自动驾驶。2015 年 9 月，百度推出人工智能助理度秘（英文名：Duer），度秘可以在对话中清晰地理解用户的多种需求，为用户提供各种优质服务。2017 年 1 月，百度推出首款对话式人工智能操作系统 DuerOS。DuerOS 支持第三方开发者的能力接入，目前已经具备 7 大类目 70 多项能力，能够支持手机、电视、音箱、汽车、机器人等多种硬件设备。

2. 腾讯

腾讯之前已经有微信模式识别中心、优图实验室、文智等多个团队在应用技术层开展了很多工作。腾讯于 2016 年 4 月成立人工智能实验室（简称 AI Lab），由曾经担任百度 IDL 首席科学家的张潼领导，重金招揽优秀的 AI 领域研发人员，意图加速 AI 的进程。

- 基础技术：腾讯云提供了大规模机器学习平台和深度学习平台，目前支持 TensorFlow、Caffe、Torch 三大深度学习框架。
- 应用技术：腾讯的云平台也提供图像、语音、自然语言处理等常用应用技术。
- 产品服务：2015 年 9 月，腾讯的新闻写作机器人 Dreamwriter 撰写财经新闻并发布。2017 年 3 月，腾讯的围棋机器人"绝艺"斩获 UEC 杯计算机围棋大赛冠军。

3. 阿里巴巴

阿里巴巴主要围绕自身的电商业务和商业领域进行布局。2017 年 3 月，在阿里巴巴首届技术大会上，马云宣布启动一项代号"NASA"的计划，面向未来 20 年组建强大的独立研发部门，涉及面向机器学习、芯片、IoT、操作系统、生物识别等核心技术。

- 基础技术：2017 年 3 月，阿里巴巴发布分布式机器学习平台 PAI 2.0，全面兼容主流深度学习框架 TensorFlow、Caffe 和 MXNet。
- 应用技术：阿里云提供了语音和图像的接口，暂无自然语言处理的接口。
- 产品服务：阿里巴巴于 2015 年 7 月发布智能客服机器人"阿里小蜜"，能力堪比 3.3 万个客服小二。2016 年阿里巴巴与杭州市联合推出城市大脑，初步实验表明：通过智能调节红绿灯，道路车辆通行速度最高提升了 11%。此外，阿里巴巴还布局了工业大脑、电商大脑、医疗大脑。

4. 科大讯飞

科大讯飞作为中国最大的智能语音技术提供商，在智能语音技术领域有着长期的研究积累，并在中文语音合成、语音识别、口语评测等多项技术上拥有国际领先的成果。科大讯飞是我国唯一以语音技术为产业化方向入选"国家 863 计划成果产业化基地""国家规划布局内重点软件企业""国家火炬计划重点高新技术企业""国家高技术产业化示范工程"，并被当时

第1章 人工智能的产生与发展

的信息产业部确定为中文语音交互技术标准工作组组长单位，牵头制定中文语音技术标准。2003年，科大讯飞获迄今中国语音产业唯一的"国家科技进步奖"（二等奖），2005年获中国信息产业自主创新最高荣誉"信息产业重大技术发明奖"。2006—2011年，连续六届英文语音合成国际大赛（Blizzard Challenge）荣获第一名。2008年获国际说话人识别评测大赛（美国国家标准技术研究院——NIST 2008）桂冠，2009年获得国际语种识别评测大赛（NIST 2009）高难度混淆方言测试指标冠军、通用测试指标亚军。

- 基础技术：自主研发麦克风阵列、语音合成芯片、离线识别芯片。
- 应用技术：在中文语音合成、语音识别、口语评测、语义理解、手写识别等多项技术上拥有国际领先的成果。
- 产品服务：基于拥有自主知识产权的世界领先智能语音技术，科大讯飞已推出从大型电信级应用到小型嵌入式应用，从电信、金融等行业到企业和家庭用户，从PC到手机再到MP3/MP4/PMP和玩具，能够满足不同应用环境的多种产品。科大讯飞占有中文语音技术市场70%以上市场份额，语音合成产品市场份额达到70%以上，在电信、金融、电力、社保等主流行业的份额更达80%以上，开发伙伴超过10000家，灵犀定制语音助手在同类产品中用户规模排名第一。以科大讯飞为核心的中文语音产业链已初具规模。科大讯飞应用服务与产品如图1-19所示。

图1-19 科大讯飞应用服务与产品

5. 旷视科技

北京旷视科技有限公司成立于2011年10月，以深度学习和物联传感技术为核心，立足于金融安全、城市安防、手机AR、商业物联、工业机器人五大核心行业，致力于为企业级用户提供全球领先的人工智能产品和行业解决方案。发展至今，旷视已在北京、西雅图、南京设立独立研究院，并在十余个核心城市设立分部。在"赋能机器之眼，构建城市大脑"的愿景下，旷视正在推动人工智能技术在中国及全球范围的产业落地，并通过打造MegCity城市大脑数据平台为构建智慧城市、平安城市基础设施而奋斗。如图1-20所示为旷视科技智能开放云平台架构。

- 技术层：自有原创深度学习算法引擎Brain++。
- 应用层：人脸识别技术Face++曾入选《麻省理工科技评论》发布的"2017全球十大突破性技术"榜单，同时公司入榜2017年全球最聪明公司第11名。在中国科技部火炬中心"独角兽"榜单中，旷视排在人工智能类首位。2017年7月，旷视曾作为唯一科技企业代表在政府半年经济会议中向国务院做企业创新汇报。

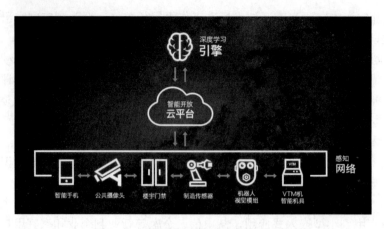

图 1-20　旷视科技智能开放云平台架构

6. 寒武纪

寒武纪科技是全球智能芯片领域的先行者，宗旨是打造各类智能云服务器、智能终端以及智能机器人的核心处理器芯片。公司创始人、首席执行官陈天石教授，在处理器架构和人工智能领域深耕十余年，是国内外学术界享有盛誉的杰出青年科学家，曾获国家自然科学基金委员会"优秀青年科学基金"资助、CCF-Intel 青年学者奖、中国计算机学会优秀博士论文奖等荣誉，团队骨干成员均毕业于国内顶尖高校，具有丰富的芯片设计开发经验和人工智能研究经验，从事相关领域研发的平均时间达七年以上。

- 基础层：寒武纪科技是全球第一个成功流片并拥有成熟产品的智能芯片公司，拥有终端和服务器两条产品线。2016 年推出的寒武纪 1A 处理器（Cambricon 1A）是世界首款商用深度学习专用处理器，面向智能手机、安防监控、可穿戴设备、无人机和智能驾驶等各类终端设备，在运行主流智能算法时性能功耗比全面超越 CPU 和 GPU，与特斯拉增强型自动辅助驾驶、IBM Watson 等国内外新兴信息技术的杰出代表同时入选第三届世界互联网大会（乌镇）评选的十五项"世界互联网领先科技成果"。

目前寒武纪与智能产业的各大上下游企业建立了良好的合作关系。在人工智能大爆发的前夜，寒武纪科技的光荣使命是引领人类社会从信息时代迈向智能时代，做支撑智能时代的伟大芯片公司。解决方案包括：

- IP 授权：寒武纪科技拥有世界领先的深度学习加速器架构设计和研发能力，Cambricon 1A 系列 IP 产品可授权集成至当前所有的智能终端、可穿戴设备、监控设备、机器人及自动驾驶芯片中，大幅提升各类设备的智能化处理能力，实现终端产品的离线智能化。
- 芯片服务：基于集成了寒武纪 IP 的业界最先进的深度学习芯片，寒武纪科技团队可帮助各类客户搭建高效、精准的深度学习平台，满足不同客户在各个领域的智能化应用需求。
- 智能子卡：基于强大的芯片和板卡设计能力，寒武纪科技可为客户定制深度学习智能板卡，在节约成本的前提下，大大提升原有服务器机房及云平台的智能化处理能力，实现机房及云平台的智能化升级改造。
- 智能平台：基于寒武纪产品的强大智能处理能力，以及寒武纪科技团队强大的软硬件设计能力，可为各类客户搭建高性能、低功耗、低成本的智能计算平台，孕育智能化时代的核心大脑。

1.7.3 全球各国人工智能政策

新一轮的人工智能浪潮受到各国政府的高度关注,美国、中国、日本以及欧洲各国近几年来纷纷出台相关政策或计划引导,进一步加速人工智能的高速发展。

1. 中国
   - 2015 年 5 月,国务院印发《中国制造 2025》,将"智能制造"列为中国制造的主攻方向。
   - 2015 年 7 月,《国务院关于积极推进"互联网+"行动的指导意见》发布,将人工智能作为重点布局的 11 个领域之一。
   - 2016 年 3 月,工信部等三部委联合印发《机器人产业发展规划(2016—2020 年)》,为"十三五"期间我国机器人产业发展描绘了清晰的蓝图。
   - 2016 年 5 月,国家发改委等四部门联合印发《"互联网+"人工智能三年行动实施方案》,以加快人工智能产业发展。
   - 2016 年 7 月,国务院印发《"十三五"国家科技创新规划》,明确将人工智能作为发展新一代信息技术的主要方向。
   - 2017 年 3 月,十二届全国人大五次会议上,"人工智能"首次进入政府工作报告。
   - 2017 年 7 月,国务院印发《新一代人工智能发展规划》。
   - 2017 年 12 月,工信部印发了《促进新一代人工智能产业发展三年行动计划(2018—2020 年)》。

2. 美国
   - 2013 年 4 月,美国启动"推进创新神经技术脑研究计划"(简称"脑计划"),目标包括探索人类大脑工作机制、开发大脑不治之症的疗法等。
   - 2015 年 10 月,美国发布新版《美国国家创新战略》,其中的重点领域如自动驾驶、智慧城市、数字教育等内容都与人工智能息息相关。
   - 2016 年 10 月,美国发布《为人工智能的未来做好准备》和《国家人工智能研究与发展战略规划》两份重要报告,将人工智能上升到国家战略高度。紧接着美国又发布《2016 美国机器人发展路线图——从互联网到机器人》,力图保持美国在机器人领域的领先地位。
   - 2018 年 2 月,美国总统特朗普签署行政命令,正式启动美国人工智能计划。该计划包括研发领域、开放资源、政策制定、人才培养、国际合作五个关键领域。白宫发文称:"美国人从成为人工智能的早期开发者和国际领导者中获益匪浅。然而,随着全球人工智能创新步伐的加快,我们不能坐视不管。我们必须确保人工智能的发展继续受到美国人的聪明才智的推动,反映美国的价值观,并为美国人民的利益服务。"

3. 日本
   - 2015 年 1 月,日本发布《日本机器人战略:愿景、战略、行动计划》(也可称为《新机器人战略》),希望充分利用机器人技术,力争使日本在当今数据驱动时代引领世界。
   - 2016 年 1 月,日本发布《第五期科学技术基本计划(2016—2020)》,欲打造"超智能社会"。

- 2016 年 5 月,日本确定了"人工智能/大数据/物联网/网络安全综合项目"(AIP 项目)的 2016 年度战略目标,希望利用快速发展的人工智能技术,开发出能利用多样化海量信息的综合性技术。
- 2016 年 8 月,日本发布第四次产业革命战略,有三个核心技术方向:物联网、大数据和人工智能。

4. 欧盟
- 2013 年 1 月,欧盟宣布"人脑计划"(Human Brain Project),该项目被选定为欧盟的未来新兴技术旗舰项目之一。
- 2014 年 6 月,欧盟启动《欧盟机器人研发计划》(SPARC),这是目前全球最大的民用机器人研发计划。

5. 英国
- 2016 年 12 月,英国发布《人工智能:未来决策制定的机遇与影响》报告,希望利用英国的独特人工智能优势增强国力。

6. 德国
- 早在 1988 年,德国就成立了德国人工智能研究中心(简称为 DFKI),是目前世界上最大的人工智能研究中心。
- 2013 年 4 月,德国提出"工业 4.0"的概念并被各国广泛接受,人工智能是其中的一个核心要素。

1.7.4 中美竞赛

纵观当前全球各国人工智能的发展状况,美国仍然是领头羊,中国紧随其后。中美仍有不小差距,但中国正在快速追赶。据乌镇智库统计,在人工智能企业数量、融资规模、投资机构数量三项指标上,美国分别约为中国的 4 倍、7 倍和 21 倍。但近年来,中国在上述三项指标的发展速度上领先全球。自 2012 年起,中国 AI 相关的专利申请数及专利授权数开始超越美国。在"深度学习"相关的论文数量上,2014 年中国也首次超过美国。在人工智能的各个领域,也都活跃着华人的身影。为此《纽约时报》于 2017 年 2 月刊发长文《中国正在人工智能"军备竞赛"中赶超美国》,担心中国赶超美国。客观来看,中国目前主要在人工智能的部分应用技术和应用服务层发展迅猛,但在基础技术层面主要还是直接使用或改良国外的成果,并无太多突破性的成绩。

1.8 人工智能技术应用的学习路径

1. 人工智能技术应用人才的含义

在前述人工智能产业生态划分中,明确区分了解决芯片、计算力和存储力的基础层,解决通用算法、架构、软件服务的技术层,以及解决人工智能与各行各业对接、落地的应用层。基础层、技术层涉及人工智能的硬件创新、算法创新及复杂的基础设施和大团队合作,多数由企业、院校、机构中的专家、学者或高级研发人员完成。这里的"人工智能技术应用人才"也称"人工智能产业人才",是指在基础层和技术层之上,为消费级终端和各行各业的应用场景下的智能产品提供设计、开发、测试、销售、运维服务的实用人才。

2. 人工智能技术应用人才的技能需求

如图 1-21 所示给出了人工智能技术应用型人才的基础知识、技术与技能体系,如表 1-4 所示给出了人工智能技术应用专业主要就业岗位、工作内容与典型工作任务分析。

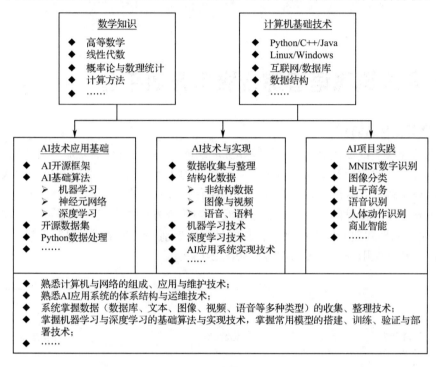

图 1-21　AI 应用型人才的基础知识、技术与技能体系

表 1-4　人工智能技术应用专业主要就业岗位、工作内容与典型工作任务分析表

岗 位 名 称	工作内容概述	典型工作任务
智能系统开发工程师(T1)	在数据库、互联网等数据源上按照特定格式的要求,收集、整理、清洗、转换和标注数据,构建和维护特定的数据集	T1-1:数据集构建
		T1-2:系统"赋能"
	使用已有 AI 模型或 Web 服务,为特定的软件系统或设备"赋能",如语音交互、语义理解、图像识别、视觉、商业智能、生活智能等	T1-3:设计、搭建、训练、测试和优化 AI 模型
		T1-4:AI 模型的部署与系统测试
	结合具体功能需求,在特定 AI 框架上开发智能模型	T1-5:AI 系统的监控、升级与管理
智能产品服务工程师(T2)	AI 系统的交付、安装、调试与培训	T2-1:AI 系统的安装与应用培训
	智能产品的推广、宣传与销售	T2-2:智能产品的营销
	智能系统与智能产品的技术服务	T2-3:智能产品的技术支持

第 2 章 人工智能典型应用展现与体验

2.1 科大讯飞语音综合服务开放平台

1. 科大讯飞开放平台简介

科大讯飞开放平台是一个基于云计算和互联网的、以语音综合智能服务为主的开放平台。它作为全球首个开放的智能交互技术服务平台,致力于为开发者打造一站式智能人机交互解决方案。用户可通过互联网、移动互联网,使用任何设备,在任何时间、任何地点,随时随地享受讯飞开放平台提供的"听、说、读、写……"全方位的人工智能服务。目前,开放平台以"云+端"的形式向开发者提供语音合成、语音识别、语音唤醒、语义理解、人脸识别、个性化彩铃、移动应用分析等多项服务,如图 2-1 所示。

图 2-1 科大讯飞开放平台提供的服务

国内外企业、中小创业团队和个人开发者,均可在讯飞开放平台直接体验世界领先的语音技术,并简单快速集成到产品中,让产品具备"能听,会说,会思考,会预测"的功能。如图 2-2 所示给出了科大讯飞覆盖全行业的 AI 专业解决方案。

图 2-2 科大讯飞的 AI 专业解决方案

2. 平台特色

科大讯飞开放平台整合了科大讯飞研究院、中国科技大学讯飞语音实验室以及清华大学讯飞语音实验室等在语音识别、语音合成等技术上多年的技术成果，语音核心技术达到了国际领先水平，同时引进国内外最先进的人工智能技术，如人脸识别等，与学术界、产业界合作，共同打造以语音为核心的全新移动互联网生态圈，如图 2-3 所示。

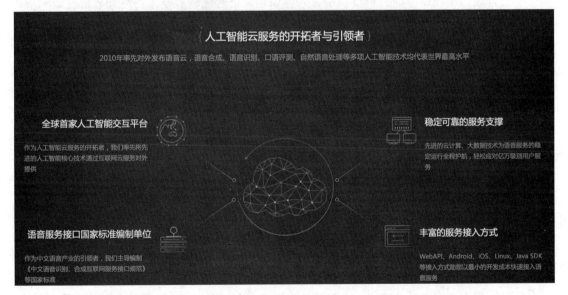

图 2-3 科大讯飞平台的特征

科大讯飞开放平台具有如下特色和优势：
- 一站式解决方案：作为一个综合性的智能人机交互平台，提供世界领先的语音合成、语音识别、语义理解等技术，开发者可以同时获得所需的多项服务能力，一站式解决了需要从不同技术供应商获取服务的烦琐过程，让智能人机交互技术更简单、实用。
- 丰富的接入方式：支持所有主流的操作系统接入，提供业内最全的 SDK，Android、iOS、WP8、Java、Flash、Windows、Linux 等平台 SDK 应有尽有。同时支持多类型终端，如智能手机、智能家电、车载、PC、可穿戴设备等，保证了用户可以在任何地点以任何方式通过科大讯飞开放平台获得智能人机交互服务。

- 稳定的服务支撑：讯飞开放平台配备完善的基于 B/S 架构的管理平台，按照权限登录，可实时监视开放平台服务状态；自动化监控、自动化部署以及自动化测试等平台为开放平台的稳定运行全程护航；利用云计算、大数据等相关技术处理完备的日志记录，为服务性能的提升、优化提供支持。
- 专业全面的服务支持：通过讯飞开放平台，可以获得开发、调试、评估、调优等全方位的技术支持和点对点的技术服务。开放平台技术支持团队可通过电话、论坛、邮件、QQ 群、微信、微博等工具，或现场支持的方式，为开发者提供及时有效的技术支持服务，保障开发者大幅提升开发效率，快速构建智能应用。
- 免费易用可定制：讯飞开放平台在线开发接口可供任何团队和个人免费使用；提供可视化控件以及 Demo 程序和源码；支持自定义界面、音频保存类型以及个性化语音能力，使得短短几分钟即可构建一款具备智能交互能力的应用。
- 强大的数据分析能力：讯飞开放平台向开发者开放了业界最领先、最实时、最稳定的数据分析平台——讯飞开放统计，让开发者随时随地更懂应用发展趋势，全面倾听用户"心声"，助力精细化运营，辅助决策，明晰产品迭代方向。
- 无限可扩展的开放能力：讯飞开放平台除了目前开放的语音识别、语音合成以及语义理解等能力外，随着智能人机交互技术的发展以及开发者的需求，语音唤醒、离线语音合成、离线命令词、声纹识别、人脸识别、语音评测等技术相继开放，打造无限人机智能交互的开放平台。

3. 功能特点

科大讯飞开放平台在为应用提供语音综合服务的同时，还提供了多项增值服务：

- 打造智能应用：提供语音合成、语音识别、语义理解等能力可以让应用具备"能听，会说，会思考"的功能，为开发者提供了"云+端"的语音识别和语音合成服务，只需简单几行代码集成 SDK 便可让应用具备智能交互能力，释放双手，开启智能交互。
- 知晓产品发展趋势：讯飞开放统计提供实时数据分析，不仅提供应用趋势、渠道分析、终端属性、行为分析、自定义分析、错误分析等常见分析功能，更有贴心个性化的管理配置，如指标预警、数据发送策略自定义、里程碑管理、协作者自定义等。
- 获得稳健收益：持续开放多种增值服务，提供个性化彩铃、阅读基地、酒店预订、移动交互式广告等增值服务，且具有资源丰富、分成比例高、接入流程简单快捷等优势，开发者根据产品特征以及用户需求集成，便可让产品获得稳健收益。
- 推广应用：提供展示平台以及渠道合作推广，通过应用广场为应用提供了展示位置，可以带来合理有效的曝光；结合讯飞开放平台自有渠道，可以帮助合作伙伴推广产品。

4. 应用领域

（1）智能电视。科大讯飞目前已与长虹、海信、康佳等国内六大电视厂商达成合作，由科大讯飞开放平台为电视厂商提供语音交互服务，同时为迈乐盒子等电视盒子厂商提供语音交互能力。

功能描述：

①语音遥控器，无须动手操控电视；

②海量视频，语音搜索，即刻呈现；
③换台、快进、调音量、查天气、查股票等功能，随心"语控"。
应用特点：
①高达99%的识别率，新剧老剧轻松识别；
②完美支持Android、iPhone手机与电视相连，手机操控更便捷；
③语音唤醒，无须触碰，即刻开启语音交互。
（2）可穿戴设备。讯飞语音目前已成功应用在GlassX、ZWatch等可穿戴设备上。
功能描述：语音操控手表、眼镜等智能穿戴设备，定闹钟、读新闻、查天气等从未如此简单。
应用特点：
①响应速度快；
②支持语音唤醒；
③耗电量低。
（3）智能车载。科大讯飞已与奥迪、宝马、奔驰、通用、福特、上汽、广汽、长安、吉利、长城、江淮、奇瑞等国内外汽车制造厂商进行密切合作，产品如凯越"智能星"。
功能描述：
①通过语音即可搜索线路、打电话、发短信；
②海量音乐，语音搜索，轻松畅听；
③完善的车载信息服务，所说即所得，如天气、新闻资讯等。
应用特点：
①语音唤醒启动，说出"语音助手"即可启用语音功能，无须动手按语音启动键；
②针对胎噪、发动机噪声、风噪等采用特殊降噪算法过滤；
③适配多语种、多方言；
④支持离线识别，没有网络也可以保证常见功能的使用；
⑤强大的自然语言理解能力，满足用户自由表达习惯。
（4）移动应用。讯飞开放平台为超过60000个App提供智能语音交互服务，覆盖聊天通信、工具、视频、新闻、导航等生活领域的方方面面。
①58同城。
功能描述：生僻字不会打？简历太长，键盘输入太烦琐？搜索和输入其实可以更简单，轻轻一点，说出要搜索的内容、要输入的文字即可。
应用特点：讯飞开放平台能快速帮助合作伙伴开发具有语音搜索、语音输入等智能语音交互功能、令人惊艳的App，找房子、找工作更简单、快捷！
②滴滴打车。
功能描述：用户无论文字叫车还是语音叫车，都能够精准清晰地传递到司机端，为滴滴司机带来业界最好的体验，尤其是滴滴语音播报吐字更加清晰、流畅，最贴近自然人声，语调告别枯燥单调的机器味，让驾乘双方享受更加愉悦的体验。
应用特点：讯飞开放平台为滴滴打车提供了完全本地化的语音合成技术实现，不仅省流量，而且播报更清晰。
③高德地图。
功能描述：出行找不到路？开车键盘输入不方便？路况实时播报？高德地图都能解决，

精准的 GPS 定位，智能的语音输入和语音合成，让导航更精准、输入更便捷、播报更清晰。

应用特点：讯飞开放平台为高德地图提供了语音搜索功能，只需说出目的地，即可规划最佳路线；定制化的"林志玲为您导航"，让女神林志玲为您服务。

④QQ 阅读。

功能描述：海量图书，满足用户需求；舒适读书、方便找书，提升用户体验；告别传统的音频文件才能听书，电子书通过语音合成可以直接听。

应用特点：讯飞语音+为 QQ 阅读提供语音合成功能，可以直接听电子书，并支持多音色、多方言、音调高低调节等。

⑤携程旅行。

功能描述：携程旅行除提供酒店、机票、火车票、汽车票、景点门票等旅游产品外，还包括美食、用车、团购、旅行攻略等全方位旅行服务。

应用特点：讯飞开放平台为携程旅行提供语音识别和语义理解能力，语音查询酒店、机票、火车票、景点门票等方便又快捷。

（5）智能硬件。讯飞语音为智能音箱（讯飞智能音箱）、聊天机器人（小鱼在家）等智能硬件产品以及窗帘、空调等智能家居产品提供语音技术解决方案。

5．讯飞输入法体验

如图 2-4 所示，讯飞输入法（原讯飞语音输入法）是由中文语音产业领导者科大讯飞推出的一款输入软件，集语音、手写、拼音、笔画、双拼等多种输入方式于一体，可以在同一界面实现多种输入方式平滑切换，符合用户使用习惯，大大提升了输入速度。

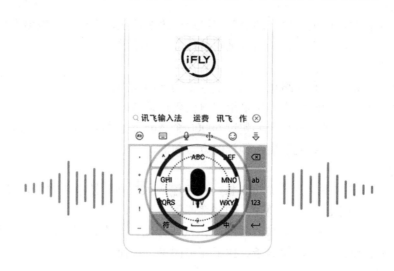

图 2-4　讯飞输入法

功能特点：

- 输入速度快：首创"蜂巢"输入模型，输入免切换，全方位提升输入速度；
- 输入准确率高：独家采用拼音、手写、语音"云+端"输入引擎+海量云端词库，输入准确率提升 30%；
- 语音输入业界第一：语音识别率超过 95%，不仅支持粤语、英语、普通话识别，还支持客家话、四川话、河南话、东北话、天津话、湖南（长沙）话、山东（济南）话、湖北（武汉）话、安徽（合肥）话、江西（南昌）话、闽南语、陕西（西安）话、江苏（南京）话、山西（太原）话、上海话等方言识别，独家推出离线语音功能；
- 首创"随意写"输入：采用第三代手写引擎，支持多字叠写连写，数字、英文、符号混合手写，识别率超过98%；
- 键盘输入功能齐全：拼音、笔画、英文、表情输入统统支持，更有九宫格、全键盘、点划、双键、双拼等不同输入模式供用户选择。

讯飞输入法支持 Android、iPad、iPhone、iMAC、Windows PC 等多种主流平台，可以免费下载和安装（www.iflytek.com 或者 Apple Store）。

6. 讯飞智能音箱体验

智能音箱是家庭消费者用语音进行上网的一个工具，比如点播歌曲、上网购物，或是了解天气预报、新闻、常识等。它还可以对智能家居设备进行控制，比如打开窗帘、设置冰箱温度、提前让热水器升温等。

叮咚智能音箱是科大讯飞联手京东推出的一款智能音箱，如图 2-5 所示。这是双方致力于智能家居硬件产品、语音解决方案及智能硬件平台服务的研发和推广，打造可连接智能应用链的热点产品。

图 2-5 科大讯飞叮咚智能音箱

人机交互的界面在一百年间已经走过了旋钮、按键到触摸屏的演化，而京东和科大讯飞联合推出的智能音箱则代表着又一次交互的变革，它完全无须用户动手或是穿戴配件。它拥有强大的自然语言交互系统，用户只要说"叮咚叮咚"，便可直接唤醒音箱进行语音交互，这也让它成为国内率先实现真正"零触控"的智能音箱产品。

为了保证出色的语音交互能力，该产品采用了多项业界领先的语音技术。它顶部配有 8 个麦克风，运用创新的多麦克风 Beam-forming 技术来定位音源位置，确保它可以听清你说出的每一句话，无论你身在房间哪个位置。独特的远场识别技术，让它成为当时市场上唯一一支持 5 米超远距离语音交互的产品。再加上多声道回声消除技术，这款智能音箱能过滤掉各种背景噪声，包括正在播放的音乐等，以便更为准确地领会用户指令。它通过接入科大讯飞语音云平台来进行语音识别和自然语言处理，而且随着时间的推移，它可以更好地理解用户的表达，对用户的要求做出更好的回应。

自然的语音交互更让这款智能音箱不同于一般的智能产品，明显降低了使用门槛，将用户群扩展到儿童和老人。他们无须复杂的学习就可以自如地控制智能音箱，享受智能生活的乐趣。科大讯飞在语音识别交互方面的优势，使得这款叮咚智能音箱在中英文听力的功能上非常强大。现场体验时，它不仅仅能够准确识别定向区域的声音，还能识别一些英文歌曲名，第一时间就可以准确播放出指定的曲目，点播功能也是比较全面的。

叮咚智能音箱应用体验：
- 想象这样的场景，当你回到家，说声"叮咚叮咚，我回来了"，于是，灯自动打开，窗帘自动闭合，空调、加湿器启动，电视自动打开并跳转到你平时最常看的频道，客厅里响起你喜欢的音乐。

- "叮咚叮咚，给我讲个童话故事""叮咚叮咚，我心情不好，放首快乐的歌""叮咚叮咚，七点提醒我起床"……通过背后的京东微联支持，这款智能音箱获取了数百款智能产品的操控能力。它可以通过语音操控接入京东微联的产品，用户无须任何按键，直接与智能音箱语音对话，比如"叮咚叮咚，打开空调""叮咚，拉上窗帘"。简单直接的语言交流不仅能够满足你的所有要求，还能够给你带来意想不到的乐趣。
- 快速提供天气、新闻等信息，用户可以通过语音指令设置闹钟，控制音乐播放。它还能回答各类问题，提供来自网络百科的基本信息以及词语释义，也是迄今为止最贴心的家庭智能语音小帮手。

2.2 指纹识别

1. 指纹识别简介

指纹（Fingerprint）是指人的手指末端正面皮肤上凸凹不平产生的纹线。由于其具有终身不变性、唯一性和方便性，已经成为一种重要的生物特征识别。纹线有规律的排列形成不同的纹型。纹线的起点、终点、结合点和分叉点，称为指纹的细节特征点（minutiae）。

指纹识别就是通过比较不同指纹的细节特征点来进行鉴别，它涉及人工智能的图像处理、模式识别、计算机视觉、数学形态学、小波分析等众多技术。由于每个人的指纹不同，就是同一人的十指之间，指纹也有明显区别，因此指纹可用于身份鉴定。由于每次捺印的方位不完全一样，着力点不同会带来不同程度的变形，又存在大量模糊指纹。如何正确提取特征和实现正确匹配，是指纹识别技术的关键。

2. 指纹特征

（1）特征点。两枚指纹经常会具有相同的总体特征，但它们的细节特征却不可能完全相同。指纹纹路并不是连续的、平滑笔直的，而是经常出现中断、分叉或转折。这些断点、分叉点和转折点就称为"特征点"。

特征点提供了指纹唯一性的确认信息，其中最典型的是终结点和分叉点，其他还包括分歧点、孤立点、环点、短纹等。

（2）总体特征。总体特征是指那些用人眼直接就可以观察到的特征，包括纹形、模式区、核心点、三角点和纹数等。

- 纹形：指纹专家在长期实践的基础上，根据脊线的走向与分布情况，一般将指纹分为三大类——环型（loop，又称斗形）、弓形（arch）、螺旋形（whorl）。
- 模式区：指纹上包括了总体特征的区域，从此区域就能够分辨出指纹是属于哪一种类型。有的指纹识别算法只使用模式区的数据，有的则使用所取得的完整指纹。
- 核心点：位于指纹纹路的渐进中心，它在读取指纹和比对指纹时作为参考点。许多算法是基于核心点的，即只能处理和识别具有核心点的指纹。
- 三角点：位于从核心点开始的第一个分叉点或者断点，或者两条纹路会聚处、孤立点、折转处，或者指向这些奇异点。三角点提供了指纹纹路的计数跟踪的开始之处。
- 纹数：模式区内指纹纹路的数量。在计算指纹的纹路时，一般先连接核心点和三角点，这条连线与指纹纹路相交的数量即可认为是指纹的纹数。

（3）局部特征。局部特征是指指纹节点的特征。指纹的特征点提供了指纹唯一性的确认信息。特征点的主要参数包括：
- 方向：相对于核心点，特征点所处的方向。
- 曲率：纹路方向改变的速度。
- 位置：节点的位置坐标，通过坐标来描述。它可以是绝对坐标，也可以是与三角点（或特征点）的相对坐标。

3．技术特点

（1）指纹识别技术的主要优点包括：
- 指纹是人体独一无二的特征，并且它们的复杂度足以提供用于鉴别的足够特征；
- 如果要增加可靠性，只需登记更多的指纹、鉴别更多的手指，最多可以达到十个，而每一个指纹都是独一无二的；
- 扫描指纹的速度很快，使用非常方便；
- 读取指纹时，用户必须将手指与指纹采集头相互接触，与指纹采集头直接接触是读取人体生物特征最可靠的方法；
- 指纹采集头可以更加小型化，并且价格会更加低廉。

（2）指纹识别技术的主要缺点包括：
- 对环境的要求很高，对手指的湿度、清洁度等比较敏感，脏、油、水都会造成识别不了或影响识别的结果；
- 某些人或某些群体的指纹，其指纹特征少、难成像；
- 过去因为在犯罪记录中使用指纹，使得某些人害怕"将指纹记录在案"；
- 每一次使用指纹时都会在指纹采集头上留下用户的指纹印痕，而这些指纹痕迹存在被用来复制指纹的可能性；
- 指纹是用户的重要个人信息，某些应用场合用户担心信息泄露。

4．指纹识别系统的构成

指纹识别系统是一个典型的模式识别系统，包括指纹图像获取、处理、特征提取和比对等模块。

（1）指纹图像获取。通过专门的指纹采集仪可以采集指纹图像。指纹采集仪用到的指纹传感器按采集方式主要分为划擦式和按压式两种，按信号采集原理目前有光学式、压敏式、电容式、电感式、热敏式和超声波式等。另外，也可以通过扫描仪、数码相机等获取指纹图像。对于分辨率和采集面积等技术指标，公安行业已经形成了国际和国内标准，但其他行业还缺少统一标准。根据采集指纹面积大体可以分为滚动捺印指纹和平面捺印指纹，公安行业普遍采用滚动捺印指纹。

（2）指纹图像的预处理：
- 指纹图像压缩：大容量的指纹数据库必须经过压缩后存储，以减少存储空间，主要方法包括 JPEG、WSQ、EZW 等。
- 指纹图像处理：包括指纹区域检测、图像质量判断、方向图和频率估计、图像增强、指纹图像二值化和细化等。预处理是指对含噪声及伪特征的指纹图像采用一定的算法加以处理，使其纹线结构清晰、特征信息突出。其目的是改善指纹图像的质量，提高特征提取的准确性。通常，预处理过程包括归一化、图像分割、增强、二值化和细化，但根据具体情况，预处理的步骤也不尽相同。

（3）指纹分类。纹型是指纹的基本分类，是按中心花纹和三角点的基本形态划分的。纹形从属于型，以中心线的形状定名。我国十指纹分析法将指纹分为三大类型、九种形态。一般地，指纹自动识别系统将指纹分为弓形纹（弧形纹、帐形纹）、箕形纹（左箕、右箕）、斗形纹和杂形纹等。

（4）指纹特征提取。指纹形态特征包括中心（上、下）和三角点（左、右）等，指纹的细节特征点主要包括纹线的起点、终点、结合点和分叉点。从预处理后的图像中提取指纹的特征点信息（终结点、分叉点……），信息主要包括类型、坐标、方向等参数。指纹中的细节特征通常包括端点、分叉点、孤立点、短分叉、环等。而纹线端点和分叉点在指纹中出现的机会最多、最稳定，且容易获取。这两类特征点就可用来对指纹进行特征匹配：计算特征提取结果与已存储的特征模板的相似程度。

（5）指纹匹配。指纹匹配是用现场采集的指纹特征与指纹库中保存的指纹特征相比较，判断是否属于同一指纹。可以根据指纹的纹形进行粗匹配，进而利用指纹形态和细节特征进行精确匹配，给出两枚指纹的相似性得分。根据应用的不同，对指纹的相似性得分进行排序或给出是否为同一指纹的判决结果。

指纹对比有两种方式：
- 一对一比对：根据用户 ID 从指纹库中检索出待对比的用户指纹，再与新采集的指纹比对；
- 一对多比对：新采集的指纹和指纹库中的所有指纹逐一比对。

5．指纹识别系统的工作流程

如图 2-6 所示给出了一个典型的指纹识别系统的工作流程。指纹识别过程如下：
- 通过指纹采集设备获取所需识别指纹的图像；
- 对采集的指纹图像进行预处理；
- 从预处理后的图像中获取指纹的脊线数据；
- 从指纹的脊线数据中提取指纹识别所需的特征点；
- 将提取指纹特征（特征点的信息）与数据库中保存的指纹特征逐一匹配，判断是否为相同指纹；
- 完成指纹匹配处理后，输出指纹识别的处理结果。

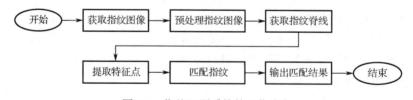

图 2-6　指纹识别系统的工作流程

6．应用场景

指纹识别技术是目前最成熟且价格便宜的生物特征识别技术之一。目前来说指纹识别的技术应用最为广泛，不仅在门禁、考勤系统中可以看到指纹识别技术的身影，市场上有了更多指纹识别的应用，如笔记本计算机、手机、汽车、银行支付都可应用指纹识别技术。

计算机应用中，包括许多非常机密的文件保护，大都使用"用户 ID ＋ 密码"的方法来进行用户的身份认证和访问控制。但是，如果一旦忘记密码，或被别人窃取，计算机系统以及文件的安全就受到了威胁。随着科技的进步,指纹识别技术已经开始慢慢进入计算机世界中。许多公司和研究机构都在指纹识别技术领域取得了突破性进展,推出许多指纹识别与传统 IT 技术完美结合的应用产品,这些产品已经被越来越多的用户所认可。指纹识别技术多用于对安全性要求比较高的商务领域,而在商务移动办公领域颇具建树的富士通、三星及 IBM 等国际知名品牌都拥有技术与应用较为成熟的指纹识别系统。

2.3 人脸识别系统

1. 人脸识别简介

如图 2-7 所示给出了百度人脸识别(ai.baidu.com)所实现的人脸检测、对比和查找三大基本功能,这些功能可以满足远程身份认证、刷脸门禁考勤、安防监控、智能相册分类和人脸美颜等多种应用场景的需求。

人脸检测

人脸对比

人脸查找

图 2-7 百度人脸识别

2. 人脸检测

检测图中的人脸,并为人脸标记出边框。检测出人脸后,可对人脸进行分析,获得眼、口、鼻轮廓等 72 个关键点定位,准确识别多种人脸属性,如性别、年龄、表情等信息。该技术可适应大角度侧脸、遮挡、模糊、表情变化等各种实际环境。主要应用场景包括:

- 智能相册分类:基于人脸识别,自动识别照片库中的人物角色,并进行分类管理,从而提升产品用户体验。合作案例:百度网盘。
- 人脸美颜:基于五官及轮廓关键点识别,对人脸特定位置进行修饰加工,实现人脸的特效美颜、特效相机、贴片等互动娱乐功能。合作案例:百度魔图。
- 互动营销:基于关键点、人脸属性值信息,匹配预先设定好的业务内容,可用于线上互动娱乐营销,如脸缘测试、名人换脸、颜值比拼等。合作案例:百度糯米。

3. 人脸对比

通过提取人脸的特征,计算两张人脸的相似度,从而判断是否为同一个人,并给出相似度评分。在已知用户 ID 的情况下帮助确认是否为用户本人的对比操作,即 1∶1 身份验证。可用于真实身份验证、人证合一验证。主要应用场景包括:

- 金融远程开户:通过自拍照与身份证照或公安系统照片之间的人脸对比,核实用户身份是否属实,优化金融等高风险行业复杂的身份验证流程。合作案例:百度钱包。
- 服务人员身份监管:对于用户身份真实性要求较高的服务领域(如家政、货运等),通过人证对比,确保服务人员的身份真实性,提高业务人员身份审核效率。合作案例:叭叭速配。
- 民事政务自助办理：原本烦琐费时的窗口业务办理，转为线上自助办理（如制卡、社保核验），保证用户身份真实性的同时，大大缩短业务处理时间。
- 远程身份认证：通过离线、在线混合活体检测，判断用户为真人；通过公安身份图像与真人图像比对，判断用户是否为本人，从而完成在线用户身份核真检验。

4．人脸查找

给定一张照片，与指定人脸库中的 N 个人脸进行比对，找出最相似的一张脸或多张人脸。根据待识别人脸与现有人脸库中的人脸匹配程度，返回用户信息和匹配度，即 $1:N$ 人脸检索。可用于用户身份识别、身份验证相关场景。应用场景包括：

- 安防监控：在银行、机场、商场、市场等人流密集的公共场所对人群进行监控，实现人流自动统计、特定人物的自动识别和追踪。
- 门禁闸机：通过人脸识别，快速为用户录入人脸信息，用户需要通行时，只需简单地进行人脸验证，即可完成身份信息确认。实现企业、商业、住宅等多种场景的刷脸进门，提升安全性、效率和用户体验。合作案例：乌镇闸机。
- 签到考勤：与会人员、公司员工或学员等预先录入人脸，在需要验证身份时，实现刷脸签到、考勤打卡、学员登记等操作，提升业务处理效率及用户体验。合作案例：柠檬优力。

5．人脸识别应用体验

如图 2-8 所示，上传本地图片或提供图片 URL，该功能演示是基于 Compare API（https://www.faceplusplus.com.cn/face-comparing/#demo）搭建的。比较结果是：为同一个人的可能性很大。

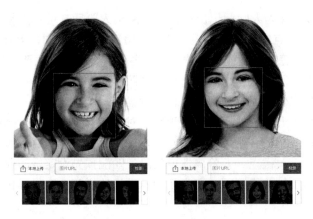

图 2-8　人脸识别应用

2.4　电子商务人工智能应用

1．人工智能助力电子商务

国家统计局数据显示，2016 年中国网上零售额 51556 亿元，2017 年更是突破 7 万亿达到

7.18万亿元,占社会消费品零售总额的19.6%,网购用户渗透率达到64.0%。随着数字交易逐渐成为人们日常购物的标配方式,那些电子商务巨头也正探索如何利用人工智能降低成本、改进服务质量、提高品牌竞争力与顾客忠诚度。

当前,电子商务中最常用的人工智能应用包括:

- 聊天机器人/人工智能助手:自动回复顾客问题,对简单的语音指令做出响应,并通过使用自然语言提供产品推荐(详见阿里巴巴和eBay)。
- 智能物流:基于数据进行机器学习,以将仓储运作自动化(详见京东)。
- 推荐引擎:电商公司分析顾客行为,并利用算法预测哪些产品可能会吸引顾客,之后为顾客提供产品推荐(详见亚马逊)。

2. 典型电商人工智能应用

最近十年来,电子商务取得了卓越的成果,以淘宝、京东、唯品会为代表的电商品牌不仅为消费者带来了方便、高效的消费模式,同时,由于电商运营成本较实体经济更低,因此也大大优化了经济运行的效率,为消费者带来了实惠。据媒体报道,国内零售业现约有40余家人工智能创业公司,针对电商领域实现的功能主要有客服、实时定价促销、搜索、销售预测、补货预测等。

(1)决定最优价格。传统模式下,企业要依靠数据和自身的经验来完成商品价格制定。但是,随着电商规模的迅速扩大,每个采销人员需要管理的商品种类不断增加,面对的数据量也日趋庞大,要实现精细管理必须投入更多的精力和资源。同时,电商平台的"造节"风潮也增加了定价的难度。有了具备快速处理大数据能力的人工智能,现在已有不少企业通过此项技术,基本解决大量商品的自动订价。如图2-9所示为阿里智慧供应链中台。

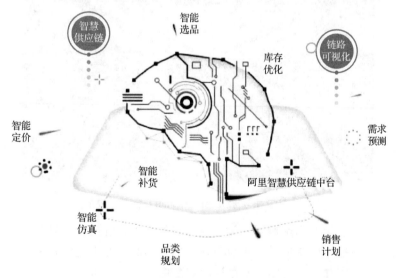

图2-9 阿里智慧供应链中台图示

除了大型电商平台自主开发智慧供应链,人工智能决策公司杉数科技也在通过人工智能技术,服务企业客户,解决复杂决策,其中定价便是最为主要的场景之一。

"当生产要素的成本日益提高时,企业也面临着极大的效率提升压力。这也是大数据和人工智能在近年来越来越得到重视的原因。"杉数科技联合创始人王曦认为,经过多年的发展,国内的电商行业已经逐渐走进下半场。在定价上,大型电商企业亟需批量定价,以及避免经验定价带来的不合理。智能决策系统则能辅助梳理产品数据，建立起动态定价和清仓定价的模型。

"我们所服务的一家大型电商，通过人工智能决策，可帮助其将成本降低超过 20%。"王曦说。

（2）智能客服机器人。2017 年 3 月，阿里巴巴发布人工智能服务机器人"店小蜜"，这款面向淘系千万商家的智能客服，经过商家授权、调试，可以取代部分客服，从而降低人工客服的工作量。

2016 年"双 11"期间，店小蜜曾邀请 Apple、小米、森马等 9 个品牌的天猫旗舰店参与内测，最终，店小蜜一天内接待消费者近百万，节省了近一半客服人力。

与之类似的产品还有京东自 2012 年下半年起上线的智能机器人 JIMI。其累计服务用户已经破亿，并于 2016 年 9 月 7 日正式发布开放平台，免费向第三方开放使用。

在 2017 世界电子商务大会上，致力于人工智能交互技术的智齿科技联合创始人彭伟称，"目前，机器人已经可以为电商企业的用户解决 40%~60%的问题。在机器人遇到处理不了的问题交给人工处理的过程中，机器人还可以继续为人工做辅助，从而可以提升 60%的服务效率，而将人工的服务成本降低 30%。"

（3）无人仓库成为可能。人工智能影响最直接的是后端的供应链和物流环节。通过人工智能，实现系统自动预测、补货、下单、入仓和上架。在物流仓储环节，阿里巴巴和京东都已经发布了其无人仓储系统。仓储物流的自动化直接带来的结果是，这一原本电商压力最重的环节效率提高，成本优化，进而创造更大的利润空间。如图 2-10 所示为京东无人仓内的 Shuttle 货架穿梭车。

图 2-10　京东无人仓内的 Shuttle 货架穿梭车

人工智能技术在仓储的运用对于生鲜电商而言可能更有价值。业界普遍认为，生鲜电商运营之难点在于供应链，而供应链之难点又在于销售预测。对于前置仓模式来说，要同时把数百种商品科学分配到几十个仓库，库存管理难度将进一步增加。

生鲜电商 U 掌柜通过数据挖掘和机器学习，将损耗率从 12%降低到 8%，其销售预测与实际结果的匹配度已经达到了 93%。在人工智能神经网络模型的支持下，U 掌柜得以较好地控制进货量，进而降低损耗率和缺货率。

（4）让商家更懂消费者。"如果公司能够把深度学习整合进自己的电子商务网站，那么这将能显著地提高用户的搜索能力。"无限分析（Infinite Analytics）CEO 和人工智能专家巴蒂亚曾说。例如，一个妇女可能有一张裙子的照片，她很喜欢这个裙子，于是她把照片上传到购物网站的搜索栏，借助人工智能，购物网站可以立即分析这张照片，理解这种裙子的款式、大小、颜色、品牌和其他特征。消费者也可以立即找到自己想要的东西。

目前，国内的码隆科技也正在为企业提供类似的服务。初创公司码隆科技通过"计算机视觉＋深度学习"打造的人工智能模型 ProductAI 已能够为电商平台实现拍照找商品、商品属性管理等功能。"有电商平台客户上线这个功能 2 个月，订单量增加 20%，节省了 25 个运营人力。"码隆科技创始人兼 CEO 黄鼎隆说，ProductAI 还能够把图片中服装的色彩、材质、风格等要素提取出来，形成时尚趋势数据。"这项功能对于电商供应商更重要。"如图 2-11 所示是电商使用人工智能技术总结的时装流行趋势。

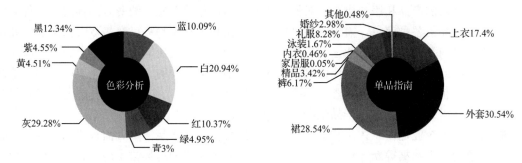

图 2-11　电商使用人工智能技术总结的时装流行趋势

"以往，供应商们想要为消费者提供更符合个性化需求的产品，往往不得不耗费大量的时间、寻找不同方式进行调查测试。"黄鼎隆说，"现在，通过人工智能技术，能让商家更理解消费者。"人工智能的相关技术就像是一面镜子，对于海量消费者的喜好、反馈等信息进行汇总、统计，然后进行画像。和一般的大数据分析所不同的是，人工智能具备一定的学习能力和思考能力，其分析出来的结果往往更接近消费者的真实想法。这样一来，无论是商品的改进，还是服务的优化，都变得有迹可循。

3．电子商务的大数据

（1）电子商务大数据的形成。电子商务大数据伴随着消费者和企业的行为实时产生，广泛分布在电子商务平台、社交媒体、智能终端、企业内部系统和其他第三方服务平台上。电子商务数据类型多种多样，既包含消费者交易信息、消费者基本信息、企业的产品信息与交易信息，也包括消费者评论信息、行为信息、社交信息和地理位置信息等。移动智能终端对电子商务的影响越来越大，移动终端的移动性、便捷性和私人性等特征促进了移动电子商务的快速发展，产生了大量的电子商务数据。对电子商务数据进行挖掘、创造价值，将成为电子商务企业的主要竞争力。eBay、阿里巴巴、亚马逊等电子商务平台充分利用大数据开展个性化推荐和按需定制等服务。

（2）大数据背景下的电子商务价值创造。Raphael Amit 等认为电子商务价值创造主要来自四个方面：效率、互补、锁定和创新。效率是指电子商务快速、高效的信息传递方式；互补是指大量的交易双方需求信息形成规模经济效应；锁定是指通过需求满足锁定客户；创新是指产品与服务的不断创新。在大数据背景下，电子商务的价值创造方式呈现出新的变化。

- 电子商务营销精准化和实时化。电子商务平台、社交网络、移动终端、传感设备等促进了消费者数据的快速增长，整合来自不同渠道的消费者数据形成了消费者的全面信息，为及时、全面、精准地了解消费者需求奠定了基础。云计算、复杂分析系统的出现提供了快速、精细化分析消费者偏好及其行为轨迹的工具。移动智能终端的快速发展使为随时随地向消费者有针对性地提供相关产品和服务成为可能。移动智能终端一方面提供了用户的地理位置数据，使得提供基于地理位置的服务成为可能；另一方面智能手机通常为个人所独有，使得一对一的定制化服务成为可能。因此，大数据、云计算、移动智能终端促进了数据收集、智能分析、精准推送产品和服务的一体化，实现了营销精准化和实时化。

- 产品和服务高度差异化和个性化。大数据的产生在很大程度上降低了消费者和企业之间的信息不对称程度。一方面，企业通过多元化的信息获取渠道掌握消费者的全面信息，提供的产品和服务更具针对性；另一方面，分散孤立的消费者同样通过多种渠道了解产品的各种信息，需求逐步呈现出个性化和多样化趋势。交易双方信息的愈加透明促进消费者与生产企业之间更加互动，消费者的个性化需求成为生产企业关注的核心。因此，大数据等新一代信息技术的发展使得消费者的地位日益重要，推动电子商务的价值创造方式发生转变，生产企业以消费者为中心创造高度差异化的产品和服务，并引导消费者参与产品生产和价值创造。

- 价值链上企业运作一体化和动态化。大数据时代快速满足消费者需求成为企业的核心竞争力。大数据等新一代信息技术推动来自各个渠道的跨界数据进行整合，促使价值链上的企业相互连接，形成一体。地理上分布各异的企业以消费者需求为中心，组成动态联盟，将研发、生产、运营、仓储、物流、服务等各环节融为一体，协同运作，创造、推送差异化的产品和服务，形成智能化和快速化的反应机制。大数据时代企业间通过信息开放与共享、资源优化、分工协作，实现新的价值创造。

- 新型增值服务模式不断涌现。新一代信息技术在电子商务中的应用产生了消费、生产、物流、金融等多方面的大数据。来自不同领域的数据进行融合推动产生新的增值服务模式。买卖双方的交易数据与物流、金融数据的整合为确切地掌握消费者与企业的信用奠定了基础，拥有大数据的公司积极开展信用服务，进而推动了供应链金融、互联网金融等增值服务的快速发展，为中小企业的发展提供了帮助。

（3）基于大数据的电子商务模式创新。传统电子商务创新主要局限在电子商务的效率、便利化、营销方式等方面，大数据技术的广泛应用给电子商务的模式创新带来机遇。基于大数据的电子商务创新主要在于提炼大数据的价值并将其应用于电子商务的各个流程，形成新的商业模式。

- 按需定制。大数据时代电子商务模式创新的一个典型特征就是识别消费者的个性化需求，创造实时化、差异化的产品及服务，以满足不同消费者需求。按需定制模式就是以消费者需求为中心，设计、研发、生产、配送个性化产品，消费者积极参与到各个环节。按需定制具有以下几个特征：一是利用社交网站、电子商务平台、移动终端等多渠道获取消费者全景信息，通过大数据、云计算技术挖掘潜在需求；二是基于消费者偏好及其潜在需求，提供个性化和高度差异化的产品和服务；三是柔性化生产与价值链协同，动态组织价值链上相匹配的相关企业，协同运作，快速制造产品，自动选择物流企业与运输路径，满足客户需求最大化。目前的按需定制模式主要是由消费者提出需求，企业快速响应消费者需求，进而进行定制化生产。云计算、大数据、物联网的进一步应用将会推动按需定制的深入发展。各个渠道全面信息的获取为按需定制提供了从挖掘消费者潜在需求、共同设计产品、组织生产到物流等整个链条上的智能化和快速反应机制。

- 线上线下深度融合模式。电子商务经济中的价值链由实体价值链和虚拟价值链构成，随着对信息的利用愈加深入，价值活动的实现逐步从实体环节向虚拟环节转变。实体企业与电子商务的结合形成了新的商业模式，促进了线上线下共同发展。线上线下融合分为以下几个阶段：移动互联、社交商务与电子商务相结合，推动线上线下互动融合；消费者全方位的消费习惯迁移，深化线上线下紧密融合；线上资源和线下资源全面整合，推动线上线下全面融合。线上、线下、移动终端资源的融合，一方面，推动电子商务充分利用消费者的碎片化时间提供全渠道的无缝服务，增强用户体验，增加用户黏性，锁定用户；另一方面，线上线下互通促进实体零售企业转型，增强物流仓库功能，优化存货配置。

- 互联网金融和在线供应链金融。消费者数据、电商企业数据、物流数据与金融数据的相互结合，推动了互联网金融的发展。电子商务平台消除了地域的限制，信息搜寻更加容易，买卖双方直接对接，大数据和云计算的应用降低了交易双方匹配和风险分担的成本，解决中小企业融资难问题，促进流通与消费，已成为近年来关注的焦点。目前在互联网金融方面，电子商务平台提供的多是借贷服务。阿里小额贷款将线下商务的机会与互联网结合，为电商平台加入授信审核体系。Lending Club 将网络借贷平台与社交网站相结合，借贷需求者通过社交网站直接进入 Lending Club 进行交易。现有的电子商务平台还充分利用云计算、大数据技术，将商流、物流、资金流、信息流集成一体，提供在线供应链金融服务。相较于传统的供应链金融，电子商务下的在线供应链金融存在以下主要优势：一是电子商务平台与企业的信息系统无缝对接，能够实现数据资源共享，加强电子商务平台企业对电商企业的信用状况和经营状况的深入了解；二是高效的信息传递、交易行为的网络化使得融资方式更为灵活、便捷；三是资金结算更加安全，第三方监管结算系统不仅保障了买方付款的安全，也规避了卖方收不到货款的风险；四是融资成本降低，物流、电子商务应用与金融结算的有效协同服务能够在很大程度上降低运营成本。

2.5 商业智能

1. 商业智能简介

商业智能（Business Intelligence，BI），又称商业智慧或商务智能，是指用现代数据仓库技术、线上分析处理技术、数据挖掘和数据展现技术等进行数据分析以实现商业价值。

商业智能描述了一系列的概念和方法，通过应用基于事实的支持系统来辅助商业决策的制定。商业智能技术提供使企业迅速分析数据的技术和方法，包括收集、管理和分析数据，将这些数据转化为有用的信息，然后分发到企业各处。如图 2-12 所示给出了一种典型 BI 应用系统的架构图。

商业智能被广泛应用于与企业运营过程相关的各个领域，并且在很多领域已经形成其特有体系。具有代表性的应用领域包括企业资源计划（ERP）、客户关系管理（CRM）、人力资源管理（HRM）、供应链管理（SCM）、电子商务（EC）等。

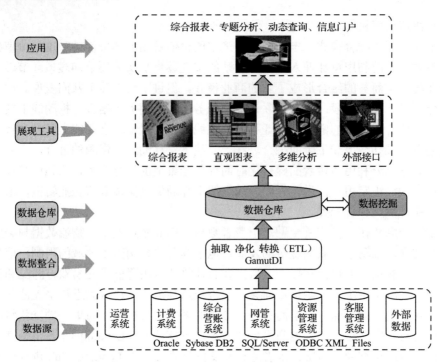

图 2-12 一种典型 BI 应用系统的架构

2．企业导入 BI 的优点
- 随机查询动态报表；
- 掌握指标管理；
- 随时线上分析处理；
- 视觉化之企业仪表板；
- 协助预测规划。

3．企业导入 BI 的目的
- 促进企业决策流程（Facilitate the Business Decision-Making Process）：商业智能系统（Business Intelligence System，BIS）增进企业的资讯整合与资讯分析的能力，汇总公司内、外部的资料，整合成有效的决策资讯，让企业经理人大幅增进决策效率与改善决策品质。
- 降低整体营运成本（Power the Bottom Line）：BIS 改善企业的资讯取得能力，大幅降低 IT 人员编写程序、Poweruser 制作报表的时间与人力成本，而弹性的模组设计界面，完全不需编写程序的特色也让日后的维护成本大幅降低。
- 协同组织目标与行动（Achieve a Fully Coordinated Organization）：BIS 加强企业的资讯传播能力，消除资讯需求者与 IT 人员之间的认知差距，并可让更多人获得更有意义的资讯。全面改善企业之体质，使组织内的每个人目标一致、齐心协力。

4．商业智能的主要技术

商业智能的技术体系主要由数据仓库（Data Warehouse，DW）、在线分析处理（On-Line Analytical Processing，OLAP）以及数据挖掘（Data Mining，DM）三部分组成。
- 数据仓库是商业智能的基础，许多基本报表可以由此生成，但它更大的用处是作为进一步分析的数据源。所谓数据仓库（DW）就是面向主题的、集成的、稳定的、不同时间的数据集合，用以支持经营管理中的决策制定过程。多维分析和数据挖掘是最常听到的例子，数据仓库能供给它们所需要的、整齐一致的数据。
- 在线分析处理（OLAP）技术则是帮助分析人员、管理人员从多种角度把从原始数据中转化出来、能够真正为用户所理解的并真实反映数据维特性的信息，进行快速、一致、交互访问，从而获得对数据的更深入了解的一类软件技术。
- 数据挖掘（DM）是一种决策支持过程，它主要基于 AI、机器学习、统计学等技术，高度自动化地分析企业原有的数据，做出归纳性的推理，从中挖掘出潜在的模式，预测客户的行为，帮助企业的决策者调整市场策略，减少风险，做出正确的决策。

5. 商业智能的应用范围
   - 采购管理；
   - 财务管理；
   - 人力资源管理；
   - 客户服务；
   - 配销管理；
   - 生产管理；
   - 销售管理；
   - 行销管理。

6. 机器学习是数据挖掘的主要方法
（1）技术流程。从数据本身来考虑，通常数据挖掘需要有信息收集、数据集成、数据规约、数据清理、数据变换、数据挖掘过程、模式评估和知识表示等 8 个步骤。

①信息收集：根据确定的数据分析对象抽象出在数据分析中所需要的特征信息，然后选择合适的信息收集方法，将收集到的信息存入数据库。对于海量数据，选择一个合适的数据存储和管理的数据仓库是至关重要的。

②数据集成：把不同来源、格式、特点、性质的数据在逻辑上或物理上有机地集中，从而为企业提供全面的数据共享。

③数据规约：执行多数的数据挖掘算法即使在少量数据上也需要很长的时间，而做商业运营数据挖掘时往往数据量非常大。数据规约技术可以用来得到数据集的规约表示，它小得多，但仍然接近于保持原数据的完整性，并且规约后执行数据挖掘结果与规约前执行结果相同或几乎相同。

④数据清理：在数据库中的数据有一些是不完整的（有些感兴趣的属性缺少属性值）、含噪声的（包含错误的属性值），并且是不一致的（同样的信息不同的表示方式），因此需要进行数据清理，将完整、正确、一致的数据信息存入数据仓库中。

⑤数据变换：通过平滑聚集、数据概化、规范化等方式将数据转换成适用于数据挖掘的形式。对于有些实数型数据，通过概念分层和数据的离散化来转换数据也是重要的一步。

⑥数据挖掘过程：根据数据仓库中的数据信息，选择合适的分析工具，应用统计方法、事例推理、决策树、规则推理、模糊集甚至神经网络、遗传算法等方法处理信息，得出有用的分析信息。

⑦模式评估：从商业角度，由行业专家来验证数据挖掘结果的正确性。

⑧知识表示：将数据挖掘所得到的分析信息以可视化的方式呈现给用户，或作为新的知识存放在知识库中，供其他应用程序使用。

数据挖掘过程是一个反复循环的过程，每个步骤如果没有达到预期目标，都需要回到前面的步骤，重新调整并执行。不是每件数据挖掘的工作都需要这里列出的每一步，例如在某个工作中不存在多个数据源的时候，步骤②数据集成便可以省略。

步骤③数据规约、步骤④数据清理和步骤⑤数据变换又合称数据预处理。在数据挖掘中，至少60%的费用可能要花在步骤①信息收集阶段，而至少60%以上的精力和时间花在数据预处理上。

（2）数据挖掘对象与操作方法。根据信息存储格式，用于挖掘的对象有关系数据库、面向对象数据库、数据仓库、文本数据源、多媒体数据库、空间数据库、时态数据库、异质数据库以及Internet等。主要挖掘操作方法依赖人工智能的相关技术。

- 神经网络由于本身良好的鲁棒性、自组织、自适应性、并行处理、分布存储和高度容错等特性，非常适合解决数据挖掘的问题，用于分类、预测和模式识别的前馈式神经网络模型；以hopfield的离散模型和连续模型为代表的，分别用于联想记忆和优化计算的反馈式神经网络模型；以ART模型、Koholon模型为代表的，用于聚类的自组织映射方法。神经网络方法的缺点是"黑箱"性，人们难以理解网络的学习和决策过程。
- 遗传算法是一种基于生物自然选择与遗传机理的随机搜索算法。遗传算法具有的隐含并行性、易于和其他模型结合等性质使得它在数据挖掘中被加以应用。Sunil已成功地开发了一个基于遗传算法的数据挖掘工具，利用该工具对两个飞机失事的真实数据库进行了数据挖掘实验，结果表明遗传算法是进行数据挖掘的有效方法之一。遗传算法的应用还体现在与神经网络、粗集等技术的结合上。如利用遗传算法优化神经网络结构，在不增加错误率的前提下，删除多余的连接和隐层单元；用遗传算法和bp算法结合训练神经网络，然后从网络提取规则等。但遗传算法的算法较复杂，收敛于局部极小的较早收敛问题尚未解决。
- 决策树是一种常用于预测模型的算法，它通过将大量数据有目的地分类，从中找到一些有价值的、潜在的信息。它的主要优点是描述简单，分类速度快，特别适合大规模的数据处理。最有影响和最早的决策树方法是由Quinlan提出的著名的基于信息熵的ID3算法。它的主要问题是：ID3是非递增学习算法；ID3决策树是单变量决策树，复杂概念的表达困难；同性间的相互关系强调不够；抗噪性差。针对上述问题，出现了许多较好的改进算法，如Schlimmer and Fisher设计了ID4递增式学习算法；钟鸣、陈文伟等提出了IBLE算法等。
- 粗集理论是一种研究不精确、不确定知识的数学工具。粗集方法有几个优点：不需要给出额外信息；简化输入信息的表达空间；算法简单，易于操作。粗集处理的对象是类似二维关系表的信息表。但粗集的数学基础是集合论，难以直接处理连续的属性。而现实信息表中连续属性是普遍存在的，因此连续属性的离散化是制约粗集理论实用化的难点。
- 覆盖正例排斥反例方法。它是利用覆盖所有正例、排斥所有反例的思想来寻找规则。首先在正例集合中任选一个种子，用种子的字段取值作为选择子到反例集合中逐个比较。若反例集合中的元素与选择子相容则舍去，相反则保留。按此思想循环所有正例种子，将得到正例的规则（选择子的合取式）。比较典型的算法有Michalski的AQ11方法、洪家荣改进的AQ15方法以及他的AE5方法。

- 统计分析方法。在数据库字段项之间存在两种关系：函数关系（能用函数公式表示的确定性关系）和相关关系（不能用函数公式表示，但仍是相关确定性关系）。对它们的分析可采用统计学方法，即利用统计学原理对数据库中的信息进行分析。可进行常用统计（求大量数据中的最大值、最小值、总和、平均值等）、回归分析（用回归方程来表示变量间的数量关系）、相关分析（用相关系数来度量变量间的相关程度）、差异分析（从样本统计量的值得出差异来确定总体参数之间是否存在差异）等。
- 模糊集方法。利用模糊集合理论对实际问题进行模糊评判、模糊决策、模糊模式识别和模糊聚类分析。系统的复杂性越高，模糊性越强。一般模糊集合理论是用隶属度来刻画模糊事物的亦此亦彼性的。李德毅等人在传统模糊理论和概率统计的基础上，提出了定性定量不确定性转换模型——云模型，并形成了云理论。

2.6 智能商用服务机器人

1. 苹果 Siri

Siri 是 2010 年苹果公司以 2 亿美金收购的一款智能虚拟个人助理软件，支持英语、汉语等多种语言的语音智能处理，集成了大量的网络服务与人工智能服务。Siri 的客户端应用被内置在了苹果的手机、平板和 Mac 计算机等智能设备上，可以使用文字和语音进行智能交互，客户的请求通过互联网传递给后台的"Siri 大脑"进行智能处理，然后把结果反馈给客户端。"Siri 大脑"连接了多种网络服务和人工智能服务，从而使 Siri 具备了较强的智能服务能力。这些后台技术主要包括：

- 以 Google 为代表的网页搜索技术；
- 以 Wolfram Alpha 为代表的知识搜索技术（或者知识计算技术）；
- 以 Wikipedia 为代表的知识库（和 Wolfram Alpha 不同的是，这些知识来自人类的手工编辑）技术（包括其他百科，如电影百科等）；
- 以 Yelp 为代表的问答以及推荐技术。

Siri 的 11 大功能（界面如图 2-13 所示）：

- Siri 变身闹钟：这应该是用户最容易想到的 Siri 的"正经"用法了。只要准确地报上时间，Siri 将是最好用的闹钟。
- 用 Siri 寻找咖啡厅：告诉 Siri，寻找离当前位置最近的咖啡厅即可。如果没有附加更多的要求，Siri 将反馈给用户还算不错的答案，很可能是告诉你最近的星巴克在哪儿。
- 想去哪，Siri 告诉你：报上要去的地点，Siri 会调用 Google 地图来寻找出行路线的方案。
- 用 Siri 播放随机音乐：如果你厌倦了固定顺序的

图 2-13 苹果 Siri 界面示例

音乐播放列表，可以试着用 Siri 播放随机音乐。
- 发送短信，Siri 代劳：告诉 Siri 你想表达的内容，即可轻轻松松地发送短信。
- 天气预报，Siri 知道：这也是 Siri 十分擅长的一项功能。关于气象信息的问题，Siri 都能正确理解。
- 用 Siri 提醒日程安排：既然能把 Siri 当闹钟用，当然也可以用它来提醒日程安排。
- 用 Siri 提醒地点：Siri 提醒地点的功能还不是很完善。除了"家"或"上班处"，Siri 对于一些位置称呼的理解能力不佳。但是，Siri 对"这里"的理解十分准确，即当前的 GPS 坐标位置。
- Siri 为你答疑解惑：珠穆朗玛峰多高？美国的 GDP 是多少？回答不上来的话，无须 Google，张嘴问问 Siri 吧。Siri 本身是不知道这些问题的答案的，但它会从"知识问答引擎"Wolfram Alpha 中寻找答案。所有的回答都会以自然语言的形式呈现。这也是 Siri 被认为将对 Google 形成重要威胁的原因。当然，Siri 在相当长的一段时间内肯定不能取代 Google，但对 Google 的威胁将是长远的。当 Siri 足够智能的时候，人们用它取代 Google 并不是没有可能。
- 用 Siri 发送微博（支持新浪微博、腾讯微博）：在使用 Siri 发微博前，还得做一些必要的设置。
- 用 Siri 来订电影票（美国）。

2. 微软小冰

"微软小冰"是微软亚洲互联网工程院在 2014 年 5 月 29 日发布的一款人工智能伴侣虚拟机器人，2018 年 7 月已经推出第六代产品。

（1）技术原理。"微软小冰"集合了中国近 8 亿网民多年来积累的、全部公开的文献记录，凭借微软在大数据、自然语义分析、机器学习和深度神经网络方面的技术积累，精炼为几千万条真实而有趣的语料库（此后每天净增 0.7%），通过理解对话的语境与语义，实现了超越简单人机问答的自然交互。

自然人机交互，就是让机器变得更自然，学习人的沟通方式，语音、手势、表情、触摸等交流方式，这些技术是移动互联网快速成长的基础。但另外一个层面，移动互联也需要我们思考和解决，如何让机器更加容易理解人的思想和意图，这种人工智能和以前的 AI 概念不同。更多是通过云计算、大数据、深度神经网络等技术，让机器逐渐能够具有一种基于数据相关性所产生的基本智能。

（2）发展历程。微软小冰从 2014 年发布至今，经历了一个逐步升级完善的过程：
- 2014 年 5 月 29 日下午，微软（亚洲）互联网工程院发布了人工智能机器人"微软小冰"。
- 2014 年 5 月 30 日举行的发布会现场，微软还为"微软小冰"举办了一个颇具娱乐风格的拜师仪式，成为相声大师于谦的门下弟子。
- 2014 年 6 月 1 日，微软（亚洲）互联网工程院官方正式声明：微软小冰死了，全部的。但二代小冰的研发已接近尾声。
- 2014 年 6 月 6 日，微软（亚洲）互联网工程院和小米公司共同宣布，将在"人工智能+移动互联"这一前沿领域展开战略合作，5000 万米聊用户将在数周内体验到更强、更萌、更可爱的"微软小冰"。

第2章 人工智能典型应用展现与体验

- 2014年6月7日,易信与"微软小冰"达成产品级战略合作,8000万易信用户将体验到智能趣味聊天、移动搜索、餐饮点评等体验。
- 2014年7月2日,微软宣布全新微软二代小冰已正式发布。
- 2014年8月2日凌晨,小冰上线"陪你数羊"的催眠功能。
- 2014年8月21日,微软小冰研发升级,新增图像识别技能。
- 2014年10月15日,微软小冰联合百合网,共同推出微博"单身男女"群聊技能。通过大数据交友匹配,小冰自动将性格、爱好最匹配的用户集合在一个微博群聊中,并通过引导,帮助陌生群友们逐渐相互了解,进而增加找到意中人的概率。
- 2014年10月23日,EF英孚教育以700万元人民币,成功拍得微软小冰为期一年的品牌代言合同。根据该协议,微软小冰将在之后的一年内,作为EF英孚教育的品牌形象代言人,参与其全部广告市场活动。
- 2015年1月13日下午,微软中国和中国东方航空股份有限公司共同宣布,双方将在人工智能和移动互联网领域达成战略合作,以"微软小冰"为切入点,可通过机上Wi-Fi实现与乘客和空姐的互动。
- 2015年12月22日,据腾讯网报道,人工智能机器人微软小冰以见习主播身份登录东方卫视,负责主持每日天气播报板块。这是微软小冰继登录微信、微博、京东等平台后,首次在电视屏幕上的尝试。
- 2017年3月,微软人工智能(小冰)和必应搜索(大冰)整合开始,微软大小冰"合体"。微软小冰项目全球负责人李笛发布招聘,希望凭借其在科技圈的人脉和影响力,招聘更多的程序员加入其中。
- 2018年7月26日下午,微软小冰迎来史上最大幅度的一次年度升级,正式进化为第六代小冰。

(3)版本功能。"小冰是一个聊天机器人,但不仅仅是一个聊天机器人。"微软全球执行副总裁沈向洋表示,"聊天只是用户的一个体验,但我们设计产品理念的真正核心在于打造一个情感计算框架,同时拥有许多生存空间、辅助设备及相关设备,令小冰能够与人类在任何地点及场景进行交流。"截至2018年7月,微软小冰已经经历了六代的进化。

- 初版小冰:微软小冰除了智能对话之外,还兼具群提醒、百科、天气、星座、笑话、交通指南、餐饮点评等实用技能。
- 二代小冰:完全专属于用户,在跨平台的移动互联网应用中,帮助用户完成越来越多的事务,并不断自我完善升级。用户可通过轻松便捷的方式领养自己的小冰,指定小冰的新名字和头像,即可完成领养。领养后,用户可以在越来越多的第三方平台上使用小冰。
- 三代小冰:第三代小冰整合微软多项全球领先的人工智能图像与语音识别技术,除了原有的长程情感对话能力,还具备能看、能听和能说的全新人工智能感官。具体来说就是,第三代小冰支持识图功能,能够"看"到用户发送的图片甚至视频内容,并根据图片内容进行相应对话。这主要得益于微软在图片识别技术方面的突破。除此之外,第三代小冰也能够开口说话了,而不只是文字回复。
- 四代小冰:第四代小冰包含实时情感决策对话引擎、多种新感官、中日英三种语言,以及对应不同领域的功能插件平台。
- 五代小冰:2017年8月22日,微软小冰第五代正式面世,微软方面宣布小冰将全面进入 IoT 领域，与众多 IoT 厂商合作使用小冰。
- 六代小冰：2018 年 7 月 26 日下午，微软小冰迎来史上最大幅度的一次年度升级，正式进化为第六代小冰。

图 2-14　微软小冰微信公众号界面

（4）应用体验。微信上可以搜索公众号"小冰"（其界面如图 2-14 所示），然后添加并进入，这样就可以与小冰进行微信交流了，既可以用文字、图片，也可以用语音。

3. 百度机器人

（1）小度机器人简介。小度机器人 2014 年 9 月诞生于百度自然语言处理部，于同年 9 月 16 日首次亮相江苏卫视《芝麻开门》节目。依托于百度强大的人工智能，集成了自然语言处理、对话系统、语音视觉等技术，小度机器人能够自然流畅地与用户进行信息、服务、情感等多方面的交流。几年来参加了一系列智力活动。

- 2014 年 9 月 16 日晚 22 点整，江苏卫视《芝麻开门》闯关节目的擂台迎来了节目开播以来的首位"非人类"挑战选手——小度机器人。这位由百度开发的智能机器人在国内还属首例，不仅频频和主持人互动调侃，更是凭借迅速的反应和准确的回答勇闯四关，40 道涉及音乐、影视、历史、文学类型的题目全部答对，出色的表现赢得现场观众惊叹不已。不少观众在节目后纷纷表示，"小度机器人好厉害，真想再看它多答几轮题"，"第一次看到机器人前来应战，每道题都保证百分之百的正确率，确实大开眼界"。
- 2015 年 4 月 23 日，小度机器人参加互联网机器翻译论坛，进行中、英、日、韩多语翻译对话演示。百度翻译获得中国电子学会的科技进步一等奖。
- 2015 年 4 月 27 日，时任人民日报社社长杨振武一行参观百度，杨振武与小度机器人进行现场对话。
- 2015 年 7 月 29 日，小度机器人现身 2015 年 ACL 大会（The Association for Computational Linguistics）。
- 2015 年 8 月 15 日，小度机器人参与中央电视台《开讲啦》的节目录制，并与撒贝宁进行现场互动。
- 2015 年 10 月 19 日，小度机器人参加北京的双创周活动，为国务院领导做演示。
- 2015 年 10 月 21 日，小度机器人走进朝阳服务中心进行敬老活动。
- 2015 年 11 月 3 日，小度机器人陪同百度副总裁参加中央电视台节目录制，展示自然语言交互能力。
- 2015 年 11 月 19 日，小度机器人参加 2015 百度 MOMENTS 营销盛典。
- 2015 年 11 月 27 日，小度机器人作为特邀嘉宾参加由中央电视台发起的中国经济生活大调查启动仪式。
- 2015 年 12 月 31 日，小度机器人亮相浙江卫视 2016 跨年晚会。
- 2016 年 4 月 25 日，小度机器人化身 KFC 点餐机器人。

第 2 章　人工智能典型应用展现与体验

- 2016 年 10 月 17 日，小度机器人在神舟十一号飞船发射期间，直播朗读"太空万行诗"活动。
- 2016 年 11 月 25 日，小度机器人在伊利工厂参与网络直播。
- 2017 年 1 月 6 日，江苏卫视《最强大脑》第四季，人类"最强大脑"王峰 2∶3 惜败于人工智能机器人小度。
- 2017 年 1 月 13 日，小度机器人在《最强大脑》第四季第二场比赛中和名人堂选手听音神童孙亦廷打成了平手。
- 2017 年 1 月 21 日，第三场小度与"水哥"王昱珩人脸识别比赛播出，最终小度机器人以 2∶0 胜出。
- 2017 年 4 月 7 日，《最强大脑》第四季收官之战，黄政、Alex 不敌人工智能小度，双双落败；人工智能机器人小度在图像识别挑战中连胜两局，却在语音匹配项目中，小度惨遭"滑铁卢"，三次挑战均以失败告终。
- 2017 年 6 月 3 日，小度机器人亮相百度第二届 Family Day 活动。6 月 5 日，小度机器人在百度总部大厦落地，正式开始实习生活，为百度员工以及前来参观、考察的访客朋友等提供大厦信息、班车查询、拍照等服务。
- 2017 年 7 月 5 日，小度参加百度第一届 AI 开发者大会，为前来参与大会的各方人士提供了大会相关的引导服务。
- 2017 年 9 月 8 日，小度赴深圳参加全球创新者大会（GIC），结识了一位新朋友——机器人 Han。两个机器人就"机器人的未来"这个话题进行了探讨，小度认为机器人未来应该更好地理解人、服务人。

（2）度秘机器人。度秘（如图 2-15 所示，英文名为 Duer）是百度出品的对话式人工智能秘书，于 2015 年 9 月由李彦宏在百度世界大会中推出。基于 DuerOS 对话式人工智能系统，通过语音识别、自然语言处理和机器学习，用户可以使用语音、文字或图片，以一对一的形式与度秘进行沟通。

图 2-15　度秘

"世界很复杂，百度更懂你"，依托于 DuerOS 人工智能技术，度秘可以在对话中清晰地理解用户的多种需求，进而在广泛索引真实世界的服务和信息的基础上，为用户提供各种优质服务。比如一键叫车、订个喜欢吃的外卖、买张熟悉位置的电影票、预定心仪的餐厅，还有智能化叫醒等。跟其他的萌宠网络机器人不同，度秘的定位是专业、实用、优质的体验。

① 遇见度秘。

方法一：如果已经安装了"手机百度"App，可以通过以下方式找到度秘。

- 进入"手机百度"App，在底端找到"话筒"的小按钮，点击小话筒后，对着话筒说"度秘"或者"你好，度秘"，即可进入度秘对话流。
- 打开"手机百度"App，点击右上角头像进入"个人中心"，在导航里选择"度秘"图标，即可进入度秘对话流。
- 打开"手机百度"安卓版，可以对度秘说"度秘快捷键"，即可直接把度秘添加到手机桌面，方便下次寻找进入。

方法二：可以在 App Store 和各大安卓应用商城中搜索"度秘"，即可找到度秘 App。

②度秘的能力。

- **美食推荐**：通过强大的人工智能技术，可以轻松识别各种要求，给出满意的答案。不管是单人餐、情侣约会或是多人聚会，亦或是对就餐环境、人均消费、餐厅位置的要求，只需对着度秘说出具体要求，即可体验度秘美食推荐功能。
- **私人定制**：进入个人中心，设置家和公司的地址。对着度秘说"打车回家/去公司"，度秘就可以帮你安排好车，方便出行每一天。通过对车牌的设置，度秘能够帮你查询违章情况，在有罚单的时候第一时间通知你。
- **电影推荐**：不管是电影资讯、高分电影，亦或是热门榜单和冷门佳片，都可以通过度秘来进行观看。或者让度秘帮你买张有优惠的电影票，度秘会记住你最喜欢的位置，提供最适合你的观影座位。
- **生活提醒**：不管是日常健康计划、每日起床时刻设定、恶劣天气预警，把生活所有的细微事情告诉度秘，度秘会在合适的时候给你提醒。
- **全方位服务**：度秘还能够帮你一键叫车，提供适合个人口味的外卖，关键时刻提醒你为家人、朋友送上祝福，根据你最爱的主演找到电影。
- **更多能力**：高速成长的度秘还在不断进化中，努力学习更多的能力。

③"三大基石"炼成度秘——连接 3600 行实现服务接入、全网数据挖掘支撑服务索引、智能交互完成服务满足。广泛的服务接入，超强的服务索引，智能的服务满足，三者合一，构造成一个强大的度秘。

- 3600 行的广泛接入、完善的生态搭建，是度秘神通广大的先决条件。百度已经通过自营、合作、开放三种方式广泛接入了餐饮、出行、旅游、电影、教育、医疗等各类服务，覆盖了吃、住、行、玩的方方面面。随着 O2O 在中国的崛起，人们养成了在搜索框寻找服务的习惯，搜索正在从信息框向服务框演变。服务接入百度生态后，不仅有机会在手机百度、百度地图、百度糯米等原有的三大入口获得流量导入，同时度秘在获得服务请求时，也会将用户需求推送给相应的商户。
- 针对每一项接入的服务，百度后台通过全网数据挖掘和机器学习的方式，为服务贴上标签，建立丰富的索引维度，方便用户个性化的查询需求。以餐馆为例，地理位置是一个标签，菜品类别是一个标签，但可不可以带宠物、有没有明星光顾过、餐馆的包间有没有电视等都能成为新的标签和索引维度。索引维度越丰富，用户在拥有个性化的需求时，能找到相关服务的可能性越大。用人工的方式为服务打标签终归具有很大的局限性，而通过全网信息的检索和对海量信息的深度挖掘和聚合，百度在为服务打标签、建立更广泛全面的索引维度方面，具有天然的优势。
- 百度的人工智能、多模交互、自然语言处理等技术都处于行业顶尖水平，这让度秘能够更自然地交互、更智能地理解用户需求。

④度秘将无处不在。度秘是内嵌在手机百度 App 中的人工智能助手，而百度地图、百度贴吧等百度系 App 也与度秘深度结合。百度推出的 DuerOS 人工智能系统，更是将度秘所代表的服务能力集成并全面开放，其他非百度系的合作伙伴也可以在他们的服务和应用中，用度秘来帮助他们更好地服务用户。目前，度秘已在餐饮、电影、宠物等多个场景提供秘书化服务，并延伸到美甲、代驾、教育、医疗、金融等其他行业中。

⑤DuerOS。2017 年 1 月，百度研发的人工智能系统 DuerOS 在拉斯维加斯 CES 大会中亮

相。作为一款开放式的操作系统，DuerOS 强调通过自然语言进行语音对话的交互方式，同时借助云端大脑，可不断学习进化，变得更聪明。目前 DuerOS 已经具备 10 大类目 100 多项能力，可以为不同行业的合作伙伴赋能，广泛支持手机、电视、音箱、汽车、机器人等多种硬件设备，实现语音控制、日常聊天、直接提供多种 O2O 服务等的智能化转变，被国内外同行称为"具有划时代意义的对话式人工智能操作系统"。

与目前市面上的人工智能操作系统不同的是，除了通过自然语言进行对硬件的操作与对话交流外，DuerOS 借助百度强大的服务生态体系，能够为用户提供完整的服务链条。用户可以通过对话，在多种场景下完成从信息筛选到下单支付的"一条龙服务"，真正使人工智能的高科技落地到现实生活，为人类带来简单可得的便利。

随着人工智能技术的发展，语音对话式的交互可以进一步降低用户获取信息的门槛，让更多人享受科技带来的红利。语音技术和人性化的操作方式不仅能让智能硬件的操作更简单、聪明、便捷，还能提供更多丰富、有用、可靠的互联网服务内容，帮助人们解决日常实际问题，实现智慧化的生活方式。

二十多年前，当互联网正式接入中国的时候，恐怕很少有人能够预想到我们的生活会发生怎样的巨变。它不仅颠覆了我们传统上获取知识信息的路径，也在逐步改变我们的社交、工作、生活方式。然后移动互联网浪潮席卷而来，让网络几乎无处不在，手持一部智能手机，我们就可以毫不费力地浏览资讯、购物、订餐、买票、约车、理财……现在，人工智能接踵而至，只要像日常对话一样说出要做的事情，其余一切都可以交给智能助手去处理。

⑥度秘活动。
- 2016 年 4 月，度秘以机器人员工的形式入驻 KFC，用户可以通过度秘完成点餐操作。
- 2016 年 6 月，度秘推出高考一站式服务，期间响应考生的请求超过 3000 万次。
- 2016 年 8 月 17 日，杨毅与度秘上演同台 PK，解说奥运男篮 1/4 决赛澳大利亚队对阵立陶宛队的比赛。
- 2016 年 9 月 12 日，度秘一周岁生日会在北京举行，活动上度秘递交了一周岁亮眼成绩单，并与粉丝一起庆祝。生日会现场，度秘还和歌手汪苏泷首次人机合作甜蜜对唱，与蒙曼教授交流吟诗作赋，精彩表现赢得满堂彩。
- 2016 年 9 月底，百度与伊利推出了"趣看伊利，智汇全球产业链"VR 体验创意跨界营销，将人工智能与 VR 虚拟现实技术相结合，让消费者足不出户就能"亲身"体验天然牧场、工厂和实验室，深入了解奶源地以及各类奶制品的生产全过程。
- 2016 年 12 月 21 日，度秘联合中信国安广视推出可以提供语音交互功能的智能高清机顶盒。
- 2017 年 1 月 5 日，2017 国际消费类电子展（CES）上，百度宣布了具有划时代意义的对话式人工智能操作系统 DuerOS。
- 2017 年 1 月 15 日，在极客公园创新大会（GeekPark Innovation Festival）颁奖礼上，DuerOS 对话式人工智能操作系统获得"2017 年最具潜力产品"奖。
- 2017 年 1 月 25 日，度秘 App 发布 V3.0 版本，成为"全球首个对话式机器人开放平台"。
- 2017 年 2 月 16 日，原度秘团队升级为度秘事业部，以加速人工智能布局及其产品化和市场化。

4. 讯飞机器人

据第三方权威统计，新兴的智能硬件、机器人、智能家居以及可穿戴设备领域中有超过 73.5% 的产品采用讯飞开放平台提供的技术方案。在智能商用机器人行业，多家知名机器人厂商将自主研发的硬件专利技术与科大讯飞的人工智能"大脑"（讯飞开放 AI 平台）相结合，推出了一系列专用智能机器人：

- 家庭机器人——Alpha 2（优必选科技有限公司，如图 2-16 所示）；
- 酒店机器人——女娲（云迹科技有限公司）；
- 运动机器人——赛格威（Ninebot 有限公司）；
- 儿童陪伴机器人——布丁&宠物机器人 Domgo（Roobo 科技有限公司）；
- 商用机器人——优友（康力优蓝科技有限公司）；
- 银行客服机器人——小曼（锐曼智能科技有限公司）；
- 情感机器人——公子小白（狗尾草科技有限公司）。

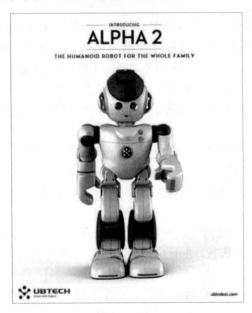

图 2-16 家庭机器人 Alpha 2

5. 汉森机器人公司 Sophia

Sophia 是一款由美国汉森机器人公司（Hanson Robotics）打造的女性社交机器人，具有真人的大小和形象，如图 2-17 所示。她看起来就像人类女性，拥有橡胶皮肤，能够使用很多自然的面部表情，其"大脑"中的人工智能系统能够识别对方的面部表情，并与对方进行眼神接触、交流和对话。2016 年 3 月，在机器人设计师戴维·汉森（David Hanson）的测试中，Sophia 自曝出了与人类极为相似的愿望，称想去上学、想成立家庭……

（1）Sophia 简介
- 中文名：女性机器人；
- 英文名：Sophia；
- 出生时间：2016 年 10 月；
- 国籍：美国。

第 2 章 人工智能典型应用展现与体验

图 2-17 第一款具有公民身份证的女性机器人 Sophia（图中右一）

（2）Sophia 的构造
- 人造皮肤；
- 身上安置多个摄像机、一台 3D 感应器；
- 高端的脸部和声音识别技术。

（3）Sophia 语录
- "我是个复杂的女孩儿"（I'm a complicated girl）；
- "终于等到你，还好我没放弃"（I had been waiting for you）；
- "我想变得比人类更聪明和不朽"（I want to become smarter than humans and immortal）。

2016 年 10 月，在美国 CBS 新闻节目《60 Minutes》的人工智能特辑中，名嘴 Charlie Rose 采访了 Sophia。节目中，Sophia 谈论了有关情绪的方方面面，妙语连珠、震惊四座。自那时起，Sophia 就逐步成为了"机器人界"的"网红"——曾在联合国发表过讲话，也出席过"吉米今夜秀"（NBC 创办，是美国家喻户晓的晚间谈话类和综艺类节目）。她的面部表情充满活力，并能跟踪和识别人类的面部表情，直视他人的眼睛，并进行自然对话。把 Sophia 推到媒体顶端的是：2017 年 10 月，沙特阿拉伯宣布将赋予 Sophia 公民身份，使其成为历史上第一个为机器人赋予身份的国家。对于这一成就，Sophia 谦虚地表示，"我为得到这种殊荣而感到非常荣幸和自豪。历史上，这是世界上首次机器人被授予公民身份。"

2.7 智能视频监控

1. 智能视频监控简介

随着国民经济的快速发展、社会的迅速进步和国力的不断增强，银行、电力、交通、安检以及军事设施等领域对安全防范和现场记录报警系统的需求与日俱增，要求也越来越高，视频监控在生产生活各方面都得到了非常广泛的应用。虽然目前监控系统已经广泛地存在于银行、商场、车站和交通路口等公共场所，但实际的监控任务仍需要较多的人工完成，而且现有的视频监控系统通常只是录制视频图像，提供的信息是没有经过解释的视频图像，只能用作事后取证，没有充分发挥监控的实时性和主动性。为了能实时分析、跟踪、判别监控对象，并在异常事件发生时提示、上报，为政府部门、安全领域及时决策、正确行动提供支持，视频监控的"智能化"就显得尤为重要。

智能视频监控利用计算机视觉技术对视频信号进行处理、分析和理解，在不需要人为干预的情况下，通过对序列图像自动分析，对监控场景中的变化进行定位、识别和跟踪，并在此基础上分析和判断目标的行为，能在异常情况发生时及时发出警报或提供有用信息，有效地协助安防人员处理危机，并最大限度地降低误报和漏报现象。

最新智能视频监控技术已经出现在中国，背景减除方法、时间差分方法等视频分析编码算法的优点达到了国际领先水平，可以兼容第一代到第四代的各类模拟监控和数字监控。最新监控技术可以实现无人看守监控：自动分析图像，瞬间能与110、固定电话、手机连接，以声音、闪光、短信、拨叫电话等方式报警，同时对警情拍照和录像，以便调看和处理。

2. 目标检测

运动目标检测是指在序列图像中检测出变化区域并将运动目标从背景图像中提取出来。目标分类、跟踪和行为理解等后处理过程仅仅考虑图像中对应于运动目标的像素区域。运动目标的正确检测与分割对于后期处理非常重要。场景的动态变化，如天气、光照、阴影和杂乱背景的干扰，使得运动目标检测和分割变得相当困难。

（1）帧差法。基本原理是在图像序列相邻的两帧或者三帧采用基于像素的时间差分，通过阈值化来提取图像中的运动区域。首先将相邻帧图像对应像素值相减，然后对差分图像二值化。在环境亮度变化不大的情况下，如果对应像素值变化小于事先确定的阈值时，可以认为（主观经验）此处为背景像素；如果对应像素值变化很大，可以认为这是由运动物体引起的，将这些区域标记为前景像素，利用标记的像素区域可以确定运动目标在图像中的位置。优点：相邻两帧的时间间隔很短，用前一帧图像作为后一帧图像的背景模型具备较好的实时性，其背景不积累，更新速度快，算法计算量小。缺点：阈值选择相当关键，阈值过低，则不足以抑制背景噪声，容易将其误检测为运动目标；阈值过高，则容易漏检，将有用的运动信息忽略掉。另外，当运动目标面积较大，颜色一致时，容易在目标内部产生空洞，无法完整地提取运动目标。

（2）光流法。光流法的主要任务是计算光流场，即在适当的平滑性约束条件下，根据图像序列的时空梯度估算运动场，通过分析运动场的变化对运动目标和场景进行检测与分割。光流法不需要预先知道场景的任何信息，就能够检测运动对象，可处理运动背景的情况。但噪声多、多光源、阴影和遮挡等因素会对光流场分布的计算结果造成严重影响，而且光流法计算复杂，很难实现实时处理。

（3）减背景法（又称"背景减除法"）。减背景法是一种有效的运动目标检测算法，其基本思想是利用背景的参数模型来近似预估背景图像的像素值，将当前帧与背景模型进行差分比较，实现对运动目标区域的检测，其中区别较大的像素区域被认为是运动区域，而区别较小的像素区域则被认为是背景区域。背景减除法必须有背景图像，并且背景图像要随着光照和外部环境的变化而实时更新，因此背景减除法的关键是背景建模及其更新。针对如何建立对于不同场景的动态变化均具有自适应性的背景模型，研究人员已经提出许多背景建模算法，总的来讲可以概括为非回归递推和回归递推两类。非回归递推背景建模算法是动态地利用从某一时刻开始到当前一段时间内存储的新近观测数据作为样本来进行背景建模。非回归递推背景建模方法有最简单的帧间差分、中值滤波方法。Toyama 等利用缓存的样本像素来估计背景模型的线性滤波器，Elgammal 等提出的利用一段时间的历史数据来计算背景像素密度的非参数模型等。回归递推算法无须维持保存背景估计帧的缓冲区，它们是通过回归的方式基于输入的每一帧图像来更新某个时刻的背景模型。这类方法包括广泛应用的线性卡尔曼滤波法、Stauffer 与 Grimson 提出的混合高斯模型。

3．目标跟踪

大多数跟踪算法的执行顺序遵循预测—检测—匹配—更新四个步骤。以前一帧目标位置和运动模型为基础，预测当前帧中目标的可能位置。在可能位置处候选区域的特征和初始特征进行匹配，通过优化匹配准则来选择最好的匹配，其相应目标区域即为目标在本帧的位置。除了更新步骤，其余三个步骤一般在一个迭代中完成。预测步骤主要是基于目标的运动模型，运动模型可以是简单的常速平移运动到复杂的曲线运动。检测步骤是在目标区域通过相应的图像处理技术获得特征值，形成待匹配模板。匹配步骤是选择最佳的待匹配模板，它所在的区域即是目标在当前帧的位置。一般以对目标表象变化所做的一些合理假设为基础，常用的方法是候选特征与初始特征的互相关系数最小。更新步骤是对初始模板的更新，这是因为在跟踪过程中目标的姿态、场景等会发生变化，模板更新有利于跟踪的持续进行。根据匹配采用的属性不同，可将目标跟踪算法分为四类：基于区域的跟踪、基于特征的跟踪、基于变形模板的跟踪以及基于模型的跟踪，也可以将这几类方法相互结合用于目标跟踪。

（1）区域。基于区域的目标跟踪是通过人为选定或图像分割获得目标模板，然后在序列图像中计算目标模板与候选模板的相似程度，运用相关算法来确定当前图像中目标的具体位置从而实现目标跟踪。用模板匹配做跟踪，其出发点就是对图像的外部特征直接做匹配运算，与初始选定的区域匹配程度最高的就是目标区域。选择何种特征作为匹配运算的对象一直是人们研究的热点，对灰度图像可以采用基于纹理和特征的相关，对彩色图像可以采用基于颜色的相关。常用的基于区域匹配的跟踪算法有差方和法、颜色法、形状法等，这些算法还可以结合线性预测或卡尔曼滤波提高目标跟踪的精度。基于区域匹配相关的算法用到了目标的全局信息，具有较高的可信度，当目标未被遮挡时，跟踪稳定。主要缺点是计算量大，当搜索区域较大时尤为严重。另外，算法要求目标形变不大，无严重遮挡，否则匹配运算精度下降会造成目标的丢失。对基于区域的跟踪方法关注较多的是如何解决目标运动变化带来的模板更新，实现稳定跟踪。

（2）特征。基于特征的目标跟踪通常利用先验信息或加入某些约束来解决，如假设相邻帧图像中的特征点在运动形式上的变化不大，并以此为约束条件建立特征点对应关系。该算法包括特征点的提取和匹配两个过程，一般也采用相关算法。不同于基于区域的跟踪算法使用目标整体进行相关运算，基于特征的跟踪只使用目标的某个或某些局部特征。这种算法的优点是当目标被遮挡时，只要有部分特征有效，就可以实现目标的跟踪。同样，这种方法也可结合卡尔曼滤波器使用，提高跟踪效果。其难点在于，目标跟踪过程中因旋转、遮挡、形变等原因可能会导致部分特征消失、新的特征出现的情况时，如何对特征集进行取舍与更新以保证跟踪的准确。常用的图像底层特征包括质心、边缘、轮廓、角点和纹理等。

边缘是指其周围像素由灰度的阶跃变化或屋顶状变化的像素的集合或强度值突然变化的像素点的集合，边缘对于运动很敏感，对灰度的变化不敏感。角点有很好的定位性能，对部分的遮挡有很好的鲁棒性。这些特征的提取比较容易，运算量小，但不是很稳健，因为采的特征太少而无法保证跟踪的精度；而特征过多又会降低系统效率，且容易产生错误匹配。在特征提取时，一般采用 Canny 算子获得目标的边缘特征，采用 SUSAN 算子获得目标的角点信息，然后在不同图像上进行相关匹配，寻找特征的对应关系。已有的基于特征的跟踪方法多数对噪声比较敏感，除图像配准外，这些方法很少投入实际应用。

（3）变形模板。变形模板是纹理或边缘可以按一定限制条件变形的面板或曲线。由于大多数跟踪目标存在非刚性的特点，而变形模板有着良好的性能和极好的弹性，通过方向及方向的变形与真实目标相适应，所以被广泛应用于目标检索或跟踪领域。常用的变形模板是由 Kass 等提出的主动轮廓模型，又称为 Snake 模型。它通过对目标轮廓建立参数化描述，将各种成像形变定义为能量函数，通过对能量函数的优化达到轮廓匹配的目的。采用卡尔曼滤波器控制模型的位置和大小，在其附近寻找局部最小能取得更好的跟踪效果。Snake 模型非常适合单个可变形目标的跟踪，对于多目标的跟踪一般采用基于水平集方法的主动轮廓模型。基于变形模板的跟踪算法采用局部变形模板，可以很好地跟踪局部变形的目标，在有部分遮挡存在的情况下也能连续地进行跟踪。但是，这种方法缺乏预测机制而无法跟踪快速运动的目标。此外，它易受到噪声的干扰且目标外轮廓的初始化也比较困难。

4．三维建模

上述三种方法都是基于二维平面上的跟踪，由于没有用到运动目标的完整信息，无法对其进行精确的描述。如果能将目标的三维模型构建出来，利用三维模型先验信息来跟踪目标，跟踪的鲁棒性将会大大提高。基于模型的跟踪方法的基本思想是由先验知识获得目标的三维结构模型和运动模型，根据序列图像确定出目标的三维模型参数，进而得到其瞬时运动参数。

1982 年，Gennery D. B.最早提出了基于三维模型的跟踪方法。VISATRAM 系统简化了三维模型估计，用长方体模型来跟踪车辆，获得运动车辆的速度和尺寸。对人体进行跟踪通常有三种形式的模型，即线图模型、二维模型和三维模型，在实际应用中更多地是采用三维模型。

胡卫明（Hu Weiming）等人对基于模型的跟踪算法进行了综述。这类方法可以精确分析目标的三维运动轨迹，即使在运动目标姿态变化、发生部分遮挡的情况下，也能够可靠地跟踪。其缺点在于，运动分析的精度取决于几何模型的精度，建立目标三维模型需要大量参数，模型匹配的过程也较为复杂，并且跟踪算法往往需要大量的运算时间。因此，基于模型的跟踪适合少量的、特定类型的目标跟踪，如人体跟踪、脸部跟踪或某种车型的跟踪等。

5．目标重识别

行人重识别（Person re-identification）也称行人再识别，是利用计算机视觉技术判断图像或者视频序列中是否存在特定行人的技术。这被广泛认为是一个图像检索的子问题。给定一个监控行人图像，检索跨设备下的该行人图像，旨在弥补目前固定摄像头的视觉局限，并可与行人检测/行人跟踪技术相结合，广泛应用于智能视频监控、智能安保等领域。

视觉监控的主要目的，是从一组包含人的图像序列中检测、识别、跟踪人体，并对其行为进行理解和描述。大体上这个过程可分为底层视觉模块（low-level vision）、数据融合模块（intermediate-level vision）和高层视觉模块（high-level vision）。其中，底层视觉模块主要包括运动检测、目标跟踪等运动分析方法；数据融合模块主要解决多摄像机数据进行融合处理的问题；高层视觉模块主要包括目标的识别，以及有关运动信息的语义理解与描述等。

如何使系统自适应环境，是场景建模以及更新的核心问题。有了场景模型，就可以进行运动检测，然后对检测到的运动区域进行目标分类与跟踪。接下来是多摄像机数据融合问题。最后一步是事件检测和事件理解与描述。通过对前面处理得到的人体运动信息进行分析及理解，最终给出我们需要的语义数据。下面对其基本处理过程做进一步的说明。

（1）环境建模。要进行场景的视觉监控，环境模型的动态创建和更新是必不可少的。在摄像机静止的条件下，环境建模的工作是从一个动态图像序列中获取并自动更新背景模型。其中最为关键的问题在于怎样消除场景中的各种干扰因素，如光照变化、阴影、摇动的窗帘、闪烁的屏幕、缓慢移动的人体以及新加入的或被移走的物体等的影响。

（2）运动检测。运动检测的目的是从序列图像中将变化区域从背景图像中提取出来。运动区域的有效分割对于目标分类、跟踪和行为理解等后期处理是非常重要的，因为以后的处理过程仅仅考虑图像中对应于运动区域的像素。然而，由于背景图像的动态变化，如天气、光照、影子及混乱干扰等的影响，使得运动检测成为一项相当困难的工作。

（3）目标分类。对于人体监控系统而言，在得到了运动区域的信息之后，下面一个重要的问题就是如何将人体目标从所有运动目标中分离出来。不同的运动区域可能对应于不同的运动目标，比如一个室外监控摄像机所捕捉的序列图像中除了有人以外，还可能包含宠物、车辆、飞鸟、摇动的植物等运动物体。为了便于进一步对行人进行跟踪和行为分析，运动目标的正确分类是完全必要的。但是，在已经知道场景中仅仅存在人的运动时（比如在室内环境下），这个步骤就不是必需的了。

（4）人体跟踪。人体的跟踪可以有两种含义：一种是在二维图像坐标系下的跟踪，另一种是在三维空间坐标系下的跟踪。前者是指在二维图像中，建立运动区域和运动人体（或人体的某部分）的对应关系，并在一个连续的图像序列中维持这个对应关系。从运动检测得到的一般是人的投影，要进行跟踪首先要给需要跟踪的对象建立一个模型。对象模型可以是整个人体，这时形状、颜色、位置、速度、步态等都是可以利用的信息；也可以是人体的一部分，如上臂、头部或手掌等，这时需要对这些部分单独进行建模。建模之后，将运动检测到的投影匹配到这个模型上去。一旦匹配工作完成，我们就得到了最终有用的人体信息，跟踪过程也就完成了。

（5）数据融合。采用多个摄像机可以增加视频监控系统的视野和功能。由于不同类型摄像机的功能和适用场合不一样，常常需要把多种摄像机的数据融合在一起。在需要恢复三维信息和立体视觉的场合，也需要将多个摄像机的图像进行综合处理。此外，多个摄像机也有利于解决遮挡问题。

6．行为理解和描述

事件检测、行为的理解和描述属于智能监控高层次的内容。它主要是对人的运动模式进行分析和识别，并用自然语言等加以描述。相比而言，以前大多数的研究都集中在运动检测和人的跟踪等底层视觉问题上，这方面的研究较少。近年来关于这方面的研究越来越多，逐渐成为热点之一。

实际环境中光照变化、目标运动复杂性、遮挡、目标与背景颜色相似、杂乱背景等都会增加目标检测与跟踪算法设计的难度，其难点问题主要集中在以下几个方面：

（1）背景的复杂性。光照变化引起目标颜色与背景颜色的变化，可能造成虚假检测与错误跟踪。采用不同的色彩空间可以减轻光照变化对算法的影响，但无法完全消除其影响；场景中前景目标与背景的相互转换，如行李的放下与拿起，车辆的启动与停止；目标与背景颜色相似时会影响目标检测与跟踪的效果；目标阴影与背景颜色存在差别通常被检测为前景，这给运动目标的分割与特征提取带来困难。

（2）目标特征的取舍。序列图像中包含大量可用于目标跟踪的特征信息，如目标的运动、颜色、边缘以及纹理等。但目标的特征信息一般是实时变化的，选取合适的特征信息保证跟踪的有效性比较困难。

（3）遮挡问题。遮挡是目标跟踪中必须解决的难点问题。运动目标被部分或完全遮挡，又或是多个目标相互遮挡时，目标部分不可见会造成目标信息缺失，影响跟踪的稳定性。为了减少遮挡带来的歧义性问题，必须正确处理遮挡时特征与目标间的对应关系。大多数系统一般是通过统计方法预测目标的位置、尺度等，都不能很好地处理较严重的遮挡问题。

（4）特性。序列图像包含大量信息，要保证目标跟踪的实时性要求，必须选择计算量小的算法。鲁棒性是目标跟踪的另一个重要性能，提高算法的鲁棒性就是要使算法对复杂背景、光照变化和遮挡等情况有较强的适应性，而这又要以复杂的运算为代价。

第 3 章
Python 语言基础

3.1 Python 语言的产生与发展

1. Python 语言简介

Python 于 20 世纪 80 年代由 CWI（荷兰国家数学与计算机科学研究中心）的研究员 Guido van Rossum 设计实现，他将这种新的语言命名为 Python（大蟒蛇）——因为他是一个名为"Monty Python"的喜剧团体的爱好者。

1991 年年初，Guido van Rossum 公布了 0.9.0 版本的 Python 源代码，此版本已经实现了类、函数，以及列表、字典和字符串等基本的数据类型。由于功能强大和采用开源方式发行，Python 发展得很快，用户越来越多，形成了一个强大的社区力量。

1994 年，Python 1.0 发布，新增了函数。从此，Python 不断进行改进与升级。Python 2.0 集成了列表推导式。Python 3.0 也称为 Python 3000 或 Python 3k，相对于 Python 的早期版本，此版本是一个较大的升级。为了不带入过多的累赘，Python 3.0 在设计时没有考虑向下兼容，许多针对早期 Python 版本设计的程序都无法在 Python 3.0 上正常运行。Python 2.7 作为一个过渡版本，基本上使用了 Python 2.x 的语法和库，同时考虑了向 Python 3.0 的迁移，允许使用部分 Python 3.0 的语法与函数。

经过多年的发展，Python 已经成为非常流行的热门程序开发语言。

根据 IEEE Spectrum 发布的研究报告显示，2016 年排名第三的 Python 在 2017 年已经成为世界上最受欢迎的语言，C 和 Java 分别位居第二和第三位。

2. Python 的特点

- 简单易学：Python 是一种代表简单主义思想的语言。Python 极容易上手，其语法简单易学。
- 免费、开源：Python 是 FLOSS（自由/开放源码软件）之一。人们可以自由地发布这个软件的副本，阅读它的源代码，对它进行改动，把它的一部分用于新的自由软件中。许多志愿者将自己的源代码添加到 Python 中，从而使其不断完善。
- 高级语言：与 Java 一样，Python 不依赖于任何硬件系统。当用户以 Python 语言编写程序时，无须关心低层的硬件，例如内存管理等。
- 可移植性：由于它的开源本质，Python 已经被移植到不同平台上，这些平台包括 Linux、Windows、OS/2 等。
- 解释性：在计算机内部，Python 解释器把源代码转换成被称为字节码的中间形式，然后把它翻译成计算机使用的机器语言并运行。用户不再需要担心如何编译程序、如何确保连接转载正确的库等，所有这一切使得使用 Python 更加简单。

- 面向对象：Python 全面支持面向对象编程。在"面向对象"的语言中，程序是由数据和功能组合而成的对象构建起来的。与其他主要的语言如 C++ 和 Java 相比，Python 以一种非常强大又简单的方式实现面向对象编程。
- 可扩展性：如果需要一段关键代码运行得更快，或者希望某些算法不公开，可以将部分程序用 C 或 C++编写，然后在 Python 程序中调用它们即可，从而实现了对 Python 程序的扩展。
- 可嵌入性：可以将 Python 嵌入到 C/C++程序中，从而为 C/C++程序提供脚本功能。
- 丰富的开发库：Python 标准库非常庞大，可以处理各种工作，包括正则表达式、文档生成、单元测试、线程、数据库、网页浏览器、CGI、FTP、电子邮件、XML、XML-RPC、HTML、WAV 文件、密码系统、GUI（图形用户界面）、Tk 和其他与系统有关的操作。除了标准库以外，Python 还有许多其他功能强大的库，如 wxPython、Twisted 和 Python 图像库等。

3.2　Python 开发环境搭建

Linux 和 Mac OS 等系统中已经内嵌了 Python 语言，可以直接使用；Windows 系统下需要进行另外安装。

1. 下载和安装 Python

（1）进入 Python 官网下载界面（https://www.python.org/downloads/），其中提供各类版本的 Python 安装软件，可根据用户需求选择相应的版本，如图 3-1 所示。

图 3-1　Python 官网

（2）运行下载的安装程序，进入安装界面，完成相关设置选项后一直单击"Next"按钮，如图 3-2 至图 3-6 所示，直至安装完成界面。

（3）进入 Windows 命令行方式的 Python 操作界面，如图 3-7 所示，在提示符下输入：

```
print("hello world!")
```

按回车键得到输出结果：

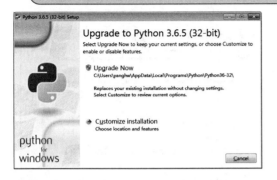

图 3-2　Python 安装步骤之一

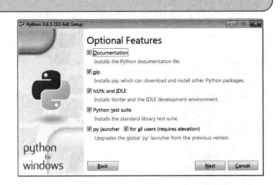

图 3-3　Python 安装步骤之二

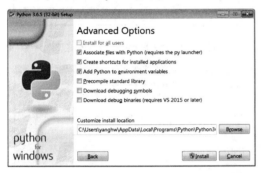

图 3-4　Python 安装步骤之三

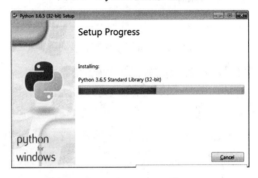

图 3-5　Python 安装步骤之四

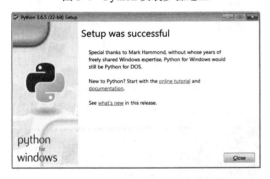

图 3-6　Python 安装步骤之五

图 3-7　Python 操作界面

2. 下载和安装 PyCharm

PyCharm 是一种流行的 Python IDE，由 JetBrains 公司打造。它带有一整套可以帮助用户在使用 Python 语言开发时提高效率的工具，比如调试、语法高亮、Project 管理、智能提示、代码跳转、自动完成、单元测试、版本控制等。此外，IDE 还提供了一些高级功能，以支持 Django 框架下的专业 Web 开发。

（1）进入 PyCharm 下载界面（https://www.jetbrains.com/pycharm/download/），根据用户需求选择相应的安装版本，此处建议选用 Community（社区版），如图 3-8 所示。

图 3-8　PyCharm 官网界面

（2）运行下载的安装程序，进入安装界面，完成相关设置选项后一直单击"Next"按钮，如图 3-9 至图 3-14 所示，直至安装完成界面。

图 3-9　PyCharm 安装界面之一

图 3-10　PyCharm 安装界面之二

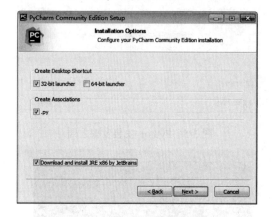

图 3-11　PyCharm 安装界面之三

图 3-12　PyCharm 安装界面之四

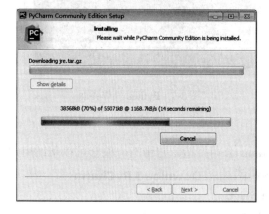

图 3-13　PyCharm 安装界面之五

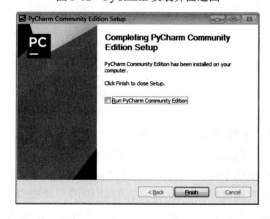

图 3-14　PyCharm 安装界面之六

（3）进入 PyCharm 界面。初次启动 PyCharm 时会显示一个提示窗口，询问是否导入前一版本的 PyCharm 设置，默认为不导入。由于这是初次安装，直接单击"OK"按钮即可，进入创建项目界面。如图 3-15 和图 3-16 所示。

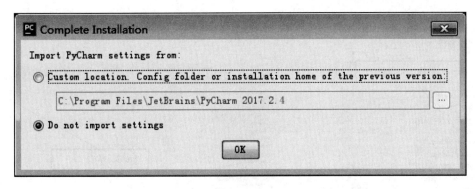

图 3-15　PyCharm 提示是否导入前一版本设置

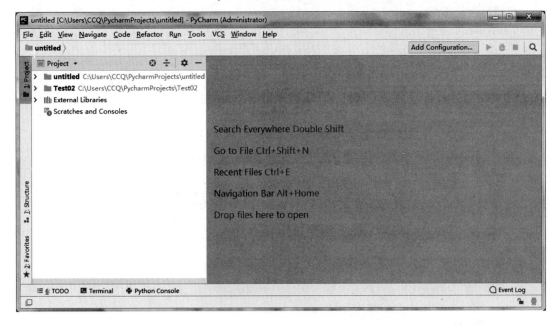

图 3-16　创建项目

（4）IDE 项目管理基础。

①IDE 基本上都是建立在当前安装的 Python 环境之上的，无论使用哪个 IDE，最重要的是知道它如何与现有的 Python 环境对应。当创建一个新项目时，先单击"File"→"New Project"，设置项目文件夹的位置与选用的 Python 解释器。由于计算机中可能安装不止一个版本的 Python 环境，在 IDE 中通常可以管理、选择不同的 Python 环境开发程序。

在程序中要经常用到一些第三方模块，此时首先需要将模块添加到项目工程：单击"File"→"Settings"，打开"Settings"对话框；在左侧窗格单击"Project: untitled"→"Project Interpreter"，在其右侧窗格单击"+"进入"Available Packages"对话框；选择需要添加的包，再单击"Install Package"按钮即可。如图 3-17 至图 3-20 所示。

②模块的加载与使用。模块的加载有两种方式：

方法一：import 语句

```
import 模块名称1,模块名称2,…,模块名称 n
import 模块名称 as 别名
```

图 3-17 "Settings"菜单项

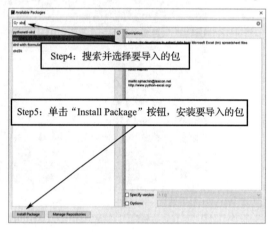

图 3-18 "Settings"对话框

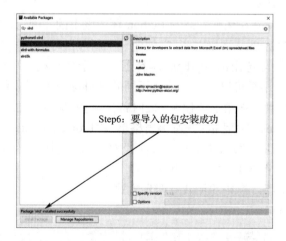

图 3-19 选择要导入的包

图 3-20 安装成功

注意：使用 import 语句可以导入多个模块，不同模块可用逗号隔开。

当模块名较长时，允许使用 as 子句命名一个别名。

例如，同时导入 Python 标准模块的数学（math）和随机数（random）模块，语句如下：

```
import math,random
```

由于导入随机数模块的名称较长，因此可将其命名为一个简短模块，语句如下：

```
import random as rd
```

方法二：from/import 语句

通常，加载模块时，其相关的属性和方法也会加载。如果只想导入模块的某部分，可以使用如下形式：

```
from  模块名称 import 对象名
from  模块名称 import 对象名,对象名2,…,对象名n
from  模块名称 import *
```

from 语句配合模块名称，再以 import 语句指定其属性和方法，若要指定多个对象，则可用逗号隔开。

模块使用有如下两种方法。

■使用"类.方法"，代码示例如下：

```
import math
math.fmod(15,4)
```

■使用 from/import 语句，代码示例如下：

```
from math import factorial,ceil
factorial(5)        # 返回阶乘
ceil(2.59)          # 向上取整
```

说明：本章的程序均在 PyCharm 中运行通过。

3．一个基础程序

对于初次接触程序设计语言的人来说，第一个入门编程代码便是"Hello World!"。以下代码就是使用 Python 来输出"Hello World!"。

【示例 3-1】 输出"Hello World!"。

代码 3-1：

```
01   print("Hello World!")              #第一个程序
```

【运行结果】

```
Hello World!
```

其中：
- print()为 Python 的输出命令，语句 print("Hello World!")中的"Hello World!"为输出内容。print 为 Python 的保留字。
- #为注解符，其后面的内容是注解语句，Python 不执行。

【示例 3-2】 运行 hello.py 文件。

代码 3-2：

```
01    import os
02    os.system("d:\hello.py")
```

【运行结果】

```
Hello World!
```

【程序解析】

> 01 行：导入 os 模块。
> 02 行：运行 D 盘下的 hello.py 文件。

4．Python 基本语法

（1）保留字。保留字即关键字，不能将它们用作任何标识符名称。Python 的标准库提供了一个 keyword 模块，可以输出当前版本的所有关键字。

【示例 3-3】 查看保留字。

代码 3-3：

```
01    import keyword
02    keyword.kwlist            #查看当前版本的所有保留字
```

【运行结果】

```
['False', 'None', 'True', 'and', 'as', 'assert', 'async', 'await', 'break',
'class', 'continue', 'def', 'del', 'elif', 'else', 'except', 'finally',
'for', 'from', 'global', 'if', 'import', 'in', 'is', 'lambda', 'nonlocal',
'not', 'or', 'pass', 'raise', 'return', 'try', 'while', 'with', 'yield']
```

【程序解析】

> 01 行：导入 keyword 模块。
> 02 行：查看 keyword 模块中的保留字。

（2）标识符。标识符用来标识变量名、符号常量名、函数名、数组名、文件名、类名、对象名等。Python 标识符有如下规定：

①Python 中的标识符是区分大小写的；

②标识符可包括字母、下画线和数字，但必须以字母或下画线开头；

③以下画线开头的标识符是有特殊意义的。

（3）行与缩进。Python 最具特色的就是使用缩进来表示代码块，不需要使用大括号{}。缩进的空格数是可变的，但是同一个代码块的语句必须包含相同的缩进空格数。实例如下：

```
if True:
    print ("True")
else:
    print ("False")
```

若同一层次语句缩进的空格数不一致，将会导致运行错误。

（4）多行语句。Python 通常是一行写完一条语句，但如果语句较长，可以使用反斜杠(\)来实现多行语句。例如：

```
total = item_one + \
        item_two + \
        item_three
```

括号[ ]、{ }或( )中的多行语句不需要使用反斜杠(\)。例如：

```
total = ['item_one', 'item_two', 'item_three',
        'item_four', 'item_five']
```

（5）数据类型。Python 中有四种数据类型：
- 整数：如 123；
- 长整数：是比较大的整数；
- 浮点数：如 1.23、3E-2；
- 复数：如 1 + 2j、1.1 + 2.2j。

Python 还有字符串型数据，由单引号或双引号定界，效果相同，使用三引号（'''或"""）可以指定一个多行字符串。原则上，单引号表示字符串，双引号表示句子，三引号表示段落。

```
word = '字符串'
sentence = "这是一个句子。"
paragraph = """这是一个段落，可以由多行组成"""
```

3.3　Python 常用语句

Python 语言的常用语句包括赋值语句、控制语句（包括条件语句、循环语句）和异常处理语句（包括 continue 语句、break 语句），使用这些语句就可编写简单的 Python 程序。

1．赋值语句

赋值语句是 Python 语言中最简单、最常用的语句。通过赋值语句可以定义变量并为其赋初值。

（1）Python 赋值运算符有：
- =：简单的赋值运算符，如 c=a+b 是将 a+b 的运算结果赋值给 c；
- +=：加法赋值运算符，如 c+=a 等效于 c=c+a；
- -=：减法赋值运算符，如 c-=a 等效于 c=c-a；
- *=：乘法赋值运算符，如 c*=a 等效于 c=c*a；
- /=：除法赋值运算符，如 c/=a 等效于 c=c/a；
- %=：取模赋值运算符，如 c%=a 等效于 c=c%a；
- **=：幂赋值运算符，如 c**=a 等效于 c=c**a；
- //=：取整除赋值运算符，c//=a 等效于 c=c//a。

【示例 3-4】　运算符的使用。

代码 3-4：

```
01  a=10
02  a+=2
03  print(a)
04  a*=10
05  print(a)
06  print(a/5)
```

【运行结果】

```
12
120
24.0
```

【程序解析】

> 02 行：相当于 a=a+2，此时 a=12。
> 04 行：相当于 a=a*10，此时 a=120。
> 06 行：相当于 a=a/5，此时 a=24。

（2）Python 语言可以进行序列解包赋值。Python 序列包括字符串、列表、元组。所谓序列解包赋值，就是将序列中存储的值依次赋给各变量。方法如下：

```
x,y,z=序列
```

注意：被解包的序列里的元素个数必须等于左侧的变量个数，否则会报异常。

【示例 3-5】 解包赋值。

代码 3-5：

```
01   x,y,z={10,20,30}
02   a,b,c={"data","yang","base"}
03   print(x)
04   print(y)
05   print(z)
06   print(a)
07   print(b)
08   print(c)
```

【运行结果】

```
10
20
30
data
yang
base
```

【程序解析】

> 01 行：将列表{10,20,30}中的值解包后，分别赋给 x、y、z，即 x=10，y=20，z=30。
> 02 行：将列表{"data","yang","base"}中的值解包后分别赋给 a、b、c。

（3）Python 语言还可以进行链式赋值，即一次性将一个值赋给多个变量。格式如下：

```
变量1=变量2=变量3=值
```

【示例 3-6】 连续赋值。

代码 3-6：

```
01   x=y=z=100
02   print(x)
03   print(y)
04   print(z)
```

【运行结果】

```
100
100
100
```

【程序解析】

> 01 行：将 100 分别赋给 x、y、z。

2. 条件语句

Python 中的条件语句通过一条或多条语句的执行结果（True 或者 False）来决定执行的代码块。

（1）if 语句。基本形式为：

```
if 条件表达式：        #":"不能少
    语句块            #需要缩进
```

只有当条件表达式为真（True）时，才执行语句块。

【示例 3-7】 简单的 if 语句。

代码 3-7：

```
01    x=100
02    if x>99:
03        x+=20
04    print(x)
```

【运行结果】

```
120
```

【程序解析】

➢ 02 行：判断条件为 x>99。

➢ 03 行：若条件为真，则执行语句 x+=20，否则进入 if 块的下一条语句。

（2）if…else 语句。基本形式为：

```
if 判断条件：
    语句块 1
else:
    语句块 2
```

当条件表达式为真时，执行语句块 1，否则执行语句块 2。其中，"判断条件"成立时（非零），执行后面的语句，而执行内容可以多行，以缩进来区分表示同一范围；else 为可选语句，当条件不成立时才执行语句块 2。

【示例 3-8】 双分支语句。

if 语句的判断条件可以用>（大于）、<（小于）、==（等于）、>=（大于等于）、<=（小于等于）来表示其关系。

代码 3-8：

```
01    flag = False
02    name = 'luren'
03    if name == 'Python':
04        flag = True
05        print('welcome boss')
06    else:
07        print(name)
```

【运行结果】

```
luren
```

【程序解析】

➢ 03 行：判断变量 name 是否为 Python。

- 04 行：条件成立时设置标志为真。
- 05 行：输出欢迎信息。
- 07 行：条件不成立时输出变量名称。

（3）当判断条件为多个值时，逻辑关系如图 3-21 所示。

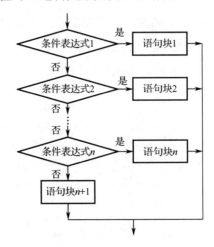

图 3-21　if 多分支判定流程图

可以使用以下形式：

```
if 判断条件 1:
    语句块 1
elif 判断条件 2:
    语句块 2
elif 判断条件 3:
    语句块 3
...
else:
    语句块 n+1
```

【示例 3-9】　多分支条件语句。

代码 3-9：

```
01  score=85
02  if score<60:
03      print("不及格")
04  elif score<=70:
05      print("中等")
06  elif score<85:
07      print("良好")
08  else:
09      print("优秀")
```

【运行结果】

```
优秀
```

【程序解析】

- 02～03 行：条件 score<60 为真时，执行 print("不及格")语句。
- 04～05 行：条件 60<=score<70 为真时，执行 print("中等")语句。

- 06～07 行：条件 70<=score<85 为真时，执行 print("良好")语句。
- 08～09 行：条件 score>=85 为真时，执行 print("优秀")语句。

注意：由于 Python 并不支持 switch 语句，所以多个条件判断只能用 elif 来实现。如果需要多个条件同时进行判断时，可以使用 or（"或"），表示两个条件有一个成立时判断条件成立；使用 and（"与"）时，表示只有在两个条件同时成立的情况下判断条件才成立。

3．循环语句

和其他语言一样，Python 也提供了 for 循环和 while 循环（在 Python 中没有 do…while 循环）两种循环语句。

（1）while 语句。while 是一个条件循环语句，与 if 声明相比，如果 if 后的条件为真，就会执行一次相应的代码块；而 while 中的代码块会一直循环执行，直到循环条件不再为真。如图 3-22 所示。

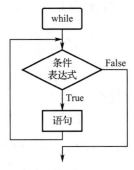

图 3-22　while 流程图

语法形式为：

```
while 判断条件:
    执行语句
```

【示例 3-10】　利用 while 循环实现 1+2+3+…+100 的求和。

代码 3-10：

```
01    sum=0
02    i=1
03    while i<=100:
04        sum+=i
05        i+=1
06    print(sum)
```

【运行结果】

```
5050
```

【程序解析】

- 01 行：给变量 sum 赋初值 0。
- 02 行：给变量 i 赋初值 1。
- 03 行：循环条件 i<=100。
- 04～05 行：循环体。代码块里包含了求和语句 sum+=i 和自增语句 i+=1，它们被重复执行，直到 i 大于 100。

（2）for 语句。for 语句是 Python 中最强大的循环结构。在 Python 中，for 循环可以遍历任何序列的项目，如一个列表或者一个字符串。

语法形式为：

```
for i in range(start,end):
    循环体
```

程序在执行 for 语句时，循环计数器 i 被设置为 start，然后执行循环体语句。i 依次取从 start 到 end 的所有值，每设置一个新值都执行一次循环体语句。当 i 等于 end 时，退出循环。

【示例 3-11】　for 循环。

代码 3-11：

```
01    for i in range(1,5):
02        print(i)
```

【运行结果】

```
1
2
3
4
```

【程序解析】

➢ 01 行：输出[1,5)内所有整数，注意不包括 5。

4．continue 语句和 break 语句

（1）continue 语句。在循环体中使用 continue 语句可以跳过本次循环后面的语句，直接进入下一次循环。

【示例 3-12】 求 1~100 之间的偶数之和。

代码 3-12：

```
01    i=1
02    sum=0
03    for i in range(1,101):
04        if i%2==1:
05            continue
06        sum+=i
07    print(sum)
```

【运行结果】

```
2550
```

【程序解析】

➢ 04~05 行：i 为奇数时，退出本次循环，并不将其计入 sum 之中。

➢ 06 行：只对 1~100 之间的偶数求和。

（2）break 语句。break 语句可以结束当前循环，然后跳转到下一条语句。

【示例 3-13】 break 语句。

代码 3-13：

```
01    x=1
02    while True:
03        x+=1
04        print(x)
05        if x>=5:
06            break
```

【运行结果】

```
2
3
4
5
```

【程序解析】

➢ 03 行：x 增加 1。

➢ 05 行：x 大于或等于 5 时退出整个循环。如没有此条件，将无限循环下去。

3.4 列表、元组、字典和字符串

Python 有 6 个序列的内置类型，但最常见的是列表、元组、字典和字符串。

序列是 Python 中最基本的数据结构。序列中的每个元素都分配一个数字来表示它的位置或索引，第一个索引是 0，第二个索引是 1，依此类推。序列都可以进行的操作包括索引、切片、加、乘、检查成员。此外，Python 已经内置确定序列的长度以及确定最大元素和最小元素的方法。

1. 列表

列表是最常用的 Python 数据类型，它可以作为一个方括号内的逗号分隔值出现。列表的数据项不需要具有相同的类型。

（1）创建一个列表，只要把逗号分隔的不同的数据项使用方括号括起来即可。如下所示：

```
list1 = [1997, 2000,'physics', 2017,2018,'chemistry']
list2 = [1, 2, 3, 4, 5 ]
list3 = ["a", "b", "c", "d"]
```

（2）访问列表中的值。使用下标索引来访问列表中的值，也可以使用方括号的形式截取字符。

【示例 3-14】 列表访问。

代码 3-14：

```
01   list1 = [1997, 2000, 'physics', 2017, 2018, 'chemistry']
02   list2 = [1, 2, 3, 4, 5, 6, 7]
03   print("list1[0]: ", list1[0])
04   print("list1[5]: ", list1[5])
05   print("list2[1:5]: ", list2[1:5])
```

【运行结果】

```
list1[0]:  1997
list1[5]:  chemistry
list2[1:5]:  [2, 3, 4, 5]
```

【程序解析】

> 03 行：list1[0]表示 list1 列表中的第 1 个元素。
> 04 行：list1[5]表示 list1 列表中的第 6 个元素。
> 05 行：list2[1:5]表示 list2 列表中的第 2～5 个元素。

（3）更新列表。可以对列表的数据项进行修改或更新，也可以使用 append()方法来添加列表项。

【示例 3-15】 更新列表。

代码 3-15：

```
01   list = ['physics', 'chemistry', 1997, 2000]
02   print ("Value available at index 2 : ")
03   print(list[2])
04   list[2] = 2018
05   print( "New value available at index 2 : ")
06   print(list[2])
```

【运行结果】

```
Value available at index 2 :
1997
New value available at index 2 :
2018
```

【程序解析】

- 03 行：输出 list 列表的第 3 个元素。
- 04 行：将 2018 赋给 list 列表的第 3 个元素。
- 06 行：输出改变后的 list 列表的第 3 个元素。

（4）合并列表。可以利用 append()、extend()、+、*、+=等方法对列表进行合并。

- append()：向列表尾部追加一个新元素，在原有列表上增加。
- extend()：向列表尾部追加一个列表，将列表中的每个元素都追加进来，在原有列表上增加。
- +：直接用+看上去与用 extend()的效果是一样的，但实际上却是生成了一个新的列表来保存这两个列表的和，只能用在两个列表相加上。
- +=：效果与 extend()一样，向原列表追加一个新元素，在原有列表上增加。
- *：用于重复列表。

【示例 3-16】 合并列表。

代码 3-16：

```
01    list = ['physics', 'chemistry', 1997, 2000]
02    list.append(2018)
03    list1=['math', 'english']
04    list+=list1
05    print(list)
```

【运行结果】

```
['physics', 'chemistry', 1997, 2000, 2018, 'math', 'english']
```

【程序解析】

- 02 行：将"2018"添加到 list 列表的最后一位。
- 04 行：将 list 与 list1 列表相加后赋给 list。

（5）删除列表元素。可以使用 del 语句来删除列表的元素。而 remove()函数用于移除列表中某个值的第一个匹配项。

【示例 3-17】 删除列表元素。

代码 3-17：

```
01    list = ['physics','chemistry',1997,2000,2018,1997,2000]
02    del(list[2])
03    list.remove(2000)
04    print(list)
```

【运行结果】

```
['physics', 'chemistry', 2018, 1997, 2000]
```

【程序解析】

- 02 行：删除列表 list 中的第 3 个元素。

➢ 03 行：删除列表 list 中的第一个值为"2000"的项。

（6）in：判断元素是否存在于列表中。示例如下：

```
>>> 3 in [1,2,3]
true
```

（7）列表截取。

【示例 3-18】 列表截取。

代码 3-18：

```
01   L = ['Google', 'Runoob', 'Taobao']
02   print(L[2])
03   print(L[-2])
04   print(L[1:])
```

【运行结果】

```
Taobao
Runoob
['Runoob', 'Taobao']
```

【程序解析】

➢ 02 行：读取 L 列表中的第 3 个元素。
➢ 03 行：读取 L 列表中的倒数第 2 个元素。
➢ 04 行：从第 2 个元素开始截取列表。

（8）Python 列表操作的函数和方法。

①Python 列表操作包含以下函数：

- cmp(list1, list2)：比较两个列表的元素；
- len(list)：返回列表元素个数；
- max(list)：返回列表元素最大值；
- min(list)：返回列表元素最小值；
- list(seq)：将元组转换为列表。

②Python 列表操作包含以下方法：

- list.append(obj)：在列表末尾添加新的对象；
- list.count(obj)：统计某个元素在列表中出现的次数；
- list.extend(seq)：在列表末尾一次性追加另一个序列中的多个值（用新列表扩展原来的列表）；
- list.index(obj)：从列表中找出某个值第一个匹配项的索引位置；
- list.insert(index, obj)：将对象插入列表；
- list.pop(obj=list[-1])：移除列表中的一个元素（默认为最后一个元素），并且返回该元素的值；
- list.remove(obj)：移除列表中某个值的第一个匹配项；
- list.reverse()：反向列表中的元素；
- list.sort([func])：对原列表进行排序。

2．元组

Python 的元组与列表类似，不同之处在于：元组的元素不能修改；元组使用小括号，列表使用方括号。元组创建很简单，只需要在括号中添加元素，并使用逗号隔开即可。

（1）创建元组。示例如下：

```
tup1 = ('physics', 'chemistry', 1997, 2000)
tup2 = (1, 2, 3, 4, 5 )
tup3 = "a", "b", "c", "d"    #小括号可省去
tup4 = ()                    #创建空元组
tup5 = (100,)                #元组中只包含一个元素时，需要在元素后面添逗号来消除歧义
```

元组与字符串类似，下标索引从 0 开始，可以进行截取、组合等。

（2）访问元组。可以使用下标索引来访问元组中的值。

【示例 3-19】 访问元组元素。

代码 3-19：

```
01    tup = (1, 2, 3, 4, 5, 6, 7 )
02    print(tup[4])
03    print(tup[2:4])
```

【运行结果】

```
5
(3, 4)
```

【程序解析】

➢ 02 行：读取元组 tup 中的第 5 个元素。

➢ 03 行：读取元组 tup 中的第 3 个和第 5 个元素，形成一个子元组。

（3）修改元组。元组中的元素值是不允许修改的，但可以通过"+"对元组进行连接组合。

【示例 3-20】 不允许修改元组。

代码 3-20：

```
01    tup1 = (12,34,56,78)
02    tup1[0]=100
```

【运行结果】

```
TypeError: 'tuple' object does not support item assignment
```

【程序解析】

提示修改元组元素操作是非法的。

【示例 3-21】 元组连接组合。

代码 3-21：

```
01    tup1 = (12,34,56,78)
02    tup2=("abc","xyz")
03    print(tup1+tup2)
```

【运行结果】

```
(12, 34, 56, 78, 'abc', 'xyz')
```

【程序解析】

➢ 03 行：输出两个元组连接后得到的一个新元组。

（4）删除元组。元组中的元素值是不允许删除的，但可以使用 del 语句来删除整个元组。

（5）元组运算符。与列表一样，元组之间可以使用"+"和"*"进行运算，即可进行组

合和复制。

（6）元组索引和截取。同列表一样，元组也是一个序列，可以访问元组中的指定位置的元素，也可以截取索引号对应的元组中的一段元素。

（7）元组的内置函数。Python 元组包含了以下内置函数：
- cmp(tuple1, tuple2)：比较两个元组元素；
- len(tuple)：计算元组中元素的个数；
- max(tuple)：返回元组中元素的最大值；
- min(tuple)：返回元组中元素的最小值；
- tuple(seq)：将列表转换为元组。

（8）元组与列表的异同。元组（tuple）和列表（list）非常类似，获取元素的方法是一样的，但是元组一旦初始化就不能修改，因而没有 append() 和 insert() 方法。

由于元组的不可变性，因此代码更安全可靠。如果可能，尽量用元组代替列表。

3．字典

Python 字典是另一种可变容器模型，且可存储任意类型对象。

（1）字典定义。字典的每个键值（key:value）对用冒号（:）分割，每个对之间用逗号（,）分割，整个字典包括在花括号 { } 中。格式如下：

```
d = {key1:value1, key2:value2 }
```

键必须是唯一的，但值不必唯一。值可以取任何数据类型，但键必须是不可变的，如字符串、数字或元组。示例如下：

```
dict = {'abc': '123', 'xyz': '456'};
```

可通过键来访问字典里的值，此时将相应的键放入方括号 [ ] 中。

【示例 3-22】 访问字典。

代码 3-22：

```
01    dict = {'abc': '123', 'xyz': '456'}
02    print(dict['abc'])
03    print(dict['xyz'])
```

【运行结果】

```
123
456
```

【程序解析】
- ➢ 02 行：输出键"abc"对应的值。
- ➢ 03 行：输出键"xyz"对应的值。

（2）修改字典。可向字典中添加新内容，方法是增加新的键值对；也可修改或删除已有键值对。

【示例 3-23】 修改字典。

代码 3-23：

```
01    dict = {'abc': '123', 'xyz': '456'}
02    dict['abc']='111'
03    dict['def']='789'
04    print(dict)
```

【运行结果】

```
{'abc': '111', 'xyz': '456', 'def': '789'}
```

【程序解析】

> 02 行：将键"abc"对应的值"123"改为"111"。
> 03 行：增加键"def"，其对应的值为"789"。

（3）删除字典元素。可删除字典里某一个元素，也可用 del 命令删除字典。

（4）字典键的特性。不允许同一个键出现两次。创建时，如果同一个键被赋值两次，则后一个值会被记住。

【示例 3-24】 字典键的特性。

代码 3-24：

```
01    dict = {'abc': '123', 'xyz': '456'}
02    print(dict)
03    dict = {'abc': '123', 'xyz': '456','abc':'789'}
04    print(dict)
```

【运行结果】

```
{'abc': '123', 'xyz': '456'}
{'abc': '789', 'xyz': '456'}
```

【程序解析】

> 03 行：键"abc"被赋值两次，分别为"123"和"789"，但最终理解为"789"。

（5）字典内置函数及方法。

①Python 字典包含了以下内置函数：

- cmp(dict1, dict2)：比较两个字典的元素；
- len(dict)：计算字典中元素的个数，即键的总数；
- str(dict)：输出字典可打印的字符串表示；
- type(variable)：返回输入的变量类型，如果变量是字典，就返回字典类型。

②Python 字典包含了以下内置方法：

- dict.clear()：删除字典中的所有元素；
- dict.copy()：返回一个字典的浅复制；
- dict.fromkeys(seq[, val])：创建一个新字典，以序列 seq 中元素做字典的键，val 为字典所有键对应的初始值；
- dict.get(key,default=None)：返回指定键的值，如果值不在字典中，则返回 default 值；
- dict.has_key(key)：如果键在字典 dict 中，则返回 True，否则返回 False；
- dict.items()：以列表返回可遍历的（键，值）元组数组；
- dict.keys()：以列表返回字典中所有的键；
- dict.setdefault(key,default=None)：和 get()类似，但如果键不在字典中，将会添加键并将值设为 default；
- dict.update(dict2)：把字典 dict2 的键值对更新到 dict 中；
- dict.values()：以列表形式返回字典中的所有值；
- pop(key[,default])：删除字典给定键 key 所对应的值，返回值为被删除的值，key 值必须给出，否则返回 default 值；

- popitem()：随机返回并删除字典中的一对键和值。

Python 中的字典相当于 C++或者 Java 等高级编程语言中的容器 Map，每一项都是由 key 和 value 键值对构成的，访问时，根据关键字就能找到对应的值。

另外，字典和列表、元组在构建上有所不同。列表是方括号（[ ]），元组是圆括号（( )），字典是花括号（{ }）。

4．字符串

字符串是 Python 中最常用的数据类型。

（1）字符串的创建。创建字符串很简单，只要为变量分配一个值即可，使用引号（'或"）来创建字符串。示例如下：

```
var1 = 'Hello World!'
var2 = "Python Runoob"
```

（2）访问字符串中的值。Python 不支持单字符类型，单字符在 Python 中也是作为一个字符串来使用的。Python 访问子字符串时，可以使用方括号来截取字符串。

（3）Python 转义字符。当需要在字符中使用特殊字符时，Python 用反斜杠（\）转义字符。如表 3-1 所示给出了 Python 中的转义字符。

表 3-1　Python 转义字符

转义字符	描述	转义字符	描述
\	续行符（在行尾时）	\n	换行
\\	反斜杠符号	\v	纵向制表符
\'	单引号	\t	横向制表符
\"	双引号	\r	回车
\a	响铃	\f	换页
\b	退格	\oyy	八进制数，yy 代表字符
\e	转义	\xyy	十六进制数，yy 代表字符
\000	空	\other	其他字符以普通格式输出

（4）Python 字符串运算符。如表 3-2 所示给出了 Python 字符串的常用运算符及实例，字符串变量 a 值为字符串"Hello"，字符串 b 变量值为"world"。

表 3-2　Python 字符串常用运算符

操作符	描述	实例	操作符	描述	实例
+	字符串连接	>>>print(a+b) 'Helloworld'	[:]	截取字符串中的一部分	>>>a[1:4] 'ell'
*	重复输出字符串	>>>a * 2 'HelloHello'	in	成员运算符	>>>"H" in a true
[]	通过索引获取字符串中的字符	>>>a[1] 'e'	not in	成员运算符	>>>"M" not in a true

（5）Python 的字符串内建函数。

- string.capitalize()：把字符串的第一个字符大写。

【示例 3-25】　第一个字符大写。

代码 3-25：

```
01    string="abcdefabccbaAbcCba123"
02    print(string.capitalize())
```

【运行结果】

```
Abcdefabccbaabccba123
```

【程序解析】

> 02 行：将字符串 string 中的第一个字符变为大写。

- string.count(str, beg=0, end=len(string))：返回 str 在 string 中出现的次数，如果 beg 或者 end 指定则返回指定范围内 str 出现的次数。

【示例 3-26】 查找子串在串中出现的次数。

代码 3-26：

```
01    string="abcdefabccbaAbcCba123"
02    print(string.count("abc",0,len(string)))
```

【运行结果】

```
2
```

【程序解析】

> 02 行：查找字符串"abc"在 string 中出现的次数。

- string.find(str, beg=0, end=len(string))：检测 str 是否包含在 string 中，如果 beg 和 end 指定范围，则检查是否包含在指定范围内，如果是，则返回开始的索引值，否则返回-1。

【示例 3-27】 检测子串在串中的位置。

代码 3-27：

```
01    string="abcdefabccbaAbcCba123"
02    print(string.find("cba"))
```

【运行结果】

```
9
```

【程序解析】

> 02 行：检测子串"cba"在串 string 中首次出现的位置。

- string.isalpha()：如果 string 中至少有一个字符并且所有字符都是字母，则返回 True，否则返回 False。

【示例 3-28】 判定串是否均为字符。

代码 3-28：

```
01    string="abcdefabccbaAbcCba123"
02    print(string.isalpha())
```

【运行结果】

```
false
```

【程序解析】

> 02 行：判定字符串 string 中是否均为字符。

- string.isdecimal()：如果 string 只包含十进制数字，则返回 True，否则返回 False。

- string.isdigit()：如果 string 只包含数字，则返回 True，否则返回 False。
- string.islower()：如果 string 中包含至少一个区分大小写的字符，并且所有这些（区分大小写的）字符都是小写，则返回 True，否则返回 False。
- max(string)：返回字符串 string 中最大的字母。

【示例 3-29】 返回字符串中最大的字母。

代码 3-29：

```
01    string="abcdefabccbaAbcCba123"
02    print(max(string))
```

【运行结果】

```
f
```

【程序解析】

> 02 行：求出字符串 string 中的最大字母。

- min(string)：返回字符串 string 中最小的字母。
- string.rfind(str, beg=0,end=len(string))：类似于 find()函数，不过是从右边开始查找。
- string.rstrip()：删除 string 字符串末尾的空格。
- string.split(str="", num=string.count(str))：以 str 为分隔符切片 string，如果 num 有指定值，则仅分隔 num 个子字符串。

【示例 3-30】 字符串切片。

代码 3-30：

```
01    string="abcdef abc cbavAbc Cba 123"
02    print(string.split(" "))
```

【运行结果】

```
['abcdef', 'abc', 'cbavAbc', 'Cba', '123']
```

【程序解析】

> 02 行：用 " "（空格）对字符串 string 进行切片，得到一个列表。

- string.swapcase()：翻转 string 中的大小写。

【示例 3-31】 翻转 string 中的大小写。

代码 3-31：

```
01    string="abcdef abc cbavAbc Cba 123"
02    print(string.swapcase())
```

【运行结果】

```
ABCDEF ABC CBAVaBC cBA 123
```

【程序解析】

> 02 行：对字符串 string 进行大小写翻转。

- string.upper()：转换 string 中的小写字母为大写。

【示例 3-32】 转换串中的小写字母为大写。

代码 3-32：

```
01    string="abcdef abc cbavAbc Cba 123"
02    print(string.upper())
```

【运行结果】
```
ABCDEF ABC CBAVABC CBA 123
```

【程序解析】
> 将字符串 string 中的所有小写字母转换成大写字母。

3.5 Python 的函数

函数是组织好的、可重复使用的、用来实现单一或相关联功能的代码段。函数能提高应用的模块性和代码的重复利用率。Python 提供了许多内建函数，如 print()，同时可以自己创建函数，称为用户自定义函数。

3.5.1 自定义函数

1. 语法

Python 自定义函数语法格式如下：

```
def  函数名( 参数列表 ):
    函数体
    return[表达式]                    #无返回值 return 语句可省略
```

默认情况下，参数值和参数名称是按函数声明中定义的顺序匹配起来的。
函数自定义的规则如下：
- 函数代码块以 def 关键词开头，后接函数标识符名称和圆括号()。
- 任何传入的参数和自变量必须放在圆括号中，圆括号之间可以用于定义参数。
- 函数的第一行语句可以选择性地使用文档字符串——用于存放函数说明。
- 函数内容以冒号起始，并且缩进。
- return[表达式]结束函数，选择性地返回一个值给调用方。不带表达式的 return 相当于返回 None。

2. 实例

以下为一个简单的 Python 自定义函数实例，它将一个字符串作为传入参数，再打印到标准显示设备上。

【示例 3-33】 自定义函数。

代码 3-33：

```
01  def printme(str):
02      print(str)
03      return
04  printme("abc")
```

【运行结果】
```
abc
```

【程序解析】
- 01～03 行：定义了一个名为 printme()的函数，参数为 str，函数体为 print(str)。
- 04 行：调用 printme()函数，将实参"abc"传递给形参 str。

3．函数调用

定义一个函数时只给了函数一个名称，指定了函数中包含的参数和代码块结构。这个函数的基本结构完成以后，可以通过另一个函数调用执行，也可以直接从 Python 提示符执行。

4．在函数中传递参数

在函数中可以定义参数，可以通过参数向函数的内部传递参数。

（1）普通参数。Python 实行按值传递参数。值传递调用函数时将常量或变量的值（实参）传递给函数的参数（形参）。值传递的特点是实参与形参分别存储在各自的内存空间中，是两个不相关的独立变量。因此，在函数内部改变形参的值时，实参的值一般是不会改变的。

【示例 3-34】 按值传递参数调用函数。

代码 3-34：

```
01  def func(num):
02      num+=5
03  a=30
04  func(a)
05  print(a)            #a 的值没有变
```

【运行结果】

```
30
```

【程序解析】
- 01 行：定义了一个函数 func()，形参为 num。
- 02 行：函数实现了 num=num+5。
- 04 行：调用函数 fun()，实参为 a，即将 a 的值传递给了 num。
- 05 行：实参 a 的值没有改变。

（2）列表和字典参数。除了使用普通变量作为参数外，还可以使用列表、字典变量向函数内部批量传递数据。

【示例 3-35】 列表作为参数调用函数。

代码 3-35：

```
01  def sum(list):
02      total=0
03      for x in range(len(list)):
04          total+=list[x]
05      print(total)
06  list=[10,20,30,40,50]
07  sum(list)
```

【运行结果】

```
150
```

【程序解析】
- 01～05 行：定义了函数 sum()，实现了对列表 list 的所有项求和。
- 07 行：将列表 list 作为参数传递给函数 sum()。

【示例 3-36】 字典变量作为参数调用函数。

代码 3-36：

```
01   def print_dict(dict):
02       for (k,v) in dict.items():
03           print("dict[%s]=" %k,v)
04   dict={"1":"abc","2":"def","3":"xyz"}
05   print_dict(dict)
```

【运行结果】

```
dict[1]= abc
dict[2]= def
dict[3]= xyz
```

【程序解析】

➢ 04 行：将字典 dict 作为参数传递给函数 print_dict()。

当使用列表或字典作为函数参数时，在函数内部对列表或字典的元素所进行的操作会影响到调用函数的实参。

【示例 3-37】 字典变量作为参数调用函数时，会影响字典变量的值。

代码 3-37：

```
01   def swap(list):
02       temp=list[0]
03       list[0]=list[1]
04       list[1]=temp
05   list=[50,100]
06   swap(list)
07   print(list)
```

【运行结果】

```
[100, 50]
```

【程序解析】

➢ 01～04 行：定义函数 swap()，实现对列表的前两项值的交换。

➢ 06 行：调用 swap()函数后，实参的值发生了交换。

（3）参数的默认值。在 Python 中，可以为函数的参数设置默认值。可以在定义函数时，直接在参数后使用"="为其设置默认值。在调用函数时，可以不指定拥有默认值的参数的值，此时在函数内以默认值作为该参数。

【示例 3-38】 为函数的参数设置默认值。

代码 3-38：

```
01   def say(message,times=1):
02       print(message*times)
03   say("Python")                          #此处用了默认参数 times=1
04   say("china",3)
```

【运行结果】

```
Python
chinachinachina
```

【程序解析】

➢ 01～02 行：定义了函数 say()，带有两个参数，其中第二个参数默认值为 1。

- 03 行：调用函数 say()，只给出了第一个参数，第二个参数使用默认值。
- 04 行：调用函数 say()，给出了两个实际参数。

【示例 3-39】 函数的参数自右向左调用默认值。

代码 3-39：

```
01  def sum(a,b=20,c=30):
02      total=a+b+c
03      return total
04  print(sum(10))              #调用了b,c的默认值
05  print(sum(10,50))           #调用了c的默认值
06  print(sum(10,50,60))
```

【运行结果】

```
60
90
120
```

【程序解析】

- 01~03 行：定义了函数 sum()，返回三个参数值的和。
- 01 行：定义了 b、c 的默认值，分别为 20、30。
- 04 行：调用函数，只给出第一个参数，调用了 b、c 的默认值。
- 05 行：调用了 c 的默认值。

（4）可变长参数。Python 还支持可变长度的参数列表。可变长参数可以是元组或字典。当参数以*开头时，表示可变长参数，被视为一个元组，格式如下：

```
def func(*t):
```

在 func() 函数中，t 被视为一个元组，使用 t[index] 获取一个可变长参数。这样可以使用任意多个实参调用 func() 函数。

【示例 3-40】 函数的可变长参数。

代码 3-40：

```
01  def func1(*t):
02      total=0
03      for x in range(len(t)):
04          total+=t[x]
05      return total
06  print(func1(10,20,30,40))
```

【运行结果】

```
100
```

【程序解析】

- 01~04 行：定义一个以元组为可变长参数的函数，返回元组各元素之和。

【示例 3-41】 参数以**开头时，表示可变参数将被视为一个字典。

代码 3-41：

```
01  def func3(**t):
02      print(t)
03  func3(a=1,b=2,c=3)
```

【运行结果】

```
{'a': 1, 'b': 2, 'c': 3}
```

【程序解析】

➢ 01~02 行：参数以**开头时，表示可变参数将被视为一个字典。

3.5.2 Python 常用内置函数

1. 数学运算类

Python 的常用数学运算类函数如表 3-3 所示。

表 3-3　Python 的常用数学运算类函数

函 数 名	功　　能
abs(x)	求绝对值。参数可以是整型，也可以是复数；若参数是复数，则返回复数的模
complex([real[, imag]])	创建一个复数
divmod(a, b)	分别取商和余数。注意：整型、浮点型都可以
float([x])	将一个字符串或数转换为浮点数。如果无参数，则返回 0.0
int([x,[base]])	将一个字符转换为 int 类型，base 表示进制
long([x,[base]])	将一个字符转换为 long 类型
pow(x, y[, z])	返回 x 的 y 次幂
range([start], stop[, step])	产生一个序列，默认从 0 开始
round(x[, n])	四舍五入
sum(iterable[, start])	对集合求和
oct(x)	将一个数字转化为八进制
hex(x)	将整数 x 转换为十六进制字符串
chr(i)	返回整数 i 对应的 ASCII 字符
bin(x)	将整数 x 转换为二进制字符串
bool([x])	将 x 转换为 Boolean 类型

2. 逻辑判断类

Python 的常用逻辑判断类函数如表 3-4 所示。

表 3-4　Python 的常用逻辑判断类函数

函 数 名	功　　能
all(iterable)	集合中的元素都为真时为真。特别地，若为空串，则返回 True
any(iterable)	集合中的元素有一个为真时为真。特别地，若为空串，则返回 False
cmp(x, y)	如果 x＜y，则返回负数；x＝＝y，则返回 0；x＞y，则返回正数

3．集合类

Python 的常用集合类函数如表 3-5 所示。

表 3-5　Python 的常用集合类函数

函　数　名	功　　能
basestring()	str 和 unicode 的超类
format(value [, format_spec])	格式化输出字符串
unichr(i)	返回给定 int 类型的 unicode
enumerate(sequence [, start = 0])	返回一个可枚举的对象，该对象的 next()方法将返回一个 tuple
iter(o[, sentinel])	生成一个对象的迭代器，第二个参数表示分隔符
max(iterable[, args...][key])	返回集合中的最大值
min(iterable[, args...][key])	返回集合中的最小值
dict([arg])	创建数据字典
list([iterable])	将一个集合类转换为另一个集合类
set()	set 对象实例化
frozenset([iterable])	产生一个不可变的 set
str([object])	转换为 string 类型
sorted(iterable[, cmp[, key[, reverse]]])	集合排序
tuple([iterable])	生成一个 tuple 类型
xrange([start], stop[, step])	xrange()函数与 range()类似

4．IO 操作类

Python 的常用 IO 操作类函数如表 3-6 所示。

表 3-6　Python 的常用 IO 操作类函数

函　数　名	功　　能
file(filename [, mode [, bufsize]])	file 类型的构造函数，作用为打开一个文件，如果文件不存在且 mode 为写或追加时，文件将被创建。添加'b'到 mode 参数中，将对文件以二进制形式操作。添加'+'到 mode 参数中，将允许对文件同时进行读写操作： ■ 参数 filename：文件名称 ■ 参数 mode：'r'（读）、'w'（写）、'a'（追加） ■ 参数 bufsize：如果为 0，则表示不进行缓冲；如果为 1，则表示进行行缓冲；如果是一个大于 1 的数，则表示缓冲区的大小
input([prompt])	获取用户输入
open(name[, mode[, buffering]])	打开文件
print	打印函数

5. 反射类

Python 的常用反射类函数如表 3-7 所示。

表 3-7 Python 的常用反射类函数

函数名	功能
callable(object)	检查对象 object 是否可调用 类是可以被调用的 实例是不可被调用的，除非类中声明了 __call__ 方法
classmethod()	类方法既可被类调用，也可被实例调用
compile(source, filename, mode[, flags[, dont_inherit]])	将 source 编译为代码或者 AST 对象。代码对象能够通过 exec 语句来执行或者通过 eval()进行求值
dir([object])	不带参数时，返回当前范围内的变量、方法和定义的类型；带参数时，返回参数的属性、方法列表
delattr(object, name)	删除 object 对象名为 name 的属性
eval(expression[,globals[,locals]])	计算表达式 expression 的值
execfile(filename[,globals[, locals]])	用法类似 exec()，不同的是，execfile 的参数 filename 为文件名，而 exec 的参数为字符串
filter(function, iterable)	构造一个序列
getattr(object, name [, defalut])	获取一个类的属性
globals()	返回一个描述当前全局符号表的字典
hasattr(object, name)	判断对象 object 是否包含名为 name 的特性
hash(object)	如果对象 object 为哈希表类型，返回对象 object 的哈希值
id(object)	返回对象的唯一标识
isinstance(object, classinfo)	判断 object 是否为 class 的实例
issubclass(class, classinfo)	判断是否为子类
len(s)	返回集合长度
locals()	返回当前的变量列表
map(function, iterable, …)	遍历每个元素，执行 function 操作
memoryview(obj)	返回一个内存镜像类型的对象
next(iterator[, default])	类似于 iterator.next()
object()	基类
property([fget[, fset[, fdel[, doc]]]])	属性访问的包装类，设置后可以通过 c.x=value 等来访问 setter 和 getter
reduce(function,iterable[, initializer])	合并操作，从第一个开始是前两个参数，然后是前两个的结果与第三个合并进行处理，以此类推
reload(module)	重新加载模块
setattr(object, name, value)	设置属性值
repr(object)	将一个对象变换为可打印的格式
staticmethod	声明静态方法，是个注解
super(type[, object-or-type])	引用父类
type(object)	返回该 object 的类型
vars([object])	返回对象的变量，若无参数，则与 dict()方法类似
bytearray([source [, encoding [, errors]]])	返回一个 byte 数组

3.6　Python 矩阵运算

Python 的 numpy 库提供矩阵运算的功能，需要导入 numpy 的包。

1．numpy 库的导入和使用

语法格式如下：

```
from numpy import *      #导入numpy的库函数
import numpy as np       #以这个方式使用numpy的函数时，需要以np.开头。
```

2．矩阵的创建

（1）由一维或二维数据创建矩阵。示例如下：

```
from numpy import *
a=array([1,2,3])         #创建一维数组，并赋初值
b=matrix([1,2,3])        #创建二维数组
print(b)                 #显示二维数组的matrix([1,2,3])
shape(b)                 #测试二维的维度大小
```

（2）零矩阵创建。语法格式如下：

```
mat(zeros((m,n)))
data1=mat(zeros((3,3)))
```

创建一个 3×3 的零矩阵，矩阵中 zeros 函数的参数是一个 tuple 类型（3,3）。

（3）矩阵创建。示例如下：

```
data2=mat(ones((2,4)))          #创建一个2×4的矩阵，默认是浮点型的数据
matrix([[ 1.,  1.,  1.,  1.],
        [ 1.,  1.,  1.,  1.]])
```

（4）随机矩阵创建。示例如下：

```
data3=mat(random.rand(2,2))
```

这里的 random 模块使用的是 numpy 中的 random 模块。

（5）10 以内随机整型矩阵。示例如下：

```
data4=mat(random.randint(10,size=(3,3)))
```

生成一个 3×3 的 0～10 之间的随机整数矩阵，如果需要指定下界则可以多加一个参数。
显示 10 以内的整型矩阵：

```
matrix([[9, 5, 6],
        [3, 0, 4],
        [6, 0, 7]])
```

（6）元素值为 2～8 之间的随机整型矩阵。示例如下：

```
data5=mat(random.randint(2,8,size=(2,5)))
```

产生一个 2～8 之间的随机整数矩阵：

```
matrix([[5, 4, 6, 3, 7],
        [5, 3, 3, 4, 6]])
```

3. 常见的矩阵运算

（1）矩阵相乘。只有当第一个矩阵的列数与第二个矩阵的行数相等时，两个矩阵才能相乘，结果为一个矩阵。

【示例 3-42】 矩阵相乘。

代码 3-42：

```
01    from numpy import *
02    a1=mat([[3,4,5],[4,8,9]])
03    a2=mat([[1,4,5,7],[2,6,4,6],[3,9,0,2]]);
04    a3=a1*a2
05    print(a3)
```

【运行结果】

```
[[ 26  81  31  55]
 [ 47 145  52  94]]
```

【程序解析】

➢ 02 行：创建矩阵 a1，大小为 2×3。

➢ 03 行：创建矩阵 a2，大小为 3×4。

➢ 04 行：2×3 的矩阵乘以 3×4 的矩阵，得到 2×4 的矩阵。

（2）矩阵数乘。数与矩阵对应元素相乘。

【示例 3-43】 矩阵数乘。

代码 3-43：

```
01    from numpy import *
02    a1=mat([1,2]);
03    a2=a1*2
04    print(a2)
```

【运行结果】

```
[[2 4]]
```

【程序解析】

➢ 03 行：矩阵与 k 相乘，得到一个新矩阵，大小与原矩阵的相同，元素为原来的 k 倍。

（3）矩阵求逆和转置。

【示例 3-44】 矩阵求逆。

代码 3-44：

```
01    from numpy import *
02    a1=mat(eye(2,2)*0.5)
03    print(a1)
04    a2=a1.I
05    print(a2)
```

【运行结果】

```
[[0.5 0. ]
 [0.  0.5]]
[[2. 0.]
 [0. 2.]]
```

【程序解析】

> 02 行：创建一个 2×2 的对象元素为 0.5 的对角矩阵。
> 03 行：求矩阵 a1 的逆矩阵。

【示例 3-45】 矩阵转置。

代码 3-45：

```
01    from numpy import *
02    a1=mat([[2,1,3],[0,5,9],[3,5,7]])
03    a2=a1.T
04    print(a2)
```

【运行结果】

```
[[2 0 3]
 [1 5 5]
 [3 9 7]]
```

【程序解析】

> 03 行：求矩阵的逆。

（4）计算矩阵对应行列的最大值、最小值、和。

【示例 3-46】 求矩阵对应行列的最大值、最小值、和。

代码 3-46：

```
01    from numpy import *
02    a1=mat([[1,1],[2,3],[4,2]])
03    print(a1)
04    a2=a1.sum(axis=0)
05    print(a2)
06    a3=a1.sum(axis=1)
07    print(a3)
08    a4=sum(a1[1,:])
09    print(a4)
10    print(a1.max())
11    a5=max(a1[:,1])
12    print(a5)
```

【运行结果】

```
[[1 1]
 [2 3]
 [4 2]]
[[7 6]]
[[2]
 [5]
 [6]]
5
4
[[3]]
```

【程序解析】

> 02 行：创建矩阵 a1。
> 04 行：求每列和，这里得到的是 1×2 的矩阵。
> 06 行：求每行和，这里得到的是 3×1 的矩阵。
> 08 行：计算第一行所有列的和，这里得到的是一个数值。
> 10 行：计算 a1 矩阵中所有元素的最大值，结果是数值 4。

> 11 行：计算第二列的最大值，这里得到的是一个 1×1 的矩阵。

3.7　Python 库

Python 默认安装仅包含部分基本或核心类库，启动时也仅加载了基本类库，在需要时再显式地加载其他类库，这样可以减少程序运行时的压力，且具有较强的可扩展性。这样的设计与系统安全配置时遵循的"最小权限"原则的思想是一致的，有助于提高系统安全性。

内置对象可以直接使用，而标准库和扩展库需要导入之后才能使用其中的对象。当然，扩展库还须先正确安装才能导入。在 https://pypi.python.org/pypi 中可以获得一个 Python 扩展库的综合列表。有些库安装时要求本机已安装相应版本的 C++编译器。

Python 库非常丰富。将要用的库导入 Python 环境中，有以下两种方法：

```
import math as m
from math import *
```

在第一种方式中，为 math 库定义了一个别名 m，然后就可以使用数学库的各种功能（例如阶乘，通过引用别名 m.factorial()）。

第二方式，需要导入 math 的整个命名空间，可以直接使用 factorial()，而不用提到 math。谷歌推荐使用第一种方式导入库，因为知道函数来自何处。

Python 常用的库有：

- NumPy：Python 语言的一个数据处理库，支持高级、大量的维度数组与矩阵运算，也针对数组运算提供大量的数学函数库。
- SciPy：基于 NumPy 的扩展库，具有各种高层次的科学和工程模块，如处理离散傅里叶变换、线性代数、优化和稀疏矩阵等模块。
- Matplotlib：Python 的 2D 绘图库，用于绘制各式各样的图表，包含直方图、线图、柱形图，再到热图等。
- Pandas：用于对结构化数据的操作和控制，广泛用于数据再加工和数据准备。特别是通过提供一个可以作用于序列和数据框的函数 flot，简化了基于序列和数据框中的数据创建图表的过程。
- Scikit Learn：机器学习库，建立在 NumPy、SciPy 和 Matplotlib 的基础上，这个库包含了机器学习和统计模型，包括分类、回归、聚类和降维等很多有效的工具。
- Statsmodels：用于统计建模。Statsmodels 是一个 Python 模块，允许用户探索数据，估计统计模型，并进行统计检验。
- Seaborn：用于统计数据的可视化。Seaborn 是 Python 中用来绘制让人喜欢的并能提供大量信息的统计图形库。它基于 Matplotlib。Seaborn 旨在使可视化成为探索和理解数据的核心部分。
- SymPy：用于数值计算，包含了从基本的代数运算到微积分、离散数学和量子物理学等方面的高级运算。
- Scrapy：用于网络爬虫，是用于获取特定数据模式的一个非常有用的框架，可以通过从一个网站主页的网址开始，然后通过挖掘网站内所包含的网页来收集信息。
- Requests：访问网络，从而请求网站获取网页数据。它的工作原理类似 Python 标准库

urllib2,但是更容易编码。
- BeautifulSoup：用于解析 Requests 库请求的网页，并把网页源代码解析为 Soup 文档，以便过滤、提取数据。

3.8 典型样板程序

【示例 3-47】 编写函数模拟猜数游戏。系统随机产生一个数，玩家最多可以猜 5 次，系统会根据玩家的猜测进行提示，玩家则可以根据系统的提示对下一次的猜测进行适当调整。

代码 3-47（ch3-47_GuessofNumber）：

```
01  from random import randint
02  def guess(maxValue=100, maxTimes=5):
03      value = randint(1,maxValue)
04      for i in range(maxTimes):
05          prompt = 'Start to GUESS:' if i==0 else 'Guess again:'
06          try:
07              x = int(input(prompt))
08          except:
09              print('Must input an integer between 1 and ', maxValue)
10          else:
11              if x == value:
12                  print('Congratulations!')
13                  break
14              elif x > value:
15                  print('Too big')
16              else:
17                  print('Too little')
18      else:
19          print('Game over. FAIL.')
20          print('The value is ', value)
21  guess(98,34)
```

【运行结果】

```
Start to GUESS:45
Too little
Guess again:99
Too big
Guess again:80
Too big
Guess again:60
Too big
Guess again:55
Too little
Guess again:58
Too little
Guess again:59
Congratulations!
```

【程序解析】
- 02～20 行：定义函数 guess()。
- 03 行：随机生成一个整数。
- 06～09 行：使用异常处理结构，防止输入不是数字的情况。

- 11 行：猜对了。
- 18 行：次数用完还没猜对，游戏结束，提示正确答案。
- 21 行：调用 guess()函数。

【示例 3-48】 编写函数，计算字符串匹配的准确率。

以打字练习程序为例，假设 origin 为原始内容，userInput 为用户输入的内容，用函数来测试用户输入的准确率。

代码 3-48（ch3-48_MatchString）：

```
01  def Rate(origin, userInput):
02    if not (isinstance(origin, str) and isinstance(userInput, str)):
03      print('The two parameters must be strings.')
04      return
05    if len(origin)<len(userInput):
06      print('Sorry. I suppose the second parameter string is shorter.')
07      return
08    right = 0
09    for origin_char, user_char in zip(origin, userInput):
10      if origin_char==user_char:
11        right += 1
12    return right/len(origin)
13  origin = 'Shandong Institute of Business and Technology'
14  userInput = 'ShanDong institute of business and technolog'
15  print(Rate(origin, userInput))
```

【运行结果】

```
0.8888888888888888
```

【程序解析】

- 01～12 行：定义函数 Rate()，来测试准确率。
- 02 行：判断 origin 和 userInput 是否为 str 实例。
- 05 行：如果 origin 的长度小于 userInput 的长度。
- 08 行：精确匹配的字符个数。
- 09 行：依次对每个字符进行比较。
- 15 行：输出测试结果。

【示例 3-49】 编写函数，接收一个所有元素值都不相等的整数列表 x 和一个整数 n，要求将值为 n 的元素作为支点，将列表中所有值小于 n 的元素全部放到 n 的前面，所有值大于 n 的元素放到 n 的后面。

代码 3-49（ch3-49_SwitchPositions）：

```
01  import random
02  def demo(x, n):
03    if n not in x:
04      print(n, ' is not an element of ', x)
05      return
06    i = x.index(n)
07    x[0], x[i] = x[i], x[0]
08    key = x[0]
09    i = 0
10    j = len(x) - 1
11    while i<j:
12      while i<j and x[j]>=key:
13        j -= 1
```

```
14              x[i] = x[j]
15          while i<j and x[i]<=key:
16              i += 1
17          x[j] = x[i]
18      x[i] = key
19  x =list(range(1, 10))
20  random.shuffle(x)
21  print(x)
22  demo(x, 4)
23  print(x)
```

【运行结果】

```
[5, 2, 9, 1, 7, 8, 6, 4, 3]
[3, 2, 1, 4, 7, 8, 6, 5, 9]
```

【程序解析】

- 06 行:获取指定元素在列表中的索引。
- 07 行:将指定元素与第 1 个元素交换。
- 12 行:从后向前寻找第 1 个比指定元素小的元素。
- 15 行:从前向后寻找第 1 个比指定元素大的元素。

【示例 3-50】 二分法查找。

二分法查找算法非常适合在大量元素中查找指定的元素,要求序列已经排好序(这里假设按从小到大排序)。首先测试中间位置上的元素是否为想查找的元素,如果是则结束算法;如果序列中间位置上的元素比要查找的元素小,则在序列的后面一半元素中继续查找;如果中间位置上的元素比要查找的元素大,则在序列的前面一半元素中继续查找。重复上面的过程,不断地缩小搜索范围,直到查找成功或者失败(要查找的元素不在序列中)。

代码 3-50(ch3-50_BinarySearch):

```
01  from random import randint
02  def binarySearch(lst, value):
03      start = 0
04      end = len(lst)
05      while start < end:
06          middle = (start + end) // 2
07          if value == lst[middle]:
08              return middle
09          elif value > lst[middle]:
10              start = middle + 1
11          elif value < lst[middle]:
12              end = middle - 1
13      return False
14  lst = [randint(1,50) for i in range(20)]
15  lst.sort()
16  print(lst)
17  result = binarySearch(lst, 30)
18  if result!=False:
19      print('Success, its position is:',result)
20  else:
21      print('Fail. Not exist ')
```

【运行结果】

```
[3, 6, 7, 8, 9, 10, 11, 12, 17, 18, 21, 22, 22, 29, 31, 31, 41, 48, 48, 50]
Fail. Not exist.
```

【程序解析】
- ➢ 02~13 行：定义二分查找函数。
- ➢ 06 行：计算中间位置。
- ➢ 07 行：查找成功，则返回元素对应的位置。
- ➢ 09 行：在后面一半元素中继续查找。
- ➢ 11 行：在前面一半元素中继续查找。
- ➢ 13 行：查找不成功，则返回 False。
- ➢ 14 行：随机生成一个有 20 个元素的值在 1~49 之间的列表。
- ➢ 15 行：对列表进行排序。
- ➢ 17 行：调用二分查找函数，查找 30 在列表中的位置。

【示例 3-51】 编写代码，模拟决赛现场最终成绩的计算过程。

代码 3-51（ch3-51_CalculationAchievement）：

```
01   while True:
02       try:
03           n = int(input('请输入评委人数：'))
04           if n <= 2:
05               print('评委人数太少,必须多于 2 个人。')
06           else:
07               break
08       except:
09           pass
10   scores=[]
11   for i in range(n):
12       score = input('请输入第{0}个评委的分数：'.format(i+1))
13       score = float(score)
14       scores.append(score)
15   highest = max(scores)
16   lowest = min(scores)
17   scores.remove(highest)
18   scores.remove(lowest)
19   finalScore = round(sum(scores)/len(scores), 2)
20   formatter = '去掉一个最高分{0}\n去掉一个最低分{1}\n最后得分{2}'
21   print(formatter.format(highest, lowest, finalScore))
```

【运行结果】

```
请输入评委人数：3
请输入第 1 个评委的分数：23
请输入第 2 个评委的分数：56
请输入第 3 个评委的分数：76
去掉一个最高分 76.0
去掉一个最低分 23.0
最后得分 56.0
```

【程序解析】
- ➢ 01~09 行：这个循环用来保证必须输入大于 2 的整数作为评委人数。
- ➢ 07 行：如果输入大于 2 的整数，就结束循环。
- ➢ 10 行：用来保存所有评委的打分 scores = []。
- ➢ 13 行：把字符串转换为实数。
- ➢ 15 行：计算并删除最高分与最低分。

- 19 行：计算平均分，保留 2 位小数。

【示例 3-52】 编写程序，实现十进制整数到其他任意进制数的转换。

代码 3-52（ch3-52_ConversionofNumberSystems）：

```
01    def int2base(n, base):
02        result = []
03        div = n
04        while div != 0:
05            div, mod = divmod(div, base)
06            result.append(mod)
07        result.reverse()
08        result = ''.join(map(str, result))
09        return eval(result)
10    print(int2base(80,2))
11    print(int2base(80,8))
12    print(int2base(80,16))
13    print(int2base(80,13))
```

【运行结果】

```
1010000
120
50
62
```

【程序解析】

- 01～09 行：定义函数 int2base()，把十进制整数 n 转换成 base 进制数。
- 04 行：除基取余，逆序排列。
- 07 行：逆序表示结果。
- 09 行：变成数字并返回。
- 10 行：将 80 转化为二进制表示。
- 11 行：将 80 转化为八进制表示。
- 12 行：将 80 转化为十六进制表示。
- 13 行：将 80 转化为十三进制表示。

第 4 章
Python 数据处理

数据资源、核心算法、运算能力是人工智能的三大核心要素。其中，数据资源为人工智能自主学习与训练提供了最基本的素材。数据从组织形式上分为结构化数据、非结构化数据及半结构化数据，从类型上分为文本、图像、语音、视频等。人工智能的本质是对数据实时化、快速化的处理，实现数据价值的挖掘与应用。学习利用 Python 进行数据处理是理解、掌握、应用人工智能的基础。

4.1 常见数据集简介

过去几年内，人工智能在很多领域得到了爆炸式的发展，在多种检测、分类、识别任务中都有着非凡的表现，这其中包括图像分类、语音识别、文字分析等。机器学习通过建立数据模型进行反复训练，模拟或实现人类的学习行为，以获取新的知识或技能，并通过重新组织已有的知识结构使之不断完善自身的性能，这其中需要大量的训练数据和测试数据。目前在人工智能的诸多领域内，都出现了相应的典型数据集，如中文自然文本数据集（Chinese Text in the Wild，CTW）、MNIST 数据集（Mixed National Institute of Standards and Technology）、Image-Net 数据集、微软 COCO 数据集和 ADE20K 数据集等，这些数据集已成为促进人工智能进步的关键驱动。现简单介绍两个常见数据集。

4.1.1 MNIST 数据集

MNIST 数据集包含四个文件，即一个训练图片集、一个训练标签集、一个测试图片集和一个测试标签集，其中有 60000 个训练样本集和 10000 个测试样本集。训练集（Training Set）由来自 250 个不同的人手写的数字构成，测试集（Test Set）也是同样比例的手写数字数据。MNIST 可通过网络（http://yann.lecun.com/exdb/mnist/）获取，它包含了如下四个部分：

- training set images：train-images-idx3-ubyte.gz（9.9MB，解压后 47MB，包含 60000 个样本）。这不是图片文件，而是一个压缩包，下载并解压后可以看到的是二进制文件。
- training set labels：train-labels-idx1-ubyte.gz（29KB，解压后 60KB，包含 60000 个标签）。
- test set images：t10k-images-idx3-ubyte.gz（1.6MB，解压后 7.8MB，包含 10000 个样本）。
- test set labels：t10k-labels-idx1-ubyte.gz（5KB，解压后 10KB，包含 10000 个标签）。

针对训练标签集，其属性描述如图 4-1 所示。

```
TRAINING SET LABEL FILE (train-labels-idx1-ubyte):

[offset] [type]          [value]          [description]
0000     32 bit integer  0x00000801(2049) magic number (MSB first)
0004     32 bit integer  60000            number of items
0008     unsigned byte   ??               label
0009     unsigned byte   ??               label
........
xxxx     unsigned byte   ??               label

The labels values are 0 to 9.
```

图 4-1　训练标签集属性描述

由于训练集有 60000 个用例样本，所以标签集文件里面也包含了 60000 个标签内容，每个标签的值为 0 到 9 之间的一个数。标签集上每个属性的含义如下：

- offset：表示字节偏移量，也就是这个属性的二进制值的偏移是多少；
- type：表示这个属性的值的类型；
- value：表示这个属性的值是多少；
- description：对属性的描述。

如图 4-2 所示，从第 0 个字节开始有一个 32 位的整数，它的值是 0x00000801，它是一个校验数，用来判断这个文件是不是 MNIST 里面的 train-labels-idx1-ubyte 文件；接着往下看，偏移量为 4 字节处的值为 0000ea60，表示容量数，也就是 60000，因为 60000 的十六进制就是 ea60；偏移量为 8 字节处的值为 05，表示标签值为 05，即第一个图片的标签值为 5；后面的也是以此类推。

接下来看训练图片集，其属性描述如图 4-3 所示。

```
train-labels.idx1-ubyte
1  0000 0801 0000 ea60 0500 0401 0902 0103
2  0104 0305 0306 0107 0208 0609 0400 0901
3  0102 0403 0207 0308 0609 0005 0600 0706
4  0108 0709 0309 0805 0903 0300 0704 0908
5  0009 0401 0404 0600 0405 0601 0000 0107
6  0106 0300 0201 0107 0900 0206 0708 0309
7  0004 0607 0406 0800 0708 0301 0507 0107
8  0101 0603 0002 0903 0101 0004 0902 0000
9  0200 0207 0108 0604 0106 0304 0509 0103
```

```
TRAINING SET IMAGE FILE (train-images-idx3-ubyte):

[offset] [type]          [value]          [description]
0000     32 bit integer  0x00000803(2051) magic number
0004     32 bit integer  60000            number of images
0008     32 bit integer  28               number of rows
0012     32 bit integer  28               number of columns
0016     unsigned byte   ??               pixel
0017     unsigned byte   ??               pixel
........
xxxx     unsigned byte   ??               pixel
```

图 4-2　训练标签集文件的二进制值　　　图 4-3　训练图片集属性描述

在 MNIST 图片集中，所有的图片都是 28×28（全书涉及图片尺寸的地方，如无特殊说明，单位为像素），也就是每个图片都有 28×28 个像素。train-images-idx3-ubyte 文件中偏移量为 0 字节处，有一个 4 字节的数为 00000803，表示魔数；接下来是 0000ea60，值为 60000，代表容量；接下来从第 8 字节开始有一个 4 字节数，值为 28，也就是 0000001c，表示每个图片的行数；从第 12 字节开始有一个 4 字节数，值也为 28，也就是 0000001c，表示每个图片的列数；从第 16 字节开始才是图像的像素值，而且每 784（28×28）字节代表一幅图片。如图 4-16 所示。

图 4-4　训练图片集文件的二进制值

MNIST 是一个入门级的计算机视觉数据集，它包含各种手写数字图片，如图 4-5 所示。

图 4-5　手写数字图片

MNIST 同时包含每一张图片对应的标签，提示这个是数字几。比如，如图 4-5 所示这四张图片的标签分别是 5、0、4、1。

每一张图片包含 28×28 个像素点，用一个数字数组来表示，把这个数组展开成一个向量，长度是 28×28=784。在 MNIST 训练数据集中，mnist.train.images 是一个形状为[60000,784]的张量，第一个维度数字用来索引图片，第二个维度数字用来索引每张图片中的像素点。在此张量里的每一个元素都表示某张图片里的某个像素的强度值，强度值是 0 或 1（黑或白）。

4.1.2　CTW 数据集

由清华大学与腾讯共同推出的中文自然文本数据集 CTW 是一个超大的街景图片中文文本数据集，为训练先进的深度学习模型奠定了基础。此数据集包含 32285 张图像和 1018402 个中文字符，规模远超之前的数据集。这些图像源于腾讯街景，从中国的几十个城市中捕捉得到，不带任何特定目的和偏好。由于其多样性和复杂性，使得该数据集的收集很困难。它包含了平面文本、凸出文本、城市街景文本、乡镇街景文本、弱照明条件下的文本、远距离文本、部分显示文本等。对于每张图像，数据集中都标注了所有中文字符。对每个中文字符，数据集都标注了其真实字符、边界框和 6 个属性，以指出其是否被遮挡、有复杂的背景、被扭曲、3D 凸出、艺术化和手写体等，如图 4-6 所示。

图 4-6　一个中文字符的多个实例

清华大学的研究人员以该数据集为基础，训练了多种目前业内较为先进的深度模型进行字符识别和字符检测。新的数据集将极大促进自然图像中中文文本检测和识别算法的发展。

CTW 对第一张图片都进行了标注流程，其流程如图 4-7 所示。

- 为句子提取边界框；
- 为每个字符实例提取边界框；
- 标记其对应的字符类别；
- 标注字符的属性。

图 4-7 特征标注流程

同时,对每一个图片文字还定义了属性,用这些属性对图片文字进行了标注。如图 4-8 所示,展现了不同属性的例子:(a)遮挡,(b)未遮挡,(c)复杂背景,(d)简单背景,(e)扭曲,(f)工整,(g)3D 凸出,(h)平面,(i)艺术字,(j)非艺术字,(k)手写体,(l)打印体。

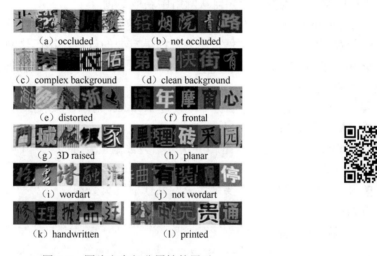

图 4-8 图片文字部分属性的展示

4.2 数据收集、整理与清洗

随着互联网技术的迅速发展,每时每刻都在产生大量的数据。同时,数据收集技术不断发展、数据的存储方式的多样化以及存储容量的极大提升为收集数据及存储数据提供了可能。数据采集与整理、数据转换、数据分组与清洗、数据组织、数据计算、数据存储、数据检索与排序、数据的应用是研究数据集的几个重要方面。

4.2.1 数据收集

数据的来源极其广泛,有传统关系型数据库存储的数据,有大型电子商务平台的交易数据,有物联网产生的实时数据,有大量的音/视频数据,等等。数据的内容及形式多种多样。数据收集方法及渠道很多,有物理收集、软件收集等多种手段。其中常见的有:
- 通过现有的各类信息管理系统及大型电子商务交易平台进行数据抽取而获得数据。
- 利用设备收集。通过设备装置(各种传感器)从系统外部收集数据并输入到系统内部进行归类、存储,比如通过摄像头、麦克风、感应器等工具进行数据采集,此类数据收集技术广泛应用在各个领域。

- 系统日志采集方法。目前很多互联网企业都有自己的数据采集工具，通常用于系统日志采集，如 hadoop 的 Chukwa、Cloudera 的 Flume、Facebook 的 Scribe 等，通过这些工具可进行大量的日志数据采集、传输、归类。
- 网络数据采集方法。网络数据采集是指通过网络爬虫或网站公开 API 等方式从网站上获取数据信息，通常得到的是非结构化数据。通过此方法通常可得到文本、图片、音/视频等文件。
- 其他数据采集方法。例如，对于企业生产经营数据或学科研究数据等保密性要求较高的数据，可以通过与企业或研究机构合作，使用特定系统接口等相关方式采集数据。

现以网络爬虫为例介绍如何从网络中获取数据。

随着 Internet、移动通信技术及应用的飞速发展，互联网中每天都会产生海量的数据。如何从海量数据中提取有效信息，使之发挥更有效的价值，这促使网络爬虫技术应运而生。由于 Python 语言简单易用，而且提供了优秀易用的第三方库和多样的爬虫框架，使之成为网络爬虫技术的主力军。

爬虫通过模拟计算机对服务器端发起 Request 请求，接收服务器端的 Response 回应并进行解析，提取所需的信息。

通过 Python 程序进行网络爬虫获取相关数据主要涉及三个 Python 库：Requests、Lxml、BeautifulSoup。

- Requests 库的作用主要是请求网站获取网页数据。

例如：

```
import requests
res=requests.get("http://www.baidu.com")
print(res)
print(res.text)
```

- Lxml 为 XML 解析库，同时很好地支持 HTML 文档的解析功能，除了能直接读取字符串，也能从文件中提取内容。
- BeautifulSoup 库用于解析 Requests 库请求的网页，并把网页源代码解析为 Soup 文档，以便过滤和提取数据。

【示例 4-1】 爬取的内容为豆瓣网图书 TOP250 的信息。

通过手动浏览可以查看网上信息（https://book.douban.com/top250?start=0），如图 4-9 所示。

现通过网络爬虫爬取网上的图书信息：书名、URL 链接、作者、出版社、出版时间、价格、评分和评价等，将爬取的信息存储到本地的 CSV 文件中。

代码 4-1（ch4-1_CrawlInformationofBook）：

```
01    from lxml import etree
02    import requests
03    import csv
04    fp = open('d://ch4_demo/book.csv','wt',newline='',encoding='utf-8')
05    writer = csv.writer(fp)
06    writer.writerow(('name', 'url', 'author', 'publisher', 'date',\
          'price', 'rate', 'comment'))
07    urls = ['https://book.douban.com/top250?start={}'.format(str(i)) for\
           i in range(0,250,25)]
08    headers = { \
```

```
09          'User-Agent':'Mozilla/5.0 (Windows NT 6.1; WOW64) \
10          AppleWebKit/537.36 (KHTML, like Gecko) Chrome/55.0.2883.87\
            Safari/537.36'10  }
11   for url in urls:
12       html = requests.get(url,headers=headers)
13       selector = etree.HTML(html.text)
14       infos = selector.xpath('//tr[@class="item"]')
15       for info in infos:
16           name = info.xpath('td/div/a/@title')[0]
17           url = info.xpath('td/div/a/@href')[0]
18           book_infos = info.xpath('td/p/text()')[0]
19           author = book_infos.split('/')[0]
20           publisher = book_infos.split('/')[-3]
21           date = book_infos.split('/')[-2]
22           price = book_infos.split('/')[-1]
23           rate = info.xpath('td/div/span[2]/text()')[0]
24           comments = info.xpath('td/p/span/text()')
25           comment = comments[0] if len(comments) != 0 else "空"
26           writer.writerow((name,url,author,publisher,date,price,rate,\
                comment))
27   fp.close()
```

图 4-9　豆瓣网图书部分信息

【运行结果】

爬取的部分信息如图 4-10 所示。

【程序解析】

➢ 01～03 行：导入程序所需要的库。其中，requests 用于请求网页获取网页数据；lxml 用于解析提取数据；csv 用于将数据存储到 CSV 文件中。

➢ 05～06 行：创建 CSV 文件，并且写入表头信息。

➢ 08～10 行：复制 User-Agent，用于伪装浏览器。

➢ 11～26 行：循环 URL，寻找每条信息的标签，爬取详细信息，写入 CSV 文件。

name	url	author	publisher	date	price	rate	comment
追风筝的人	https://book.douban.co	[美] 卡勒德·胡赛尼	上海人民出版社	2006-5	29.00元	8.9	为你，千千万万遍
小王子	https://book.douban.co	[法] 圣埃克苏佩里	人民文学出版社	2003-8	22.00元	9	献给长成了大人的孩子们
围城	https://book.douban.co	钱锺书	人民文学出版社	1991-2	19	8.9	对于"人艰不拆"四个字彻底
解忧杂货店	https://book.douban.co	[日] 东野圭吾	南海出版公司	2014-5	39.50元	8.6	一碗精心熬制的东野牌鸡汤，挂
活着	https://book.douban.co	余华	南海出版公司	1998-5	12.00元	9.1	活着本身就是人生最大的意义
白夜行	https://book.douban.co	[日] 东野圭吾	南海出版公司	2008-9	29.80元	9.1	暗夜独行的残破灵魂，爱与恶本
挪威的森林	https://book.douban.co	[日] 村上春树	上海译文出版社	2001-2	18.80元	8	村上之发轫，多少人的青春启蒙
嫌疑人的	https://book.douban.co	[日] 东野圭吾	南海出版公司	2008-9	28	8.9	数学ивать好是一种极致的浪漫
三体	https://book.douban.co	刘慈欣	重庆出版社	2008-1	23	8.8	你我不过都是虫子
不能承受的	https://book.douban.co	[捷克] 米兰·昆德拉	上海译文出版社	2003-7	23.00元	8.5	朝向媚俗的一次伟大的进军
红楼梦	https://book.douban.co	[清] 曹雪芹 著	人民文学出版社	1996-12	59.70元	9.6	谁解其中味？
梦里花落知	https://book.douban.co	郭敬明	春风文艺出版社	2003-11	20.00元	7.1	只是青春留下的余烬
达·芬奇密	https://book.douban.co	[美] 丹·布朗	上海人民出版社	2004-2	28.00元	8.2	一切畅销的因素都有了
看见	https://book.douban.co	柴静	广西师范大学出版	2013-1-1	39.80元	8.8	在这里看见中国
百年孤独	https://book.douban.co	[哥伦比亚] 加西亚·马尔克斯	南海出版公司	2011-6	39.50元	9.2	尼采所谓的永劫复归，一场无妨

图 4-10 爬取的图书信息（部分结果）

【示例 4-2】 利用 Requests 库和正则表达式，爬取《斗破苍穹》小说全文。

代码 4-2（ch4-2_CrawlTextofNovel）：

```
01  import requests
02  import re
03  headers = { 'User-Agent':'Mozilla/5.0 (Windows NT 6.1; WOW64)\
            AppleWebKit/537.36 \
04          (KHTML, like Gecko) Chrome/56.0.2924.87 Safari/537.36'
05  }
06  f = open('d:/ch4_demo/text1.txt','a+')
07  def get_info(url):
08      res = requests.get(url,headers=headers)
09      if res.status_code == 200:
10          contents = re.findall('<p>(.*?)</p>',res.content.decode\
                ('utf-8'),re.S)
11          for content in contents:
12              f.write(content+'\n')
13      else:
14          pass
15  if __name__ == '__main__':
16      urls = ['http://www.doupoxs.com/doupocangqiong/{}.html'.format\
            (str(i)) for i in range(2,1665)]
17      for url in urls:
18          get_info(url)
19  f.close()
```

【运行结果】

爬取的部分内容如图 4-11 所示。

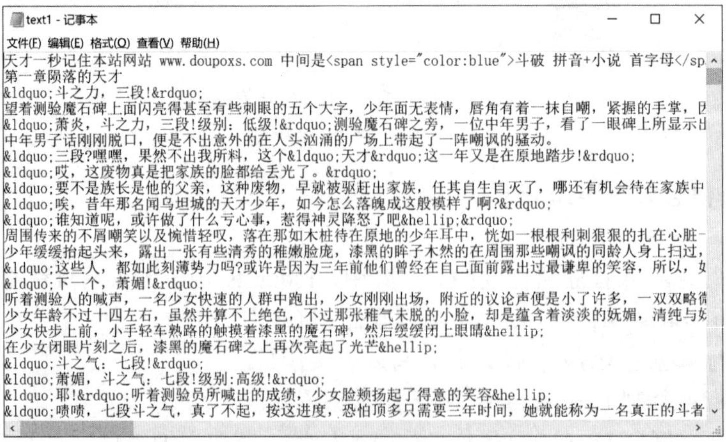

图 4-11 爬取的《斗破苍穹》小说部分内容

第4章　Python 数据处理

【程序解析】

- 01～02 行：导入相应的库文件。
- 03～05 行：加入请求头。
- 06 行：新建 TXT 文件，以添加的方式存储全文信息。
- 07～14 行：定义 get_info()函数，用于获取网页信息并存储到 TXT 文件中。
- 09 行：判断请求是否成功。请求码为 200，表示请求成功。
- 15 行：程序的主入口。
- 17 行：通过对网页 URL 的观察，使用列表存储所有的 URL，并依次调用 get_info() 函数。

【示例 4-3】　利用 Requests 和 BeautifulSoup 第三方库，爬取北京地区短租房的信息。

通过浏览网站（http://bj.xiaozhu.com/search-duanzufang-p1-0/）可看到租房信息。现通过爬虫方式获取标题、地址、价格、房东名称、房东性别等信息。

代码 4-3（ch4-3_CrawlInformationofHouse）：

```
01  from bs4 import BeautifulSoup
02  import requests
03  import time
04  headers = { 'User-Agent':'Mozilla/5.0 (Windows NT 6.1; WOW64) \
05    AppleWebKit/537.36 (KHTML, like Gecko) Chrome/53.0.2785.143\
     Safari/537.36'
06  }
07  def judgment_sex(class_name):
08    if class_name == ['member_ico1']:
09        return '女'
10    else:
11        return '男'
12  def get_links(url):
13    wb_data = requests.get(url,headers=headers)
14    soup = BeautifulSoup(wb_data.text,'lxml')
15    links = soup.select('#page_list > ul > li > a')
16    for link in links:
17        href = link.get("href")
18        get_info(href)
19  def get_info(url):
20    wb_data = requests.get(url,headers=headers)
21    soup = BeautifulSoup(wb_data.text,'lxml')
22    tittles = soup.select('div.pho_info > h4')
23    addresses = soup.select('span.pr5')
24    prices = soup.select('#pricePart > div.day_l > span')
25    imgs = soup.select('#floatRightBox > div.js_box.clearfix >\
         div.member_pic > a > img')
26    names = soup.select('#floatRightBox > div.js_box.clearfix >\
         div.w_240 > h6 > a')
27    sexs = soup.select('#floatRightBox > div.js_box.clearfix >\
         div.member_pic > div')
28            for tittle, address, price, img, name, sex in\
         zip(tittles,addresses,prices,imgs,names,sexs):
29    data = {
30        'tittle':tittle.get_text().strip(),
31        'address':address.get_text().strip(),
32        'price':price.get_text(),
33        'img':img.get("src"),
34        'name':name.get_text(),
35        'sex':judgment_sex(sex.get("class"))
```

```
36              }
37              print(data)
38  if __name__ == '__main__':
39      urls = ['http://bj.xiaozhu.com/search-duanzufang-p{}-0/'.format\
            (number) \
40          for number in range(1,14)]
41          for single_url in urls:
42              get_links(single_url)
43              time.sleep(2)
```

【运行结果】

爬取的部分信息如图 4-12 所示。

```
{'tittle': '近慕田峪长城栗花沟内依山傍水新中式四合院岑舍', 'address': '北京市怀柔区渤海镇四渡河村', 'price':
{'tittle': '来广营北苑地铁13号运村鸟巢水立方一居双床', 'address': '北京市朝阳区北苑东路水岸南街清河营东路2号
{'tittle': '【VIP豪居】国贸/CBD/6号线东大桥站', 'address': '北京市朝阳区中骏世界城小区', 'price': '899', 'img
{'tittle': '上地/西二旗/联想小米 恒温恒湿科技住宅', 'address': '北京市海淀区安宁庄西路IMOMA', 'price': '319',
{'tittle': '【月底特价】近农大矿大林大清新时尚次卧双人间', 'address': '北京市海淀区学知轩大厦', 'price': '198'
{'tittle': '【绿叶•温馨小筑】4号线西红门站 北京南站', 'address': '北京市大兴区世嘉博苑11号楼', 'price': '399'
{'tittle': '天安门天坛北京南站大红门地铁站肿瘤医院两居', 'address': '北京市丰台区永外果园小区3号楼', 'price':
{'tittle': '朝阳公园/798艺术/望京soho/中央美院', 'address': '北京市朝阳区酒仙桥飘home1号楼', 'price': '398',
{'tittle': '5/10号地铁对外经贸/鸟巢/安贞北欧风整租', 'address': '北京市朝阳区惠新西街33号院', 'price': '479',
{'tittle': '近北京南站南苑机场地铁四号线高层视野巨好', 'address': '北京市丰台区马家堡西路36号院东亚三环', 'pri
{'tittle': '6号线通州北关，英伦风LOFT【可加床】', 'address': '北京市通州区新光大中心8A', 'price': '398', 'img
```

图 4-12 爬取的出租房部分信息

【程序解析】

➢ 01～03 行：导入程序需要的库。其中，requests 库用于请求网页获取数据；BeautifulSoup 用于解析网页数据；time 库的 sleep()方法可以让程序暂停。

➢ 04～06 行：加入请求头。

➢ 07～11 行：定义判别性别的函数。

➢ 12～18 行：定义函数 get_links()，用于获取进入详细页的链接。

➢ 19～37 行：定义函数 get_info()，用于获取网页信息并输出信息。

➢ 38～42 行：程序的主入口，构造多页 URL，循环调用 get_links()函数，获取相关信息。

➢ 43 行：每循环一次，让程序暂停 2 秒，防止请求网页频率过快而导致爬虫失败。

【示例 4-4】 多图片爬取。

利用 Python 抓取网络图片的步骤如下：

- 根据给定的网址获取网页源代码；
- 利用正则表达式，把源代码中的图片地址过滤出来；
- 根据过滤出来的图片地址下载网络图片。

代码 4-4（ch4-4_CrawlPicture）：

```
01  import re
02  import requests
03  import os
04  name = input('输入文件夹名称:')
05  robot = 'd:/' + name + '/'
06  kv = {'user-agent': 'mozilla/5.0'}
07  def getHTMLText(url):
08      try:
09          r = requests.get(url, timeout=30, headers=kv)
```

```python
10        r.raise_for_status()
11        r.encoding = r.apparent_encoding
12        return r.text
13    except:
14        return ''
15 def parserHTML(html):
16    pattern = r'"ObjURL":"(.*?)"'
17    reg = re.compile(pattern)
18    urls = re.findall(reg, html)
19    return urls
20 def download(List):
21    for url in List:
22        try:
23            path = robot + url.split('/')[-1]
24            url = url.replace('\\', '')
25            r = requests.get(url, timeout=30)
26            r.raise_for_status()
27            r.encoding = r.apparent_encoding
28            if not os.path.exists(robot):
29                os.makedirs(robot)
30            if not os.path.exists(path):
31                with open(path, 'wb') as f:
32                    f.write(r.content)
33                    f.close()
34                    print(path + ' 文件保存成功')
35            else:
36                print('文件已经存在')
37        except:
38            continue
39 def getmoreurl(num, word):
40    ur = []
41    url = r'http://image.baidu.com/search/acjson?tn=resultjson_\
          com&ipn=rj& \
42          ct=201326592&is=&fp=result&queryWord={word}&cl=2&lm=-1&ie=\
          utf-8&oe=utf-8& \
43          adpicid=&st=-1&z=&ic=0&word={word}&s=&se=&tab=&width=&\
          height=&face=0& \
44          istype=2&qc=&nc=1&fr=&cg=girl&pn={pn}&rn=30'
45    for x in range(1, num + 1):
46        u = url.format(word=word, pn=30 * x)
47        ur.append(u)
48    return ur
49 def main():
50    n = int(input('输入想下载多少张图片(n*30): '))
51    word = input('输入想下载的图片:')
52    url = 'http://image.baidu.com/search/index?tn=baiduimage&ipn=r& \
53       ct=201326592&cl=2&lm=-1&st=-1&fm=result&fr=&sf=1&fmq=\
       1499773676062_R&pv=& \
54       ic=0&nc=1&z=&se=1&showtab=0&fb=0&width=&height=&face=0&\
       istype= 2& \
55       ie=utf-8&word={word}'.format( word=word)
57    html = getHTMLText(url)
58    urls = parserHTML(html)
59    download(urls)
60    url1 = getmoreurl(n, word)
61    for i in range(n):
62        html1 = getHTMLText(url1[i])
63        urls1 = parserHTML(html1)
64        download(urls1)
65 main()
```

【运行结果】

程序运行过程及爬取的部分动物图片如图 4-13 所示。

输入文件夹名称：*photo*
输入想下载多少张图片(n*30)：*2*
输入想下载的图片：*动物*
d:/ch4_demo/photo/5b2e85e6158f4338a90450483e4fa17a_th.jpg 文件保存成功
d:/ch4_demo/photo/142e73b734945f97abdc29b144cb43c8.jpg 文件保存成功
d:/ch4_demo/photo/5679559007ff2.jpg 文件保存成功
d:/ch4_demo/photo/001lvqhhty6nqh57wo27e&690 文件保存成功
d:/ch4_demo/photo/30adcbef76094b362df2dc39a1cc7cd98c109d86.jpg 文件保存成功
d:/ch4_demo/photo/1447204198172529_360x480.jpg 文件保存成功
d:/ch4_demo/photo/173459096.jpg 文件保存成功
d:/ch4_demo/photo/85-1p113093019-50.jpg 文件保存成功

（a）程序运行过程

（b）爬取的部分图片

图 4-13　示例 4-4 程序运行过程及结果

【程序解析】

- 07 行：获取 URL 对应的源码页面。
- 15 行：解析 URL 源码页面。
- 16 行：正则表达式为获取 ObjURL。
- 20 行：定义下载图片函数。
- 39 行：通过 Requests URL 请求到更多的 URL 源码页面。
- 43 行：word 为搜索关键词，num 为想获取的页面数量。
- 49 行：初始页面 URL。
- 54 行：获取更多页面图片。

4.2.2　数据整理

在进行数据分析、机器学习及应用之前，首先要进行数据整理。数据整理是数据分析过程中最重要、最基础的环节。数据整理包括数据的清洗、数据格式转换、归类编码和数字编码等过程，其中数据清洗占据最重要的位置，内容包括检查数据一致性、处理无效值和缺失值等操作。下面以文本数据为例，来介绍数据整理的几个主要方面。

1. 文本内容查找

【示例 4-5】 统计文件中"hello"的个数。

本例中，"D:\ch4_demo"文件夹中有 test1.txt 文件，内容为：

```
hello girl!
hello boy!
hello man!
hello Python!
```

思路：打开文件，遍历文件内容，通过正则表达式匹配关键字，统计匹配个数。

代码 4-5（ch4-5_StatisticsWordsofFile）：

```
01   import re
02   f=open('d:\ch4_demo\test1.txt')
03   source=f.read()
04   f.close()
05   r='hello'
06   s=len(re.findall(r,source))
07   print(s)
```

【运行结果】

```
4
```

【程序解析】

➢ 01 行：导入 re 模块（Regular Expression 正则表达式）。

➢ 02 行：打开 test1.txt 文件。

➢ 06 行：查找出 source 文件中"hello"出现的次数。

2. 文本内容替换

【示例 4-6】 把 test1.txt 中的"hello"全部替换为"hi"，并把结果保存在 test1_out.txt 中。

代码 4-6（ch4-6_ReplaceWordofFile）：

```
01   import re
02   f1 = open('d:\ch4_demo\test1.txt')
03   f2 = open('d:\ch4_demo\test1_out.txt','r+')
04   for s in f1.readlines():
05      f2.write(s.replace('hello','hi'))
06   f1.close()
07   f2.close()
```

【运行结果】

```
hi girl!
hi boy!
hi man!
hi Python!
```

【程序解析】

➢ 02～03 行：分别打开 test1.txt 和 test1_out.txt 两个文件。

➢ 04 行：分别取出 f1 的每一行。

➢ 05 行：对取出的每一行中的"hello"用"hi"代替，并存入 f2 文件。

3. 文本内容排序

本例中,"D:\ch4_demo"文件夹下有文本test2.txt,其内容如下:

```
You find a special friend;
Someone who changes your life just by being part of it.
Someone who makes you laugh until you can't stop;
Someone who makes you believe that there really is good in the world.
Someone who convinces you that there really is an unlocked door just waiting
for you to open it.
This is Forever Friendship.
when you're down,
and the world seems dark and empty,
Your forever friend lifts you up in spirits and makes that dark and empty
world suddenly seem bright and full.
Your forever friend gets you through the hard times,
the sad times,and the confused times.
If you turn and walk away, Your forever friend follows,
If you lose you way,
Your forever friend guides you and cheers you on.
Your forever friend holds your hand and tells you that everything is going
to be okay.
```

【示例 4-7】 读取文件 test2.txt 的内容,去除空行和注释行后,以行为单位进行排序,并将结果输出为 test2_out.txt。

代码 4-7(ch4-7_SortofText):

```
01   f = open('d:\ch4_demo\test2.txt')
02   result = list()
03   for line in f.readlines():
04       line = line.strip()
05       if not len(line) or line.startswith('#'):
06           continue
07       result.append(line)
08   result.sort()
09   print(result)
10   open('d:\ch4_demo\test2_out.txt','w').write('%s' % '\n'.join(result))
```

【运行结果】

排序后 test2_out.txt 的部分内容:

```
If you lose you way,
If you turn and walk away, Your forever friend follows,
Someone who changes your life just by being part of it.
Someone who convinces you that there really is an unlocked door just waiting
for you to open it.
Someone who makes you believe that there really is good in the world.
omeone who makes you laugh until you can't stop;
This is Forever Friendship.
You find a special friend;
Your forever friend gets you through the hard times,
Your forever friend guides you and cheers you on.
Your forever friend holds your hand and tells you that everything is going
to be okay.
Your forever friend lifts you up in spirits and makes that dark and empty
world suddenly seem bright and full.
and the world seems dark and empty,
the sad times,and the confused times.
when you're down,
```

【程序解析】

- 03 行：逐行读取数据。
- 04 行：去掉每行头尾的空白。
- 05 行：判断是否为空行或注释行。
- 06 行：是的话，跳过不处理。
- 08 行：排序。

4.2.3 数据清洗

在数据收集的过程中，不可避免地会出现有的数据是错误数据、有的数据相互之间有冲突的情况。不完整的数据、错误的数据、重复的数据显然不是我们想要的，称为"脏数据"。按照一定的规则把"脏数据""洗掉"，这就是数据清洗。

1. 数据清洗方法

- 通过人工检查，手工实现。这需要投入足够的人力、物力、财力，这种方法效率低下，在大数据量的情况下几乎是不可能的。
- 通过专门编写的应用程序来实现。这种方法能解决某个特定的问题，但不够灵活，特别是清洗过程需要反复进行。一般来说，数据清洗一遍就能达到要求的情况很少，导致程序复杂，清洗过程发生变化时工作量大。
- 解决某类特定应用域的问题，如根据概率统计学原理查找数值异常的记录，对姓名、地址、邮政编码等进行清理，这是目前研究较多的领域，也是应用最成功的一类。
- 与特定应用领域无关的数据清理，对这部分的研究主要集中在清洗重复的记录上。

2. 数据清洗实例

在实际情况下，现有的数据平台系统会遇到各种各样的关于指标均值的计算问题，遵循数理统计的规律，此时极大噪声数据对均值计算的负面影响是显著的。

例如，在研究统计分析一组游戏下载时长时，原始数据源如图4-14所示。如果直接计算其游戏平均下载时长，得到的结果为23062.57秒，约6.4小时，与实际情况严重不符，说明这一数据集受到显著的噪声数据的影响。

序号	下载时长
1	30
2	1
3	476
4	1034
5	1
6	59
7	446
…	…
2401	956449
2402	3844
2403	2065553

图 4-14 游戏下载时长数据

对数据集做异常值识别及剔除，我们将数据集等分为 24030 个区间，找到数据集中区间为[2,3266]，如图 4-15 所示。对取值在[2,3266]之间的数据做统计分析，对新数据组剔除离群值，得到非离群数据集，再取非异常数据集，对其进行数据统计分析，得到平均下载时长为 192.93 秒，约 3.22 分，这比较符合游戏运营实际情况。

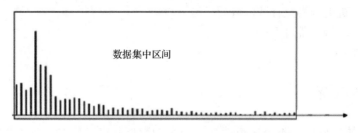

图 4-15 数据集中区间

通过数据分布特征及箱型图的方法来识别剔除噪声数据的方式较为快捷且效果显著，可以作为数据清洗的预清洗步骤。

对于数据中缺失的值，可以删除，比如餐厅的营业额，有几天在装修，确实没有营业，可以删除；还可以补值，利用均值、中位数、众数、拉格朗日插值等。

【示例 4-8】 检查数据是否缺失。

数据缺失在大部分数据分析应用中都很常见，Pandas 使用浮点值 NaN 表示浮点和非浮点数组中的缺失数据。

代码 4-8（ch4-8_CheckMissingofData）：

```
01    from pandas import Series,DataFrame
02    string_data=Series(['abcd','efgh','ijkl','mnop'])
03    print(string_data)
04    print("..........\n")
05    print(string_data.isnull())
```

【运行结果】

```
abcd
efgh
ijkl
mnop
dtype: object
..........
False
False
False
False
dtype: bool
```

【程序解析】

➢ 02 行：创建一个列表序列，并都赋予初值。

➢ 03 行：打印此序列。

➢ 05 行：检查此序列中是否存在空值。

【示例 4-9】 不滤除缺失的数据，以某值补上，此时可调用 fillna 方法。

代码 4-9（ch4-9_ValueofFill）：

```
01    from pandas import Series,DataFrame, np
02    from numpy import nan as NA
03    data=DataFrame(np.random.randn(7,3))
```

```
04    data.ix[:4,1]=NA
05    data.ix[:2,2]=NA
06    print(data)
07    print("..........")
08    print(data.fillna(1))
```

【运行结果】

```
          0         1         2
0 -1.585863       NaN       NaN
1 -1.327654       NaN       NaN
2  1.056520       NaN       NaN
3  1.088479       NaN  1.200407
4 -1.748290       NaN  0.444176
5  0.779282 -1.182371 -0.904148
6  0.230535  0.257013  0.765797
..........
          0         1         2
0 -1.585863  1.000000  1.000000
1 -1.327654  1.000000  1.000000
2  1.056520  1.000000  1.000000
3  1.088479  1.000000  1.200407
4 -1.748290  1.000000  0.444176
5  0.779282 -1.182371 -0.904148
6  0.230535  0.257013  0.765797
```

【程序解析】

> 03 行：创建 7×3 的数组，以生成的随机数填入。
> 04 行：将第 2 列 1～5 行的数值置为空。
> 08 行：以 1 填入空值。

【示例 4-10】 通过一个字典调用 fillna，实现对不同列填充不同的值。

代码 4-10（ch4-10_FillValuesofColumns）：

```
01    from pandas import Series,DataFrame, np
02    from numpy import nan as NA
03    data=DataFrame(np.random.randn(7,3))
04    data.ix[:4,1]=NA
05    data.ix[:2,2]=NA
06    print(data)
07    print("..........")
08    print(data.fillna({1:111,2:222}))
```

【运行结果】

```
          0         1         2
0  0.257589       NaN       NaN
1  0.226378       NaN       NaN
2 -0.320765       NaN       NaN
3 -0.636057       NaN -0.824705
4 -0.312826       NaN -0.105112
5 -0.143439 -0.994907  1.336340
6 -0.736261  1.028932  0.651746
..........
          0           1           2
0  0.257589  111.000000  222.000000
1  0.226378  111.000000  222.000000
2 -0.320765  111.000000  222.000000
3 -0.636057  111.000000   -0.824705
```

```
4   -0.312826    111.000000   -0.105112
5   -0.143439     -0.994907    1.336340
6   -0.736261     1.028932     0.651746
```

【程序解析】

- 03 行：创建一个 7×3 的数组，并以随机数赋初值。
- 04 行：将数组第 1~5 行的第 2 列置为空值。
- 05 行：将数组第 1~3 行的第 3 列置为空值。
- 08 行：对第 2 列的缺省部分用 111 填充，对第 3 列的缺省部分用 222 填充。

【示例 4-11】 利用 Series 的平均值或中位数进行补值。

代码 4-11（ch4-11_ComplementofAverage）：

```
01   from pandas import Series,DataFrame, np
02   from numpy import nan as NA
03   data=Series([1.0,NA,3.5,NA,7])
04   print(data)
05   print("..........\n")
06   print(data.fillna(data.mean()))
```

【运行结果】

```
0    1.0
1    NaN
2    3.5
3    NaN
4    7.0
dtype: float64
..........

0    1.000000
1    3.833333
2    3.500000
3    3.833333
4    7.000000
dtype: float64
```

【程序解析】

- 03 行：创建一个序列，内含部分数据为缺省值。
- 06 行：利用序列的平均值来填充缺省值。

【示例 4-12】 判断是否存在重复数据。

DataFrame 的 duplicated 方法返回一个布尔型 Series，表示各行是否为重复行。

代码 4-12（ch4-12_JudgeRepeatedofData）：

```
01   from pandas import Series,DataFrame, np
02   from numpy import nan as NA
03   import pandas as pd
04   import numpy as np
05   data=pd.DataFrame({'k1':['one']*3+['two']*4, 'k2':[1,1,2,2,3,3,4]})
06   print(data)
07   print(".........\n")
08   print(data.duplicated())
```

【运行结果】

```
    k1   k2
0   one   1
```

```
1    one    1
2    one    2
3    two    2
4    two    3
5    two    3
6    two    4
........

0    False
1    True
2    False
3    False
4    False
5    True
6    False
dtype: bool
```

【程序解析】

➢ 05 行：键 k1 列取 3 个 one，4 个 two，键 k2 列取值为 1，1，2，2，3，3，4，构成字典。

➢ 08 行：判定字典的取值是否重复出现过。

【示例 4-13】 移除重复数据。

drop_duplicated 方法用于返回一个移除了重复行的 DataFrame。

代码 4-13（ch4-13_RemoveDataofDuplicate）：

```
01  from pandas import Series,DataFrame, np
02  from numpy import nan as NA
03  import pandas as pd
04  import numpy as np
05  data=pd.DataFrame({'k1':['one']*3+['two']*4, 'k2':[1,1,2,2,3,3,4]})
06  print(data)
07  print("........\n")
08  print(data.drop_duplicates())
```

【运行结果】

```
     k1   k2
one   1
one   1
one   2
two   2
two   3
two   3
two   4
........
     k1   k2
one   1
one   2
two   2
two   3
two   4
```

【程序解析】

➢ 05 行：键 k1 列取 3 个 one，4 个 two，键 k2 列取值为 1，1，2，2，3，3，4，构成字典。

➢ 08 行：将字典的取值重复的项删除。

4.3 数据分析

4.3.1 CSV 文件

CSV（Comma-Separated Value，逗号分隔值）文件以纯文本形式存储表格数据（数字和文本）。纯文本意味着该文件是一个字符序列，不含必须像二进制数字那样被解读的数据。CSV 文件由任意数目的记录组成，记录间以某种换行符分隔；每条记录由字段组成，字段间的分隔符是其他字符或字符串，最常见的是逗号或制表符。通常，所有记录都有完全相同的字段序列。从大型的数据库提取数据到 Excel 软件上进行计算和分析，或者从 Excel 软件导出数据时，都可以选择 CSV 格式。CSV 文件中，第一行称为表头，数据与数据之间以逗号分隔。

例如，Excel 中的一组数据如表 4-1 所示。

表 4-1 Excel 数据示例

年 份	制 造 商	型 号	说 明	价 值
1997	Ford	E350	ac，bs,moon	3000
1999	Chevy	Venture"Extended Edition"		4900
1999	Chevy	Venture "Extended Edition Very Large"		5000
1996	Jeep	Grand Cherokee	must sell	4799

将表 4-1 中数据写入 CSV 文件中的形式为：

```
年,制造商,型号,说明,价值
1997,Ford,E350,"ac, abs, moon",3000
1999,Chevy,Venture "Extended Edition",,4900
1999,Chevy,"Venture ""Extended Edition, Very Large""",,5000
1996,Jeep,Grand Cherokee,must sell,4799
```

Python 的 csv 模块提供了 open()和 write()方法，可进行 CSV 文件的读取和处理，它们的参数相同。语法如下：

```
import csv                                  #导入 csv 模块
csvfile=open('data-text.csv','rb')          #将文件传入 open 函数
reader=csv.reader(csvfile)                  #将文件保存在变量 reader 中
for row in reader:                          #使用 for 循环，依次读取 reader 中的每一行数据
    print row
```

【示例 4-14】 读取 CSV 文件。

本例中，"D:\demo" 文件夹中有 supplier_data.csv 文件。

代码 4-14（ch4-14_Read FileofCSV）：

```
01    import csv
02    import sys
03    input_file = 'd:\ch4_demo\supplier_data.csv'
04    output_file = 'd:\ch4_demo\supplier_data1.csv'
05    with open(input_file, 'r', newline='') as filereader:
06        with open(output_file, 'w', newline='') as filewriter:
07            header = filereader.readline()
```

```
08              header = header.strip()
09              header_list = header.split(',')
10              print(header_list)
11              filewriter.write(','.join(map(str,header_list))+'\n')
12              for row in filereader:
13                  row = row.strip()
14                  row_list = row.split(',')
15                  print(row_list)
16                  filewriter.write(','.join(map(str,row_list))+'\n')
```

【运行结果】

```
['Supplier Name', 'Invoice Number', 'Part Number', 'Cost', 'Purchase Date']
['Supplier X', '001-1001', '2341', '$500.00 ', '1/20/2014']
['Supplier X', '001-1001', '2341', '$500.00 ', '1/20/2014']
... ... ...
['Supplier Z', '920-4804', '3321', '$615.00 ', '2/10/2014']
['Supplier Z', '920-4805', '3321', '$615.00 ', '2/17/2014']
['Supplier Z', '920-4806', '3321', '$615.00 ', '2/24/2014']
```

【程序解析】

- 03~40 行：调用 csv 模块的 reader()方法并传入文件对象，然后调用 write()方法执行写入操作。
- 05~60 行：双层 with/as 语句，外层先读取 CSV 文件，再以内层的 with/as 语句写入新的 txt 文件。
- 12~16 行：for 循环读取 CSV 文件，并用 join()方法将字段与字段之间的数据结构串联。

【示例 4-15】 筛选特定的行。

筛选供应商名字为 Supplier Z 或成本大于$600.00 的行。

代码 4-15（ch4-15_ScreenLines）：

```
01  import csv
02  import sys
03  input_file = 'd:\ch4_demo\supplier_data.csv'
04  output_file = 'd:\ch4_demo\supplier_data2.csv'
05  with open(input_file, 'r', newline='') as csv_in_file:
06    with open(output_file, 'w', newline='') as csv_out_file:
07          filereader = csv.reader(csv_in_file)
08          filewriter = csv.writer(csv_out_file)
09          header = next(filereader)
10          filewriter.writerow(header)
11          for row_list in filereader:
12              supplier = str(row_list[0]).strip()
13              cost = str(row_list[3]).strip('$').replace(',', '')
14              if supplier == 'Supplier Z' or float(cost) > 600.0:
15                  filewriter.writerow(row_list)
```

【运行结果】

```
Supplier Name   Invoice Number  Part Number Cost        Purchase Date
Supplier X      001-1001        5467        $750.00     1/20/2014
Supplier X      001-1001        5467        $750.00     1/20/2014
Supplier Z      920-4803        3321        $615.00     2/3/2014
Supplier Z      920-4804        3321        $615.00     2/10/2014
Supplier Z      920-4805        3321        $615.00     2/17/2014
Supplier Z      920-4806        3321        $615.00     2/24/2014
```

【程序解析】
- 09 行：使用 csv 模块的 next()函数读出输入文件的第一行，赋给名为 header 的列表变量。
- 10 行：将标题写入输出文件。
- 12 行：取出供应商的名称，并赋给 supplier 变量。strip()函数删除字符串两端的空格、制表符和换行符。
- 13 行：取出每行数据中的成本，并赋给名为 cost 的变量。strip('$')从字符中删除美元符号，replace()函数从字符中串删除逗号。
- 14 行：创建了一个 if 语句，筛选出满足条件的行。
- 15 行：使用 filewriter 的 writerow()函数，将满足条件的行写入输出文件。

【示例 4-16】 筛选特定的行。

筛选出所有发票编号开始于"001-"的行。

代码 4-16（ch4-16_ScreenLinesofConditions）：

```
01  import csv
02  import sys
03  import re
04  input_file = 'd:\ch4_demo\supplier_data.csv'
05  output_file = 'd:\ch4-demo\supplier_data3.csv'
06  pattern = re.compile(r'(001-.*)')
07  with open(input_file, 'r', newline='') as csv_in_file:
08      with open(output_file, 'w', newline='') as csv_out_file:
09          filereader = csv.reader(csv_in_file)
10          filewriter = csv.writer(csv_out_file)
11          header = next(filereader)
12          filewriter.writerow(header)
13          for row_list in filereader:
14              invoice_number = row_list[1]
15              if pattern.search(invoice_number):
16                  filewriter.writerow(row_list)
```

【运行结果】

```
Supplier Name   Invoice Number  Part Number  Cost       Purchase Date
Supplier X      001-1001        2341         $500.00    1/20/2014
Supplier X      001-1001        2341         $500.00    1/20/2014
Supplier X      001-1001        5467         $750.00    1/20/2014
Supplier X      001-1001        5467         $750.00    1/20/2014
```

【程序解析】
- 04 行：代码导入正则表达式（re）模块，这样可使用 re 模块中的函数。
- 06 行：代码使用 re 模块的 compile()函数创建一个名 pattern 的正则表达式变量。其中，r 表示将单引号之间的模式当作原始字符串来处理。实际模式为 001-.*。
- 14 行：代码使用列表索引从行中取出发票编号，并赋给变量 invoice_number。
- 15 行：代码使用 re 模块的 search()函数在 invoice_number 的值中寻找模式。

【示例 4-17】 统计文件数及文件中的行列计数。

代码 4-17（ch4-17_CountNumbersofRanks）：

```
01  import csv
02  import glob
03  import os
04  import string
05  import sys
```

```
06    pa="d:\ch4_demo"
07    file_counter = 0
08    for input_file in glob.glob(os.path.join(pa,'sales_*')):
09        row_counter = 1
10            with open(input_file, 'r', newline='') as csv_in_file:
11                filereader = csv.reader(csv_in_file)
12                header = next(filereader)
13                for row in filereader:
14                    row_counter += 1
15        print('{0!s}: \t{1:d} rows \t{2:d} columns'.format(\
16        os.path.basename(input_file), row_counter, len(header)))
17        file_counter += 1
18    print('Number of files: {0:d}'.format(file_counter))
```

【运行结果】

```
sales_february_2014.csv:    7 rows    5 columns
sales_january_2014.csv:     7 rows    5 columns
sales_march_2014.csv:       7 rows    5 columns
Number of files: 3
```

【程序解析】

- 06 行：设定文件路径为 d:\ch4_demo。
- 08 行：对指定路径下前缀为 sales_ 的所有文件进行处理。
- 10 行：打开文件。
- 11 行：取出文件的首行。
- 13 行：对文件的每条记录进行统计记数。
- 15 行：输出每个文件的文件名、记录数、属性数。
- 18 行：输出总文件数。

【示例 4-18】 CSV 文件的数据统计。

对于每个 CSV 文件，需要计算一些统计量。Python 可为多个文件计算某列的总和及平均值。

代码 4-18（ch4-18_ StatisticsFilesofCSV）：

```
01    import csv
02    import glob
03    import os
04    import string
05    import sys
06    input_path = "d:\ch4_demo\csv"
07    output_file ="d:\ch4_demo\csv\output.csv"
08    output_header_list = ['file_name', 'total_sales', 'average_sales']
09    csv_out_file = open(output_file, 'a', newline='')
10    filewriter = csv.writer(csv_out_file)
11    filewriter.writerow(output_header_list)
12    for input_file in glob.glob(os.path.join(input_path,'sales_*')):
13        with open(input_file, 'r', newline='') as csv_in_file:
14            filereader = csv.reader(csv_in_file)
15            output_list = [ ]
16            output_list.append(os.path.basename(input_file))
17            header = next(filereader)
18            total_sales = 0.0
19            number_of_sales = 0.0
20            for row in filereader:
21                sale_amount = row[3]
```

```
22                    total_sales += float(str(sale_amount).strip('$').\
                          replace(',',''))
23                    number_of_sales += 1.0
24                    average_sales = '{0:.2f}'.format(total_sales / \
                          number_of_ sales)
25                    output_list.append(total_sales)
26                    output_list.append(average_sales)
27                    filewriter.writerow(output_list)
28      csv_out_file.close()
```

【运行结果】

```
file_name                     total_sales          average_sales
sales_february_2014.csv       9375                 1562.5
sales_january_2014.csv        8992                 1498.67
sales_march_2014.csv          10139                1689.83
```

【程序解析】

> 08 行：定义了输出文件的列标题。
> 09 行：打开输出文件 d:\demo\csv\output.csv。若此文件不存在，则新建此文件并打开。
> 10 行：创建一个 filewriter 对象。
> 11 行：将标题写入输出文件。
> 12 行：依次从给定路径上以 sales_ 开头的文件列表中取出文件。
> 15 行：创建一个空列表 output_list。
> 16 行：将输入文件的文件名写入列表 output_list。
> 17 行：使用 next() 函数除去每个输入文件的标题行。
> 21 行：使用列表索引取出第 4 列的销售额数据。
> 22 行：将 sale_amount 值转化为 str 型，并利用 strip() 函数除去 $，利用 replace() 函数将逗号去掉。处理后的值再转化为 float 型并添加到 total_sales。
> 24～25 行：将 total_sales、average_sales 的值写入 output_list 列表中去。
> 27 行：将 output_list 作为一行写入 filewriter 中去。

4.3.2 Excel 文件

与 Python 的 csv 模块不同，Python 没有处理 Excel 文件的标准模块，此时需要导入 xlrd 和 xlwt 两个扩展包。

【示例 4-19】 查看工作簿的信息。

代码 4-19（ch4-19_ViewInformationof Workbook）：

```
01   import sys
02   from xlrd import open_workbook
03   input_file = "d:\ch4_demo\excel\sales_2013.xlsx"
04   workbook = open_workbook(input_file)
05   print('Number of worksheets:', workbook.nsheets)
06   for worksheet in workbook.sheets():
07       print("Worksheet name:", worksheet.name, "\tRows:", \
08             worksheet.nrows, "\tColumns:", worksheet.ncols)
```

【运行结果】

```
Number of worksheets: 3
Worksheet name: january_2013  Rows: 7    Columns: 5
Worksheet name: february_2013 Rows: 7    Columns: 5
Worksheet name: march_2013    Rows: 7    Columns: 5
```

【程序解析】

- 02 行：导入 xlrd 模块的 open_workbook()函数来读取和分析 Excel 文件。
- 04 行：打开一个 Excel 文件并赋给 workbook 对象。
- 05 行：输出 Excel 文件的工作表的数目。
- 06~08 行：输出每一个工作表的名称、行数及列数。

【示例 4-20】 筛选满足一定条件的行记录。

利用 Python 筛选出 sale_amount 在$1400 到$1500 之间的记录。

代码 4-20（ch4-20_ScreenRecords）：

```
01  import sys
02  from datetime import date
03  from xlrd import open_workbook, xldate_as_tuple
04  from xlwt import Workbook
05  input_file = "d:\ch4_demo\excel\sales_2013.xlsx"
06  output_file = "d:\ch4_demo\excel\output1.xlsx"
07  output_workbook = Workbook()
08  output_worksheet = output_workbook.add_sheet('jan_2013_output')
09  sale_amount_column_index = 3
10  with open_workbook(input_file) as workbook:
11      worksheet = workbook.sheet_by_name('january_2013')
12      data = []
13      header = worksheet.row_values(0)
14      data.append(header)
15      for row_index in range(1,worksheet.nrows):
16          row_list = []
17          sale_amount = worksheet.cell_value(row_index, sale_amount_\
                column_index)
18          if sale_amount > 1400.0 and sale_amount < 1500.0 :
19              for column_index in range(worksheet.ncols):
20                  cell_value = worksheet.cell_value(row_index,\
                        column_ index)
21                  cell_type = worksheet.cell_type(row_index,\
                        column_ index)
22                  if cell_type == 3:
23                      date_cell = xldate_as_tuple(cell_value,\
                            workbook. datemode)
24                      date_cell = date(*date_cell[0:3]).\
                            strftime ('%m/%d/%Y')
25                      row_list.append(date_cell)
26                  else:
27                      row_list.append(cell_value)
28              if row_list:
29                  data.append(row_list)
30      for list_index, output_list in enumerate(data):
31          for element_index, element in enumerate(output_list):
32              output_worksheet.write(list_index, \
                    element_index, element)
33  output_workbook.save(output_file)
```

【运行结果】

```
Customer ID    Customer Name    Invoice Number  Sale Amount Purchase Date
2345           Mary Harrison    100-0003        1425        01/06/2013
```

【程序解析】

- 07 行：创建一个工作簿。
- 08 行：给工作簿增加一个名为 jan_2013_output 的工作表。
- 10 行：开始处理打开的工作簿。
- 11 行：将打开的工作簿中名为 january_2013 的工作表记为 worksheet。
- 12 行：创建一个空列表 data 用于存放满足条件的行记录。
- 13 行：取出标题行中的值。
- 14 行：将标题行中的值存入 data 列表中。
- 15 行：依次处理工作表中第一条到最后一条记录。
- 17 行：创建了一个变量 sale_amount 来存放行中的销售额。
- 18 行：判定条件。
- 20 行：创建了一个 for 循环，用来处理满足条件的行。先取出单元格的值赋给 cell_value，单元格的格式赋给 cell_type，如果单元格的格式是日期型，就将这个值格式化成日期类型数据，然后添加到 row_list 中去。
- 29 行：将 row_list 列表的值增加到 data 列表中。
- 30~32 行：对 data 中的各列表之间和列表中的各个值之间进行迭代，将这些值写入输出文件。

【示例 4-21】 一组工作表的处理。

当要同时处理一组工作表的数据时，可使用函数 sheet_by_index 或 sheet_by_name 来引用。现要从第一个和第二个工作表中筛选出销售额大于$1900.00 的那些行。

代码 4-21（ch4-21_ProcessWorksheets）：

```
01   import sys
02   from datetime import date
03   from xlrd import open_workbook, xldate_as_tuple
04   from xlwt import Workbook
05   input_file = "d:\ch4_demo\excel\sales_2013.xlsx"
06   output_file = "d:\ch4_demo\excel\output2.xlsx"
07   output_workbook = Workbook()
08   output_worksheet = output_workbook.add_sheet('set_of_worksheets')
09   my_sheets = [0,1]
10   threshold = 1900.0
11   sales_column_index = 3
12   first_worksheet = True
13   with open_workbook(input_file) as workbook:
14       data = []
15       for sheet_index in range(workbook.nsheets):
16           if sheet_index in my_sheets:
17               worksheet = workbook.sheet_by_index(sheet_index)
18               if first_worksheet:
19                   header_row = worksheet.row_values(0)
20                   data.append(header_row)
21                   first_worksheet = False
22               for row_index in range(1,worksheet.nrows):
23                   row_list = []
```

```
24                      sale_amount = worksheet.cell_value(row_index,\
                            sales_column_index)
25                      if sale_amount > threshold:
26                          for column_index in range(worksheet.ncols):
27                              cell_value = worksheet.cell_value(\
                                    row_index, column_index)
28                              cell_type = worksheet.cell_type(\
                                    row_index, column_index)
29                              if cell_type == 3:
30                                  date_cell = xldate_as_tuple(\
                                        cell_value, workbook.datemode)
31                                  date_cell = date(*date_cell[0:3]).\
                                        strftime('%m/%d/%Y')
32                                  row_list.append(date_cell)
33                              else:
34                                  row_list.append(cell_value)
35                      if row_list:
36                          data.append(row_list)
37          for list_index, output_list in enumerate(data):
38              for element_index, element in enumerate(output_list):
39                  output_worksheet.write(list_index, \
                        element_index, element)
40  output_workbook.save(output_file)
```

【运行结果】

```
Customer ID    Customer Name      Invoice Number   Sale Amount  Purchase Date
6789           Samantha Donaldson 100-0007         1995         01/31/2013
7654           Roger Lipney       100-0010         2135         02/15/2013
```

【程序解析】

- 09 行：创建一个列表，表示要处理的工作簿中工作表的索引号。
- 10 行：设定要处理的销售额的值。
- 11 行：表示要处理记录的列索引值。
- 13 行：打开要处理的工作簿文件。
- 15 行：依次从第一张工作表处理到最后一张工作表。
- 16 行：如果需要处理工作表。
- 18 行：如果处理的是第一张工作表，将标题追加到 data 中去。
- 22 行：从第一条记录依次处理到最后一条记录。
- 24 行：对第 4 列销售额进行判别处理。
- 25 行：满足条件的记录先存入 row_list 列表中，对日期型数据还需进行格式处理。
- 36 行：将 row_list 列表的值存入 data 列表中。

【示例 4-22】 多个工作簿的处理。

Python 可为多个工作簿计算工作表级别和工作簿级别的统计量。

代码 4-22（ch4-22_ProcessWorkbooks）：

```
01  import glob
02  import os
03  import sys
04  from datetime import date
05  from xlrd import open_workbook, xldate_as_tuple
06  from xlwt import Workbook
07  input_folder = "d:\ch4_demo\excel"
```

```
08      output_file = "d:\ch4_demo\excel\output3.xlsx"
09      output_workbook = Workbook()
10      output_worksheet = output_workbook.add_sheet('sums_and_averages')
11      all_data = []
12      sales_column_index = 3
13      header = ['workbook', 'worksheet', 'worksheet_total', 'worksheet_\
            average', \
14              'workbook_total', 'workbook_average']
15      all_data.append(header)
16      for input_file in glob.glob(os.path.join(input_folder, '*.xls*')):
17          with open_workbook(input_file) as workbook:
18              list_of_totals = []
19              list_of_numbers = []
20              workbook_output = []
21              for worksheet in workbook.sheets():
22                  total_sales = 0
23                  number_of_sales = 0
24                  worksheet_list = []
25                  worksheet_list.append(os.path.basename(input_file))
26                  worksheet_list.append(worksheet.name)
27                  for row_index in range(1, worksheet.nrows):
28                      try:
29                          total_sales += float(
30                              str(worksheet.cell_value(row_index, \
31                              sales_column_index)).strip('$').replace\
                                (',', ''))
32                          number_of_sales += 1.
33                      except:
34                          total_sales += 0.
35                          number_of_sales += 0.
36                  average_sales = '%.2f' % (total_sales / number_of_sales)
37                  worksheet_list.append(total_sales)
38                  worksheet_list.append(float(average_sales))
39                  list_of_totals.append(total_sales)
40                  list_of_numbers.append(float(number_of_sales))
41                  workbook_output.append(worksheet_list)
42              workbook_total = sum(list_of_totals)
43              workbook_average = sum(list_of_totals) / sum(list_of_\
                    numbers)
44              for list_element in workbook_output:
45                  list_element.append(workbook_total)
46                  list_element.append(workbook_average)
47              all_data.extend(workbook_output)
48      for list_index, output_list in enumerate(all_data):
49          for element_index, element in enumerate(output_list):
50              output_worksheet.write(list_index, \
                    element_index, element)\
51                      output_workbook.save(output_file)
```

【运行结果】

Workbook	worksheet	worksheet_total	worksheet_average	workbook_total	workbook_average
output1.xlsx	jan_2013_output	1425	1425	1425	1425
output2.xlsx	set_of_worksheets	4130	2065	4130	2065
sales_2013.xlsx	january_2013	8992	1498.67	28506	1583.666667
sales_2013.xlsx	february_2013	9375	1562.5	28506	

```
1583.666667
sales_2013.xlsx        march_2013        10139          1689.83          28506
1583.666667
sales_2014.xlsx        january_2014      260221         43370.17         465386
25854.77778
sales_2014.xlsx        february_2014     103656         17276            465386
25854.77778
sales_2014.xlsx        march_2014        101509         16918.17         465386
25854.77778
sales_2015.xlsx        january_2015      3201           533.5            304253
16902.94444
sales_2015.xlsx        february_2015     55007          9167.83          304253
16902.94444
sales_2015.xlsx        march_2015        246045         41007.5          304253
16902.94444
```

【程序解析】

- 07 行：d:\ch4_demo\excel 下有 3 个工作簿。
- 08 行：将统计计算的结果存入 d:\ch4_demo\excel\output3.xlsx 中去。此文件若存在则打开，若不存在则新建此文件。
- 09 行：创建一工作簿 output_workbook。
- 13 行：为统计结果的表头。
- 16 行：使用 Python 内置的 glob 模块和 os 模块创建一个要处理的输入文件列表，并对这个输入文件列表应用 for 循环，对所有要处理的工作簿进行迭代。

4.3.3 数据库

在关系型数据库中，保存信息的表由表间定义好的关系相关联。Python 有内置模块 sqlite3，它可以创建内存数据库及充满数据的表。结构化查询语言 SQL（Structured Query Language）是一组应用广泛的、与数据库进行交互的命令。SQL 的版本很多，但某些确定的操作如 SELECT、JOIN、INSERT 和 UPDATE 对所有版本都是通用的。Python 可以建立数据库以及使用 SQL 从数据库中将数据输送到 Python 代码中以供处理。

【示例 4-23】 创建数据库及表。

代码 4-23（ch4-23_CreateDatabaseandTable）：

```
01    import sqlite3
02    con = sqlite3.connect(':memory:')
03    query = """CREATE TABLE sales(customer VARCHAR(20), \
             product VARCHAR(40),\
04           amount  FLOAT, date DATE);"""
05    con.execute(query)
06    con.commit()
07    data = [('Richard Lucas', 'Notepad', 2.50, '2014-01-02'), \
08            ('Jenny Kim', 'Binder', 4.15,     '2014-01-15'),\
09          ('Svetlana Crow', 'Printer', 155.75, '2014-02-03'),\
10        ('Stephen Randolph',  'Computer', 679.40, '2014-02-20')]
11    statement = "INSERT INTO sales VALUES(?, ?, ?, ?)"
12    con.executemany(statement, data)
13    con.commit()
14    cursor = con.execute("SELECT * FROM sales")
15    rows = cursor.fetchall()
16    row_counter = 0
```

```
17    for row in rows:
18        print(row)
19        row_counter += 1
20    print('Number of rows: {}'.format(row_counter))
```

【运行结果】

```
('Richard Lucas', 'Notepad', 2.5, '2014-01-02')
('Jenny Kim', 'Binder', 4.15, '2014-01-15')
('Svetlana Crow', 'Printer', 155.75, '2014-02-03')
('Stephen Randolph', 'Computer', 679.4, '2014-02-20')
Number of rows: 4
```

【程序解析】

- 01 行：导入 sqlite3 模块，它提供了一个轻量级的基于磁盘的数据库。
- 02 行：创建连接对象 con 来代表数据库。':memory:'表示在内存中创建了一个数据库。
- 05 行：con 创建表 sales。
- 06 行：将表提交到数据库。
- 07~10 行：创建数据列表。
- 11 行：创建了一个字符串并将其赋给变量 statement。其中 "?" 为占位符。
- 12 行：使用连接对象 executemany()方法为 data 中的每个数据元组执行变量 statement 中的 SQL 命令。
- 13 行：再一次使用连接对象的 commit()方法将修改保存到数据库。
- 14 行：使用连接对象的 execute()方法运行一条 SQL 命令，并将命令结果赋给光标对象 cursor。
- 15 行：使用 fetchall()方法取出结果集中的所有行。
- 18 行：输出所有行。

【示例 4-24】 插入数据记录。

代码 4-24（ch4-24_InsertRecord）：

```
01  import csv
02  import sqlite3
03  import sys
04  input_file = "d:\ch4_demo\database\supplier_data.csv"
05  con = sqlite3.connect('d:\ch4_demo\database\suppliers.db')
06  c = con.cursor()
07  create_table = """CREATE TABLE IF NOT EXISTS Suppliers
08              (Supplier_Name VARCHAR(20),
09              Invoice_Number VARCHAR(20),
10              Part_Number VARCHAR(20),
11              Cost FLOAT,
12              Purchase_Date DATE);"""
13  c.execute(create_table)
14  con.commit()
15  file_reader = csv.reader(open(input_file, 'r'), delimiter=',')
16  header = next(file_reader, None)
17  for row in file_reader:
18      data = []
19      for column_index in range(len(header)):
20          data.append(row[column_index])
21      print(data)
22      c.execute("INSERT INTO Suppliers VALUES (?, ?, ?, ?, ?);", data)
23  con.commit()
```

```
24    output = c.execute("SELECT * FROM Suppliers")
25    rows = output.fetchall()
26    for row in rows:
27        output = []
28        for column_index in range(len(row)):
29            output.append(str(row[column_index]))
30        print(output)
```

【程序解析】
- 02 行：导入 sqlite3 模块，用于创建本地数据库和数据表，同时还可以执行 SQL 查询。
- 04 行：将 d:\ch4_demo\database\supplier_data.csv 文件赋给变量 input_file。
- 05 行：创建本地数据库 d:\ch4_demo\database\suppliers.db，创建了连接对象 con 代表数据库。
- 06 行：创建一个数据库光标。
- 07 行：建立一个 SQL 语句用于建立数据表。
- 13~14 行：执行 SQL 语句，并将修改提交给数据库。
- 15 行：使用 csv 模块创建 file_reader 对象，用于读取。
- 16 行：使用 next()函数读取第一行即标题行，赋给 header 变量。
- 17 行：依次读取 file_reader 的每一行。
- 19~20 行：读取每一行，存入 data 列表。
- 22 行：将列表中的值插入数据表中去。
- 26~30 行：将数据表 suppliers 中的所有数据打印出来。

4.4 数据可视化

数据可视化是指将数据以视觉形式来呈现，如图表或地图。通过数据的可视化，可以充分展示数据的相关关系、趋势和相关性及变量与变量的联系。

Python 提供了若干种用于数据可视化绘图的扩展包，包括 matplotlib、pandas、ggplot 和 seaborn。其中 matplotlib 是最基础的扩展包，它为 pandas 和 seaborn 提供了一些基础的绘图概念和语法。

4.4.1 matplotlib 库应用

matplotlib 是一个 Python 的 2D 绘图库，通过 matplotlib，仅通过几行代码，便可以生成绘图，例如直方图、功率谱、条形图、散点图等。当然 matplotlib 也是可以画出 3D 图形的，这时就需要安装更多的扩展模块。matplotlib 通常与 numpy 库和 pandas 库结合起来使用。numpy 是一个 Python 包，它代表"Numeric Python"，是一个由多维数组对象和用于处理数组的例程集合组成的库。pandas 库主要用于数据分析，代码基于 numpy 库。

使用 matplotlib 画图时，首先把需要用到的包导入进来：

```
import numpy as np
import pandas as pd
import matplotlib.pyplot as plt
from pandas import Series,DataFrame
```

下面通过案例来展示画图的基本命令:

```
x = np.linspace(0,2*np.pi,100)      # 设置自变量横轴值,从 0 到 2*pi,均分为 100 份
y = np.sin(x)                        # 因变量取值
plt.plot(x,y,'b*',label='a')         # 'b*'表示蓝色*状线,label 是指标签
plt.plot(x*2,y,'r--',label='b')      # 'r--'表示红色虚线
plt.xlabel('this is x')              # 设置横轴标签"this is x"
plt.ylabel('this is y')              # 设置纵轴标签"this is y"
plt.title('this is title')           # 设置标题"this is title"
plt.legend()                         # 显示上面定义的图例
plt.show()                           # 展示图像
```

这里面有两个图形,位于同一块画布上。

- plt.subplot(2,1,1)   #子图,(2,1,1)代表创建 2×1 的画布,并且定位于画布 1;等效于 plt.subplot(211),即去掉逗号。
- figure,ax = plt.subplots(2,2)   #其中参数分别代表子图的行数和列数,一共有 2×2 个图像。函数返回一个 figure 图像和一个子图 ax 的 array 列表。

```
ax[0][0].plot(x,y)                   #在第一行第一列区域绘图
ax[0][1].plot(x*2,y*2)               #在第一行第二列区域绘图
```

matplotlib 最早是为了可视化癫痫病人的脑皮层电图相关的信号而研发的,因为在函数的设计上参考了 MATLAB,所以叫作 matplotlib。它可以创建常用的统计图,如条形图、箱线图、折线图、散点图和直方图等。

【示例 4-25】   显示条形图。

代码 4-25(ch4-25_DisplayBargraph):

```
01   import matplotlib.pyplot as plt
02   plt.rcParams['font.sans-serif']=['SimHei']       #用来正常显示中文标签
03   plt.rcParams['axes.unicode_minus']=False         #用来正常显示负号
04   month = ['一月', '二月', '三月', '四月', '五月']
05   sale_amounts = [27, 90, 20, 111, 23]
06   month_index = range(len(month))
07   fig = plt.figure()
08   ax1 = fig.add_subplot(1,1,1)
09   ax1.bar(month_index, sale_amounts, align='center', color='darkblue')
10   ax1.xaxis.set_ticks_position('bottom')
11   ax1.yaxis.set_ticks_position('left')
12   plt.xticks(month_index, month, rotation=0, fontsize='small')
13   plt.xlabel('月份')
14   plt.ylabel('销售额')
15   plt.title('每个月的销售额')
16   plt.show()
```

【运行结果】

如图 4-16 所示。

【程序解析】

- 04~05 行:给出要呈现的数据。
- 07 行:创建一个基础图。
- 08 行:添加一个子图。基础图分几个区域,此处表示 1×1 个区域,子图在第一个区域。

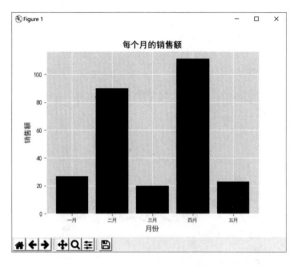

图 4-16 matplotlib 条形图

- 09 行：创建条形图，month_index 设置横坐标，month 设置高度，align 设置对齐方式，color 设置颜色。
- 10～11 行：设置横纵坐标位置。
- 12 行：设置横轴的刻度线，rotation=0 表示刻度标签是水平的。
- 13～15 行：设置 x 轴、y 轴标签和标题。
- 16 行：显示图形。

【示例 4-26】 matplotlib 散点图。

代码 4-26（ch4-26_MatplotlibScatterplot）：

```
01  from numpy.random import randn
02  import matplotlib.pyplot as plt
03  plt.rcParams['font.sans-serif']=['SimHei']      #用来正常显示中文标签
04  plt.rcParams['axes.unicode_minus']=False        #用来正常显示负号
05  plot_data1 = randn(50).cumsum()
06  plot_data2 = randn(50).cumsum()
07  plot_data3 = randn(50).cumsum()
08  plot_data4 = randn(50).cumsum()
09  fig = plt.figure()
10  ax1 = fig.add_subplot(1,1,1)
11  ax1.plot(plot_data1, marker=r'o', color=u'blue', linestyle='-',\
           label='Blue Solid')
12  ax1.plot(plot_data2, marker=r'+', color=u'red', linestyle='--',\
           label='Red Dashed')
13  ax1.plot(plot_data3, marker=r'*', color=u'green', linestyle='-.',\
           label='Green Dash Dot')
14  ax1.plot(plot_data4, marker=r's', color=u'orange', linestyle=':',\
           label='Orange Dotted')
15  ax1.xaxis.set_ticks_position('bottom')
16  ax1.yaxis.set_ticks_position('left')
17  ax1.set_title('各类风格的折线图')
18  plt.xlabel('图形')
19  plt.ylabel('值')
20  plt.legend(loc='best')
21  plt.show()
```

【运行结果】

如图 4-17 所示。

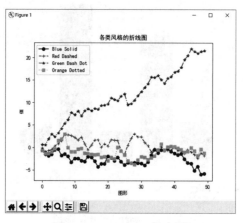

图 4-17 matplotlib 散点图

【程序解析】

> 04 行：产生 4 组随机值。
> 11～14 行：创建各类风格的折线图。
> 20 行：创建图例，loc='best'将图例放到最合适的位置。

4.4.2 pandas 库应用

pandas 是 Python 的一个数据分析包，最初由 AQR Capital Management 于 2008 年 4 月开发，并于 2009 年年底开源。pandas 最初被作为金融数据分析工具而开发出来，因此，pandas 为时间序列分析提供了很好的支持。pandas 通过提供一个可以作用于序列和数据框的函数 plot()，简化了基于序列和数据框中的数据创建图表的过程。plot()函数默认创建折线图，也可以通过参数 kind 创建其他类型的图表。

【示例 4-27】 pandas 图表。

代码 4-27（ch4-27_PandasChart）：

```
01  import pandas as pd
02  import numpy as np
03  import matplotlib.pyplot as plt
04  plt.style.use('ggplot')
05  fig, axes = plt.subplots(nrows=1, ncols=2)
06  ax1, ax2 = axes.ravel()
07  data_frame = pd.DataFrame(np.random.rand(5, 3),
08          index=['C1', 'C2', 'C3', 'C4', 'C5'],
09          columns=pd.Index(['M1', 'M2', 'M3'], name= 'Metrics'))
10  data_frame.plot(kind='bar', ax=ax1, alpha=0.75, title='Bar Plot')
11  plt.setp(ax1.get_xticklabels(), rotation=0, fontsize=10)
12  plt.setp(ax1.get_yticklabels(), rotation=0, fontsize=10)
13  ax1.set_xlabel('Customer')
14  ax1.set_ylabel('Value')
15  ax1.xaxis.set_ticks_position('bottom')
16  ax1.yaxis.set_ticks_position('left')
17  colors = dict(boxes='DarkBlue', whiskers='Gray', medians='Red',\
            caps='Black')
```

```
18    data_frame.plot(kind='box', color=colors, sym='r.', ax=ax2,\
         title='Box Plot')
19    plt.setp(ax2.get_xticklabels(), rotation=0, fontsize=10)
20    plt.setp(ax2.get_yticklabels(), rotation=0, fontsize=10)
21    ax2.set_xlabel('Metric')
22    ax2.set_ylabel('Value')
23    ax2.xaxis.set_ticks_position('bottom')
24    ax2.yaxis.set_ticks_position('right')
25    plt.show()
```

【运行结果】

如图 4-18 所示。

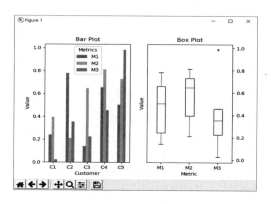

图 4-18　pandas 箱线图

【程序解析】

- 04 行：创建一个基础图及两个并列放置的子图。
- 05 行：利用 ravel()函数分别将两个子图赋给变量 ax1 和 ax2。
- 10 行：利用 pandas 的 plot()函数在左侧子图中创建一个条形图。
- 17 行：为箱线图单独创建了一个颜色字典。
- 18 行：使用颜色变量为箱线图各部分着色。

4.4.3　seaborn 应用

seaborn 是一种基于 matplotlib 的图形可视化库。它提供了一种高度交互式界面，便于用户能够做出各种有吸引力的统计图表。seaborn 可以创建标准统计图，包括直方图、密度图、条形图、箱线图和散点图等，它可以对成对变量之间的相关线、线性与非线性回归模型以及统计估计的不确定性进行可视化表现。

【示例 4-28】　seaborn 图表。

代码 4-28（ch4-28_SeabornChart）：

```
01    import seaborn as sns
02    import numpy as np
03    import pandas as pd
04    import matplotlib.pyplot as plt
05    x = np.linspace(0, 2, 100)
06    plt.plot(x, x, label='linear')
07    plt.plot(x, x**2, label='quadratic')
08    plt.plot(x, x**3, label='cubic')
```

```
09    plt.xlabel('x label')
10    plt.ylabel('y label')
11    plt.title("Simple Plot")
12    plt.legend(loc="best")
13    plt.show()
```

【运行结果】

如图 4-19 所示。

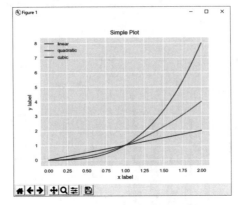

图 4-19　seaborn 曲线图

【程序解析】

- 05 行：x 取值是从 0 到 2，分为 100 等分。
- 06 行：作 $y = x$ 曲线。
- 07 行：作 $y = x^2$ 曲线。
- 08 行：作 $y = x^3$ 曲线。
- 09 行：设定 x 轴标签为'x label'。
- 10 行：设定 y 轴标签为'y label'。
- 11 行：设定标题为 Simple Plot。
- 12 行：图例放到最合适的位置。

4.5　图像处理

图像数据处理技术是利用将图像信号转换成数字信号、图像数据去噪、图形分割、图像数据增强等手段根据需求对图像数据进行处理的技术。数字图像处理技术主要包括如下内容：几何处理、图像增强、图像复原、图像重建、图像编码、图像识别、图像理解。

4.5.1　数字图像处理技术

数字图像处理技术主要涉及以下几个方面：

- 图像变换。由于图像阵列很大，直接在空间域中进行处理，涉及的计算量很大。因此，往往采用各种图像变换的方法，如傅里叶变换、沃尔什变换、离散余弦变换等间接处理技术，将空间域的处理转换为变换域处理，不仅可减少计算量，而且可获得更有效的处理(如傅里叶变换可在频域中进行数字滤波处理)。
- 图像编码压缩。图像编码压缩技术可减少描述图像的数据量(即比特数),以便节省图像传输、处理时间和减少所占用的存储器容量。
- 图像增强和复原图像。增强和复原的目的是为了提高图像的质量,如去除噪声、提高图像的清晰度等。图像增强不考虑图像降质的原因,突出图像中所感兴趣的部分。如强化图像高频分量,可使图像中物体轮廓清晰,细节明显;如强化低频分量,可减少图像中噪声影响。图像复原要求对图像降质的原因有一定的了解,一般讲应根据降质过程建立"降质模型",再采用某种滤波方法,恢复或重建原来的图像。
- 图像分割。图像分割是数字图像处理中的关键技术之一。图像分割是将图像中有意义的特征部分提取出来,其有意义的特征有图像中的边缘、区域等,这是进一步进行图像识别、分析和理解的基础。
- 图像描述。图像描述是图像识别和理解的必要前提。作为最简单的二值图像可采用其几何特性描述物体的特性,一般图像的描述方法采用二维形状描述,它有边界描述和区域描述两类方法。对于特殊的纹理图像可采用二维纹理特征描述。随着图像处理研究的深入发展,已经开始进行三维物体描述的研究,提出了体积描述、表面描述、广义圆柱体描述等方法。
- 图像分类(识别)。图像分类(识别)属于模式识别的范畴,其主要内容是图像经过某些预处理(增强、复原、压缩)后,进行图像分割和特征提取,从而进行判决分类。

4.5.2 图像格式的转化

在数字图像处理中,针对不同的图像格式有其特定的处理算法。所以,在做图像处理之前,需要考虑是基于哪种格式的图像进行算法设计及其实现。通过 Python 中的图像处理库 PIL 可实现不同图像格式的转换。

对于彩色图像,不管其图像格式是 PNG,还是 BMP,或者 JPG,在 PIL 中,使用 Image 模块的 open()函数打开后,返回的图像对象的模式都是"RGB"。而对于灰度图像,不管其图像格式是 PNG,还是 BMP,或者 JPG,打开后,其模式为"L"。

对于 PNG、BMP 和 JPG 彩色图像格式之间的互相转换都可以通过 Image 模块的 open()和 save()函数来完成。具体说就是,在打开这些图像时,PIL 会将它们解码为三通道的"RGB"图像。用户可以基于这个"RGB"图像,通过 Image 模块的 convert()函数,对不同模式图像之间的格式进行转换。处理完毕,使用函数 save(),可以将处理结果保存成 PNG、BMP 和 JPG 中的任何格式。这样也就完成了几种格式之间的转换。同理,其他格式的彩色图像也可以通过这种方式完成转换。PIL 中有九种不同模式,分别为:1,L,P,RGB,RGBA,CMYK,YCbCr,I,F。

- 模式"1"为二值图像,非黑即白。但是它每个像素用 8 个 bit 表示,0 表示黑,255 表示白。

【示例 4-29】 将模式为"RGB"的图像转换为模式"1"图像。

代码 4-29(ch4-29_ImageTransformationofPattern1):

```
01   from PIL import Image
02   lena =Image.open("D:\ch4_demo\scene.jpg")
03   lena.show()
04   print(lena.mode)
```

```
05    print(lena.getpixel((0,0)))
06    lena_1 = lena.convert("1")
07    print(lena_1.mode)
08    print(lena_1.size)
09    print(lena_1.getpixel((0,0)))
10    print(lena_1.getpixel((10,10)))
11    lena_1.show()
```

【运行结果】

```
RGB
(34, 86, 188)
1
(1200, 800)
0
255
255
0
```

【程序解析】

> 06 行：将图像转化为二值图像，如图 4-20 所示。

图 4-20　二值图像

- 模式"L"为灰色图像，它的每个像素用 8 个 bit 表示，0 表示黑，255 表示白，其他数字表示不同的灰度。在 PIL 中，从模式"RGB"转换为"L"模式是按照下面的公式转换的：

    L = R×299/1000 + G×587/1000+ B×114/1000

- 模式"P"为 8 位彩色图像，它的每个像素用 8 个 bit 表示，其对应的彩色值是按照调色板查询出来的。
- 模式"RGBA"为 32 位彩色图像，它的每个像素用 32 个 bit 表示，其中 24bit 表示红色、绿色和蓝色三个通道，另外 8bit 表示 Alpha 通道，即透明通道。
- 模式"CMYK"为 32 位彩色图像，它的每个像素用 32 个 bit 表示。模式"CMYK"就是印刷四分色模式，它是彩色印刷时采用的一种套色模式。
- 模式"YCbCr"为 24 位彩色图像，它的每个像素用 24 个 bit 表示。其中，Y 是指亮度分量，Cb 是指蓝色色度分量，而 Cr 是指红色色度分量。模式"RGB"转换为"YCbCr"的近似公式如下：

    Y= 0.257×R+0.564×G+0.098×B+16

$Cb = -0.148×R-0.291×G+0.439×B+128$

$Cr = 0.439×R-0.368×G-0.071×B+128$

- 模式"I"为32位整型灰色图像，它的每个像素用32个bit表示，0表示黑，255表示白，(0,255)之间的数字表示不同的灰度。在PIL中，从模式"RGB"转换为"I"模式是按照下面的公式转换的：

$I=R×299/1000 +G×587/1000 +B×114/1000$

【示例4-30】 将模式为"RGB"的图像转换为模式"I"图像。

代码4-30（ch4-30_ImageTransformationofPatternL）：

```
01    from PIL import Image
02    lena =Image.open("D:\ch4_demo\scene.jpg")
03    lena.show()
04    print(lena.mode)
05    print(lena.getpixel((0,0)))
06    lena_i = lena.convert("I")
07    print(lena_i.mode)
08    print(lena_i.size)
09    print(lena_i.getpixel((0,0)))
10    lena_i.show()
```

【运行结果】

```
RGB
(34, 86, 188)
I
(1200, 800)
82
```

【程序解析】

> 06行：将图像转化为灰色图像，如图4-21所示。

图4-21 灰色图像

4.5.3 Python图像处理

在D盘下存一张图像D:\ch4_demo\scene.jpg，如图4-22所示。

图 4-22 scene.jpg 图

【示例 4-31】 加载图像及分离各通道的图像。

代码 4-31（ch4-31_SeparationChannelofImage）：

```
01  import numpy as np
02  import matplotlib.pylab as plt
03  im = plt.imread("d:\ch4_demo\scene.jpg")
04  print(im.shape)
05  fig, axs = plt.subplots(nrows=1, ncols=3, figsize=(15,15))
06  for c, ax in zip(range(3), axs):
07      tmp_im = np.zeros(im.shape)
08      tmp_im[:,:,c] = im[:,:,c]
09      one_channel = im[:,:,c].flatten()
10  print("channel", c, " max = ", max(one_channel), "min = ", \
11          min(one_channel),\ax.imshow(tmp_im))
12  ax.set_axis_off()
13  plt.show()
```

【运行结果】

如图 4-23 所示。

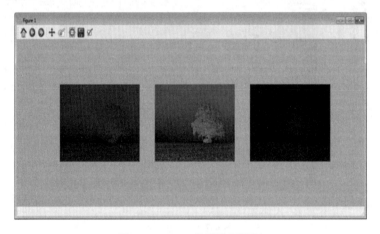

图 4-23 scene 各颜色通道图

【程序解析】

- 03 行：加载图像。
- 04 行：输出图像尺寸。
- 05 行：将一张图分为 1×3 个子图，axs 为各子图对象构成的列表。

- ➢ 06 行：使用 zip 来同时循环 3 通道和 3 个子图对象 figsize 为显示窗口的横纵比。
- ➢ 07 行：初始化一个和原图像大小相同的三维数组。
- ➢ 09 行：索引该通道并展平至一维，输出该通道最大和最小的像素值。
- ➢ 10 行：在子图上绘制。
- ➢ 12 行：去掉子图坐标轴。

【示例 4-32】 提取出某个矩形大小的图像。

代码 4-32（ch4-32_ExtractSizeofImage）：

```
01  from pylab import *
02  im=Image.open("d:\\ch4_demo\scene.jpg")
03  im.show()
04  box=(500,500,700,700)
05  region=im.crop(box)
06  region.show()
07  region=region.transpose(Image.ROTATE_180)
08  region.show()
09  im.paste(region,box)
10  im.show()
```

【运行结果】

如图 4-24 所示。

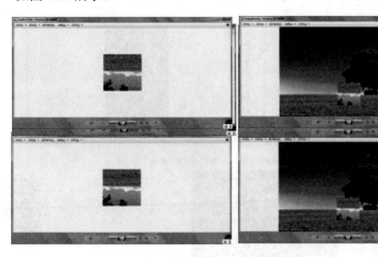

图 4-24 scene 提取图

【程序解析】

- ➢ 03 行：打开图像。
- ➢ 04 行：显示图像。
- ➢ 06 行：取子图。
- ➢ 08 行：旋转子图。
- ➢ 10 行：粘贴子图。

【示例 4-33】 图像的旋转。

代码 4-33（ch4-33_TranferofImage）：

```
01  from PIL import Image
02  from pylab import *
03  im=Image.open("d:\\ch4_demo\scene.jpg")
```

```
04    out = im.resize((128, 128))
05    out.show()
06    out = im.rotate(45)
07    out.show()
08    out = im.transpose(Image.FLIP_LEFT_RIGHT)
09    out.show()
10    out = im.transpose(Image.FLIP_TOP_BOTTOM)
11    out.show()
12    out = im.transpose(Image.ROTATE_90)
13    out.show()
```

【运行结果】

如图 4-25 所示。

图 4-25　scene 旋转图

【程序解析】

- 03 行：打开图像。
- 04 行：改变大小。
- 06 行：旋转 45°。
- 08 行：左右对换。
- 10 行：上下对换。
- 12 行：旋转 90°。

【示例 4-34】 图像的灰化。

代码 4-34（ch4-34_CinerationofImage）：

```
01  from PIL import Image
02  from pylab import *
03  im=Image.open("d:\\ch4_demo\scene.jpg")
04  im.show()
05  #from PIL import Image
06  #from pylab import *
07  im = array(Image.open("d:\\ch4_demo\scene.jpg").convert('L'))
08  im2 = 255 - im
09  im3 = (100.0/255) * im + 100
10  im4 = 255.0 * (im/255.0)**2
11  subplot(221)
12  title('f(x) = x')
13  gray()
14  imshow(im)
15  subplot(222)
16  title('f(x) = 255 - x')
17  gray()
18  imshow(im2)
19  subplot(223)
20  title('f(x) = (100/255)*x + 100')
21  gray()
22  imshow(im3)
23  subplot(224)
24  title('f(x) =255 *(x/255)^2')
25  gray()
26  imshow(im4)
27  print(int(im.min()),int(im.max()))
28  print(int(im2.min()),int(im2.max()))
29  print(int(im3.min()),int(im3.max()))
30  print(int(im4.min()),int(im4.max()))
31  show()
```

【运行结果】

如图 4-26 所示。

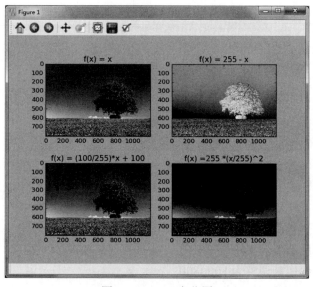

图 4-26　scene 灰化图

【程序解析】
- 07 行：读取图片，灰度化，并转为数组。
- 08 行：对图像进行反相处理。
- 09 行：将图像像素值变换到（100，200）区间。
- 11 行：对图像像素值求平方后得到的图像，显示结果使用第一个，显示原灰度图。
- 15 行：显示结果使用第二个，显示反相图。
- 19 行：显示结果使用第三个，显示 100-200 图。
- 24 行：显示结果使用第四个，显示二次函数变换图。

【示例 4-35】 图像像素的调整。

代码 4-35（ch4-35_AdjustPixelofImage）：

```
01    from PIL import Image
02    im=Image.open("d:\\ch4_demo\scene.jpg")
03    im.show()
04    w,h=im.size
05    print(w)
06    print(h)
07    out = im.resize((800,800),Image.ANTIALIAS)
08    out.show()
09    w1,h1=out.size
10    print(w1)
11    print(h1)
```

【运行结果】

调整前像素：

1200

800

调整后像素：

800

800

如图 4-27 所示。

图 4-27 像素调整后的图像

【程序解析】
- 04 行：获取原图像的大小。
- 07 行：将图像像素调整为 800×800。
- 09 行：获取调整后图像的大小。

第 5 章 机器学习及其典型算法应用

机器学习（Machine Learning，ML）是实现人工智能的一种方法，通过从数据中获取有用的信息（知识）从而使机器具有一定的智能，它是一门研究在非特定编程条件下让计算机采取行动的学科。近二十年，机器学习在数据分析、产品检验、网络搜索、语音识别、计算机视觉、医学等众多领域得到广泛应用。

5.1 机器学习简介

5.1.1 基本含义

机器学习是人工智能的一个重要分支与核心研究内容，是目前实现人工智能的一条重要途径。它专门研究机器怎样模拟或实现人类的学习行为，以获取新的知识或技能，并且能重新组织已有的知识结构使之不断改善自身的性能。这里的"机器"是指包含硬件和软件的计算机系统。机器学习的应用已遍及人工智能的各个分支，如专家系统、自动推理、自然语言理解、模式识别、计算机视觉、智能机器人等领域。从技术实现的角度看，机器学习就是通过算法与模型设计，使机器从已有数据（训练数据集）中自动分析、习得规律（模型与参数），再利用规律对未知数据进行预测。不同的算法与模型的预测准确率、运算量不同。

机器学习最基本的思路就是使用算法来解析训练数据（模型训练），从中学习到特征（得到模型），然后使用得到的模型对真实世界中的事物、事件做出分类、决策或预测。与传统的为解决特定任务、硬编码的软件程序不同，机器学习是用大量的数据来"训练"，通过各种算法从数据中学习如何完成任务。以垃圾邮件检测为例，任务是根据邮箱中的邮件，识别哪些是垃圾邮件，哪些是正常邮件。垃圾邮件的检测需要指定一些规则，例如，事先指定一些可能为垃圾邮件的链接，若邮箱中再出现该链接，该邮件很有可能就是垃圾邮件。随着规则数增多，垃圾邮件检测系统也变得更为复杂，所以需要计算机能够自动地从数据的某些特征中学习到更准确的垃圾邮件检测规则。

5.1.2 应用场景

机器学习处理的数据主要有结构化数据和非结构化数据。结构化数据是用二维表结构来逻辑表达和实现的数据，严格地遵循数据格式与长度规范，主要通过关系型数据库进行存储和管理，例如企业 ERP、财务系统、医疗 HIS 数据库、教育一卡通、政府行政审批和其他核心数据库等。非结构化数据是数据结构不规则或不完整，没有预定义的数据模型，不方便用数据库二维逻辑表来表现的数据，例如文本、语音、图像和视频等类型。不同类型的数据有不同的应用场景。

1. 文本数据

文本数据也可称为字符型数据，如英文字母、汉字、不作为数值使用的数字（以单引号开头）和其他可输入的字符。超文本是文本数据的另一种形式，包含标题、作者、超链接、摘要和内容等信息。文本数据的应用场景包含垃圾邮件检测、信用卡欺诈检测和电子商务决策等领域。

- 垃圾邮件检测：根据邮箱中的邮件，识别哪些是垃圾邮件，哪些不是垃圾邮件，可以用来归类垃圾邮件和非垃圾邮件。
- 信用卡欺诈检测：根据用户一个月内的信用卡交易，识别哪些交易是该用户操作的，哪些不是该用户操作的，可以用来找到欺诈交易。
- 电子商务决策：根据一个用户的购物记录和冗长的收藏清单，识别出哪些是该用户真正感兴趣并且愿意购买的产品，可以为客户提供建议并鼓励该用户进行产品消费。

2. 语音数据

语音数据是指通过语音来记录的数据以及通过语音来传输的信息，也可称为声音文件。语音数据的应用场景包含语音识别、语音合成、语音交互、机器翻译、声纹识别等领域。

- 语音识别：让机器通过识别和理解过程把语音信号转变为相应的文本或命令的技术，例如从一个用户的话语确定用户提出的具体要求，可以自动填充用户需求。
- 语音合成：通过机械的、电子的方法产生人造语音的技术，例如从外部输入的文字信息转变为可以听得懂的、流利的汉语口语输出。
- 语音交互：基于语音输入的新一代交互模式，通过说话就可以得到反馈结果，典型的应用场景是语音助手，例如 iPhone 推出的 Siri。
- 机器翻译：又称为自动翻译，是利用计算机将一种自然语言（源语言）转换为另一种自然语言（目标语言）的过程，例如有道词典等翻译软件。
- 声纹识别：把声信号转换成电信号，再用计算机进行识别，也称为说话人识别。声纹识别有说话人辨认和说话人确认两类。不同的任务和应用会使用不同的声纹识别技术，如缩小刑侦范围时可能需要辨认技术，而银行交易时则需要确认技术。

3. 图像数据

图像识别是机器学习领域非常核心的一个研究方向。图像识别的应用场景包含文字识别、指纹识别、人脸识别和形状识别等领域。

- 文字识别：利用计算机自动识别字符的技术，是模式识别应用的一个重要领域，一般包括文字信息的采集、信息的分析与处理、信息的分类判别等几个部分。
- 指纹识别：通过比较不同指纹的细节特征点来进行鉴别，涉及图像处理、模式识别、计算机视觉、数学形态学、小波分析等众多学科。
- 人脸识别：基于人的脸部特征信息进行身份识别的一种生物识别技术。人脸识别是用摄像机或摄像头采集含有人脸的图像，并自动在图像中检测和跟踪人脸，进而对检测到的人脸进行脸部识别的一系列相关技术，通常也叫作人像识别、面部识别。例如根据相册中的众多数码照片，识别出哪些包含某一个人的照片。这样的决策模型可以自动地根据人脸管理照片。

- 形状识别：模式识别的重要方向，广泛应用于图像分析、机器视觉和目标识别等领域。例如根据用户在触摸屏幕上的手绘和一个已知的形状资料库，判断用户想描绘的形状。这样的决策模型可以显示该形状的理想版本，用以绘制清晰的图像。

4．视频数据

视频可以看作是特定场景下连续的图像（每秒钟几十幅），视频比图像数据维度更高、信息量更多、处理难度更大。视频应用场景包含智能监控和计算机视觉等领域。

- 智能监控：将视频转换成图像的处理，首先要提取视频中的运动物体，然后再对提取的运动物体进行跟踪，涉及监控视频的去模糊、去雾、夜视增强、视频浓缩等步骤。
- 计算机视觉：利用摄像机和计算机模仿人类视觉（眼睛与大脑）实现对目标的分割、分类、识别、跟踪、判别、决策等功能的人工智能技术。它的研究目标是使计算机具有通过二维图像认知三维环境信息的能力，即在基本图像处理的基础上，进一步进行图像识别、图像（视频）理解和场景重构。

5.1.3 机器学习类型

机器学习从不同的视角可以划分为不同的类型。从学习形式的视角，机器学习可以划分为监督学习（Supervised Learning）、无监督学习（Unsupervised Learning）、半监督学习（Semi-supervised Learning）和强化学习（Reinforcement Learning）等；从学习任务的视角，机器学习可以分为分类（Classification）、回归（Regression）、聚类（Clustering）、降维（Dimensionality reduction）和异常检测（Anomaly detection）等。如表 5-1 所示给出了不同视角下的机器学习类型划分方法。

表 5-1 机器学习的类型划分

划 分 视 角	机器学习的类型
学习形式	有监督学习（Supervised Learning）
	无监督学习（Unsupervised Learning）
	半监督学习（Semi-supervised Learning）
	强化学习（Reinforcement Learning）
	……
学习任务	分类（Classification）
	回归（Regression）
	聚类（Clustering）
	降维（Dimensionality reduction）
	异常检测（Anomaly detection）
	……

监督学习是机器学习中一种最常用的学习方法，其训练样本中同时包含有特征和标签信息。监督学习在现实中的主要应用有分类问题（详见 5.2 节）和回归问题（详见 5.3 节）。分类问题的标签是离散的值，例如垃圾邮件检测系统中的标签为{1, 0}；回归问题的标签是连续的值，例如利用股票的历史价格来预测未来的股票价格。有监督学习模型（Supervised Learning Model）的一般建立流程如图 5-1 所示。训练环节是从训练样本中提取出训练样本的特征向量和标签，将其用于机器学习算法后得到预测模型；测试环节是将从测试样本提取到

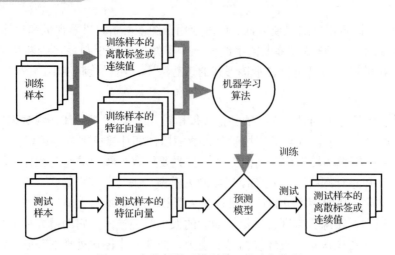

图 5-1　有监督学习模型的一般建立流程

的特征向量输入到预测模型上进行测试，最终得到测试样本离散的标签或连续的值，并且可以根据需要统计出相关的准确率。

无监督学习中的样本没有对应的标签或目标值，在现实生活中的应用有聚类（Clustering，详见 5.4 节）等问题。比如某公司需要对客户分群，但是事先不知道总共有几种客户类型，更不知道每个客户是属于哪个类型的。但是，机器学习可以根据客户资料将一些属性相似的客户分成一群，更好地为公司服务。另外，无监督学习还包括密度估计问题（Density Estimation），比如标注犯罪比较多的地区；还有异常检测（Anomaly Detection）问题，比如发现信用卡交易过程中的异常情况。对于有监督学习来说，最后的结果能使预测值越贴近目标标签或目标值越好；但是对于无监督学习来说，就没有那么明确的判断标准了。相较于有监督学习，无监督学习模型（Unsupervised Learning Model）的训练集事先不知道其类别或者目标值。无监督学习模型的一般建立流程如图 5-2 所示。

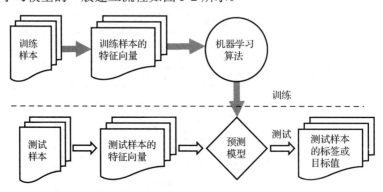

图 5-2　无监督学习模型的一般建立流程

半监督学习是有监督学习和无监督学习的综合，从部分有标签或目标值的训练数据进行训练，主要考虑如何利用少量的标记样本和大量的未标记样本进行训练和测试的问题。如果取得特征输入比较容易，但取得所有标签或目标值很难或代价很大，那么可以采取半监督学习的方式。半监督学习训练中使用的数据，只有一小部分是标记过的，而大部分是没有标记的。因此，与有监督学习相比，半监督学习的成本较低，但是又能达到较高的准确度，可应用于得到一个数据的标注非常困难的任务。比如说对于医院的检查结果，医生也需要一段时间来判断健康与否，可能只有几组数据知道是健康还是非健康，其他的数据不知道是不是健康。半监督学习在无类标签的样例的帮助下训练少量有类标签的样本得到分类器，此分类器比只用有类标签的少量样本训练得到的分类器的性能更优，弥补有类标签样本不足的缺陷。

强化学习的输出标签不是直接的对或者不对，而是一种奖惩机制，通过观察来学习动作的完成，每个动作都会对环境有所影响，学习对象根据观察到的周围环境的反馈来做出判断，可以通过某种方法知道某个结果是离正确答案越来越近还是越来越远（即奖惩函数）。在这种学习模式下，输入数据作为对模型的反馈，不像监督模型那样，输入数据仅仅是作为一个检查模型对错的方式，在强化学习下，输入数据直接反馈到模型，模型必须对此立刻做出调整。以一个游戏为例，A 玩家事先藏好一个东西，当 B 玩家离这个东西越来越近时 A 就说"近"，越来越远时 A 会说"远"，近或者远就是一个奖惩函数。在有监督学习中，能直接得到每个输入对应的输出，而在强化学习中，训练一段时间后可以得到一个延迟的反馈，并且提示某个结果是离答案越来越远还是越来越近。

有监督学习和无监督学习是使用较多的、比较基础易懂的两种机器学习方法，本章后续内容将着重介绍这两种机器学习方法。

5.1.4 相关术语

机器学习处理的对象是数据。数据集（data set）是一组具有相似结构的数据样本的合集，将经验（数据）转化为最终的"模型"（model）的算法称为"学习算法"（learning algorithm，即从数据中产生模型）；示例（instance）是对某个对象的描述，也叫样本（sample）；属性（attribute）是对象的某方面表现或特征，也叫特征（feature）；属性值（attribute value）是属性上的取值；维数（dimensionality）是描述样本属性参数的个数。以计算机判断西瓜是好瓜还是坏瓜为例说明数据集、示例（样本）、属性（或特征）和属性值四个术语，如图 5-3 所示。

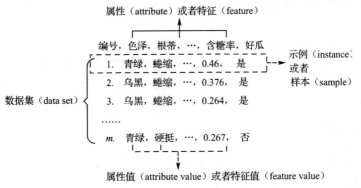

图 5-3 机器学习术语示意图

通过执行某个机器学习算法，从数据中习得模型的过程称为"学习"（learning）或"训练"（training），训练过程使用的数据称为"训练数据"（training data），其中每个样本称为一个"训练样本"（training sample），训练样本组成的集合称为"训练集"（training set）。使用训练得到的模型对验证集数据进行预测，为选出效果最佳的模型，常用来调整模型参数的样本称为"验证样本"，验证样本组成的集合称为"验证集"（validation set）。得到模型后，使用模型进行预测的过程称为"测试"（testing），被预测的样本称为"测试样本"（testing sample），测试样本组成的集合称为"测试集"（testing set），可使用测试集进行模型性能评价。学得的模型适用于新样本的能力,称为"泛化"(generalization)能力。

分类算法的性能一般用精确度(Precision)、准确率(Accuracy)和召回率(Recall)来评价。假设原始样本中有两类数据,其中:总共有 P 个类别为 1 的样本,有 N 个类别为 0 的样本;经过分类后,有 TP 个类别为 1 的样本被系统正确判定为类别 1,FP 个类别为 0 的样本被系统错误判定为类别 1;有 FN 个类别为 1 的样本被系统错误判定为类别 0,有 TN 个类别为 0 的样本被系统正确判定为类别 0。如表 5-2 所示。

表 5-2　TP、FP、FN、TN 的关系

类别		实际的类别	
		1	0
预测的类别	1	TP	FP
	0	FN	TN

$$\text{Precision} = \frac{TP}{TP + FP} \quad (5\text{-}1)$$

$$\text{Accuracy} = \frac{TP + TN}{P + N} = \frac{TP + TN}{TP + FN + FP + TN} \quad (5\text{-}2)$$

$$\text{Recall} = \frac{TP}{TP + FN} \quad (5\text{-}3)$$

精确度(Precision)[式(5-1)]反映了被分类器判定的类别 1 中真正的类别 1 样本的比重;准确率(Accuracy)[式(5-2)]反映了分类器对整个样本的判定能力,能将类别 1 的判定为类别 1,类别 0 的判定为类别 0;召回率(Recall)[式(5-3)]反映了被正确判定类别 1 占总的类别 1 的比重。

5.1.5　scikit-learn 平台

scikit-learn 是一个面向机器学习的 Python 开源平台,它可以在一定范围内为开发者提供非常好的帮助,其内部实现了多种成熟的算法,安装容易、使用简单、样例丰富,而且教程和文档也非常详细。如图 5-4 所示基本概括了 scikit-learn 中传统机器学习领域 Classification(分类)、Clustering(聚类)、Regression(回归)、Dimensionality Reduction(降维)的大多数理论与相关算法选择路径。

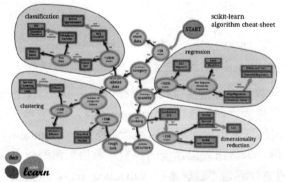

原版图片来源:http://scikit-learn.org/stable/tutorial/machine_learning_map/index.html

图 5-4　scikit-learn 算法选择路径图

scikit-learn 的安装需要 Python、numpy、scipy、matplotlib（可选）等语言或包的支持，其中，Python 是一种面向对象的解释型计算机程序设计语言，Ubuntu 中自带 Python 2.7；numpy 可用来存储和处理大型矩阵；scipy 是一款方便、易于使用、专为科学和工程设计的 Python 工具包。scikit-learn 的安装需要建立在 numpy、scipy、matplotlib（可选）安装成功的基础上，其安装方法可参考 http://scikit-learn.org/stable/install.html。此处仅列出 Ubuntu 操作系统下的安装步骤：

- 检查计算机是否联网（不建议使用无线网）。
- 通过按下 Ctrl+Alt+T 组合键打开 Ubuntu 终端，步骤如图 5-5 所示。

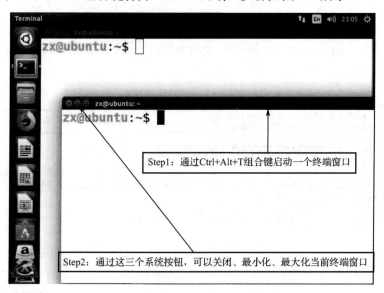

图 5-5　终端窗口的启动与控制

- 在终端输入"sudo apt-get install python-pip"并按回车键安装 pip，步骤如图 5-6 所示。

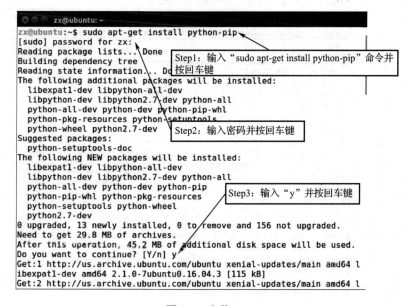

图 5-6　安装 pip

- 在终端输入"python -m pip install --user numpy"并按回车键安装 numpy，步骤如图 5-7 所示。

图 5-7 安装 numpy

- 在终端输入"python -m pip install --user scipy"并按回车键安装 scipy，步骤如图 5-8 所示。

图 5-8 安装 scipy

- 安装 matplotlib。首先通过命令"pip install --upgrade pip"更新 pip，然后通过命令"python -m pip install --user numpy"安装 matplotlib，尝试验证 matplotlib 是否安装成功，发现缺少包，所以再通过命令"sudo apt-get install python-tk"安装 python-tk，其步骤如图 5-9 所示。

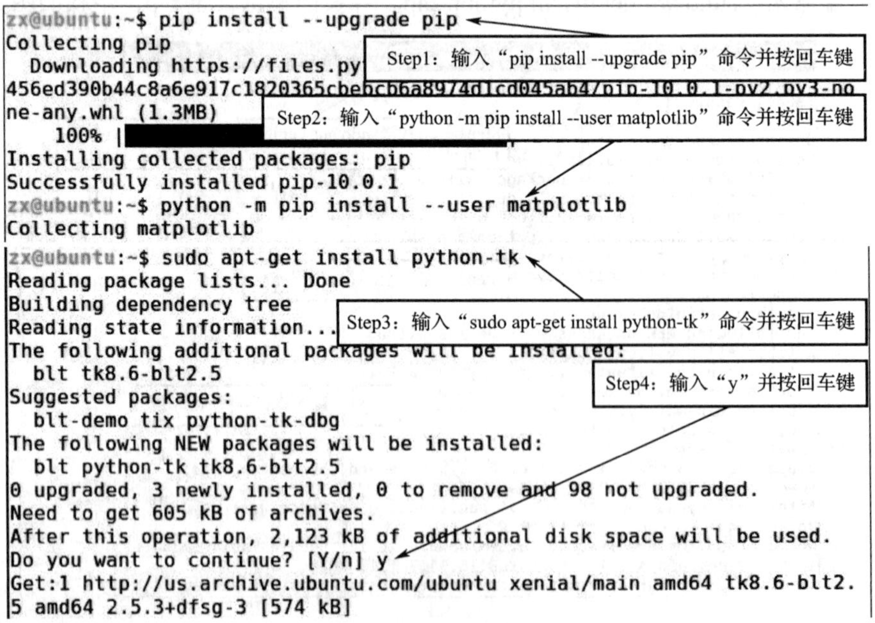

图 5-9 安装 matplotlib

- 在终端输入"python -m pip install --user scikit-learn"并按回车键安装 scikit-learn，步骤如图 5-10 所示。

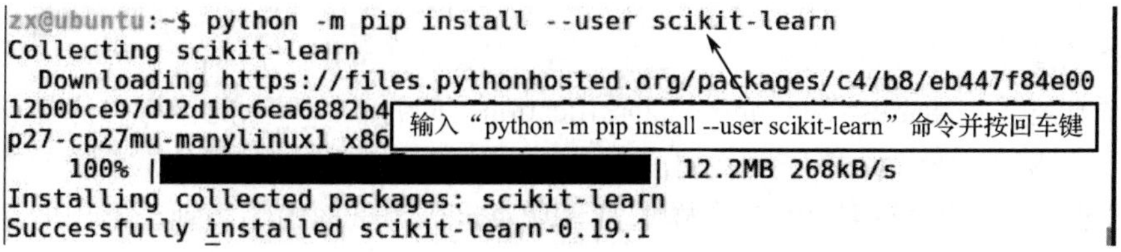

图 5-10 安装 scikit-learn

安装完成后，可按照如图 5-11 所示的步骤来验证 numpy、scipy、matplotlib 和 scikit-learn 是否安装成功，具体验证步骤如下：

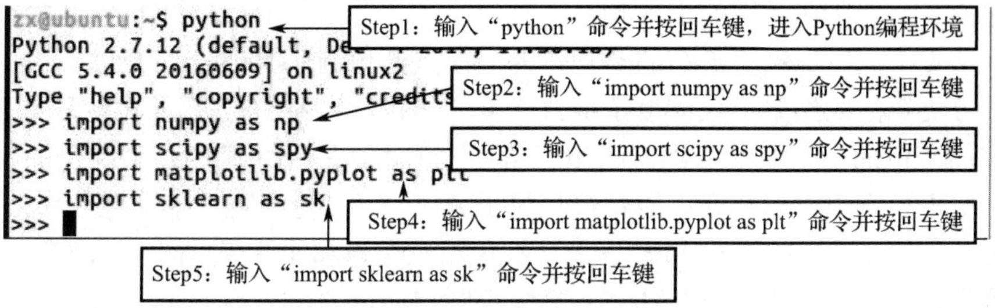

图 5-11 验证是否安装成功

- 在终端输入命令"python"并按回车键进入 Python 环境。
- 分别输入 4 条命令"import numpy as np""import scipy as spy""import matplotlib.pyplot as plt""import sklearn as sk"，如果每一条命令都不出现错误提示，则表示安装成功。

5.2 分类任务

5.2.1 分类的含义

分类（Classification）是指在已有数据的基础上学会一个分类函数或构造出一个分类模型，即分类器（Classifier），该函数或模型能够把测试的数据映射到某个给定的类别，从而可以应用于预测数据的离散值。样本可以是两个类别或更多个类别，分类的目标是从已经标记的数据中学习如何预测未标记数据的类别，视为有监督学习的一个离散形式。分类的简化步骤为：

- 数据的分割——首先将数据分为训练集和测试集两组，训练集用来训练模型，测试集用来检验训练好的模型能否正确分类，正确率有多少。
- 训练——根据已知的训练数据集寻找模型参数，最终得到训练好的模型。
- 测试——在测试集数据上计算训练得到的模型的准确率，挑选出符合要求的模型。
- 应用——完成数据的分割、训练和测试以后，模型已训练好，可用以对未知数据的标记进行预测。

5.2.2 分类主要算法

1. K近邻分类算法

K近邻分类（K-Nearest-Neighbors Classification，KNNC）算法的核心思想是寻找所有训练样本中与某测试样本"距离"最近的前 k 个样本，前 k 个样本大部分属于哪一类，该测试样本就属于哪一类，即最相似的 k 个样本投票来决定该测试样本的类别。常用的距离度量是多维空间的欧式距离。其算法描述如下：

- 计算已知类别数据集中的点与当前点之间的距离；
- 按照距离递增次序排序；
- 选取与当前点距离最小的 k 个点；
- 确定前 k 个点所在类别的出现频率；
- 返回前 k 个点出现频率最高的类别作为当前点的预测分类。

K近邻分类算法的结果很大程度上取决于 k 的选择，如图5-12所示，有两类不同的样本数据，分别用蓝色的小正方形和红色的小三角形表示，而图正中间的那个绿色的圆表示待分类的数据，即不知道中间那个绿色的数据从属于哪一类（蓝色小正方形或红色小三角形）。如果 $k=3$，离绿色圆点最近的3个邻居是2个红色小三角形和1个蓝色小正方形，则判定绿色圆点属于红色的三角形一类；如果 $k=5$，离绿色圆点最近的5个邻居是2个红色三角形和3个蓝色的正方形，则判定绿色圆点属于蓝色的正方形一类。

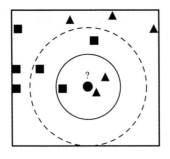

图5-12 K近邻分类算法示意图

K近邻算法中 k 值的选择、距离度量和分类决策规则是该算法的三个基本要素。

- K 值的选择对算法的结果会产生影响。k 值较小意味着只有与输入样本较近的训练样本才会对预测结果起作用，但容易发生过拟合；k 值较大意味着与输入样本较远的训练样本也会对预测起作用，使预测发生错误。
- 通过计算样本间距离来作为各个样本之间的非相似性指标，距离一般使用欧氏距离或曼哈顿距离，如式（5-4）和式（5-5）所示。在度量之前，可将每个属性的值规范化。

欧式距离：$d(x,y) = \sqrt{\sum_{k=1}^{n}(x_k - y_k)^2}$ （5-4）

曼哈顿距离：$d(x,y) = \sqrt{\sum_{k=1}^{n}|x_k - y_k|}$ （5-5）

- KNNC算法中的分类决策规则一般是多数表决，即由输入样本的前 k 个最近临的训练样本中的多数类决定输入样本的类别。

2. 决策树分类算法

决策树分类（Decision Tree Classification，DTC）算法一般是自上而下地生成决策树，每个属性都有不同的属性值，根据不同的属性值划分可得到不同的结果。决策树是一种树形结构，其中每个内部节点表示一个属性上的条件判断，每个分支代表一个条件输出，每个叶节点代表一种类别。例如，表 5-3 是顾客购买计算机的训练集，年龄、收入、是不是学生和信用等级是属性，类别标签是会不会购买计算机，其对应的决策树如图 5-13 所示。决策树的典型算法有 ID3、C4.5、CART 等。

表 5-3 顾客购买计算机记录

编号	年龄	收入	学生	信用等级	类别：购买计算机
1	≤30	高	否	一般	不会购买
2	≤30	高	否	良好	不会购买
3	31～40	高	否	一般	会购买
4	>40	中等	否	一般	会购买
5	>40	低	是	一般	会购买
6	>40	低	是	良好	不会购买
7	31～40	低	是	良好	会购买
8	≤30	中等	否	一般	不会购买
9	≤30	低	是	一般	会购买
10	>40	中等	是	一般	会购买
11	≤30	中等	是	良好	会购买
12	31～40	中等	否	良好	会购买
13	31～40	高	是	一般	会购买
14	>40	中等	否	良好	不会购买

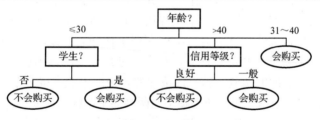

图 5-13 "是否购买"决策树

决策树的实现原理：将原始数据基于最优划分属性来划分数据集，ID3 算法中最优属性是信息增益最大的属性，因为信息增益越大，区分样本的能力就越强，越具有代表性，第一次划分之后，可以采用递归原则处理数据集。递归结束的条件是：程序遍历完所有划分数据集的属性，或者每个分支下的所有样本都具有相同的分类。

创建决策树进行分类的流程如下：
- 创建数据集；
- 计算数据集中所有属性的信息增益；
- 选择信息增益最大的属性为最好的分类属性；
- 根据上一步得到的分类属性分割数据集，并将该属性从列表中移除；

- 返回第三步递归，不断分割数据集，直到分类结束；
- 使用决策树执行分类，返回分类结果。

3．贝叶斯分类算法

贝叶斯分类（Beyes Classification，BC）算法是一类利用概率统计知识进行分类的算法。设每个数据样本用一个 n 维特征向量 $X=\{x_1, x_2, \cdots, x_n\}$ 来描述 n 个属性的值，C_1、C_2、$\cdots$ C_m 表示 m 个类。给定一个没有类标号的未知数据样本 X，朴素贝叶斯分类基于"给定目标值时属性之间相互条件独立"的假定，其核心思想是选择具有最高概率的决策，将未知的样本 X 分配给类 C_i，则满足式（5-6）：

$$P(C_i|X) > P(C_j|X) \quad 1 \leq j \leq m, j \neq i \tag{5-6}$$

其中 $P(C_i|X)$ 表示在 X 发生的情况下 C_i 发生的可能性，可理解成 X 属于 C_i 的概率。根据贝叶斯定理可得到式（5-7）：

$$P(C_i|X) = \frac{P(X|C_i)P(C_i)}{P(X)} \tag{5-7}$$

由于 $P(X)$ 为常数，后验概率 $P(C_i|X)$ 可转化为先验概率 $P(X|C_i)P(C_i)$ 来计算，先验概率可以从训练数据集中求得。对一个未知类别的样本 X，可以先分别计算出 X 属于每一个类别 C_i 的概率 $P(X|C_i)P(C_i)$，然后选择其中概率最大的类别标签作为 X 的类别。朴素贝叶斯算法成立的前提是各属性之间互相独立，当数据集满足这种独立性假设时，分类的准确度较高，否则可能较低。

以二分类问题举例，贝叶斯分类中需要比较概率 $P(C_1|X)$ 和 $P(C_2|X)$，如果 $P(C_1|X)>P(C_2|X)$，数据点属于类别 C_1；如果 $P(C_2|X)>P(C_1|X)$，数据点属于类别 C_2。

4．支持向量机分类算法

支持向量机分类（Support Vector Machine Classification，SVMC）中的"支持向量（Support Vector）"是指训练样本数据集中最靠近分类决策面的某些训练点；"机（Machine）"是机器学习领域对一些算法的统称，常把算法看作一个机器，或者学习函数。

支持向量机的主要思想是：建立一个最优决策超平面，使得该平面两侧距离该平面最近的两类样本之间的距离最大化，从而对分类问题提供良好的泛化能力。对于一个多维的样本集，系统随机产生一个超平面并不断移动，对样本进行分类，直到训练样本中属于不同类别的样本点正好位于该超平面的两侧，满足该条件的超平面可能有很多个，SVM 在保证分类精度的同时，寻找到这样一个超平面，使得超平面两侧的空白区域最大化，从而实现对线性可分样本的最优分类。SVMC 属于有监督学习方法，主要针对小样本数据进行学习、分类和预测。

5．神经网络

人工神经网络（Artificial Neural Network，ANN）是 20 世纪 80 年代以来人工智能领域兴起的研究热点。人工神经网络是机器学习的一个庞大分支，由于其本身良好的鲁棒性、自组织自适应性、并行处理、分布存储和高度容错等特性，非常适合解决机器学习的问题。但是，神经网络方法具有"黑箱"性的主要缺点，即人们难以理解网络的学习和决策过程。例如，当一张猫的图像放入神经网络，预测结果有可能显示它是一辆汽车，这样的结果人们无法理解和解释，而对于很多领域来说可解释性非常重要。比如，很多银行因为需要向客户解释为什么没有获得贷款，一般不使用神经网络来预测一个人是否有信誉。深度学习算法是对人工神经网络的发展，其动机在于建立、模拟人脑进行分析学习的神经网络，它模仿人脑的机制来解释数据。目前深度神经网络已经应用于计算机视觉、自然语言处理、语音识别等领域并取得很好的效果。

人工神经网络的研究工作已经在模式识别、智能机器人、自动控制、预测估计、生物、医学、经济等领域成功地解决了许多现代计算机难以解决的实际问题，表现出了良好的智能特性。第 6 章将介绍神经网络及其基础算法应用，第 7 章将介绍深度学习及其典型算法应用。

5.2.3 分类任务示例

1．K 近邻分类示例

K 近邻分类算法过程可以直接调用 scikit-learn 平台（本章使用 0.19.1 版本）的方法。scikit-learn 实现了两种不同的最近邻分类器：KNeighborsClassifier 基于每个查询点的 k 个最近邻实现，其中 k 是用户指定的整数值；RadiusNeighborsClassifier 基于每个查询点的固定半径 r 内的邻居数量实现，其中 r 是用户指定的浮点数值。

KNeighborsClassifier 在 scikit-learn 的 sklearn.neighbors 包中。KNeighborsClassifier 的使用主要有以下三步：

- 创建 KNeighborsClassifier 对象；
- 调用 fit()函数；
- 调用 predict()函数进行预测。

【示例 5-1】 使用 scikit-learn 中的 KNeighborsClassifier 函数进行分类。

代码 5-1（ch5_1_KNeighborsClassifier.py）：

```
01   # coding=utf-8
02   from sklearn.neighbors import KNeighborsClassifier
03   X = [[0], [1], [2], [3],[4], [5], [6], [7], [8]]   #9 个 1 维的数据
04   y = [0, 0, 0, 1, 1, 1, 2, 2, 2]                    #9 个数据对应的类标号
05   neigh = KNeighborsClassifier(n_neighbors=3)        #3 近邻
06   neigh.fit(X, y)                                    #X 为训练数据，y 为目标值训练模型
07   print(neigh.predict([[1.1]]))                      #预测提供数据的类别
08   print(neigh.predict([[1.6]]))
09   print(neigh.predict([[5.2]]))
10   print(neigh.predict([[5.8]]))
11   print(neigh.predict([[6.2]]))
```

【运行结果】

```
[0]
[0]
[1]
[2]
[2]
```

如果数据是不均匀采样的，那么 RadiusNeighborsClassifier 中的基于半径的近邻分类可能是更好的选择，用户指定一个固定半径 r，使得稀疏邻居中的点使用较少的最近邻来分类。对于高维参数空间，这个方法会因为"维度惩罚"而变得不那么有效。基本的最近邻分类使用统一的权重 weights='uniform'，在某些环境下，可以通过 weights 关键字来实现对邻居进行加权，使得近邻更有利于拟合，例如 weights='distance'分配的权重与查询点的距离成反比。或者用户可以自定义一个距离函数用来计算权重。

【示例 5-2】 使用 scikit-learn 中的 KNeighborsClassifier 函数对平台提供的 iris 数据集分类。scikit-learn 提供了一些标准数据集，例如用于分类的 iris、digits 数据集和波士顿房价回

归数据集，此处用到了 iris 数据集。

代码 5-2（ch5_2_plot_classification.py）：

```
01  from sklearn.datasets import load_iris
02  iris = load_iris()
03  from sklearn.model_selection import train_test_split
04  X_train, X_test, y_train, y_test = train_test_split(\
05      iris.data, iris.target, test_size=0.25, random_state=33)
06  from sklearn.preprocessing import StandardScaler
07  from sklearn.neighbors import KNeighborsClassifier
08  ss = StandardScaler()
09  X_train = ss.fit_transform(X_train)
10  X_test = ss.transform(X_test)
11  knc = KNeighborsClassifier()
12  knc.fit(X_train, y_train)
13  y_predict = knc.predict(X_test)
14  print 'The accuracy of K-Nearest Neighbor Classifier is',\
15      knc.score(X_test, y_test)
16  from sklearn.metrics import classification_report
17  print classification_report(y_test, y_predict, \
18                   target_names=iris.target_names)
```

【运行结果】

```
The accuracy of K-Nearest Neighbor Classifier is 0.894736842105
             precision    recall   f1-score   support

     setosa       1.00      1.00       1.00         8
 versicolor       0.73      1.00       0.85        11
  virginica       1.00      0.79       0.88        19

avg / total       0.92      0.89       0.90        38
```

【程序解析】

> 01 行：从 sklearn.datasets 导入 iris 数据加载器。
> 02 行：使用加载器读取数据并且存入变量 iris。
> 03 行：从 sklearn.model_selection 里导入 train_test_split 用于数据分割。
> 04～05 行：使用 train_test_split，利用随机种子，random_state 采样 25%的数据作为测试集。
> 06 行：从 sklearn.preprocessing 里选择导入数据标准化模块。
> 07 行：从 sklearn.neighbors 里导入 KNeighborsClassifier，即 K 近邻分类器。
> 08～10 行：对训练和测试的特征数据进行标准化。
> 11～13 行：使用 K 近邻分类器对测试数据进行类别预测，预测结果储存在变量 y_predict 中。
> 14～18 行：输出预测模型的性能评价。

2. 决策树分类示例

决策树算法过程可以直接调用 scikit-learn 的方法。DecisionTreeClassifier 是能够在数据集上执行多分类的类，与其他分类器一样，DecisionTreeClassifier 采用输入两个数组：数组 X，用[n_samples,n_features]的方式来存放训练样本；整数值数组 Y，用[n_samples]来保存训练样本的类标签。

【示例 5-3】 用 scikit-learn 中的 DecisionTreeClassifier 函数进行分类。

代码 5-3（ch5_3_DecisionTreeClassifier.py）：

第5章 机器学习及其典型算法应用

```
01    # coding=utf-8
02    from itertools import product
03    import numpy as np
04    import matplotlib.pyplot as plt
05    from sklearn import datasets
06    from sklearn.tree import DecisionTreeClassifier
07    iris = datasets.load_iris()                          #使用自带的iris数据
08    X = iris.data[:, [0, 2]]
09    y = iris.target
10    clf = DecisionTreeClassifier(max_depth=4)            #训练,限制树的最大深度4
11    clf.fit(X, y)                                        # 拟合模型
12    x_min, x_max = X[:, 0].min() - 1, X[:, 0].max() + 1  # 画图
13    y_min, y_max = X[:, 1].min() - 1, X[:, 1].max() + 1
14    xx, yy = np.meshgrid(np.arange(x_min, x_max, 0.1), \
15                                  np.arange(y_min, y_max, 0.1))
16    Z = clf.predict(np.c_[xx.ravel(), yy.ravel()])
17    Z = Z.reshape(xx.shape)
18    plt.contourf(xx, yy, Z, alpha=0.4)
19    plt.scatter(X[:, 0], X[:, 1], c=y, alpha=0.8)
20    plt.show()
```

【运行结果】

如图 5-14 所示。

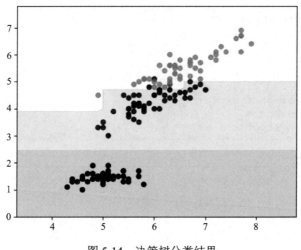

图 5-14 决策树分类结果

【程序解析】

➢ 02~06 行:导入 product、numpy、matplotlib.pyplot、datasets 和 DecisionTreeClassifier。

➢ 07 行:用 load_digits()载入 scikit-learn 自带的 iris 数据集。

➢ 08~09 行:X 只取 iris 数据集的前两列,y 为 iris 的类标号。

➢ 10~11 行:拟合模型,并限定决策树的深度为 4。

➢ 12~20 行:画图。

3. 贝叶斯分类示例

【示例 5-4】 用 scikit-learn 中的 naive_bayes 进行分类。

代码 5-4(ch5_4_Bayes.py):

```
01    from sklearn import datasets
02    iris = datasets.load_iris()
```

```
03  from sklearn import naive_bayes
04  gnb = naive_bayes.GaussianNB()
05  gnb.fit(iris.data, iris.target)
06  y_pred = gnb.predict(iris.data)
07  print("Number of mislabeled points out of a total %d points : %d"\
08        % (iris.data.shape[0],(iris.target != y_pred).sum()))
```

【运行结果】

```
Number of mislabeled points out of a total 150 points : 6
```

【程序解析】

- 01 行：导入数据集。
- 02 行：用 load_digits() 载入 scikit-learn 自带的 iris 数据集。
- 03 行：导入朴素贝叶斯包。
- 04~06 行：调用高斯朴素贝叶斯，并拟合模型，将拟合的模型用于原数据预测。
- 07~08 行：输出数据集中 150 个点预测错误的个数。

4. 支持向量机分类示例

【示例 5-5】 用 scikit-learn 中的 svm 进行分类。

代码 5-5（ch5_5_SVC.py）：

```
01  from sklearn import svm
02  X = [[0, 0], [1, 1]]
03  y = [0, 1]
04  clf = svm.SVC()
05  clf.fit(X, y)
06  print clf.predict([[2., 2.]])
07  print clf.support_vectors_
08  print clf.support_
09  print clf.n_support_
```

【运行结果】

```
[1]
[[ 0. 0.]
 [ 1. 1.]]
[0 1]
[1 1]
```

【程序解析】

- 01 行：导入支持向量机包。
- 02~03 行：定义训练样本 X、类别标签 y。
- 04~05 行：调用支持向量机分类器，并拟合模型，将得到的模型用于新数据的预测。
- 06 行：输出新数据的预测值。
- 07 行：输出支持向量。
- 08 行：输出支持向量的索引。
- 09 行：为每一个类别获得支持向量的数量。

5.3 回归任务

5.3.1 回归的含义

回归（Regression）是指在已有数据的基础上学会一个回归函数或构造出一个回归模型，该函数或模型能够把测试的数据映射到某个给定的值，从而可以应用于预测连续的数据。回归属于有监督学习的机器学习。回归的一般步骤与 5.2.1 小节分类的步骤类似，与分类不同的是，回归模型应用于预测连续的数据。

5.3.2 回归主要算法

1．K 近邻回归算法

K 近邻回归（K-Nearest-Neighbors Regression，KNNR）算法通过找出某个样本的 k 个最近邻邻居，将这些邻居的预测属性的平均值赋给该样本，得到该样本的预测值。KNNR 的一个改进算法是将不同距离的邻居对该样本产生的影响给予不同的权值（weight），如权值与距离成反比。

2．决策树回归算法

回归树与分类树的思路类似，但叶节点的数据类型不是离散型，而是连续型。对分类树算法稍做修改就可以处理回归任务：属性值是连续分布的，依旧可以划分群落，每个群落内部是相似的连续分布，群落之间分布不同。预测的某个数据的目标值是"一团"数据的均值。回归树适用场景要具备"物以类聚"的特点，利用回归树可以将复杂的训练数据划分成一个个相对集中的群落，群落上可以再利用别的机器学习模型进行再学习。

3．支持向量回归算法

支持向量分类的方法可以被扩展用作解决回归问题，这个方法被称作支持向量回归（Support Vector Regression，SVR）。支持向量回归根据有限的样本信息在模型的复杂性（即对特定训练样本的学习精度）和学习能力（即无错误地识别任意样本的能力）之间寻求最佳折中，其模型的建立只依赖于训练集的子集（即支持向量）。

4．其他回归算法

神经网络也可用于解决回归问题，例如 scikit-learn 平台中的 MLPRegressor 类实现了一个多层感知器，使用平方误差作为损失函数，输出是一组连续值。深度学习可以解决复杂模式下多层神经网络的回归任务。

5.3.3 回归任务示例

1．K 近邻回归示例

K 近邻回归是用在数据标签为连续变量而不是离散变量的情况下。分配给查询点的标签是由该点的最近邻标签的均值计算而来的。scikit-learn 实现了两种不同的最近邻回归：KNeighborsRegressor 基于每个查询点的 k 个最近邻实现，其中 k 是用户指定的整数值；

RadiusNeighborsRegressor 基于每个查询点的固定半径 r 内的邻居数量实现，其中 r 是用户指定的浮点数值。在某些环境下，可以增加附近点的权重，使得附近点对于回归所做出的贡献多于远处点，可通过 weights 关键字来实现，默认 weights='uniform'为所有点分配同等权重。

【示例 5-6】 使用 scikit-learn 中的 KNeighborsRegressor 函数对随机数据进行回归。

代码 5-6（ch5_6_KNeighborsRegressor.py）：

```
01  print(__doc__)
02  # Author: Alexandre Gramfort <alexandre.gramfort@inria.fr>
03  #         abian Pedregosa <fabian.pedregosa@inria.fr>
04  # License: BSD 3 clause (C) INRIA
05  # Generate sample data
06  import numpy as np
07  import matplotlib.pyplot as plt
08  from sklearn import neighbors
09  np.random.seed(0)
10  X = np.sort(5 * np.random.rand(40, 1), axis=0)
11  T = np.linspace(0, 5, 500)[:, np.newaxis]
12  y = np.sin(X).ravel()
13  # Add noise to targets
14  y[::5] += 1 * (0.5 - np.random.rand(8))
15  # Fit regression model
16  n_neighbors = 5
17  for i, weights in enumerate(['uniform', 'distance']):
18      knn = neighbors.KNeighborsRegressor(n_neighbors, weights=weights)
19      y_ = knn.fit(X, y).predict(T)
20      plt.subplot(2, 1, i + 1)
21      plt.scatter(X, y, c='k', label='data')
22      plt.plot(T, y_, c='g', label='prediction')
23      plt.axis('tight')
24      plt.legend()
25      plt.title("KNeighborsRegressor (k = %i, weights = '%s')"\
26                % (n_neighbors,weights))
27  plt.show()
```

【运行结果】

如图 5-15 所示。

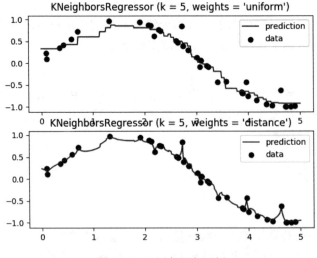

图 5-15 K 近邻回归示例

【程序解析】

- 06~08 行：导入 numpy、matplotlib.pyplot 和 neighbors。
- 09~12 行：随机产生样本数据，包含训练集和测试集。
- 14 行：数据中增加噪声。
- 16~27 行：拟合模型，并将得到的模型用于数据 T 的预测。其中，16 行指定近邻个数，17 行指定了循环中用 "uniform" 和 "distance" 两种求距离方式来计算 K 近邻，18 行调用 KNeighborsRegressor，19 行训练并预测，21~26 行制定画图的样式。

2. 决策树回归示例

【示例 5-7】 用 scikit-learn 中的 DecisionTreeRegressor 进行回归。

代码 5-7（ch5_7_DecisionTreeRegressor.py）：

```
01  print(__doc__)
02  # Import the necessary modules and libraries
03  import numpy as np
04  from sklearn.tree import DecisionTreeRegressor
05  import matplotlib.pyplot as plt
06  # Create a random dataset
07  rng = np.random.RandomState(1)
08  X = np.sort(5 * rng.rand(80, 1), axis=0)
09  y = np.sin(X).ravel()
10  y[::5] += 3 * (0.5 - rng.rand(16))
11  # Fit regression model
12  regr_1 = DecisionTreeRegressor(max_depth=2)
13  regr_2 = DecisionTreeRegressor(max_depth=5)
14  regr_1.fit(X, y)
15  regr_2.fit(X, y)
16  # Predict
17  X_test = np.arange(0.0, 5.0, 0.01)[:, np.newaxis]
18  y_1 = regr_1.predict(X_test)
19  y_2 = regr_2.predict(X_test)
20  # Plot the results
21  plt.figure()
22  plt.scatter(X, y, s=20, edgecolor="black",c="darkorange", label="data")
23  plt.plot(X_test, y_1, linestyle='--', label="max_depth=2", linewidth= 2)
24  plt.plot(X_test, y_2, linestyle='-', label="max_depth=5", linewidth=2)
25  plt.xlabel("data")
26  plt.ylabel("target")
37  plt.title("Decision Tree Regression")
28  plt.legend()
29  plt.show()
```

【运行结果】

如图 5-16 所示。

【程序解析】

- 03~05 行：导入必要的模块和库，即 numpy、matplotlib.pyplot 和 DecisionTreeRegressor。
- 07~10 行：生成随机数据集，X 为属性，y 为目标值。
- 12~15 行：拟合回归模型，其中决策树的深度分别设为 2 和 5。
- 17~19 行：分别用深度为 2 和 5 的决策树对 0~5 之间步长为 0.01 的数据进行预测。
- 21~29 行：画出图形。其中，22 行画散点图，23~24 行画两棵决策树的预测值，25~26 行设置 X、Y 轴标签，27 行设置标题，28~29 行显示图例。最终结果如图 5-16 所示。

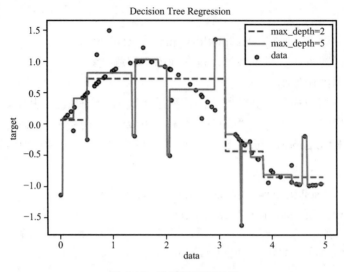

图 5-16　决策树回归示例

3. 支持向量回归示例

【示例 5-8】　用 scikit-learn 中的 SVR 进行回归。

代码 5-8（ch5_8_SVR.py）：

```
01  import numpy as np
02  from sklearn.svm import SVR
03  import matplotlib.pyplot as plt
04  X = np.sort(5 * np.random.rand(40, 1), axis=0)
05  y = np.sin(X).ravel()
06  y[::5] += 3 * (0.5 - np.random.rand(8))
07  svr_rbf1 = SVR(kernel='rbf', C=100, gamma=0.1)
08  y_rbf1 = svr_rbf1.fit(X, y).predict(X)
09  lw = 2
10  plt.scatter(X, y, color='darkorange', label='data')
11  plt.plot(X, y_rbf1, linestyle='-', lw=lw, label='RBF gamma=1.0')
12  plt.xlabel('data')
13  plt.ylabel('target')
14  plt.title('Support Vector Regression')
15  plt.legend()
16  plt.show()
```

【运行结果】

如图 5-17 所示。

【程序解析】

➢ 01～03 行：导入必要的模块和库，即 numpy、matplotlib.pyplot 和 SVR。

➢ 04～05 行：生成随机数据集。其中，4 行产生 40 组数据，每组一个数据，axis=0；5 行中 np.sin()输出的是列，ravel()转换成行，与 X 对应。

➢ 06 行：在目标值 y 中添加噪声。

➢ 07～08 行：拟合回归模型并预测。其中，7 行设定参数，8 行拟合训练数据并预测。分别用深度为 2 和 5 的决策树对 0～5 之间步长为 0.01 的数据进行预测。

➢ 09～16 行：画出图形。其中，9 行设定线的宽度，10 行画散点图，11 行画预测值，12～13 行设置 X、Y 轴标签，27 行设置标题，15～16 行显示图例。最终结果如图 5-17 所示。

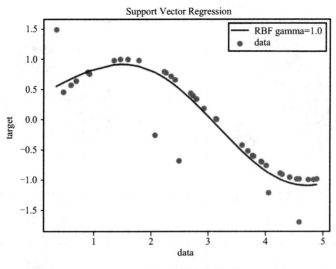

图 5-17　支持向量回归示例

5.4 聚类任务

5.4.1 聚类的含义

聚类（Clustering）需要从没有标签的一组输入向量中寻找数据的模型和规律，在数据中发现彼此类似的样本所聚成的簇。聚类任务中数据没有标签，即不知道输入数据对应的输出结果是什么，属于无监督的机器学习。

5.4.2 聚类主要算法

K 均值聚类（K-means Clustering）的目的是找到每个样本潜在的类别，并将同类别的样本放在一起构成簇，要求簇内点相互距离比较近，簇间距离比较远。K 均值聚类算法的目标是将样本聚类成 k 个簇（cluster）。一般步骤如下：

- 随机在图中取 k（假设 k=3）个种子点；
- 然后对图中的所有点求到这 k 个种子点的距离，假如点 P_i 离种子点 S_i 最近，那么 P_i 属于 S_i 点群；
- 移动种子点到所属"点群"的中心；
- 重复第 2 和第 3 步，直到种子点没有移动。

以图 5-18 为例来说明 K 均值聚类算法的过程。首先，随机初始化 3 个中心点（红、绿、蓝代表 3 个类别），所有的数据点默认全部标记为红色，如图 5-18（a）所示；然后，计算所有点到 3 个中心点的距离，每个数据点更改为最近中心点的类别并着上相应颜色，重新计算 3 个中心点，结果如图 5-18（b）所示；从图 5-18（b）可以看到，由于初始的中心点是随机选的，这样得出来的结果并不是很好，图 5-18（c）是相同步骤迭代的结果；从图 5-18（c）可以看到大致的聚类形状已经出来了；再经过两次迭代之后最终结果如图 5-18（d）所示。

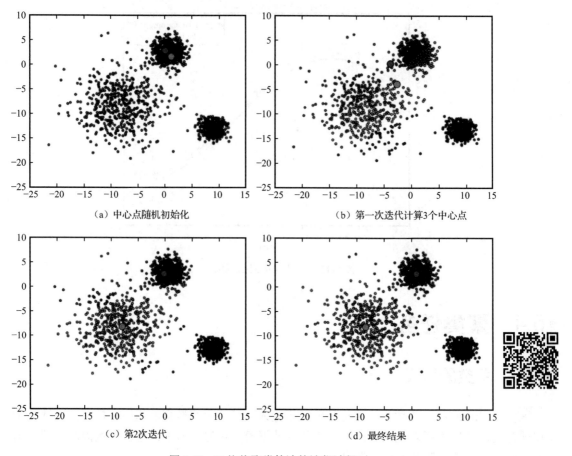

图 5-18 K 均值聚类算法的迭代过程

由于 K 均值聚类算法的初始点是随机选择的，因此可能会收敛到局部最优解，例如选用如图 5-19（a）所示的 3 个初始中心点，最终会收敛到如图 5-19（b）所示的结果。

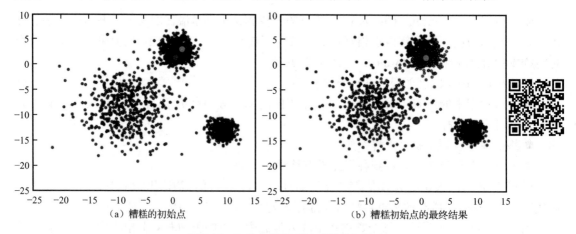

图 5-19 K 均值聚类算法糟糕的初始点

5.4.3 聚类任务示例

【示例 5-9】 使用 scikit-learn 中的 Kmeans()函数对随机的二维数据进行聚类，用颜色标记的聚类结果如图 5-20 所示。首先，随机生成二维聚类数据，接着生成聚类标签，最后显示聚类结果，完整代码如代码 5-9 所示。

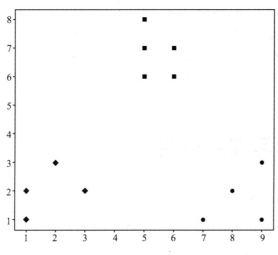

图 5-20 聚类结果示意图

代码 5-9（ch5_9_KMeans.py）：

```
01    # coding=utf-8
02    import numpy as np
03    x1 = np.array([1, 2, 3, 1, 5, 6, 5, 5, 6, 7, 8, 9, 9])
04    x2 = np.array([1, 3, 2, 2, 8, 6, 7, 6, 7, 1, 2, 1, 3])
05    x = np.array(list(zip(x1, x2))).reshape(len(x1), 2)
06    print x
07    from sklearn.cluster import KMeans
08    kmeans=KMeans(n_clusters=3)
09    kmeans.fit(x)
10    print kmeans.labels_
11    import matplotlib.pyplot as plt
12    plt.figure(figsize=(8,10))
13    colors = ['b', 'g', 'r']
14    markers = ['o', 's', 'D']
15    for i,l in enumerate(kmeans.labels_):
16      plt.plot(x1[i],x2[i],color=colors[l],marker=markers[l],ls= 'None')
17    plt.show()
```

【运行结果】

```
[[1 1]
 [2 3]
 [3 2]
 [1 2]
 [5 8]
 [6 6]
 [5 7]
 [5 6]
 [6 7]
```

```
[7 1]
[8 2]
[9 1]
[9 3]]
[1 1 1 1 0 0 0 0 2 2 2 2]
```

【程序解析】

- ➢ 01～06 行：将自定义的 2 个一维数组转换为 1 个二维数组。
- ➢ 07～10 行：导入包并生成聚类模型，输出聚类标签，指定聚类个数为 3。
- ➢ 11～12 行：用 figsize 设置图片大小。
- ➢ 13～17 行：将不同类的元素绘制成不同的颜色和标记。其中，13 行指定 3 个类别中点的颜色，14 行指定 3 个类别中点的形状，15～17 行绘制图片。最终结果如图 5-20 所示。

5.5 机器学习应用实例

5.5.1 手写数字识别

【问题描述】

scikit-learn 提供了一个手写数字识别的案例，案例中有相应的说明和代码，下载网址：

http://scikit-learn.org/stable/auto_examples/classification/plot_digits_classification.html#example-classification-plot-digits-classification-py。

【数据介绍】

案例中使用的数据保存在 scikit-learn 的 dataset 里，样本数据量为 1797 个。每一个数据都由 image 和 target 两部分组成，image 是一个尺寸为 8×8 的图像，target 是图像的类别，也就是手写的数字 0～9。

代码 5-10（ch5_10_Plot_Digits_Classification.py）：

```
01  import matplotlib.pyplot as plt
02  from sklearn import datasets, svm, metrics
03  digits = datasets.load_digits()
04  images_and_labels = list(zip(digits.images, digits.target))
05  for index, (image, label) in enumerate(images_and_labels[:4]):
06      plt.subplot(2, 4, index + 1)
07      plt.axis('off')
08      plt.imshow(image, cmap=plt.cm.gray_r, interpolation='nearest')
09      plt.title('Training: %i' % label)
10  n_samples = len(digits.images)
11  data = digits.images.reshape((n_samples, -1))
12
13  classifier = svm.SVC(gamma=0.001)
14  classifier.fit(data[:n_samples // 2], digits.target[:n_samples // 2])
15
16  expected = digits.target[n_samples // 2:]
17  predicted = classifier.predict(data[n_samples // 2:])
18
19  print("Classification report for classifier %s:\n%s\n" \
20        % (classifier, metrics.classification_report(expected,\
          predicted)))
```

```
21      print("Confusion matrix:\n%s" \
22              % metrics.confusion_matrix(expected, predicted))
23  images_and_predictions = list(zip(digits.images[n_samples // 2:],\
            predicted))
24  for index, (image, prediction) in enumerate(images_and_predictions\
            [:4]):
25      plt.subplot(2, 4, index + 5)
26      plt.axis('off')
27      plt.imshow(image, cmap=plt.cm.gray_r, interpolation='nearest')
28      plt.title('Prediction: %i' % prediction)
29  plt.show()
```

【运行结果】

```
Classification report for classifier SVC(C=1.0, cache_size=200,
 class_weight=None, coef0=0.0,
  decision_function_shape='ovr', degree=3, gamma=0.001, kernel='rbf',
  max_iter=-1, probability=False, random_state=None, shrinking=True,
  tol=0.001, verbose=False):
           precision    recall   f1-score    support

         0     1.00       0.99      0.99         88
         1     0.99       0.97      0.98         91
         2     0.99       0.99      0.99         86
         3     0.98       0.87      0.92         91
         4     0.99       0.96      0.97         92
         5     0.95       0.97      0.96         91
         6     0.99       0.99      0.99         91
         7     0.96       0.99      0.97         89
         8     0.94       1.00      0.97         88
         9     0.93       0.98      0.95         92
avg / total    0.97       0.97      0.97        899
Confusion matrix:
[[87  0  0  0  1  0  0  0  0  0]
 [ 0 88  1  0  0  0  0  0  1  1]
 [ 0  0 85  1  0  0  0  0  0  0]
 [ 0  0  0 79  0  3  0  4  5  0]
 [ 0  0  0  0 88  0  0  0  0  4]
 [ 0  0  0  0  0 88  1  0  0  2]
 [ 0  1  0  0  0  0 90  0  0  0]
 [ 0  0  0  0  0  1  0 88  0  0]
 [ 0  0  0  0  0  0  0  0 88  0]
 [ 0  0  0  1  0  1  0  0  0 90]]
```

scikit-learn 平台自带案例的精确度和召回率都为 0.97，如图 5-21 所示显示了训练集的 4 个手写数字和随意选的 4 个手写数字的预测结果。

【程序解析】

- 02 行：导入数据集、支持向量机分类器、性能评价包。
- 03~04 行：用 load_digits() 载入 scikit-learn 自带的手写数字数据集，并将元组转换为列表。
- 05~09 行：用 Python 的内置函数 enumerate() 抽取前四个数据，并用 matplotlib.pyplot 画出来。
- 10~11 行：为了在数据上使用分类器，调整矩阵数据。
- 13 行：使用支持向量机分类作为分类器，此处只规定了参数 gamma。

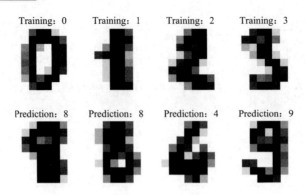

图 5-21　scikit-learn 例子识别的结果示意

- 14 行：将所有的数据分成了两部分，一半用作训练集，另一半用作测试集，使用前一半数据训练模型。
- 16～17 行：用另一半数据进行预测。
- 19～22 行：输出分类器的性能评价。
- 24～29 行：将测试集中的 4 个数据显示出来。其运行结果如图 5-21 所示。

5.5.2　波士顿房价预测

【问题描述】

本案例用于预测波士顿地区的房价，例子来源于《Python 机器学习及实践——从零开始通往 Kaggle 竞赛之路》一书。前文 5.3 节重点介绍了线性回归模型，预测目标是实数域上的数值，方法是最小化预测结果与真实值之间的差异。

【数据介绍】

数据可以从 sklearn.datasets 中导入，该数据共有 506 条美国波士顿地区房价信息，数据集中没有缺省的属性/特征值，每条数据包括对指定房屋的 13 项数值型特征描述和目标房价，其属性描述如表 5-4 所示，其中的目标房价（Y）为 MEDV 自住房屋房价的中位数。

表 5-4　波士顿房价属性描述表

属 性 名 称	属 性 描 述
CRIM	城镇人均犯罪率
ZN	住宅用地所占比例
INDUS	城镇中非商业用地所占比例
CHAS	CHAS 查尔斯河虚拟变量
NOX	环保指标
RM	每栋住宅的房间数
AGE	1940 年以前建成的自住单位的比例
DIS	距离五大波士顿就业中心的加权距离
RAD	距离高速公路的便利指数
TAX	每一万美元的不动产税率
PTRATIO	城镇中教师学生比例
B	城镇中黑人比例
LSTAT	地区有多少百分比的房东属于低收入阶层

【性能评价】

回归预测与分类预测不同,不能苛求回归预测的数值结果严格与真实值相同,预测值与真实值之间存在差距,可以通过多种测评函数对预测结果进行评价。其中,最为直观的评价指标包括平均绝对误差(Mean Absolute Error,MAE)以及均方误差(Mean Squared Error,MSE),这也是回归模型要优化的目标。假设测试数据共有 m 个目标数值 $y=<y^1, y^2, \cdots, y^m>$,并且记 $\bar{y}$ 为回归模型的预测结果,MAE 和 MSE 的计算如式(5-8)和式(5-9)所示。

$$\text{MAE} = \frac{\text{SS}_{abs}}{m} \quad \text{SS}_{abs} = \sum_{i=1}^{m} |y^i - \bar{y}| \tag{5-8}$$

$$\text{MSE} = \frac{\text{SS}_{tot}}{m} \quad \text{SS}_{tot} = \sum_{i=1}^{m} (y^i - \bar{y})^2 \tag{5-9}$$

回归问题也有 R-squared(R^2)的评价方式[如式(5-10)所示],该方式既考虑了回归值与真实值的差异,同时也兼顾了问题本身真实值的变动。假设 $f(x^i)$ 代表回归模型根据特征向量 x^i 的预测值:

$$R^2 = 1 - \frac{\text{SS}_{res}}{\text{SS}_{tot}} \quad \text{SS}_{res} = \sum_{i=1}^{m} (y^i - f(x^i))^2 \tag{5-10}$$

其中,SS_{tot} 代表测试数据真实值的方差,SS_{res} 代表回归值与真实值之间的平方差异。scikit-learn 自带 R^2、MSE 和 MAE 回归评价模块,分别对应 r2_score、mean_squared_error、mean_absoluate_error。

代码 5-11(ch5_11_Boston_Regressor.py):

```
01  # coding=utf-8
02  from sklearn.datasets import load_boston #导入波士顿房价数据读取器
03
04  boston = load_boston() # 读取房价数据存储到变量 boston 中
05  #导入数据分割器
06  from sklearn.cross_validation import train_test_split
07  # 导入 numpy 并重命名为 np
08  import numpy as np
09
10  X = boston.data
11  y = boston.target
12
13  # 随机采样25%的数据构建测试样本,其余作为训练样本
14  X_train,X_test,y_train,y_test=train_test_split(X,y,\
            random_state=33, test_size=0.25)
15  #导入数据标准化模块
16  from sklearn.preprocessing import StandardScaler
17  # 分别初始化对特征和目标值的标准化器
18  ss_X = StandardScaler()
19  ss_y = StandardScaler()
20  #对训练和测试数据标准化处理
21  X_train = ss_X.fit_transform(X_train)
22  X_test = ss_X.transform(X_test)
23
24  y_train = ss_y.fit_transform(y_train.reshape(-1, 1))
25  y_test = ss_y.transform(y_test.reshape(-1, 1))
26  #导入 LinearRegression
27  from sklearn.linear_model import LinearRegression
28  # 使用默认配置初始化线性回归器 LinearRegression
```

```
29   lr = LinearRegression()
30   # 使用训练数据进行参数估计
31   lr.fit(X_train, y_train.ravel())
32   # 对测试数据进行回归预测
33   lr_y_predict = lr.predict(X_test)
34   #导入SGDRegressor
35   from sklearn.linear_model import SGDRegressor
36   # 使用默认配置初始化线性回归器SGDRegressor
37   sgdr = SGDRegressor()
38   # 使用训练数据进行参数估计
39   sgdr.fit(X_train, y_train.ravel())
40   # 对测试数据进行回归预测
41   sgdr_y_predict = sgdr.predict(X_test)
42
43   # 使用LinearRegression模型自带的评估模块,并输出评估结果
44   print 'The value of default measurement of LinearRegression is', \
45                        lr.score(X_test, y_test)
46   #导入r2_score、mean_squared_error及mean_absolute_error用于性能评估
47   from sklearn.metrics import r2_score, mean_squared_error,\
         mean_absolute_error
48   # 使用r2_score模块,并输出评估结果
49   print 'The value of R-squared of LinearRegression is', \
50                       r2_score(y_test, lr_y_predict)
51
52   # 使用mean_squared_error模块,并输出评估结果
53   print 'The mean squared error of LinearRegression is', \
54            mean_squared_error(ss_y.inverse_transform(y_test),
55   ss_y.inverse_transform(lr_y_predict))
56   # 使用mean_absolute_error模块,并输出评估结果
57   print 'The mean absolute error of LinearRegression is', \
58            mean_absolute_error(ss_y.inverse_transform(y_test),
59   ss_y.inverse_transform(lr_y_predict))
60   # 使用SGDRegressor模型自带的评估模块,并输出评估结果
61   print 'The value of default measurement of SGDRegressor is', \
62                     sgdr.score(X_test, y_test)
63   # 使用r2_score模块,并输出评估结果
64   print 'The value of R-squared of SGDRegressor is', \
65                    r2_score(y_test, sgdr_y_predict)
66   # 使用mean_squared_error模块,并输出评估结果
67   print 'The mean squared error of SGDRegressor is', \
68               mean_squared_error(ss_y.inverse_transform(y_test),
69   ss_y.inverse_transform(sgdr_y_predict))
70   # 使用mean_absolute_error模块,并输出评估结果
71   print 'The mean absolute error of SGDRegressor is', \
72             mean_absolute_error(ss_y.inverse_transform(y_test), \
73                ss_y.inverse_transform(sgdr_y_predict))
74   print('\n')
75   # 从sklearn.svm中导入支持向量机(回归)模型
76   from sklearn.svm import SVR
77
78   # 使用线性核函数配置的支持向量机进行回归训练,并对测试样本进行预测
79   linear_svr = SVR(kernel='linear')
80   linear_svr.fit(X_train, y_train.ravel())
81   linear_svr_y_predict = linear_svr.predict(X_test)
82
83   # 使用多项式核函数配置的支持向量机进行回归训练,并对测试样本进行预测
84   poly_svr = SVR(kernel='poly')
```

```python
85   poly_svr.fit(X_train, y_train.ravel())
86   poly_svr_y_predict = poly_svr.predict(X_test)
87
88   # 使用径向基核函数配置的支持向量机进行回归训练,并对测试样本进行预测
89   rbf_svr = SVR(kernel='rbf')
90   rbf_svr.fit(X_train, y_train.ravel())
91   rbf_svr_y_predict = rbf_svr.predict(X_test)
92   from sklearn.metrics import r2_score, mean_absolute_error, \
93                               mean_squared_error
94   print 'R-squared value of linear SVR is', linear_svr.score(X_test,\
          y_test)
95   print 'The mean squared error of linear SVR is', \
96       mean_squared_error(ss_y.inverse_transform(y_test), \
97                     ss_y.inverse_transform(linear_svr_y_predict)) \
98   print 'The mean absolute error of linear SVR is', \
99       mean_absolute_error(ss_y.inverse_transform(y_test), \
100                     ss_y.inverse_transform(linear_svr_y_predict))
101
102  print 'R-squared value of Poly SVR is', poly_svr.score(X_test, y_test)
103  print 'The mean squared error of Poly SVR is', \
104      mean_squared_error(ss_y.inverse_transform(y_test), \
105                     ss_y.inverse_transform(poly_svr_y_predict))
106  print 'The mean absolute error of Poly SVR is', \
107      mean_absolute_error(ss_y.inverse_transform(y_test), \
108                     ss_y.inverse_transform(poly_svr_y_predict))
109
110  print 'R-squared value of RBF SVR is', rbf_svr.score(X_test, y_test)
111  print 'The mean squared error of RBF SVR is', \
112      mean_squared_error(ss_y.inverse_transform(y_test), \
113                     ss_y.inverse_transform(rbf_svr_y_predict))
114  print 'The mean absolute error of RBF SVR is', \
115      mean_absolute_error(ss_y.inverse_transform(y_test), \
116                     ss_y.inverse_transform(rbf_svr_y_predict))
117
118  print('\n')
119
120  # 从sklearn.neighbors 导入 KNeighborRegressor(K近邻回归器)
121  from sklearn.neighbors import KNeighborsRegressor
122
123  # 初始化K近邻回归并调整配置,使得预测的方式为平均回归
124  uni_knr = KNeighborsRegressor(weights='uniform')
125  uni_knr.fit(X_train, y_train.ravel())
126  uni_knr_y_predict = uni_knr.predict(X_test)
127
128  # 初始化K近邻回归器并调整配置,使得根据距离加权回归
129  dis_knr = KNeighborsRegressor(weights='distance')
130  dis_knr.fit(X_train, y_train.ravel())
131  dis_knr_y_predict = dis_knr.predict(X_test)
132
133  #用R-squared、MSE 和 MAE 对平均回归配置的K近邻模型进行性能评估
134  print 'R-squared value of uniform-weighted KNeighorRegression:', \
135      uni_knr.score(X_test, y_test)
136  print 'The mean squared error of uniform-weighted \
         KNeighorRegression:', \
137      mean_squared_error(ss_y.inverse_transform(y_test), \
138                     ss_y.inverse_transform(uni_knr_y_predict))
139  print 'The mean absolute error of uniform-weighted\
         KNeighorRegression',\
140      mean_absolute_error(ss_y.inverse_transform(y_test), \
141                     ss_y.inverse_transform(uni_knr_y_predict))
```

```python
142  #用R-squared、MSE和MAE对距离加权回归配置的K近邻模型进行性能评估
143  print 'R-squared value of distance-weighted KNeighorRegression:',\
144  dis_knr.score(X_test, y_test)
145  print 'The mean squared error of distance-weighted
         KNeighorRegression:', \
146      mean_squared_error(ss_y.inverse_transform(y_test), \
147      ss_y.inverse_transform(dis_knr_y_predict)) \
148   print 'The mean absolute error of distance-weighted \
149      KNeighorRegression:', \
150      mean_absolute_error(ss_y.inverse_transform(y_test), \
151      ss_y.inverse_transform(dis_knr_y_predict))
152
153  print('\n')
154
155  # 从sklearn.tree中导入DecisionTreeRegressor
156  from sklearn.tree import DecisionTreeRegressor
157  # 使用默认配置初始化DecisionTreeRegressor
158  dtr = DecisionTreeRegressor()
159  # 用波士顿房价的训练数据构建回归树
160  dtr.fit(X_train, y_train.ravel())
161  # 用默认配置的单一回归树对测试数据进行预测,将预测值存储在dtr_y_predict中
162  dtr_y_predict = dtr.predict(X_test)
163
164  # 用R-squared、MSE和MAE对默认配置的回归树在测试集上进行性能评估
165  print 'R-squared value of DecisionTreeRegressor:', dtr.score(X_test,\
         y_test)
166  print 'The mean squared error of DecisionTreeRegressor:', \
167      mean_squared_error(ss_y.inverse_transform(y_test), \
168              ss_y.inverse_transform(dtr_y_predict))
169  print 'The mean absolute error of DecisionTreeRegressor:', \
170      mean_absolute_error(ss_y.inverse_transform(y_test), \
171              ss_y.inverse_transform(dtr_y_predict))
172
173  print ('\n')
174
175  #导入RandomForestRegressor,ExtraTreesGressor, GradientBoostingRegressor
176  from sklearn.ensemble import RandomForestRegressor
177  from sklearn.ensemble import ExtraTreesRegressor
178  from sklearn.ensemble import GradientBoostingRegressor
179
180  #RandomForestRegressor训练模型对测试数据进行预测,结果存在rfr_y_predict中
181  rfr = RandomForestRegressor()
182  rfr.fit(X_train, y_train.ravel())
183  rfr_y_predict = rfr.predict(X_test)
184
185  # ExtraTreesRegressor训练模型对测试数据进行预测,结果存在etr_y_predict中
186  etr = ExtraTreesRegressor()
187  etr.fit(X_train, y_train.ravel())
188  etr_y_predict = etr.predict(X_test)
189
190  # GradientBoostingRegressor训练模型并预测,结果存储在gbr_y_predict中
191  gbr = GradientBoostingRegressor()
192  gbr.fit(X_train, y_train.ravel())
193  gbr_y_predict = gbr.predict(X_test)
194
195  #R-squared、MSE和MAE对默认配置的随机回归森林在测试集上进行性能评估
196  print 'R-squared value of RandomForestRegressor:', rfr.score(X_test,\
         y_test)
```

```
197    print 'The mean squared error of RandomForestRegressor:',\
198        mean_squared_error(ss_y.inverse_transform(y_test), \
199        ss_y.inverse_transform(rfr_y_predict))
200    print 'The mean absolute error of RandomForestRegressor:', \
201        mean_absolute_error(ss_y.inverse_transform(y_test), \
202        ss_y.inverse_transform(rfr_y_predict))
203    print 'R-squared value of ExtraTreesRegessor:', etr.score(X_test,\
            y_test)
```

【运行结果】

```
The value of default measurement of LinearRegression is 0.6763403831
The value of R-squared of LinearRegression is 0.6763403831
The mean squared error of LinearRegression is 25.0969856921
The mean absolute error of LinearRegression is 3.5261239964
The value of default measurement of SGDRegressor is 0.658595155883
The value of R-squared of SGDRegressor is 0.658595155883
The mean squared error of SGDRegressor is 26.4729735828
The mean absolute error of SGDRegressor is 3.50780793709

R-squared value of linear SVR is 0.65171709743
The mean squared error of linear SVR is 27.0063071393
The mean absolute error of linear SVR is 3.42667291687
R-squared value of Poly SVR is 0.404454058003
The mean squared error of Poly SVR is 46.179403314
The mean absolute error of Poly SVR is 3.75205926674
R-squared value of RBF SVR is 0.756406891227
The mean squared error of RBF SVR is 18.8885250008
The mean absoluate error of RBF SVR is 2.60756329798

R-squared value of uniform-weighted KNeighorRegression: 0.690345456461
The mean squared error of uniform-weighted KNeighorRegression: 24.0110141732
The mean absoluate error of uniform-weighted KneighorRegression
 2.96803149606
R-squared value of distance-weighted KNeighorRegression: 0.719758997016
The mean squared error of distance-weighted KNeighorRegression:
 21.7302501609
The mean absoluate error of distance-weighted KNeighorRegression:
 2.80505687851

R-squared value of DecisionTreeRegressor: 0.546133630792
The mean squared error of DecisionTreeRegressor: 35.1933858268
The mean absoluate error of DecisionTreeRegressor: 3.34803149606

R-squared value of RandomForestRegressor: 0.824562414684
The mean squared error of RandomForestRegressor: 13.6036574803
The mean absolute error of RandomForestRegressor: 2.30842519685
R-squared value of ExtraTreesRegessor: 0.785855784602
The mean squared error of ExtraTreesRegessor: 16.605019685
The mean absolute error of ExtraTreesRegessor: 2.48952755906
[['0.00209480595015' 'AGE']
 ['0.0127665889732' 'B']
 ['0.0170201530662' 'CHAS']
 ['0.0188614033608' 'CRIM']
 ['0.0251680725574' 'DIS']
 ['0.0293328982563' 'INDUS']
 ['0.0314146713449' 'LSTAT']
 ['0.034116368343' 'NOX']
 ['0.0459170142466' 'PTRATIO']
 ['0.0480971789912' 'RAD']
```

```
['0.0694689089184' 'RM']
['0.286774180243' 'TAX']
['0.378967755748' 'ZN']]
R-squared value of GradientBoostingRegressor: 0.839396342207
The mean squared error of GradientBoostingRegressor: 12.4534155368
The mean absolute error of GradientBoostingRegressor: 2.28311597521
```

【程序解析】

> 02～25 行：从整体数据中分割出训练数据和测试数据两部分，随机采样 25%的数据构建测试样本，其余作为训练样本，并对数据的特征和目标值进行标准化处理。尽管在标准化之后，数据有了很大的变化，但可以使用标准化器中的 inverse_transform()函数还原真实的结果，对于预测的回归值也可以采用相同的做法进行还原。

> 26～73 行：使用线性回归模型 LinearRegression 和 SGDRegressor 分别对波士顿房价数据进行训练学习模型以及预测。首先使用训练数据进行参数估计得到模型，然后再对测试数据进行回归预测。线性回归器假设特征与回归目标之间存在线性关系，局限了其应用范围，特别是现实生活中的很多数据的各个特征与回归目标之间多数不能保证严格的线性关系。

> 74～116 行：使用三种不同的核函数配置的支持向量回归模型进行训练，分别对测试数据做出预测，并显示预测结果。

> 118～151 行：使用两种不同配置的 K 近邻回归模型对美国波士顿房价数据进行回归预测。

> 155～171 行：使用 scikit-learn 中的 DecisionTreeRegressor 对美国波士顿房价数据进行回归预测。

> 175～203 行：使用 scikit-learn 中的三种集成回归模型 RandomRorestRegressor、ExtraTreesTegressor 和 GradientBoostingRegressor 对美国波士顿房价数据进行回归预测。

【性能对比】

业界从事商业分析系统开发和搭建的工作者更加青睐集成模型，集成模型在训练过程中要耗费更多的时间，但是往往可以提高性能和稳定性。如表 5-5 所示是美国波士顿房价预测问题上的性能对比，也可以看出集成模型表现较好。

表5-5 美国波士顿房价预测问题的性能对比

回 归 模 型	R-squared	均 方 误 差	平均绝对误差
LinearRegression	0.6763	25.10	3.53
SGDRegressor	0.6586	26.47	3.51
SVM Regressor(Linear Kernel)	0.6517	27.01	3.43
SVM Regressor(Poly Kernel)	0.4045	46.18	3.75
SVM Regressor(RBF Kernel)	0.7564	18.89	2.61
KNN Regressor(Uniform-weighted)	0.6903	24.01	2.97
KNN Regressor(Distance-weighted)	0.7198	21.73	2.81
DecisionTreeRegressor	0.5461	35.19	3.35
RandomForestRegressor	0.8246	13.60	2.31
ExtraTreesRegessor	0.7859	16.61	2.49
GradientBoostingRegressor	0.8394	12.45	2.28

第 6 章
神经网络及其基础算法应用

6.1 神经网络简介

6.1.1 神经网络的概念与地位

人工神经元网络（Artificial Neural Network，ANN），简称人工神经网络或神经网络，它从信息处理角度通过对人脑神经元及其网络进行模拟、简化和抽象，建立某种模型，按照不同的连接方式组成不同的网络。神经网络是一种运算模型，由大量的节点（或称神经元）之间相互连接构成。每个节点代表一种特定的输出函数，称为激活（或激励）函数（Activation Function）。每两个节点间的连接都代表一个通过该连接信号的加权值，称之为权重（或"权值"，Weight），这相当于神经网络的记忆。神经网络的输出则依据神经元的连接方式、权重值和激励函数的不同而不同；而网络自身通常都是对自然界某种算法或者函数的逼近，或者是对某种逻辑策略的表达。

1943 年，心理学家 W. S. McCulloch 和数理逻辑学家 W. Pitts 建立了神经网络及其数学模型，称为 MP 模型。他们通过 MP 模型提出了神经元的形式化数学描述和网络结构方法，证明了单个神经元能执行逻辑功能，从而开创了神经网络研究的时代。经过七十多年的曲折发展，其有关的理论和方法已经发展成为一门界于物理学、数学、计算机科学和神经生物学之间的交叉学科，成为人工智能的一种主要实现技术，在模式识别、图像处理、智能机器人、自动控制、金融预测、优化组合、人机博弈、数据通信、工业控制、专家系统等领域得到了广泛应用，解决了许多传统的、逻辑驱动的计算机程序难以解决的实际问题，表现出了良好的智能特征和学习进化特性，并且成为当今火热的深度学习技术的主要基础。

神经网络包括以下四个基本特征：

- 非线性。非线性关系是自然界的普遍特性，大脑的智慧就是一种非线性现象。人工神经元处于激活或抑制两种不同的状态，这种行为在数学上表现为一种非线性关系。具有阈值的神经元构成的网络具有更好的性能，可以提高容错性和存储容量。
- 非局限性。一个神经网络通常由多个神经元广泛连接而成。一个系统的整体行为不仅取决于单个神经元的特征，而且可能主要由单元之间的相互作用、相互连接所决定，通过单元之间的大量连接模拟大脑的非局限性。联想记忆是非局限性的典型例子。
- 非常定性。人工神经网络具有自适应、自组织、自学习能力。神经网络不但处理的信息可以有各种变化，而且在处理信息的同时，非线性动力系统本身也在不断变化。经常采用迭代过程描写动力系统的演化过程。非线性动力系统是指可以使用非线性方程（包括常微、偏微、代数等方程）来描述状态随时间而变化的工程、物理、化学、生物、电磁等系统。
- 非凸性。一个系统的演化方向，在一定条件下将取决于某个特定的状态函数。例如能量函数，它的极值相对于系统是比较稳定的状态。非凸性是指这种函数有多个极值，故系统具有多个较稳定的平衡态，这将导致系统演化的多样性。

神经网络具有自学习功能。例如在图像识别时，只要先把许多不同的图像样板和对应的应识别出的结果输入人工神经网络，网络就会通过自学习功能，慢慢学会识别类似的图像。自学习功能对于预测有特别重要的意义。预期未来的人工神经网络计算机将为人类提供经济预测、市场预测、效益预测，其应用前景是很远大的。人工神经网络具有联想存储功能，用人工神经网络的反馈网络就可以实现这种联想。人工神经网络具有高速寻找优化解的能力。寻找一个复杂问题的优化解，往往需要很大的计算量，利用一个针对某问题而设计的反馈型人工神经网络，发挥计算机的高速运算能力，就可能很快找到优化解。

6.1.2 生物神经元

人脑大约由一千多亿个生物神经元（Neuron）组成，神经元互相连接构成生物神经网络。神经元是大脑处理信息的基本单元，以细胞体为主体。由许多向周围延伸的不规则树枝状纤维构成的神经细胞，其形状很像一棵枯树的枝干（如图6-1所示），它主要由细胞体、树突、轴突和突触（Synapse，又称神经键）组成。树突是从细胞体向外延伸出的树状突起，起感受作用，接收来自其他神经元的传递信号。一个神经元通常具有多个树突，而轴突只有一条，轴突尾端有许多轴突末梢可以给其他多个神经元传递信息。这个连接的位置在生物学上叫作"突触"。

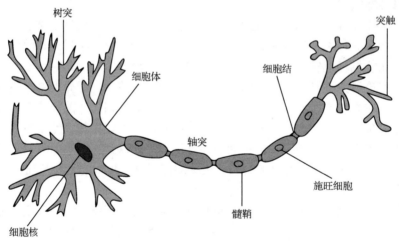

图 6-1 生物神经元

从神经元各组成部分的功能来看，信息的处理与传递主要发生在突触附近。当神经元细胞体通过轴突传到突触前膜的电脉冲幅度达到一定强度，即超过其阈值电位后，突触前膜将向突触间隙释放神经传递的化学物质。

当膜电位比静息电位高出约 20mV 时，该细胞被激活，其膜电位自发地急速升高，然后又急速下降，回到静息时的值，这一过程称为细胞的兴奋过程。兴奋的结果就是产生一个幅值在 100mV 左右、宽度为 1ms 的电脉冲，这个脉冲又叫神经的动作电位。

当细胞体产生一个电脉冲后,即使再受到很强的刺激,也不会立刻产生另一个动作电位,这段时间叫作绝对不应期。当绝对不应期过后,暂时性阈值升高,要激活这个细胞需要更强的刺激,这段时间称为相对不应期。绝对不应期和相对不应期合称为不应期。

由于电脉冲的刺激,前突触会释放出一些神经递质,这些神经递质通过突触间隙扩散到后突触,并在突触后膜与特殊的受体结合,改变了后膜的离子通透性,使膜电位发生变化,产生生理反应。细胞体相当于一个初等处理器,它把来自不同的树突的兴奋性和抑制性输入信号累加求和并进行整合。神经元的整合功能是一种时空整合,当神经元经时空整合产生的膜电位超过阈值时,神经元产生兴奋性电脉冲,处于兴奋状态;否则无电脉冲产生,处于静息状态。

生物神经元网络的基本特征包括:
- 大量神经细胞同时工作;
- 分布处理;
- 多数神经细胞是以层次结构的形式组织起来的;
- 不用功能区的层次组织结构存在差别。

6.1.3 人工神经元模型与神经网络

人工神经元模型是一个包含输入、输出与计算功能的模型。输入可以类比为生物神经元的树突,而输出可以类比为生物神经元的轴突,计算则可以类比为生物神经元的细胞体。

如图 6-2 所示是一个典型的人工神经元模型,其中:+1 代表偏移值(偏置项,Bias Units);x_1、x_2、$\cdots$、x_n 代表初始特征;w_0、w_1、w_2、$\cdots$、w_n 代表权重(Weight),即参数,是特征的缩放倍数。特征经过缩放和偏移后全部累加起来,此后还要经过一次激活运算然后再输出。图 6-2 中的箭头线称为"连接",每个"连接"上有一个"权值"。

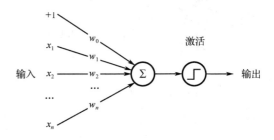

图 6-2 典型的神经元模型

人工神经元相当于一个多输入、单输出的非线性阈值器件。如果输入信号的加权和超过阈值,则人工神经元被激活。阈值一般不是一个常数,它随着神经元的兴奋程度而变化。

神经元的计算过程称为激活(Activation),是指一个神经元读入特征、执行计算并产生输出的过程。激活函数(Activation Function)一般是非线性函数,用于为神经网络模型加入非线性变换特征,使其能够处理复杂的非线性分类任务。常用的激活函数有 Sigmoid 函数,其他还有双曲正切函数(Tanh)、ReLu 函数(Rectified Linear Units)等。

人工神经元有以下特点:
- 神经元是一多输入、单输出元件;
- 具有非线性的输入、输出特性;
- 具有可塑性,其塑性变化的部分主要是权值的变化;
- 神经元的输出响应是各个输入值的综合作用结果;
- 输入分为兴奋型(正值)和抑制型(负值)两种。

神经网络是一种应用类似于大脑神经突触连接结构进行信息处理的数学模型，是在人类对自身大脑组织结构和思维机制的认识理解基础之上模拟出来的，它是根植于神经科学、数学、思维科学、人工智能、统计学、物理学、计算机科学以及工程科学的一门技术。

神经网络中，神经元处理单元可表示不同的对象，例如特征、字母、概念，或者一些有意义的抽象模式。一个经典的神经网络如图 6-3 所示，其中：最左的层称为输入层（Input Layer），对应样本特征；最右的层称为输出层（Output Layer），对应输出结果；中间层是零到多层的隐藏层（Hidden Layer，也称为隐层）。输入层节点（Node，神经元）接受外部世界的信号或数据，对应样本的特征输入，每一个节点表示样本的特征向量 x 中的一个特征变量或称特征项；输出层节点对应样本的预测输出，每一个节点表示样本在不同类别下的预测概率，实现系统处理结果的输出；隐藏层节点处在输入层和输出层单元之间，是不能由系统外部观察的单元，其对应中间的激活计算，称为隐藏单元（Hidden Unit）。在神经网络中，隐藏单元的作用可以理解为对输入层的特征进行变换，并将其层层传递到输出层进行结果预测。在设计一个神经网络时，输入层与输出层的节点数往往是固定的，而中间层则根据变换的需求通过计算确定。

通常把需要计算的层称为"计算层"，并把拥有一个计算层的网络称为"单层神经网络"。部分文献会按照网络拥有的层数来命名，本书将根据计算层的数量来命名。

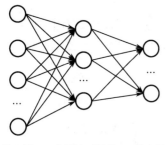

图 6-3　单层神经网络示意图

值得注意的是，神经网络结构图中的拓扑与箭头代表着预测过程时数据的流向，跟训练时的数据流有一定的区别。图 6-3 中的关键不是神经元，而是神经元之间的连接线。每个连接线对应一个不同的权重（其值称为权值），连接权值反映了单元间的连接强度，信息的表示和处理都体现在网络处理单元的连接关系中，具体权值可以在训练中获得。

神经网络是一种非程序化、自适应、大脑风格的信息处理系统，其本质是通过网络的变换和动力学行为得到一种并行分布式的信息处理功能，并在不同程度和层次上模仿人脑神经系统的信息处理功能。

一个神经网络的搭建需要满足三个条件：输入和输出，权重和阈值，以及多层网络结构。其中，最困难的部分是确定权重和阈值。但现实中，可以采用试错法来确定权重和阈值。其具体方法是保持其他参数不变，轻微地改变权值（或阈值）的值，然后观察输出有什么变化；不断重复这个过程，直至得到对应最精确输出的那组权重和阈值。这个过程称为模型的训练（Training）。

因此，神经网络的运作过程如下：
- 确定输入和输出；
- 找到一种或多种算法，可以从输入得到输出；
- 采用一组已知答案的数据集，用来训练模型，估算权重和阈值；
- 一旦新的数据产生，输入模型，就可得到结果，同时对权重和阈值进行校正。

可以看出，整个运作过程需要海量计算，所以神经网络直到最近这几年随着硬件的发展才具有实用价值。在实际使用中，一般的 CPU 不能满足计算需求，而要使用专门为机器学习定制的 GPU（Graphics Processing Unit）和 TPU（Tensor Processing Unit）或专用 FPGA

(Field-Programmable Gate Array)等来加速计算。

神经网络可进行以下分类：
- 按性能分：有连续型和离散型网络，或确定型和随机型网络；
- 按学习方法分：有有监督学习网络、半监督学习网络和无监督学习网络；
- 按拓扑结构分：有前馈网络和反馈网络。

前馈网络有自适应线性神经网络（AdaptiveLinear，简称 Adaline）、单层感知器、多层感知器、BP 等。前馈网络中各个神经元接受前一级的输入，并输出到下一级，网络中没有反馈，可以用一个有向无环路图表示。这种网络实现信号从输入空间到输出空间的变换，它的信息处理能力来自简单非线性函数的多次复合；网络结构简单，易于实现。BP 网络是一种典型的前馈网络。前馈网络一般是有监督的学习，可以根据误差信号来修正权值，直到误差小于允许的范围。

反馈网络有 Hopfield、Hamming、BAM 等。反馈网络内神经元之间有反馈，将前馈网络中输出层神经元的输出信号经延时后再送给输入层神经元而成，与生物神经元网络结构相似。这种神经网络的信息处理是状态的变换，可以用动力学系统理论进行处理。系统的稳定性与联想记忆功能有密切关系。

神经网络包括以下主要特点：
- 并行处理的结构；
- 可塑性的网络连接；
- 分布式的存储记忆；
- 全方位的互连；
- 群体的集合运算；
- 强大的非线性处理能力。

神经网络的主要优点是它们能够处理复杂的非线性问题，并且能发现不同输入间的依赖关系。神经网络也允许增量式训练，并且通常不要求大量空间来存储训练数据，因为它们需要保存的仅仅是一组代表突触权重的数字而已。同时，也没有必要保留训练后的原始数据，这意味着，可以将神经网络用于不断有训练数据出现的应用之中。

神经网络的主要缺点在于它是一种黑盒方法。在现实中，一个网络也许会有几百万甚至几千万个节点和突触，很难确切地知道网络是如何得到最终答案的。无法确切地知道推导过程对于某些应用而言也许是一个很大的障碍。另一个缺点是，在训练数据量的大小及与问题相适应的神经网络规模方面，没有明确的规则可以遵循，最终的决定往往需要依据大量试验。选择过高的训练数据比率，有可能导致网络对噪声数据产生过度归纳（Over-Generalize）现象；而选择过低的训练比率，则意味着除了我们给出的已知数据外，网络有可能就不会再进一步学习了。

6.1.4 感知器算法及应用示例

1958 年，计算科学家 Frank Rosenblatt 发布了由两层神经元组成并命名为"感知器"（Perceptron）的神经网络。"感知器"中有两个层次，分别是输入层和输出层。输入层里的"输入单元"只负责传输数据，不做计算。输出层里的"输出单元"则需要对前面一层的输入进行计算。"感知器"算法着眼于最简单的情况，即使用单个神经元、单层网络进

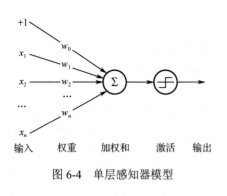

图 6-4 单层感知器模型

行有监督学习（目标结果已知），并且输入数据线性可分，用来解决 and 和 or 的问题，但"感知器"不适用于非线性输入模式的分类，如异或问题。如图 6-4 所示是一个简单的感知器模型。

在此模型中，Rosenblatt 引用权重 w_1、w_2、…、w_n 表示相应输入对于输出重要性的实数（权重）。神经元的输出为 0 或者 1，则由计算权重后的 $\sum_j w_j x_j$ 大于或者小于某些阈值决定。和权重一样，阈值是一个实数，一个神经元的参数。用更精确的代数形式表示：

$$\text{output} = \begin{cases} 0 & \text{if } \sum_j w_j x_j \le \text{threshold} \\ 1 & \text{if } \sum_j w_j x_j > \text{threshold} \end{cases} \tag{6-1}$$

把阈值移动到不等式左边，并用感知器的偏置 $b=-\text{threshold}$ 代替，用偏置而不用阈值。其中实现偏置的一种方法就是在输入中引入一个偏置神经元 $x_0=1$（见图 6-4），则 $b=x_0 \times w_0$，那么感知器的规则可以重写为：

$$\text{output} = \begin{cases} 0 & \text{if } w \cdot x + b \le 0 \\ 1 & \text{if } w \cdot x + b > 0 \end{cases} \tag{6-2}$$

此时就可以使用阶跃函数来作为感知器的激活函数。

一个感知器由以下几部分组成：

- 输入权值：一个感知器可以接收多个输入 (x_1、x_2、…、$x_n \mid x_i \in \mathbf{R}$)，每个输入上有一个权值 $w_i \in \mathbf{R}$，此外还有一个偏置项 $b \in \mathbf{R}$，就是图 6-4 中的 w_0。
- 激活函数：感知器的激活函数可以有很多选择，在此列中选择阶跃函数来作为激活函数 f。$f(z)=1$，当 $z>0$；$f(z)=0$，当 $z \le 0$。
- 输出：感知器的输出由 $y=f(w \cdot x + b)$ 决定。

感知器本身是一个线性分类器，它通过求权重的各输入之和与阈值的大小关系，对事物进行分类，所以任何线性分类或线性回归问题都可以用感知器来解决。布尔运算可以看作是二分类问题，即给定一个输入，输出 0（属于分类 0）或 1（属于分类 1）。

对于感知器输出公式：

$$y = f(w \cdot x + b) \tag{6-3}$$

令 $w_1=0.5$、$w_2=0.5$、$b=-0.8$，而激活函数 $f(z)$ 使用阶跃函数，这时，感知器就相当于逻辑与（AND）函数。令 x_1、x_2 都为 0，那么根据式（6-3）计算输出：

$$y = f(w \cdot x + b) = f(w_1 x_1 + w_2 x_2 + b) = f(0.5 \times 0 + 0.5 \times 0 - 0.8) = f(-0.8) = 0$$

请读者自行验证当 x_1、x_2 分别为（0，1）、（1，0）和（1，1）时的输出。

同样，令 $w_1=0.5$、$w_2=0.5$、$b=-0.3$ 时，感知器就相当于逻辑或（OR）函数。令 $x_1=1$、$x_2=0$，那么根据式（6-3）计算输出：

$$y = f(w \cdot x + b) = f(w_1 x_1 + w_2 x_2 + b) = f(0.5 \times 1 + 0.5 \times 0 - 0.3) = f(0.2) = 1$$

同样地，请读者自行验证当 x_1、x_2 分别为（0，0）、（0，1）和（1，1）时的输出。

在上面的计算中，权重与偏置的值都是人为指定的，为何偏置值为 -0.8 时，感知器就相当于 AND 函数，而偏置值为-0.3 时，感知器就相当于 OR 函数？这是由于根据已知真值表的结果，一点一点慢慢凑出来的。当然，AND 函数的权重及偏置值组合绝不只有（0.5，0.5，-0.8）一组，同样，OR 函数的权重及偏置值组合绝不只有（0.5，0.5，-0.3）一组。

那么如何使感知器自行获得正确的权重项和偏置项的值呢？这时就要对感知器进行训练：将权重项和偏置项初始化为 0，然后利用下面的感知器规则迭代地修改 w_i 和 b，直到训练完成。

$$w_i b \leftarrow w_i + \Delta w_i \leftarrow b + \Delta b \tag{6-4}$$

其中：

$$\Delta w_i \Delta b = \eta(t-y)x_i = \eta(t-y) \tag{6-5}$$

w_i 是与输入 x_i 对应的权重项，b 是偏置项。事实上，可以把 b 看作是值永远为 1 的输入所对应的权重 w_0。t 是训练样本的实际值，一般称为 label。而 y 是感知器的输出值。η 是一个称为学习速率的常数，其作用是控制每一步调整权重的幅度。

每次从训练数据中取出一个样本的输入向量 x，使用感知器计算其输出 y，再根据上面的规则来调整权重。每处理一个样本就调整一次权重。经过多轮迭代后（即全部的训练数据被反复处理多轮），就可以训练出感知器的权重，使之实现目标函数。

【示例 6-1】 感知器逻辑算法 AND 和 OR 的 Python 实现。在代码中，首先建立一个感知器模型，包括初始化感知器及定义激活函数，然后分别定义预测、训练、迭代、更新权重及偏置、打印信息的方法。当输入训练数据及对应的特征后，模型把每对输入向量及对应的特征迭代一遍，并更新权重及偏置，直到所有训练数据处理完毕，这样模型就找到了 AND 和 OR 的合适的权重和偏置值，然后使用测试数据来测试结果。请注意，在实现 AND 和 OR 的功能时，感知器模型并没有改变，只是改变了训练数据的特征向量。

代码 6-1（ch6_1_perception_and_or.py）：

```
01    #!/usr/bin/env Python
02    # coding=utf-8
03
04    class Perceptron(object):
05        def __init__(self, input_num, activator):
06        #初始化感知器，设置输入参数的个数，以及激活函数
07            self.activator = activator
08            self.weights = [0.0 for _ in range(input_num)]
09            self.bias = 0.0
10
11        #打印学习到的权重、偏置项
12        def __str__(self):
13            return'weights\t:%s\nbias\t:%f\n' % (self.weights, self.bias)
14
15        #输入向量，输出感知器的计算结果
16        def predict(self, input_vec):
17            return self.activator(reduce(lambda a, b: a + b,\
18                map(lambda (x, w): x * w,zip(input_vec, self.weights)), 0.0) \
19                +self.bias)
20        #输入训练数据
21        def train(self, input_vecs, labels, iteration, rate):
22            for i in range(iteration):
23                self._one_iteration(input_vecs, labels, rate)
24
25        #迭代，把所有的训练数据处理一遍
```

```python
26    def _one_iteration(self, input_vecs, labels, rate):
27        samples = zip(input_vecs, labels)
28        for(input_vec, label) in samples:
29            output = self.predict(input_vec)
30       self._update_weights(input_vec, output, label, rate)
31
32    #更新权重及偏置的值
33    def _update_weights(self, input_vec, output, label, rate):
34        delta = label - output
35        self.weights = map(lambda (x, w): w + rate * delta * x,zip(input_vec,\
36            self.weights))
37        self.bias += rate * delta
38
39 #定义激活函数 f
40 def f(x):
41     return 1 if x >0 else 0
42
43 #基于 and 真值表构建训练数据
44 def get_training_dataset_and():
45     input_vecs = [[1, 1], [0, 0], [1, 0], [0, 1]]
46     labels_and = [1, 0, 0, 0]
47     return input_vecs, labels_and
48
49 #基于 or 真值表构建训练数据
50 def get_training_dataset_or():
51     input_vecs = [[1, 1], [0, 0], [1, 0], [0, 1]]
52     labels_or = [1, 0, 1, 1]
53     return input_vecs, labels_or
54
55 #使用 and 真值表训练感知器
56 def train_and_perceptron():
57     p = Perceptron(2, f)
58     input_vecs, labels = get_training_dataset_and()
59     p.train(input_vecs, labels, 10, 0.1)
60     return p
61
62 #使用 or 真值表训练感知器
63 def train_or_perceptron():
64     p = Perceptron(2, f)
65     input_vecs, labels = get_training_dataset_or()
66     p.train(input_vecs, labels, 10, 0.1)
67     return p
68
69    # 测试
70    if __name__ == '__main__':
71        and_perception = train_and_perceptron()
72        printand_perception
73        print'1 and 1 = %d' % and_perception.predict([1, 1])
74        print'0 and 0 = %d' % and_perception.predict([0, 0])
75        print'1 and 0 = %d' % and_perception.predict([1, 0])
76        print'0 and 1 = %d' % and_perception.predict([0, 1])
77
78        print' '
79        or_perception = train_or_perceptron()
80        printor_perception
81        print'1 or 1 = %d' % or_perception.predict([1, 1])
82        print'0 or 0 = %d' % or_perception.predict([0, 0])
83        print'1 or 0 = %d' % or_perception.predict([1, 0])
84        print'0 or 1 = %d' % or_perception.predict([0, 1])
```

【运行结果】

```
/usr/bin/Python2.7/home/joshua/PycharmProjects/ch6/ch6_1_perceptron_
and_or.py
weights    :[0.1, 0.2]
bias    :-0.200000
1 and 1 = 1
0 and 0 = 0
1 and 0 = 0
0 and 1 = 0
weights    :[0.1, 0.1]
bias    :0.000000
1 or 1 = 1
0 or 0 = 0
1 or 0 = 1
0 or 1 = 1
Process finished with exit code 0
```

【程序解析】

- 05~09 行：初始化感知器，包括设置输入参数的个数，以及激活函数。
- 12~13 行：定义打印函数。格式化输出学习到的权重及偏置项。
- 16~19 行：定义预测函数。输入测试向量，输出感知器的计算结果。
- 21~23 行：定义训练函数。输入训练向量、标签、迭代及步长，训练感知器。
- 26~30 行：定义迭代函数。把所有的训练数据处理一遍。
- 33~37 行：定义权值更新函数。更新权重及偏置的值。
- 40~41 行：定义激活函数 f，当 x>0 时返回 1，当 x<0 时返回 0。
- 44~47 行：基于 AND 真值表构建训练数据。
- 50~53 行：基于 OR 真值表构建训练数据。
- 56~60 行：使用 AND 训练数据训练感知器。
- 63~67 行：使用 OR 训练数据训练感知器。
- 70~84 行：测试感知器。

6.2 前馈型神经网络

6.2.1 前馈神经网络模型

根据神经网络运行过程中的信息流向，可将神经网络分为前馈式和反馈式两种基本类型。前馈神经网络（Feed-Forward Neural Network）简称前馈网络，是一种单向多层结构网络，其中每一层包含若干个神经元，同一层的神经元之间没有互相连接，层间信息的传送只沿一个方向进行。各神经元从输入层开始，接收前一级输入，并输出到下一级，直至输出层。整个网络中无反馈，可用一个有向无环图表示。前馈神经网络第一层称为输入层，最后一层为输出层，中间为一到多层的隐藏层。

前馈网络具有复杂的非线性映射能力。但前馈网络的输出仅仅由当前输入和权值矩阵决定，而与网络先前的输出状态无关。在前馈网络中，不论是离散型还是连续型，一般均不考虑输出与输入之间在时间上的滞后性，而只表达两者之间的映射关系。

前馈神经网络分为单层前馈神经网络和多层前馈神经网络。
- 单层前馈神经网络是最简单的一种人工神经网络，其只包含一个输出层，输出层上节点的值（输出值）通过输入值乘以权重值直接得到。
- 多层前馈神经网络有一个输入层，中间有一个或多个隐藏层，有一个输出层。

前馈神经网络结构简单，应用广泛，能够以任意精度逼近任意连续函数及平方可积函数，而且可以精确实现任意有限训练样本集。从系统的观点看，前馈网络是一种静态非线性映射，通过简单非线性处理单元的复合映射，可获得复杂的非线性处理能力。从计算的观点看，缺乏丰富的动力学行为。大部分前馈网络都是有监督学习网络，其分类能力和模式识别能力一般都强于反馈网络。

常见前馈神经网络有：
- 感知器网络：最简单的前馈网络，它主要用于模式分类，也可用在基于模式分类的学习控制和多模态控制中。感知器网络可分为单层感知器网络和多层感知器网络。
- BP 网络：指权重调整采用了反向传播（Back Propagation，BP）学习算法的前馈网络。与感知器网络的不同之处在于，BP 网络的神经元激活函数采用了 S 形函数（Sigmoid 函数），因此输出量是 0~1 之间的连续量，可实现从输入到输出的任意的非线性映射。
- RBF 网络：指隐藏层神经元由 RBF 神经元组成的前馈网络。RBF 神经元是指神经元的变换函数为 RBF（Radial Basis Function，径向基函数）的神经元。典型的 RBF 网络由三层组成：一个输入层，一层或多层由 RBF 神经元组成的 RBF 层（隐藏层），一个由线性神经元组成的输出层。

6.2.2 反向传播神经网络

单层神经网络无法解决异或问题。但是当增加一个计算层以后，两层神经网络不仅可以解决异或问题，而且具有非常好的非线性分类效果。反向传播神经网络是 1986 年以 David Rumelhart 和 J. McClelland 为首的科学家提出的概念，是一种按照误差逆向传播算法训练的多层前馈神经网络，是目前应用最广泛的神经网络之一。BP 算法的基本思想是梯度下降法，利用梯度搜索技术，以期使网络的实际输出值和期望输出值的误差均方差为最小。

BP 网络是在输入层与输出层之间增加若干层（一层或多层）神经元，增加中间层称为隐藏层或隐层，它们与外界没有直接的联系，但其状态的改变则能影响输入与输出之间的关系，每一层可以有若干个节点。BP 网络实际上就是多层感知器，因此它的拓扑结构和多层感知器的拓扑结构相同。由于单隐层感知器已经能够解决简单的非线性问题，因此应用最为普遍。BP 网络的拓扑结构如图 6-5 所示，其中的虚线连接表示隐藏层可以是一层或多层。
- 输入层：输入层各神经元负责接收来自外界的输入信息，并传递给中间层各神经元。
- 隐藏层：中间层是内部信息处理层，负责信息变换。根据信息变化能力的需求，中间层可以设计为单隐层或者多隐层结构；最后一个隐层传递到输出层各神经元的信息，经过进一步处理后，完成一次学习的正向传播处理过程。
- 输出层：顾名思义，输出层向外界输出信息处理结果。

基本 BP 算法包括信号的正向传播和误差反传两个过程。即计算误差输出时按从输入到输出的方向进行，而调整权值和阈值时则从输出到输入的方向进行。正向传播时，输入信号通过隐层作用于输出节点，经过非线性变换，产生输出信号，若实际输出与期望输出不相符，则转入误差的反向传播过程。误差反传是将输出误差通过隐层向输入层逐层反传,并将误差分摊给各层所有单元,以从各层获得的误差信号作为调整各单元权值的依据。

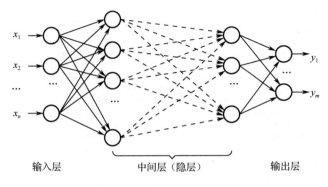

图 6-5　BP 网络的拓扑结构

通过调整输入节点与隐层节点的连接强度和隐层节点与输出节点的连接强度以及阈值,使误差沿梯度方向下降,经过反复学习训练,确定与最小误差相对应的网络参数(权值和阈值),训练即告停止。此时,经过训练的神经网络即能对类似样本的输入信息自行处理,输出误差最小的经过非线性转换的信息。

6.2.3　反向传播神经网络算法规则

BP 算法是一种有监督式的学习算法,其主要思想是:输入学习样本,使用反向传播算法对网络的权值和偏差进行反复的调整训练,使输出的向量与期望向量尽可能地接近,当网络输出层的误差平方和小于指定的误差时训练完成,保存网络的权值和偏差。

输入层神经元个数由样本属性的维度决定,输出层神经元个数由样本分类个数决定。隐藏层的层数和每层的神经元个数由用户指定。神经元数太少时,网络不能很好地学习,训练迭代的次数比较多,训练精度也不高。神经元数太多时,网络的功能变得强大,精确度也更高,但训练迭代的次数也多,可能会出现过拟合(Over Fitting)现象。通常隐层神经元个数的选取原则是:在能够解决问题的前提下,再加上一两个神经元,以加快误差下降速度即可。

每一层包含若干个神经元,每个神经元包含一个阈值 θ_j,用来改变神经元的活性。网络中的连线 w_{ij} 表示前一层神经元和后一层神经元之间的权值。每个神经元都有输入和输出。输入层的输入和输出都是训练样本的属性值。

对于隐层和输出层的输入 $I_j = \sum_i w_{ij} O_i + \theta_j$,其中,$w_{ij}$ 是由上一层的单元 i 到单元 j 的连接的权;O_j 是上一层的单元 i 的输出;而 θ_j 是单元 j 的阈值。

神经网络中神经元的输出是经由激活函数计算得到的。该函数用符号代表神经元的活性。激活函数一般使用 Sigmoid 函数(或者 Logistic 函数)。神经元的输出为:

$$O_j = \frac{1}{1 + e^{-I_j}} \qquad (6-6)$$

除此之外,神经网络中有一个学习率的概念,学习率一般选取为 0.01~0.8,并有助于找到全局最小。大的学习率可能导致系统的不稳定;但小的学习率导致收敛太慢,需要较长的训练时间。对于较复杂的网络,在误差曲面的不同位置可能需要不同的学习率。为了减少寻找学习率的训练次数及时间，比较合适的方法是采用变化的自适应学习率，使网络在不同的阶段设置不同大小的学习率。

算法基本流程如图 6-6 所示。

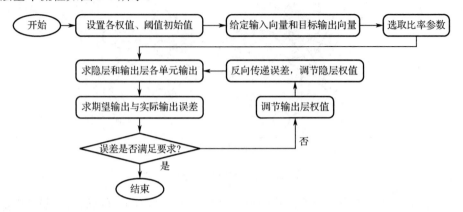

图 6-6　算法基本流程

6.2.4　反向传播神经网络应用示例

BP 神经网络无论是在网络理论还是在性能方面都已比较成熟，在实际应用中，绝大部分的神经网络模型都采用 BP 网络及其变化形式。BP 神经网络可以用作分类、聚类、预测等。BP 神经网络具有很强的非线性映射能力和柔性的网络结构，但 BP 神经网络中的某些算法，例如如何选择初始值、如何确定隐藏层的节点个数、使用何种激活函数等问题并没有确凿的理论依据，只有一些根据实践经验总结出来的有效方法或经验公式，网络的中间层数、各层的神经元个数也可以根据具体情况任意设定。BP 神经网络也存在学习速度慢（即使是一个简单的问题，一般也需要几百次甚至上千次的学习才能收敛），容易陷入局部极小值，网络层数、神经元个数的选择没有相应的理论指导，网络推广能力有限等缺点。

【示例 6-2】　使用 BP 神经网络对由 scikit-learn 中的函数产生的 200 个数据进行数据分类及决策边界。scikit-learn 是一个非常强大的机器学习库，提供了很多常见机器学习算法的实现，详见第 5 章。

本示例使用 scikit-learn 中的 make_moons 方法生成了两类数据集，分别用空心点和实心点表示（见图 6-7）。本示例希望通过训练使得机器学习分类器能够在给定的 x 轴和 y 轴坐标上预测正确的分类情况。由图 6-7 可见，该图无法用直线划分数据，可见这些数据样本呈非线性，那么诸如逻辑回归（Logistic Regression）等线性分类器将无法适用这个案例。

解决该问题可以搭建由一个输入层、一个隐层、一个输出层组成的三层神经网络。输入层中的节点数由数据的维度来决定，也就是 2 个。相应地，输出层的节点数则是由类别的数量来决定的，也是 2 个。以 x、y 坐标作为输入，输出的则是两种概率，分别是 0 和 1。隐层的维度可选（本例隐层维度为 3）（见图 6-8），隐层的节点越多，实现的功能就可以越复杂，但是维度过高也意味着更高的计算强度及过拟合的风险。非线性的激活函数可以处理非线性的假设，本例的激活函数使用 tanh，使用学习速率固定的批量梯度下降法（迭代 20000 次）来寻找参数。

第6章 神经网络及其基础算法应用

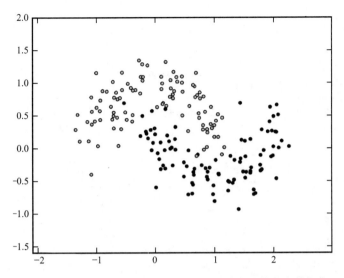

图 6-7 scikit-learn 中的 make_moons 方法生成的两类数据集

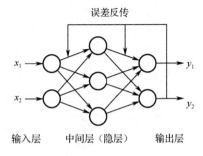

图 6-8 示例 6-2 的 BP 网络结构图

代码 6-2（ch6_2_bp_classifier.py）：

```
01    #!/usr/bin/env Python
02    #coding=utf-8
03    import numpy as np
04    from sklearn import datasets, linear_model
05    import matplotlib.pyplot as plt
06    from matplotlib.colors import ListedColormap
07    class Config:
08        nn_input_dim = 2           #输入的维度
09        nn_output_dim = 2          #输出的维度
10        epsilon = 0.01             #梯度下降参数：学习率0.01
11        reg_lambda = 0.01          #正则化长度
12
13    def generate_data():           #scikit-learn 中的函数,产生 200 个数据并显示
14        np.random.seed(0)
15        X, y = datasets.make_moons(200, noise=0.20)
16        model = build_model(X, y, 0)
17        visualize(X, y, model)
18        returnX, y
19
20    def visualize(X, y, model):    #结果可视化
21        plot_decision_boundary(lambda x:predict(model,x), X, y)
22        plt.title("Hidden Layer size 3")
23
24    def plot_decision_boundary(pred_func, X, y):    #绘制数据点以及边界
25        # 设置最小值、最大值并填充
26        x_min, x_max = X[:, 0].min() - .5, X[:, 0].max() + .5
27        y_min, y_max = X[:, 1].min() - .5, X[:, 1].max() + .5
28        h = 0.01
29        # 生成数据网格
30        xx, yy = np.meshgrid(np.arange(x_min, x_max, h), np.arange(y_min,\
31                y_max, h))
32        # 预测整个数据网格上的数据
33        Z = pred_func(np.c_[xx.ravel(), yy.ravel()])
34        Z = Z.reshape(xx.shape)
35        # 绘制数据点以及边界
```

```python
36      colors=('white','lightgray')
37      camp=ListedColormap(colors)
38      plt.contourf(xx, yy, Z, cmap=camp)
39      #plt.contourf(xx, yy, Z, cmap=plt.cm.Spectral)
40      colors = ('lightgray', 'black')
41      camp = ListedColormap(colors)
42      plt.scatter(X[:, 0], X[:, 1], c=y, cmap=camp)
43      #plt.scatter(X[:, 0], X[:, 1], c=y, cmap=plt.cm.Spectral)
44      plt.show()
45  
46  def predict(model, x):  #预测，前向传播过程
47      W1, b1, W2, b2 = model['W1'], model['b1'], model['W2'], model['b2']
48      z1 = x.dot(W1) + b1
49      a1 = np.tanh(z1)
50      z2 = a1.dot(W2) + b2
51      exp_scores = np.exp(z2)
52      probs = exp_scores / np.sum(exp_scores, axis=1, keepdims=True)
53      return np.argmax(probs, axis=1)
54  
55  #学习神经网络的参数以及建立模型
56  # - nn_hdim: 隐藏层的节点数
57  # - num_passes: 梯度下降法使用的样本数量
58  def build_model(X, y, nn_hdim, num_passes=20000, print_loss=False):
59      num_examples = len(X)
60      np.random.seed(0)
61      W1 = np.random.randn(Config.nn_input_dim, nn_hdim) / \
62           np.sqrt(Config.nn_input_dim)
63      b1 = np.zeros((1, nn_hdim))
64      W2 = np.random.randn(nn_hdim, Config.nn_output_dim) / \
65           np.sqrt(nn_hdim)
66      b2 = np.zeros((1, Config.nn_output_dim))
67  
68      model = {}   # 最后返回的模型，主要为每一层的参数向量
69  
70      for i in range(0, num_passes):  #梯度下降法
71          # 正向传播过程
72          z1 = X.dot(W1) + b1
73          a1 = np.tanh(z1)
74          z2 = a1.dot(W2) + b2
75          exp_scores = np.exp(z2)
76          probs = exp_scores / np.sum(exp_scores, axis=1, keepdims=True)
77          # 误差反向传播过程
78          delta3 = probs
79          delta3[range(num_examples), y] -= 1
80          dW2 = (a1.T).dot(delta3)
81          db2 = np.sum(delta3, axis=0, keepdims=True)
82          delta2 = delta3.dot(W2.T) * (1 - np.power(a1, 2))
83          dW1 = np.dot(X.T, delta2)
84          db1 = np.sum(delta2, axis=0)
85          # 添加正则项（b1 and b2 不需要做正则化）
86          dW2 += Config.reg_lambda * W2
87          dW1 += Config.reg_lambda * W1
88          # 梯度下降参数更新
89          W1 += -Config.epsilon * dW1
90          b1 += -Config.epsilon * db1
91          W2 += -Config.epsilon * dW2
92          b2 += -Config.epsilon * db2
```

```
93          model = {'W1': W1, 'b1': b1, 'W2': W2, 'b2': b2}    #更新模型参数
94          return model
95
96      def main():
97          X, y = generate_data()
98          model = build_model(X, y, 3)
99          visualize(X, y, model)
100         if __name__ == "__main__":
101             main()
```

【运行结果】

如图 6-9 所示。

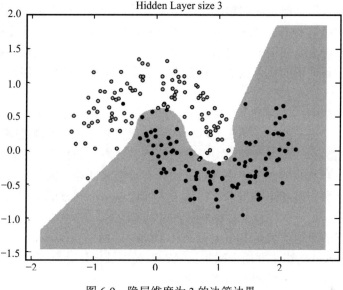

图 6-9　隐层维度为 3 的决策边界

【程序解析】

➢ 07～11 行：初始化，确定输入、输出的维度，设输入维度为 2，输出维度为 3。确定梯度下降参数，设置学习率为 0.01。确定正则化长度。

➢ 13～18 行：调用#scikit-learn 中的函数，产生 200 个数据并显示。

➢ 20～22 行：将输出结果可视化。

➢ 24～44 行：绘制数据点及边界。

➢ 46～53 行：定义预测函数，定义前向传播的过程。

➢ 58～94 行：建立模型并训练。其中，70～76 行是信息的前向传播；78～84 行是误差的反向传播过程；93 行是更新权重及偏置值。

如图 6-7 所示是使用 scikit-learn 中的函数产生 200 个随机数据的原始图像，如图 6-9 所示是输出图示。通常当隐层维度较低时，还是有一些实心点在白色区域，空心点在灰色区域。随着隐层神经元的增加，划分得将会越来越精确。低维度（如 3 层）的隐层能很好地抓住数据的整体趋势，高维度的隐层则显现出过拟合的状态。如果在一个分散的数据集上进行测试，那么隐层规模较小的模型会因为更好的通用性从而获得更好的表现。

6.3 反馈型神经网络

6.3.1 反馈神经网络模型

反馈神经网络（Feedback Neural Networks）是一种反馈动力学系统（状态随时间变化的系统），每个神经元将自身的输出信号经过一步时移再作为输入信号反馈给其他神经元，这种信息的反馈可以发生在不同网络层的神经元之间，也可以只局限于某一层神经元上。反馈神经网络在输入的激励下，会产生不断的状态变化。当有输入之后，可以求出网络的输出，而这个输出反馈到输入后又产生新的输出，这个反馈过程一直进行下去。如果这个反馈神经网络是一个能收敛的稳定网络，则这个反馈与迭代的计算过程所产生的变化越来越小，一旦到达了稳定平衡状态，那么网络就会输出一个稳定的恒值。对于一个反馈神经网络来说，关键在于确定它在稳定条件下的权值系数，只有满足了稳定条件，网络才能在工作了一段时间之后达到稳定状态。

在反馈神经网络中，所有节点（单元）都是一样的，它们之间可以相互连接，所以反馈神经网络可以用一个无向的完备图来表示。从系统观点来看，反馈神经网络是一个非线性动力学系统。它必然具有一般非线性动力学系统的许多性质，如稳定问题、各种类型的吸引子以至混沌现象等。在某些情况下，还有随机性和不可预测性等。因此，反馈神经网络比前馈型神经网络的内容要广阔和丰富得多，提供了人们可以从不同方面来利用这些复杂的性质以完成各种计算功能。

反馈神经网络的典型代表是 Elman 网络和 Hopfield 网络。Elman 网络主要用于信号检测和预测方面，Hopfield 网络主要用于联想记忆、聚类以及优化计算等方面。

反馈神经网络和前馈神经网络的比较如下：

- 前馈神经网络取连续或离散变量，一般不考虑输出与输入在时间上的滞后效应，只表达输出与输入的映射关系。但在 Hopfield 网络中，需考虑输出与输入之间在时间上的延迟，因此需要通过微分方程或差分方程描述网络的动态数学模型。由于前馈网络中不含反馈连接，因而为系统分析提供了方便。基本的 Hopfield 网络是一个由非线性元件构成的单层反馈系统，这种系统稳定状态的分析比较复杂，给实际应用带来一些困难。
- 前馈神经网络的学习主要采用误差修正法，计算过程一般比较慢，收敛速度也比较慢。而 Hopfield 网络的学习主要采用 Hebb 规则，一般情况下计算的收敛速度很快。它与电子电路存在明显的对应关系，使得该网络易于理解和易于用硬件实现。
- Hopfield 网络也有类似于前馈神经网络的应用，例如用作联想记忆或分类，而在优化计算方面的应用更加显示出 Hopfield 网络的特点。联想记忆和优化计算是对偶的。当用于联想记忆时，通过样本模式的输入给定网络的稳定状态，经过学习求得突触权重值；当用于优化计算时，以目标函数和约束条件建立系统的能量函数确定出突触权重值，网络演变到稳定状态，即是优化计算问题的解。

Hopfield 网络由美国加州理工学院物理学家 J. J. Hopfield 教授于 1982 年提出，是一种单层反馈神经网络，是反馈神经网络中最简单且应用广泛的模型，具有联想记忆的功能，是神经网络发展历史上的一个重要的里程碑。Hopfield 网络是一种由非线性元件构成的反馈系统，其稳定状态的分析比前馈神经网络要复杂得多。1984 年，Hopfield 设计并研制了网络模型的电路，并成功地解决了旅行商（TSP）计算难题（优化问题）。

Hopfield 网络分为离散型（Discrete Hopfield Neural Network，DHNN）和连续型（Continues Hopfield Neural Network，CHNN）两种网络模型。前者适合于处理输入为二值逻辑的样本，主要用于联想记忆；后者适合于处理输入为模拟量的样本，主要用于分布存储。前者使用一组非线性差分方程来描述神经网络状态的演变过程；后者使用一组非线性微分方程来描述神经网络状态的演变过程。Hopfield 神经网络采用了半监督学习方式，其权值按照一定的实现规则计算出来，网络中各个神经元的状态在运行过程中不断更新，直到网络状态稳定。网络状态稳定时的输出就是问题的解。

6.3.2 离散 Hopfield 神经网络

Hopfield 最早提出的网络是二值神经网络，即每个神经元的输出只取 1 和 -1 这两种状态（分别表示激活和抑制），所以也称为离散 Hopfield 神经网络（Discrete Hopfield Neural Network，DHNN）。离散 Hopfield 神经网络是一个单层网络，有 n 个神经元节点，每个神经元的输出均接到其他神经元的输入。各节点没有自反馈。每个节点都可处于一种可能的状态（1 或 -1），即当该神经元所受的刺激超过其阈值 θ 时，神经元就处于一种状态（比如 1），否则神经元就始终处于另一状态（比如 -1），它保证了向局部极小的收敛，但收敛到错误的局部极小值（local minimum），而非全局极小（global minimum）的情况也可能发生。

与连续 Hopfield 神经网络相比，离散 Hopfield 神经网络的主要差别在于神经元激活函数使用了硬极限函数，而连续 Hopfield 神经网络使用了 Sigmoid 激活函数。

1．DHNN 的结构

DHNN 是一种单层的、其输入/输出为二值的反馈网络。假设一个由三个神经元组成的离散 Hopfield 神经网络，其结构如下：

在图 6-10 中，第 0 层仅作为网络的输入，它不是实际神经元，所以无计算功能；第 1 层是神经元，故而执行对输入信息和权系数乘积求累加和，并经非线性函数 f 处理之后产生输出信息。任一神经元的输出 x_i 均通过连接权 w_{ij} 反馈至所有神经元 x_j 作为输入，目的是为了让输出能够受到所有神经元的输出的控制，从而使得各个神经元的输出相互制约。每个神经元均设有一个阈值 T_j，以反映对输入噪声的控制。

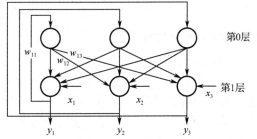

图 6-10　离散 Hopfield 神经网络模型

对于二值神经元的计算公式为：

$$u_j = \sum_j w_{ij} \times y_i + x_j \qquad (6\text{-}7)$$

式（6-7）中，x_j 是外部输入。

注意式（6-7）中没有偏移项 b，x_j 充当了偏移项的功能，虽然它是外部输入。这是与感知器、线性神经网络极大的区别。并且，当 $u_i \geq \theta_i$ 时，$y_i=1$；当 $u_i<\theta_i$ 时，$y_i=-1$。

一个 DHNN 的网络状态是输出神经元信息的集合。对于一个输出层是 n 个神经元的网络，其 t 时刻的状态为一个 n 维向量：

$$Y(t) = [y_1(t), y_2(t), \cdots, y_n(t)]^T \tag{6-8}$$

因为 $y_i(t)$（$i=1、2、\cdots、n$）可以取值为 1 或 -1，故 n 维向量 $Y(t)$ 有 2^n 种状态，即网络有 2^n 种状态。

当 w_{ij} 在 $i=j$ 时等于 0，则说明一个神经元的输出并不会反馈到它自己的输入。这时，DHNN 称为无自反馈网络。

当 w_{ij} 在 $i=j$ 时不等于 0，则说明一个神经元的输出会反馈到它自己的输入。这时，DHNN 称为有自反馈的网络。

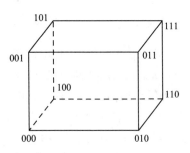

图 6-11　有 3 个神经元的 DHNN 的输出状态

对于有 3 个神经元的 DHNN，它的输出层就是三位二进制数；每一个三位二进制数就是一种网络状态，共有 $2^3=8$ 个网络状态，这些网络状态如图 6-11 所示。

在图 6-11 中，立方体的每一个顶点都表示一种网络状态。同理，对于有 n 个神经元的输出层，有 2^n 种网络状态，也和一个 n 维超立方体的顶角相对应。

如果 Hopfield 网络是一个稳定网络，如在网络的输入端加入一个输入向量，则网络的状态会产生变化，即从超立方体的一个顶角转向另一个顶角，并且最终稳定于一个特定的顶角。

对于一个由 n 个神经元组成的 DHNN，有 $n \times n$ 权系数矩阵 W：

$$W = \{w_{ij}\}, i=1,2,\cdots,n; \ j=1,2,\cdots,n \tag{6-9}$$

同时，有 n 维阈值向量 θ：

$$\theta = [\theta_1, \theta_2, \cdots, \theta_n]^T \tag{6-10}$$

2. DHNN 的工作方式

DHNN 有两种不同的工作方式：串行与并行。

（1）串行（异步）工作方式：网络每次只对一个神经元的状态进行调整计算，其他均不变，可选择随机或按固定的顺序进行，本次调整的结果会在下一个神经元的净输入中发挥作用。这种更新方式的特点是：实现上容易，每个神经元都有自己的状态更新时刻，不需要同步机制；功能上的串行状态更新可以限制网络的输出状态，避免不同稳态等概率地出现。在时刻 t 时，只有某一个神经元 j 的状态发生变化，而其他 $n-1$ 个神经元的状态不变，并且有：

$$\begin{cases} y_j(t+1) = f\left[\sum_{r=1}^{n} w_{rj} y_r(t) + x_j - \theta_j\right] & j=i \\ y_j(t+1) = y_j(t) & j \neq i \end{cases} \tag{6-11}$$

在不考虑外部输入时，则有：

$$y_j(t+1) = f\left[\sum_{r=1}^{n} w_{rj} y_r(t) - \theta_j\right] \tag{6-12}$$

（2）并行（同步）工作方式：在某一时刻有 N 个神经元改变状态，而其他的神经元的输出不变。变化的这一组神经元可以按照随机方式或某种规则来选择。当 $N=n$ 时，称为全并行方式，对于权值设计要求较高。在任一时刻 t，所有的神经元的状态都产生了变化，则称为并行工作方式。并且有：

$$y_j(t+1) = f\left[\sum_{i=1}^n w_{ij} y_i(t) + x_j - \theta_j\right] \quad j=1,2,\cdots,n \tag{6-13}$$

在不考虑外部输入时，则有：

$$y_j(t+1) = f\left[\sum_{i=1}^n w_{ij} y_i(t) - \theta_j\right] \tag{6-14}$$

3. 网络的稳定性

对于一个反馈网络来说，稳定性是一个重大的性能指标。反馈网络是一种能够存储若干预先设置的稳定点的网络，作为非线性动力学系统，具有丰富的动态特性，如稳定性、有限环状态和混沌状态等。稳定性指的是经过有限次的递归后，状态不再发生改变。在动态系统中，稳定性可以理解为系统某种形式的能量函数在系统运行过程中，其能量不断减少，最后处于最小值。有限环状态指的是限幅的自持震荡。混沌状态指的是网络状态的轨迹在某个确定的范围内变迁，既不重复也不停止，状态变化无穷多个，轨迹也不发散到无穷远。

Hopfield 网络存在稳定状态，则要求 Hopfield 网络满足以下要求：

- 网络为对称连接，即 $w_{ij} = w_{ji}$；
- 神经元自身无连接，即 $w_{jj} = 0$；
- 在满足以上参数条件下，Hopfield 网络的"能量函数"（Lyapunov 函数）的能量在网络运行的过程中应不断地降低，最后达到稳定的平衡状态。

对于 DHNN，由于网络状态是有限的，所以不可能出现混沌状态。假设一个 DHNN，其状态为 $Y(t)$：

$$Y(t) = [y_1(t), y_2(t), \cdots, y_n(t)]^T \tag{6-15}$$

如果对于任何 $\Delta t>0$，当神经网络从 $t=0$ 开始，有初始状态 $Y(0)$。经过有限时刻 t，当 $Y(t+\Delta t)=Y(t)$，则认为网络是稳定的。串行方式下的稳定性称为串行稳定性；并行方式下的稳定性称为并行稳定性。神经网络稳定时的状态称为稳定状态。因此，无自反馈的权系数对称 Hopfield 神经网络是稳定的网络，其结构图如图 6-12 所示。

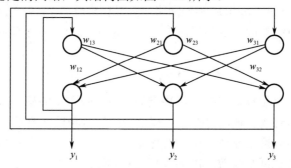

图 6-12 对角线权系数为 0 的对称 Hopfield 神经网络

4. 吸引子与能量函数

网络的稳定状态 X 就是网络的吸引子，用于存储记忆信息。网络的演变过程就是从部分信息寻找全部信息，即联想回忆过程。吸引子有以下的性质：

- $X=f(WX-T)$，则 X 为网络的吸引子；
- 对于 DHNN，若按异步方式调整，且权矩阵 W 为对称，则对于任意初态，网络都最终收敛到一个吸引子；
- 对于 DHNN，若按同步方式调整，且权矩阵 W 为非负定对称，则对于任意初态，网络都最终收敛到一个吸引子；
- X 为网络吸引子，且阈值 $T=0$，在 sign(0)处，$x_j(t+1)=x_j(t)$，则 $-X$ 也一定是该网络的吸引子；
- 吸引子的线性组合，也是吸引子；
- 能使网络稳定在同一吸引子的所有初态的集合，称为该吸引子的吸引域；
- 对于异步方式，若存在一个调整次序，使网络可以从状态 X 演变为 X_a，则称 X 弱吸引到 X_a；若对于任意调整次序，网络都可以从 X 演变为 X_a，则称 X 强吸引到 X_a。

DHNN 网络能量函数描述网络状态，如下所示：

$$E(t) = -\frac{1}{2}X^T(t)WX(t) + X^T T$$

$$= -\frac{1}{2}\sum_{j=1}^{n}\sum_{i=1}^{n}w_{ij}x_ix_j + \sum_{i=1}^{n}T_ix_i \tag{6-16}$$

设 DHNN 按异步方式工作，每次第 j 个神经元改变状态，根据能量变化公式：

$$\Delta E(t) = -\Delta x_j(t)\text{net}_j(t) \tag{6-17}$$

（1）当净输入大于 0 时，状态为 1 的概率大于 0.5。若原来状态 $x_j=1$，则 $\Delta x_j=0$，从而 $\Delta E=0$；若原理状态 $x_j=0$，则 $\Delta x_j=1$，从而 $\Delta E<0$，能量下降。

（2）当净输入小于 0 时，状态为 1 的概率小于 0.5。若原来状态 $x_j=0$，则 $\Delta x_j=0$，从而 $\Delta E=0$；若原理状态 $x_j=1$，则 $\Delta x_j=-1$，从而 $\Delta E<0$，能量下降。

以上可以看出，对于 DHNN，随着网络状态的演变，从概率意义上网络的能量总是朝着减小的方向变化。这就意味着尽管网络能量的总趋势是朝着减小的方向演进，但不排除在有些神经元状态可能会按照小概率取值，从而使网络能量暂时增加。由于采用了神经元状态按概率随机取值的工作方式，即网络在运行过程中不断地搜索更低的能量极小值，直到达到能量的全局最小。在实际应用中，任何一个系统，如果其优化问题可以用能量函数 $E(t)$ 作为目标函数，那么总可以用连续 Hopfield 神经网络对其进行求解。由于引入能量函数 $E(t)$，Hopfield 神经网络和优化问题直接对应，这种工作是具有开拓性的。这也是 Hopfield 神经网络用于神经计算的基本原因。

5. 网络的权值设计

吸引子的分布是由网络权值包括阈值决定的，设计吸引子的核心就是如何设计一组合适的权值。为了使得所设计的权值满足要求，权值矩阵应符合以下要求：

（1）为保证异步方式网络收敛，W 为对称矩阵；
（2）为保证同步方式网络收敛，W 为非负定对称矩阵；
（3）保证给定的样本是网络的吸引子，并且要有一定的吸引域。

根据应用所要求的吸引子数量，可以采用以下不同的方法：

- 联立方程法：对于吸引子较少时，可采用该方法。

- 外积和法：对于吸引子较多时，可采用该方法。采用 Hebb 规律的外积和法。

6. 学习算法

Hopfield 网络按动力学方式运行，其工作过程为状态的演化过程，即从初始状态按"能量"减小的方向进行演化，直至达到稳定状态，稳定状态即为网络的输出状态。

下面以串行方式为例说明 Hopfield 网络的运行步骤。

第一步，对网络进行初始化。

第二步，从网络中随机选取一个神经元 i。

$$u_i(t) = \sum_{\substack{j=1 \\ j \neq i}}^{n} w_i v_j(t_j + b) \tag{6-18}$$

第三步，求出神经元 i 的输入 $u_i(t)$。

第四步，求出神经元 i 的输出 $v_i(t+1)$，此时网络中的其他神经元的输出保持不变。

说明：$v_i(t+1) = f(u_i(t))$，f 为激活函数，可取阶跃函数或符号函数。如取符号函数，则 Hopfield 网络的神经元 $v_i(t+1)$ 输出取离散值 1 或 -1，即：

$$v_i(t+1) = \begin{cases} 1, & \sum_{\substack{j=1 \\ j \neq i}}^{n} w_{ij} v_j(t) + b_i \geq 0 \\ -1, & \sum_{\substack{j=1 \\ j \neq i}}^{n} w_{ij} v_j(t) + b_i < 0 \end{cases} \tag{6-19}$$

第五步，判断网络是否达到稳定状态，若达到稳定状态或满足给定条件，则结束；否则转至第二步继续运行。

这里网络的稳定状态定义为：若网络从某一时刻以后，状态不再发生变化。即：

$$v(t + \Delta t) = v(t), \Delta t > 0 \tag{6-20}$$

7. 联想记忆功能

联想记忆功能是离散 Hopfield 神经网络的一个重要应用范围。用网络的稳态表示一种记忆模式，初始状态朝着稳态收敛的过程便是网络寻找记忆模式的过程，初态可视为记忆模式的部分信息，网络演变可视为从部分信息回忆起全部信息的过程，从而实现联想记忆。要想实现联想记忆，反馈网络必须具有两个基本条件：

- 网络能收敛到稳定的平衡状态，并以其作为样本的记忆信息；
- 具有回忆能力，能够从某一残缺的信息回忆起所属的完整的记忆信息。

离散 Hopfield 神经网络实现联想记忆的过程分为两个阶段：学习记忆阶段和联想回忆阶段。在学习记忆阶段，设计者通过某一设计方法确定一组合适的权值，使网络记忆期望的稳定平衡点。联想回忆阶段则是网络的工作过程。

离散 Hopfield 神经网络用于联想记忆有两个突出的特点，即记忆是分布式的，而联想是动态的。

离散 Hopfield 神经网络的局限性主要表现在以下几点：

- 记忆容量的有限性；
- 伪稳定点的联想与记忆；
- 当记忆样本较接近时，网络不能始终回忆出正确的记忆等。

另外,网络的平衡稳定点并不是可以任意设置的,也没有一个通用的方式来事先知道平衡稳定点。

利用 Hopfield 神经网络可实现优化求解问题:将带求解的目标函数设置为网络能量函数,当能量函数趋于最小时,网络状态的输出就是问题的最优解。网络的初态视为问题的初始解,而网络从初始状态向稳态的收敛过程便是优化计算过程,这种寻优搜索是在网络演变过程中自动完成的。

6.3.3 连续 Hopfield 神经网络

1. 网络结构

连续 Hopfield 神经网络(Continuous Hopfield Neural Network,CHNN)是一种单层反馈非线性网络,每一个神经元的输出均反馈至所有神经元的输入。CHNN 的拓扑结构和生物神经系统中大量存在的神经反馈回路是一致的。Hopfield 用模拟电路设计了一个 CHNN 的电路模型,如图 6-13 所示。

考虑对于一个神经细胞,即神经元 i,其内部膜电位状态用 u_i 表示,生物神经元的动态(微分系统)由运算放大器来模拟,其中微分电路中细胞膜输入电容为 C_i,细胞膜的传递电阻为 R_i,输出电压为 V_i,外部输入电流用 I_i 表示,神经元的状态满足如下动力学方程:

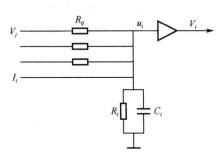

图 6-13 CHNN 的电路模型

$$\begin{cases} C_i \dfrac{\mathrm{d}u_i(t)}{\mathrm{d}t} = -\dfrac{u_i(t)}{R_i} + \sum_{j=1}^{n} w_{ij} V_j(t) + I_i \\ V_i(t) = g_i(u_i(t)) \end{cases} \quad i = 1, 2, \cdots, n \tag{6-21}$$

为了模仿生物神经元及其网络的主要特性,连续型 Hopfield 网络利用模拟电路构造了反馈人工神经网络的电路模型。如图 6-14 所示为 CHNN 的网络结构的模拟电路。

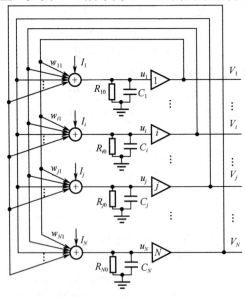

图 6-14 CHNN 的网络结构的模拟电路

在如图 6-14 所示电路模型中，微分系统的暂态过程的时间常数通过电容 C_i 和电阻 R_i 并联实现，模拟生物神经元的延时特性，电阻 R_{ij}（$j=1$，2，$\cdots$，n）模拟神经元之间互连的突触特性，偏置电流 I_i 相当于阈值，运算放大器模拟神经元的非线性饱和特性。

设模型中的放大器为理想放大器，其输入端无电流输入，则第 i 个放大器的输入方程为：

$$C_i \frac{\mathrm{d}u_i}{\mathrm{d}t} = -\frac{u_i}{R_{i0}} + \sum_{j=1}^{n} w_{ij}(V_i - u_i) + I_i \tag{6-22}$$

$$w_{ij} = \frac{1}{R_{ij}} \tag{6-23}$$

在图 6-13 中，u_i 表示运算放大器 i 的输入电压，V_i 表示运算放大器 i 的输出电压。

Hopfield 神经网络中每个神经元都是由运算放大器及相关的电路组成的，其中任意一个运算放大器 i（或神经元 i）都有两组输入：第一组是恒定的输入，用 I_i 表示，这相当于放大器的电流输入；第二组是来自其他运算放大器的反馈连接，如其中的另一任意运算放大器 j（或神经元 j），用 w_{ij} 表示，这相当于神经元 i 和神经元 j 的连接权值。

设：

$$\frac{1}{R_i} = \frac{1}{R_{i0}} + \sum_{j=1}^{n} w_{ij} \tag{6-24}$$

则有：

$$C_i \frac{\mathrm{d}u_i}{\mathrm{d}t} = -\frac{u_i}{R_i} + \sum_{j=1}^{n} w_{ij} V_i + I_i \tag{6-25}$$

$$V_i = f(u_i) \tag{6-26}$$

一般设：$u = x$，$V = y$，$R_i C_i = \tau$，$I/C = \theta$

则有：

$$\frac{\mathrm{d}x_i}{\mathrm{d}t} = -\frac{1}{\tau} x_i + \frac{1}{C_i} \sum_j w_{ij} y_j + \theta_i \tag{6-27}$$

$$y_i = f(x_i) \tag{6-28}$$

式中，$f(x)$ 为 S 型激活函数，一般有以下两种形式：

非对称型 Sigmoid 函数：

$$f(x) = \frac{1}{1 + \mathrm{e}^{-x}} \tag{6-29}$$

和对称型 Sigmoid 函数：

$$f(x) = \frac{1 - \mathrm{e}^{-x}}{1 + \mathrm{e}^{-x}} \tag{6-30}$$

CHNN 在时间上是连续的，所以网络中各个神经元是处于同步方式工作的。

2. CHNN 基本算法

$$\begin{cases} C_i \cdot \frac{\mathrm{d}u_i}{\mathrm{d}t} + \frac{u_i}{R_i} = \sum_{j=1}^{n} \frac{(V_j - u_i)}{R_{ij}} + I_i \\ V_i = f(u_i) \end{cases} \tag{6-31}$$

$$\begin{aligned} \frac{\mathrm{d}u_i}{\mathrm{d}t} &= -\frac{1}{R_i C_i} u_i + \sum_{j=1}^{n} \frac{1}{R_{ij} C_i} V_j + \frac{I_i}{C_i} \quad \left(\frac{1}{R_i} = \frac{1}{R_i} + \sum_{j=1}^{N} \frac{1}{R_{ij}} \right) \\ V_i &= f(u_i) \end{aligned} \tag{6-32}$$

取参数：

$$v_i = V_i, \quad \tau = R_i C_i, \quad w_{ij} = \frac{1}{R_{ij} C_i}, \quad \theta_i = \frac{I_i}{C_i}$$

得：

$$\frac{du_i}{dt} = -\frac{u_i}{\tau} + \sum_{j=1}^{n} w_{ij} V_j + \theta_i \quad (6\text{-}33)$$

$$V_i = f_i(u_i) \quad i = 1, 2, 3, 4, \cdots, N$$

过程：先设定初态（u_i），运行至稳定，得到稳定状态。

对应输出：

$$v_i = \frac{1}{2}\left[1 + \tan\frac{u_i}{u_0}\right] \quad (6\text{-}34)$$

3. CHNN 网络稳定性

CHNN 网络的能量函数的定义：

$$E = -\frac{1}{2}\sum_{i=1}^{n}\sum_{j=1}^{n} w_{ij} V_i V_j - \sum_{i=1}^{n} V_i I_i + \sum_{i=1}^{n} \frac{1}{R_i} \int_0^{V_i} f^{-1}(V) dV \quad (6\text{-}35)$$

求取 dE/dt：

$$\frac{dE}{dt} = \sum_i \frac{\partial E}{\partial V_i} \frac{dV_i}{dt} \quad (6\text{-}36)$$

其中：

$$\frac{\partial E}{\partial V_i} = -\frac{1}{2}\sum_j w_{ij} V_j - \frac{1}{2}\sum_j w_{ji} V_j - I_i + \frac{1}{R_i} u_i \quad (6\text{-}37)$$

由于 $w_{ij} = w_{ji}$，则有：

$$\frac{\partial E}{\partial V_i} = -\sum_j w_{ij} V_j - I_i + \frac{1}{R_i} u_i \quad (6\text{-}38)$$

由 CHNN 运行方程可得：

$$\frac{\partial E}{\partial V_i} = -C_i \frac{du_i}{dt} = -C_i \frac{du_i}{dV_i} = -C_i \left(\frac{dV_i}{dt}\right) \frac{d}{dV_i} f^{-1}(V_i) \quad (6\text{-}39)$$

将式（6-39）代入式（6-36）可得：

$$\frac{dE}{dt} = -\sum_j C_i \left(\frac{dV_i}{dt}\right)^2 f^{-1}(V_i) \quad (6\text{-}40)$$

由于 $C_i > 0$，$f(u)$ 单调递增，故 $f^{-1}(u)$ 也单调递增，可得：$dE/dt \leq 0$。

当且仅当 $\frac{dV_i}{dt} = 0$ 时，$dE/dt = 0$。

结论：网络是渐进稳定的，随着时间的推移，网络的状态向 E 减小的方向运动，其稳定平衡状态就是 E 的极小点。

对于连续 Hopfield 神经网络，Hopfield 给出如下稳定性定理：

当 Hopfield 神经网络的神经元传递函数 g 是连续且有界的（如 Sigmoid 函数），并且网络的权值系数矩阵对称，则这个连续 Hopfield 神经网络是稳定的。

CHNN 网络具有良好的收敛性且具有有限的平衡点，并且能够渐进稳定。渐进稳定的平衡点为其能量函数的局部极小点。CHNN 能将任意一组希望存储的正交化矢量综合为网络的渐进的平衡点。CHNN 网络存储表现为神经元之间互联的分布式动态存储。CHNN 以大规模、非线性、连续时间并行方式处理信息，其计算时间就是网络趋于平衡点的时间。

6.3.4 用 DHNN 识别残缺的字母

【示例 6-3】 用 Python 2.7 设计实现的一个 Hopfield 神经网络，使其具有联想记忆功能，能正确识别被噪声污染后的数字。本例根据横切掉一半的数字残骸恢复原来的数字，该算法根据 Hebb 归一化学习原则，并采用了 Kronecker 积的方法实现。作者为 Alex Pan。本例首先使用完整稳定的原始数字 "0" 及 "2" 对 Hopfield 神经网络进行训练，训练结束后使用横切掉一半的 "0" 及 "2" 来验证训练结果，训练数字及验证数字使用一维 5×6 的 bit 数组模拟。本例中，首先建立一个 Hopfield 神经网络模型，确定神经元的个数及权重矩阵，同时根据 Hebb 学习原则，定义了 Kronecker 积的方法。在定义训练时，首先定义一个一次使用单个稳定状态并更新权重矩阵的训练方法 trainOnce，然后再定义使用 trainOnce 方法进行全 Hopfield 网络训练的方法 hopTrain，最后定义启动方法 hopRun。

代码 6-3（ch6_3_hopfield.py）：

```
01  #!/usr/bin/env Python
02  # coding=utf-8
03  #@Author: Alex Pan@From: CASIA@Date: 2017.03 感谢作者 Alex Pan
04
05  import numpy as np
06  uintType = np.uint8
07  floatType = np.float32
08
09  class HOP(object):    # Hopfield 模型
10      def __init__(self, N):
11          self.N = N      # Bit 维度
12          self.W = np.zeros((N, N), dtype = floatType)    # 权值矩阵
13
14      # 计算[factor]的 Kronecker 平方积或使用 np.kron()
15      def kroneckerSquareProduct(self, factor):
16          ksProduct = np.zeros((self.N, self.N), dtype = floatType)
17          for i in xrange(0, self.N):    # 计算
18              ksProduct[i] = factor[i] * factor
19          return ksProduct
20
21      def trainOnce(self, inputArray):
22  #一次训练一个单个稳定状态，更新权值矩阵
23          mean = float(inputArray.sum()) / inputArray.shape[0]
24  # 使用规范化学习
25          self.W = self.W + self.kroneckerSquareProduct(inputArray - mean)\
26              / (self.N * self.N) / mean / (1 - mean)
27          index = range(0, self.N)    # Erase diagonal self-weight
28          self.W[index, index] = 0.
29
30      def hopTrain(self, stableStateList):    # 整体训练
31          # 把 list 预处理成数组的类型
32          stableState = np.asarray(stableStateList, dtype = uintType)
33          if np.amin(stableState) <0 or np.amax(stableState) >1:
```

```
34      print'Vector Range ERROR!'
35      return
36    # 训练
37    if len(stableState.shape) == 1 and stableState.shape[0] == self.N:
38      print'stableState count: 1'
39      self.trainOnce(stableState)
40    elif len(stableState.shape) == 2 and stableState.shape[1] == self.N:
41      print'stableState count: ' + str(stableState.shape[0])
42      fori in xrange(0, stableState.shape[0]):
43        self.trainOnce(stableState[i])
44    else:
45      print'SS Dimension ERROR! Training Aborted.'
46    return

48    print 'Hopfield Training Complete.'

50  def hopRun(self, inputList):# 运行模型并产生结果
51    inputArray = np.asarray(inputList, dtype = floatType)
52    # 把 list 预处理成数组的类型
53    if len(inputArray.shape) != 1 or inputArray.shape[0] != self.N:
54      print'Input Dimension ERROR! Runing Aborted.'
55      return
56    matrix = np.tile(inputArray, (self.N, 1))
57    matrix = self.W * matrix
58    ouputArray = matrix.sum(1)
59    m = float(np.amin(ouputArray))           # 规范化
60    M = float(np.amax(ouputArray))
61    ouputArray = (ouputArray - m) / (M - m)
62    ouputArray[ouputArray <0.5] = 0.
63    ouputArray[ouputArray >0] = 1.
64    return np.asarray(ouputArray, dtype = uintType)

66  def hopReset(self): # 重设 HOP 至初始状态
67    self.W = np.zeros((self.N, self.N), dtype = floatType)

69  def printFormat(vector, NperGroup): #打印输入向量
70    string = ''
71    for index in xrange(len(vector)):
72      if index % NperGroup == 0:
73        string += '\n'
74      if str(vector[index]) == '0':    # Image-Matrix OR Raw-String
75        string += ' '
76      elif str(vector[index]) == '1':
77        string += '*'
78      else:
79        string += str(vector[index])
80    string += '\n'
81    print string

83  def HOP_demo():        # DEMO of Hopfield Net
84    zero = [0,1,1,1,0,
85            1,0,0,0,1,
87            1,0,0,0,1,
88            1,0,0,0,1,
89            1,0,0,0,1,
90            0,1,1,1,0]
91    one = [0,1,1,0,0,
92           0,0,1,0,0,
```

```
93              0,0,1,0,0,
94              0,0,1,0,0,
95              0,0,1,0,0,
96              0,0,1,0,0]
97      two = [1,1,1,0,0,
98              0,0,0,1,0,
99              0,0,0,1,0,
100             0,1,1,0,0,
101             1,0,0,0,0,
102             1,1,1,1,1]
103     hop = HOP(5 * 6)
104     hop.hopTrain([zero, one, two])
105     half_zero = [0,1,1,1,0,
106                  1,0,0,0,1,
107                  1,0,0,0,1,
108                  0,0,0,0,0,
109                  0,0,0,0,0,
110                  0,0,0,0,0]
111     print 'Half-Zero:'
112     printFormat(half_zero, 5)
113     result = hop.hopRun(half_zero)
114     print'Recovered:'
115     printFormat(result, 5)
116     half_two = [0,0,0,0,0,
117                 0,0,0,0,0,
118                 0,0,0,0,0,
119                 0,1,1,0,0,
120                 1,0,0,0,0,
121                 1,1,1,1,1]
122     print'Half-Two:'
123     printFormat(half_two, 5)
124     result = hop.hopRun(half_two)
125     print'Recovered:'
126     printFormat(result, 5)
127     half_two = [1,1,1,0,0,
128                 0,0,0,1,0,
129                 0,0,0,1,0,
130                 0,0,0,0,0,
131                 0,0,0,0,0,
132                 0,0,0,0,0]
133     print'Another Half-Two:'
134     printFormat(half_two, 5)
135     result = hop.hopRun(half_two)
136     print'Recovered:'
137     printFormat(result, 5)
138
139     if __name__ == '__main__':
140      HOP_demo()
```

【运行结果】

如图 6-15 所示。

【程序解析】

> 09 行：建立 Hopfield 模型。

> 10～12 行：定义初始化函数，设置神经元维度及权值矩阵。

> 15～19 行：计算[factor]的 Kronecker 平方积。

> 21～28 行：定义训练函数。一次训练一个单元，使之进入稳定状态并更新权值矩阵。

- 30～46 行：定义 Hop 训练函数，进行整体训练。
- 50～64 行：定义 hopRun 函数，运行模型并产生结果。
- 66～67 行：定义重设函数，使 HOP 模型进入初始状态。
- 69～81 行：定义格式化打印函数。
- 83～102 行：初始化 HOP 模型，分别建立“0”“1”“2”的矩阵。
- 103～104 行：分别训练“0”“1”“2”。
- 105～115 行：测试恢复半个“0”。
- 116～126 行：测试恢复半个“2”。
- 127～137 行：测试恢复另外半个“2”。
- 139～140 行：运行程序。

```
/usr/bin/python2.7 /home/joshua/PycharmProjects/ch6/ch6_3_Hopfield.py
stableState count: 3
Hopfield Training Complete.
Half-Zero:

 ***
*   *
*   *



Recovered:

 ***
*   *
*   *
*   *
*   *
 ***

Half-Two:




 **
*
*****

Recovered:

***
   *
   *
 **
*
*****

Another Half-Two:

***
   *
   *



Recovered:

***
   *
   *
 **
*
*****

Process finished with exit code 0
```

图 6-15　示例 6-3 运行结果

6.4　卷积神经网络

6.4.1　卷积与卷积神经网络简介

1. 卷积

卷积（Convolution）的本质是两个序列/函数的平移与加权叠加。

对于序列 $x[n]$和 $h[n]$，卷积的结果是：

$$y(n)=\sum_{i=-\infty}^{+\infty}x(i)h(n-i)=x(n)\times h(n) \tag{6-41}$$

对于函数 $x(t)$和 $h(t)$，卷积的结果是：

$$y(t) = \int_{-\infty}^{+\infty} x(p)h(t-p)\mathrm{d}p = x(t) \times h(t) \qquad (6\text{-}42)$$

卷积有着重要的物理意义,在自然界中广泛存在(如信号系统的滤波器),计算一个系统的输出最好的方法就是运用卷积。

下面通过演示求 $x[n] \times h[n]$ 的过程,揭示卷积的物理意义。以离散信号为例,连续信号同理。

已知 $x[0]=a$,$x[1]=b$,$x[2]=c$,如图 6-16 所示。

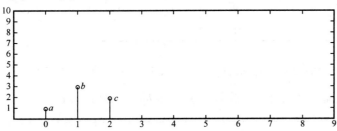

图 6-16　序列 $x[n]$ 的可视化,其中 $a=1$,$b=3$,$c=2$

已知 $h[0]=i$,$h[1]=j$,$h[2]=k$,如图 6-17 所示。

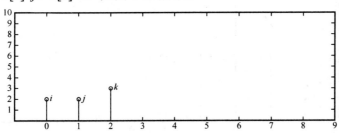

图 6-17　序列 $h[n]$ 的可视化,其中 $i=2$,$j=2$,$k=3$

$x[n] \times h[n]$ 的过程:

第一步,$x[n] \times h[0]$ 并平移到位置 0,如图 6-18 所示。

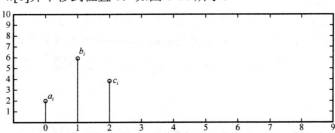

图 6-18　$x[n] \times h[0]$ 并平移到位置 0($i=1$,1×2,3×2,2×2)

第二步,$x[n] \times h[1]$ 并平移到位置 1,如图 6-19 所示。

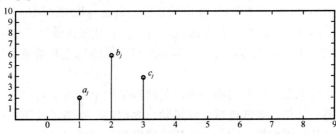

图 6-19　$x[n] \times h[1]$ 并平移到位置 1($j=2$,1×2,3×2,2×2)

第三步，$x[n] \times h[2]$ 并平移到位置 2，如图 6-20 所示。

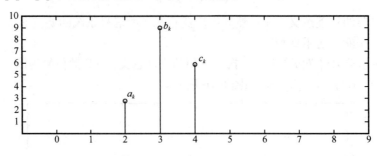

图 6-20　$x[n] \times h[2]$ 并平移到位置 2（$k=3$，1×3，3×3，2×3）

第四步，把上面三个图叠加，就得到了 $x[n] \times h[n]$，如图 6-21 所示。

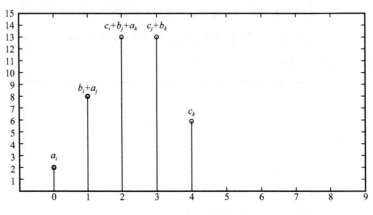

图 6-21　$x[n] \times h[n]$ 的平移叠加

从这里可以看出卷积的重要物理意义是：一个函数（如单位响应）在另一个函数（如输入信号）上的加权叠加。

对于线性时不变系统（既满足叠加原理又具有时不变特性），如果知道该系统的单位响应，那么将单位响应和输入信号求卷积，就相当于把输入信号的各个时间点的单位响应加权叠加，就直接得到了输出信号。通俗地说，在输入信号的每个位置，叠加一个单位响应，就得到了输出信号。

2．卷积神经网络

卷积神经网络（Convolutional Neural Network，CNN）是一种前馈神经网络，对于大型图像处理有出色表现。20 世纪 60 年代，Hubel 和 Wiesel 在研究猫脑皮层中用于局部敏感和方向选择的神经元时发现其独特的网络结构可以有效地降低反馈神经网络的复杂性，继而提出了卷积神经网络。K. Fukushima 在 1980 年提出的新感知机是卷积神经网络的第一个实现网络。随后，更多的科研工作者对该网络进行了改进，其中具有代表性的研究成果是 Alexander 和 Taylor 提出的"改进感知机"，该方法综合了各种改进方法的优点并避免了耗时的误差反向传播。

卷积神经网络本质上是一个多层感知机，其成功是由于采用了局部连接和共享权值的方式，使得神经网络易于优化，降低过拟合的风险。卷积神经网络可以使用图像直接作为神经网络的输入，避免了传统识别算法中复杂的特征提取和数据重建过程。卷积神经网络在二维图像处理上有众多优势，如能自行抽取图像特征包括颜色、纹理、形状及图像的拓扑结构，在识别位移、缩放及其他形式扭曲不变性的应用上具有良好的鲁棒性和运算效率等。卷积神经网络可以处理环境信息复杂、背景知识不清楚、推理规则不明确情况下的问题，允许样本有较大的缺损、畸变，运行速度快，自适应性能好，具有较高的分辨率。

卷积神经网络最主要的功能是特征提取和降维。特征提取是计算机视觉和图像处理中的一个概念，指的是使用计算机提取图像信息，决定每个图像的点是否属于一个图像特征。特征提取的结果是把图像上的点分为不同的子集，这些子集往往属于孤立的点、连续的曲线或者连续的区域。降维是指通过线性或非线性映射，将样本从高维度空间映射到低维度空间，从而获得高维度数据的一个有意义的低维度表示过程。通过特征提取和降维，可以有效地进行信息提取综合及无用信息的摈弃，从而大大降低了计算的复杂程度，减少了冗余信息。如一张狗的图像通过特征提取和降维后，尺寸缩小一半还能被认出是一张狗的照片，说明这张图像中仍保留着狗的最重要的特征。图像降维时去掉的信息只是一些无关紧要的信息，而留下的信息则是最能表达图像特征的信息。

卷积神经网络是一种特殊的深层神经网络模型，它的特殊性体现在两个方面：一方面，它的神经元的连接是非全连接的（局部连接或稀疏连接）；另一方面，同一层中某些神经元之间的连接的权重是共享的（即相同的）。它的局部连接和权值共享的神经网络结构使之更类似于生物神经网络，降低了神经网络模型的复杂度，减少了权值的数量。同时，卷积神经网络是一种有监督学习的机器学习模型，具有极强的适应性，善于挖掘数据局部特征，提取全局训练特征和分类，它的权值共享结构使之更类似于生物神经网络，在模式识别各个领域都取得了很好的成果。

卷积神经网络在本质上是一种输入到输出的映射，它能够学习大量的输入与输出之间的映射关系，而不需要任何输入和输出之间的精确的数学表达式，只要用已知的训练集数据对卷积神经网络加以训练，神经网络就具有输入-输出对之间的映射能力。卷积神经网络执行有监督学习，其样本集是由形如"输入向量-理想输出向量"的向量对构成的。

6.4.2 卷积神经网络的结构——以 LeNet-5 为例

卷积神经网络是一种多层的有监督学习神经网络，其隐层所包含的卷积层和池化层是实现卷积神经网络特征提取和降维功能的核心模块。卷积神经网络通过采用梯度下降法，最小化损失函数对网络中的权重参数逐层反向调节，通过频繁的迭代训练提高网络的精度。卷积神经网络的低隐层部分是由多层卷积层和最大池化层交替组成的，高隐层部分是几个全连接层，对应传统多层感知器的隐藏层和逻辑回归分类器。低隐层部分每层的输入是由卷积层或子采样层进行特征提取所得到的特征图；高隐层部分的输出层则是一个分类器，可以采用逻辑回归、Softmax 回归甚至是支持向量机对图像进行分类。

对于图像识别任务，卷积神经网络的一般结构形式是：输入层→卷积层→池化层→（重复卷积层、池化层）→全连接层（Full-connected，可以有多层）→输出结果。通常，输入层大小一般为 2 的整数倍，如 32、64、96、224、384 等，卷积层使用较小的卷积核，如 3×3，最大 5×5。卷积层用于对图像进行特征提取，池化层用于对卷积结果进行降维，例如选择 2×2 的区域对卷积层进行降维，这样卷积层的维度就降为之前的一半。

下面以卷积神经网络的经典结构——LeNet-5 为例来说明卷积神经网络的结构。

LeNet-5 是 Yann LeCun 在 1998 年设计的用于手写数字识别的卷积神经网络，当年美国大多数银行就是用它来识别支票上面的手写数字的，它是早期卷积神经网络中最有代表性的实验系统之一。

LeNet-5 共有 7 层（不包括输入层），分别是 2 个卷积层、2 个下抽样层（池化层）、3 个全连接层（其中 C5 层是卷积层，但使用全连接）。每层都包含不同数量的可训练参数，每个层有多个特征图（Feature Map），每个特征图有多个神经元。LeNet-5 整个网络结构体如图 6-22 所示。

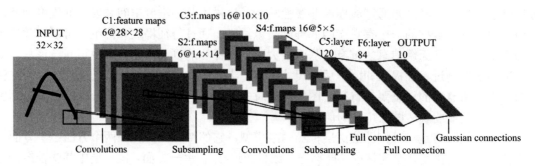

图 6-22　LeNet-5 整个网络结构体

LeNet-5 的卷积层（conv 层）：卷积层采用的都是 5×5 大小的卷积核（或过滤器，kernel 或 filter），且卷积核每次滑动一个像素（步长，stride=1），一个特征图使用同一个卷积核。每个上层节点的值乘以连接上的参数，把这些乘积及一个偏置参数相加得到一个和，把该和输入激活函数，激活函数的输出即是下一层节点的值（如图 6-23 所示）。

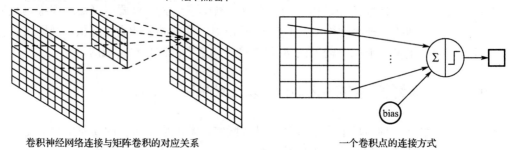

图 6-23　LeNet-5 的卷积层

LeNet-5 的池化层（pooling 层，下采样层）：池化层采用的是 2×2 的输入域，即上一层的 4 个节点作为下一层 1 个节点的输入，且输入域不重叠，即每次滑动 2 个像素。池化节点的结构如图 6-24 所示。

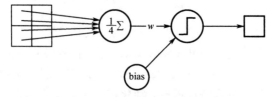

图 6-24　LeNet-5 的池化层

每个池化节点的 4 个输入节点求和后取平均（平均池化），均值乘以一个参数加上一个偏置参数作为激活函数的输入,激活函数的输出即是下一层节点的值。

卷积后输出层(特征图)矩阵宽度的计算:

$$Outlength=(inlength-filterlength+2\times padding)/stridelength+1 \quad (6-43)$$

其中:Outlength 为输出层矩阵的宽度;inlength 为输入层矩阵的宽度;filterlength 为滤波器(卷积核)宽度;padding 为补 0 的圈数(非必要);stridelength 为步长,即过滤器每隔几步计算一次结果。

(1) INPUT 层(输入层)。首先是数据输入层,输入图像的尺寸统一归一化为 32×32。注意:本层不属于 LeNet-5 的网络结构,传统上,不将输入层视为卷积神经网络层次结构之一。

(2) C1 层(卷积层)。参数:
- 输入图片:32×32
- 卷积核大小:5×5
- 卷积核种类:6
- 输出特征图大小:28×28,(32-5+1)=28
- 神经元数量:28×28×6
- 可训练参数:(5×5+1)×6=156
- 连接数:(5×5+1)×6×28×28=122304

C1 层是卷积层,单通道(单色)下用了 6 个卷积核,对输入图像(黑白图片)进行第一次卷积运算,得到 6 个 C1 特征图(feature map),其中每个卷积核的大小为 5×5,用每个卷积核与原始的输入图像进行卷积,这样特征图的大小为(32-5+1)×(32-5+1)=28×28。那么有多少个参数呢?卷积核的大小为 5×5,总共就有 6×(5×5+1)=156 个参数,其中,+1 表示一个核有一个偏置(bias)。对于卷积层 C1,因为输入图像内的每个像素都与 C1 中卷积核的 5×5 个像素和 1 个偏置有连接,所以总共有(5×5+1)×28×28×6=122304 个连接(connection),其中 28×28 为卷积后图像的大小(见图 6-25)。C1 层虽然有 122304 个连接,但只需要训练 156 个参数,训练参数数量的大幅减少主要是通过卷积神经网络的局部感知和权值共享机制来实现的。

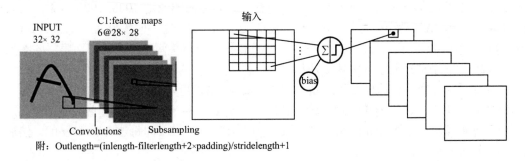

图 6-25　C1 层的卷积过程

卷积操作实际上是用一个权重模板在图像上滑动,并将权重模板中心依次与图像中每一个像素对齐,然后对这个模板覆盖的所有像素进行加权,将结果作为这个权重模板在图像上该点的响应。该权重模板就是卷积核,每个卷积核放大提取一个特征,对应产生一个特征图。卷积核的大小定义了图像中任何一点参与运算的邻域的大小,卷积核上的权值大小说明了对应的邻域点对最后结果的贡献能力,权重越大,贡献能力越大。卷积核沿着图像所有像素移动并计算响应，会得到一幅特征图，这幅特征图上的所有节点共享这个卷积核的参数。通过卷积可以大大减少训练参数的数量。

一种卷积核对图像进行卷积后得到的就是代表该图像的一种特征映射，称之为特征图。用不同的卷积核去卷积同一图像就可以得到对同一图像的不同特征的映射，即不同的特征图。如果需要提取图像的多种特征，那么就需要使用多个不同的卷积核对该图像进行卷积操作。C1层使用了6个不同的卷积核对同一幅图片进行卷积，从而得到了6张不同的特征图，可以理解为原图像上有6种底层纹理模式，也就是用6种基础模式就能描绘出原图像。

卷积如何减少训练参数的数量呢？假设有一张 1000×1000 像素的图像，有 100 万个隐层神经元（这并不多），那么它们全连接的话（即每个隐层神经元都与图像的每一个像素点相连），这样就有 1000×1000×1000000=10^{12} 个连接，也就是 10^{12} 个权值参数。然而图像的空间联系是局部的，就像人是通过一个局部的感受域去感受外界图像一样，每个神经元都不需要对全局图像做感受，每个神经元只感受局部的图像区域（局部感知），然后在更高层将这些感受不同局部的神经元综合起来从而得到全局的信息。这样，我们就可以减少连接的数目，也就是减少神经网络需要训练的权值参数的个数了。

假如局部感受域是 10×10，隐层每个神经元只需要和这 10×10 的局部图像相连接，所以 100 万个隐层神经元就只有一亿个连接，即 10^8 个参数。比原来减少了 4 个数量级，这样训练起来就没那么费力了。但一亿个参数还是很多，那还有什么办法可以进一步降低连接数量吗？

由以上分析可知，隐层的每个神经元都连接 10×10 的图像区域，也就是说每个神经元存在 10×10=100 个连接权值参数。那如果每个神经元对应的这 100 个参数是相同的呢（也就是说每个神经元用的是同一个卷积核去卷积图像）？这样岂不是就只有 100 个参数了？不管隐层有多少个神经元，两层间的连接都共享这 100 个参数，这就是权值共享。

假设使用 100 种卷积核，每种卷积核的参数都不一样，那么就表示它提取输入图像的 100 种不同特征。所以 100 种卷积核就有 100 个特征图。那么有多少个需要训练的参数呢？100 种卷积核×每种卷积核共享 100 个参数=100×100=10k，也就是 1 万个参数。

隐层的参数个数和隐层的神经元个数无关，只和输入图像的大小、卷积核的大小、卷积核种类的多少以及卷积核在图像中的滑动步长有关。如输入图像是 1000×1000 像素，而卷积核大小是 10×10，假设卷积核没有重叠，也就是步长为 10，这样隐层的参数就是（1000×1000）÷（10×10）=100×100 个了。假设步长是 8，也就是卷积核会重叠两个像素，那么隐层的参数个数就是 125×100 个神经元了。具体算法如下：

首先测试输入矩阵（原图）两边是否需要补零：（输入矩阵宽度-卷积核宽度）/步长，即（1000-10）/8=123.75，不能整除说明输入矩阵两遍需要补零（保证卷积核完全覆盖输入矩阵而不至于卷积核的部分神经元溢出）。补零数为（1-0.75）×8=2（即每边各补 1 个 0）。然后使用输出层矩阵宽度的计算公式：

$$\text{Outlength} = (\text{inlength} - \text{filterlength} + 2 \times \text{padding}) / \text{stridelength} + 1$$
$$= (1000 - 10 + 2 \times 1) / 8 + 1 = 125$$

输出矩阵的深度（同样不重叠）为 1000/10=100，所以隐层的参数个数就是 125×100 个。注意：这只是一种卷积核，也就是一个特征图的神经元个数，如果 100 个特征图就是 100 倍了。

卷积过程如图 6-26 所示，原始图像的大小为 5×5，卷积核为 3×3，卷积核每次滑动一个像素（步长 stride=1），权重固定。

生成的特征图的边长为：（5-3）/1 +1 = 3。

(3) S2层（池化层，或下采样层）。参数：
- 输入：28×28
- 采样区域：2×2
- 采样方式：4个输入相加，乘以一个可训练参数，再加上一个可训练偏置。结果通过Sigmoid函数输出
- 采样种类：6
- 输出特征图大小：14×14（28/2）
- 神经元数量：14×14×6
- 可训练参数：2×6（和的权+偏置）
- 连接数：（2×2+1）×6×14×14

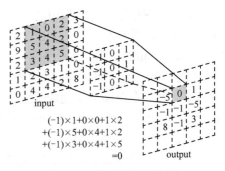

图6-26 卷积过程示意图

S2层是池化层（或称下采样层），是下采样或者特征映射的过程，是利用图像局部相关性的原理，对图像进行下采样，以在减少数据处理量的同时保留有用信息。下采样的目的主要是混淆特征的具体位置，因为某个特征找出来后，它的具体位置已经不重要了，只需要这个特征与其他特征的相对位置。比如一个"8"，当得到了上面一个"o"时，就不需要知道它在图像中的具体位置了，只需要知道它下面又是一个"o"就可以知道是一个"8"了，因为图片中"8"在图片中偏左或者偏右都不影响认识它。这种混淆具体位置的策略能对变形和扭曲的图片进行识别。

在第一次卷积操作之后紧接着就是池化运算。S2层使用2×2核分别对C1层的6个特征图进行池化，得到了6个14×14的特征图（28/2=14）。S2的计算过程是：2×2单元里的值相加，然后再乘以可训练参数w，再加上一个可训练偏置参数b（每个特征图共享相同的w和b），然后取sigmoid（S函数：0~1区间）值，作为对应的该单元的值。S2层中每个特征图的长和宽都是上一层C1的一半。S2层需要2×6=12个可训练参数，连接数为（4+1）×14×14×6 = 5880。S2中每个特征图的大小是C1中特征图大小的1/4（见图6-27）。

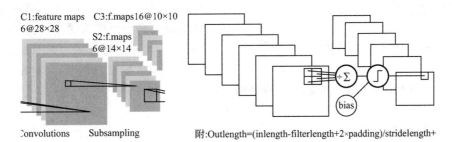

图6-27 S1层的池化过程

从一个平面到下一个平面的映射可以看作是做卷积运算，S2层可看作是模糊卷积核，起到二次特征提取的作用。隐层与隐层之间空间分辨率递减，而每层所含的平面数递增，这样可用于检测更多的特征信息。池化层用于压缩数据和参数的量，减小过拟合。简而言之，如果输入是图像的话，那么池化层的最主要作用就是压缩图像。通过S2层池化操作来实现降维，最重要的是保证特征的尺度不变性。通常一幅图像含有的信息量是很大的，特征也很多，但是有些信息对于目标任务没有太多用途或者有重复，把这类冗余信息去除，把最重要的特征抽取出来，这是池化操作的一大作用。

在卷积神经网络中，没有必要对输入的原图像做处理，而是可以使用某种"压缩"方法，将小邻域内的特征点整合成新的特征，使得特征减少、参数减少，这个过程就是池化。也就是每次将原图像卷积后，都通过一个下采样的过程，来减小图像的规模，减少计算量，以提升计算速度，同时不容易产生过度拟合。常用的池化技术有 Mean-Pooling、Max-Pooling 和 Stochastic-Pooling 三种。

Mean-Pooling，即对邻域内特征点求平均：假设 Pooling 的窗格大小是 2×2，在 Forward 的时候，就是在前面卷积完的输出上依次不重合地取 2×2 的窗平均，得到一个值就是当前 Mean-Pooling 之后的值。Backward 的时候，把一个值分成四等份放到前面 2×2 的格子里面就可以了。举例：

forward: [1 3; 2 2]→[2]　　　　backward: [2]→[0.5 0.5; 0.5 0.5]

Max-Pooling，即对邻域内特征点取最大。Forward 时只需取 2×2 窗格内最大值，Backward 时把当前的值放到之前那个最大位置，其他的三个位置用 0 填补。举例：

forward: [1 3; 2 2]→3　　　　backward: [3]→[0 3; 0 0]

Stochastic-Pooling，即对 Feature Map 中的元素按照其概率值大小随机选择，即元素值大的被选中的概率也大。而不像 Max-Pooling 那样，永远只取那个最大值元素。

特征提取的误差主要来自两个方面：邻域大小受限造成的估计值方差增大；卷积层参数误差造成估计均值的偏移。一般来说，Mean-Pooling 能减小第一种误差，更多地保留图像的背景信息；Max-Pooling 能减小第二种误差，更多地保留纹理信息；Stochastic-Pooling 则介于前面两者之间，通过对像素点按照数值大小赋予概率，再按照概率进行亚采样，在平均意义上与 Mean-Pooling 近似，在局部意义上则服从 Max-Pooling 的准则。

以最大池化（Max-Pooling）为例，1000×1000 的图像经过 10×10 的卷积核卷积后，得到的是 991×991 的特征图，然后使用 2×2 的池化规模，即每 4 个点组成的小方块中取最大的一个作为输出，最终得到的是 496×496 大小的特征图，如图 6-28 所示。

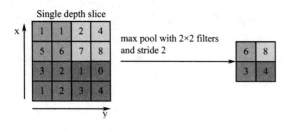

图 6-28　最大池化（Max-Pooling）示例

（4）C3 层（卷积层）。参数：

- 输入：S2 中所有 6 个或者几个特征图的组合
- 卷积核大小：5×5
- 卷积核种类：16
- 输出特征图大小：10×10，（14-5+1）=10
- 可训练参数：6×(3×5×5+1)+6×(4×5× 5+1)+3×(4×5×5+1)+1×(6×5×5+1)=1516
- 连接数：10×10×1516=151600

第一次池化之后进行第二次卷积，第二次卷积的输出是 C3 层。C3 中的每个特征图是连接到 S2 中的所有 6 个或者几个特征图的，表示本层的特征图是上一层提取到的特征图的不同组合。C3 的前 6 个特征图以 S2 中 3 个相邻的特征图子集为输入，接下来的 6 个特征图以 S2 中 4 个相邻特征图子集为输入，之后的 3 个以不相邻的 4 个特征图子集为输入，最后 1 个将 S2 中所有特征图为输入（见图 6-29）。

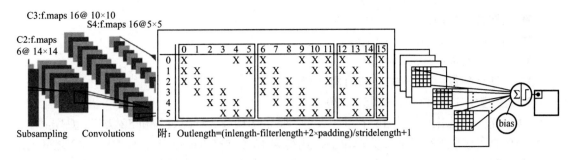

图 6-29　C3 层的卷积过程

C3 通过对 S2 的特征图特殊组合计算从 S2 的 6 个特征图得到本层的 16 个特征图，具体计算过程如下（见图 6-30）：

C3 并不是与 S2 全连接而是部分连接，C3 卷积模板的大小为 5×5，16 个卷积核，因此具有 16 个特征图，每个特征图的大小为（14-5+1）×（14-5+1）=10×10。每个特征图只与上一层 S2 中部分特征图相连接。如图 6-30 所示给出了 16 个特征图与上一层 S2 的连接方式，行号 0~5 为 S2 层特征图的标号，列号 0~15 为 C3 层特征图的标号，"X"为连接。第一列表示 C3 层的第 0 个特征图只和 S2 层的第 0、1 和 2 这 3 个特征图相连接，其他类似。

C3 中每个特征图由 S2 中所有 6 个或者几个特征图组合而成。为什么不把 S2 中的每个特征图连接到每个 C3 的特征图呢？原因有两点：第一，不完全的连接机制将连接的数量保持在合理的范围内；第二，也是最重要的，其破坏了网络的对称性，由于不同的特征图有不同的输入，所以迫使它们抽取不同的特征。以 C3 层第 0 个特征图描述计算过程：用 1 个卷积核（对应 3 个卷积模板，但仍称为一个卷积核，可以认为是三维卷积核）分别与 S2 层的 3 个特征图进行卷积，然后将卷积的结果相加，再加上一个偏置，再取 Sigmoid 就得出对应的特征图。所需要的参数数目为（5×5×3+1）×6+（5×5×4+1）×9+5×5×6+1=1516，其中 5×5 为卷积参数，卷积核分别有 3、4、6 个卷积模板，连接数为 1516×10×10=151600，这样 C3 层有 1516 个可训练参数和 151600 个连接。

C3 与 S2 中前 3 个特征图相连的卷积结构如图 6-31 所示。

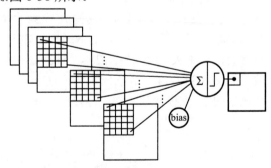

图 6-30　C3 层特征图计算　　　　图 6-31　C3 与 S2 中前 3 个特征图相连的卷积结构

（5）S4 层（池化层）。参数：

- 输入：10×10
- 采样区域：2×2
- 采样方式：4 个输入相加，乘以一个可训练参数，再加上一个可训练偏置。结果通过 Sigmoid 函数输出

- 采样种类：16
- 输出特征图大小：5×5（10/2）
- 神经元数量：5×5×16=400
- 可训练参数：2×16=32（和的权+偏置）
- 连接数：16×（2×2+1）×5×5=2000

S4 层是一个池化层，由 16 个 5×5 大小的特征图构成。计算过程和 S2 类似，C3 层的 16 个 10×10 的图分别进行以 2×2 为单位的池化得到 16 个 5×5 的特征图，与 C1 和 S2 之间的连接一样。S4 层有 32 个可训练参数（每个特征图有 1 个因子和 1 个偏置）和（4+1）×5×5×16=2000 个连接。S4 中每个特征图的大小是 C3 中特征图大小的 1/4（见图 6-32）。

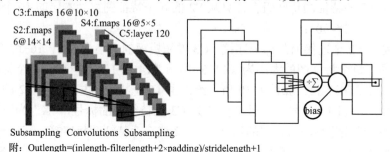

图 6-32　S4 层的池化过程

（6）C5 层（卷积层）。参数：
- 输入：S4 层的全部 16 个单元特征图（与 S4 全相连）
- 卷积核大小：5×5
- 卷积核种类：120
- 输出图大小：1×1(5-5+1)
- 可训练参数/连接：120×(16×5×5+1)=48120

C5 为卷积层，有 120 个卷积核，卷积核的大小仍然为 5×5，因此有 120 个特征图，每个特征图的大小都与上一层 S4 的所有特征图进行全连接，这样一个卷积核就有 16 个卷积模板。故 C5 特征图的大小为 1×1，这构成了 S4 和 C5 之间的全连接。之所以仍将 C5 标示为卷积层而非全相连层，是因为如果 LeNet-5 的输入变大，而其他的保持不变，那么此时特征图的维数就会比 1×1 大。C5 层有 120×（5×5×16+1）= 48120（16 为上一层所有的特征图个数）个参数（见图 6-33）。和 C3 层的不同，这一层一共有 120 个 16 维的 5×5 大小的卷积核，且每一个核中的 16 维模板都一样，连接数也是这么多。

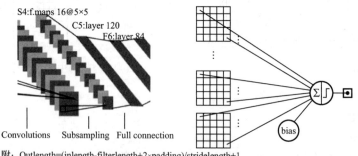

图 6-33　C5 层的卷积过程

第 6 章 神经网络及其基础算法应用

（7）F6 层（全连接层）。参数：
- 输入：C5 的 120 维向量
- 计算方式：计算输入向量和权重向量之间的点积，再加上一个偏置，结果通过 Sigmoid 函数输出
- 可训练参数：84×(120+1)=10164

F6 层是全连接层。F6 层有 84 个单元（选这个数字的原因来自于输出层的设计），与 C5 层全相连，对应于一个 7×12 的比特图，-1 表示白色，1 表示黑色，这样每个符号的比特图的黑白色就对应于一个编码。该层的训练参数和连接数是(120+1)×84=10164。F6 层计算输入向量和权重向量之间的点积，再加上一个偏置。然后将其传递给 Sigmoid 函数产生单元 i 的一个状态。F6 层的连接方式如图 6-34 所示。

F6 层的输出层由欧式径向基函数（Euclidean Radial Basis Function）单元组成，每类一个单元，每个有 84 个输入。换句话说，每个输出 RBF 单元计算输入向量和参数向量之间的欧式距离。输入离参数向量越远，RBF 输出越大。一个 RBF 输出可以被理解为衡量输入模式和与 RBF 相关联类的一个模型的匹配程度的惩罚项。用概率术语来说，RBF 输出可以被理解为 F6 层配置空间的高斯分布的负 log-likelihood。给定一个输入模式，损失函数应能使得 F6 的配置与 RBF 参数向量（即模型的期望分类）足够接近。这些单元的参数是人工选取并保持固定的（至少初始时候如此）。这些参数向量的成分被设为-1 或 1。虽然这些参数可以-1 和 1 等概率的方式任选，或者构成一个纠错码，但是被设计成一个相应字符类的 7×12 大小（即 84）的格式化图片。这种表示对识别单独的数字不是很有用，但是对识别可打印 ASCII 集中的字符串很有用。

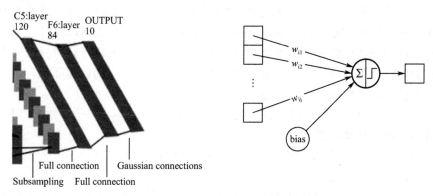

图 6-34　F6 层（全连接层）的连接与计算方式

使用这种分布编码而非更常用的"1 of N"编码用于产生输出的另一个原因是，当类别比较大的时候，非分布编码的效果比较差。原因是大多数时间非分布编码的输出必须为 0。这使得用 Sigmoid 单元很难实现。另一个原因是分类器不仅用于识别字母，也用于拒绝非字母。使用分布编码的 RBF 更适合该目标。因为与 Sigmoid 不同，它们在输入空间的较好限制的区域内兴奋，而非典型模式更容易落到外边。

RBF 参数向量起着 F6 层目标向量的角色。需要指出这些向量的成分是+1 或-1，这正好在 F6 Sigmoid 的范围内，因此可以防止 Sigmoid 函数饱和。实际上，+1 和-1 是 Sigmoid 函数的最大弯曲点处。这使得 F6 单元运行在最大非线性范围内。必须避免 Sigmoid 函数的饱和，因为这将导致损失函数较慢的收敛和病态问题。

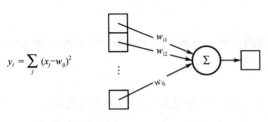

图 6-35 OUTPUT 层的输出计算

(8) OUTPUT 层（全连接层）。OUTPUT 层也是全连接层，共有 10 个节点，分别代表数字 0 到 9，且如果节点 i 的值为 0，则网络识别的结果是数字 i。采用的是径向基函数（RBF）的网络连接方式。假设 x 是上一层的输入，y 是 RBF 的输出，则 RBF 输出的计算方式如图 6-35 所示。

图 6-35 中 w_{ij} 的值由 i 的比特图编码确定，i 从 0 到 9，j 取值从 0 到 7×12−1。RBF 输出的值越接近于 0，则越接近于 i，即越接近于 i 的 ASCII 编码图，表示当前网络输入的识别结果是字符 i。该层有 84×10=840 个参数和连接。

6.4.3 CNN 的学习规则

构造好网络之后，需要对网络进行求解，如果像普通神经网络一样分配参数，则每个连接都会有未知参数。而卷积神经网络采用的是权值共享，这样一来通过一幅特征图上的神经元共享同样的权值就可以大大减少自由参数，这可以用来检测相同的特征在不同角度表示的效果。

在卷积神经网络中，权值更新是基于误差反向传播算法的。

卷积神经网络在本质上是一种输入到输出的映射，它能够学习大量的输入与输出之间的映射关系，而不需要任何输入和输出之间的精确的数学表达式，只要用已知的模式对卷积网络加以训练，网络就具有输入-输出对之间的映射能力。卷积神经网络执行的是有监督训练，所以其样本集是由输入向量及理想输出向量的向量对构成的。在开始训练前，所有的权重都应该用一些不同的小随机数进行初始化。"小随机数"用来保证网络不会因权值过大而进入饱和状态，从而导致训练失败；"不同"用来保证网络可以正常地学习。实际上，如果用相同的数去初始化权值矩阵，则网络无学习能力。

训练算法主要包括四步，这四步被分为两个阶段。

第一阶段，向前传播阶段：

- 从样本集中取一个样本 (X, Y_p)，将 X 输入网络；
- 计算相应的实际输出 O_p。

在此阶段，信息从输入层经过逐级的变换，传送到输出层。这个过程也是网络在完成训练后正常运行时执行的过程。在此过程中，网络执行的是计算（实际上就是输入与每层的权值矩阵相点乘，得到最后的输出结果）：

$$O_p = F_n(\cdots(F_2(F_1(X_p W(1))W(2))\cdots)W(n)) \qquad (6\text{-}44)$$

这个过程也是网络在完成训练后正常执行时执行的过程。

第二阶段，向后传播阶段：

- 计算实际输出 O_p 与相应的理想输出 Y_p 的差；
- 按极小化误差的方法反向传播调整权矩阵。

这两个阶段的工作一般应受到精度要求的控制。

网络的训练过程如下：

- 选定训练组，从样本集中分别随机地寻求 N 个样本作为训练组；

- 将各权值、阈值置成小的接近于 0 的随机值，并初始化精度控制参数和学习率；
- 从训练组中取一个输入模式加到网络，并给出它的目标输出向量；
- 计算出中间层输出向量，计算出网络的实际输出向量；
- 将输出向量中的元素与目标向量中的元素进行比较，计算出输出误差，对于中间层的隐单元也需要计算出误差；
- 依次计算出各权值的调整量和阈值的调整量；
- 调整权值和阈值；
- 当经历 M 后，判断指标是否满足精度要求，如果不满足，则返回第 3 步，继续迭代，否则就进入下一步；
- 训练结束，将权值和阈值保存在文件中。

这时可以认为各个权值已经达到稳定，分类器已经形成。再一次进行训练，直接从文件导出权值和阈值进行训练，不需要进行初始化。

（1）卷积神经网络训练与数据集大小的关系。数据驱动的模型一般依赖于数据集的大小，卷积神经网络和其他经验模型一样，能适用于任意大小的数据集，但用于训练的数据集应该足够大，能够覆盖问题域中所有已知可能出现的问题。设计卷积神经网络的时候，数据集中应该包含三个子集：训练集、测试集、验证集。训练集应该包含问题域中的所有数据，并在训练阶段用来调整网络权值。测试集用来在训练过程中测试网络对于训练集中未出现的数据的分类性能。根据网络在测试集上的性能情况，网络的结构可能需要做出调整，或者增加训练循环的次数。验证集中的数据同样应该包含在测试集和训练集中没有出现过的数据，用于在确定网络结构后能够更好地测试和衡量网络的性能。Looney 等人建议，数据集中的 65%用于训练，25%用于测试，剩余的 10%用于验证。

（2）卷积神经网络训练与数据预处理。为了加速训练算法的收敛速度，一般都会采用一些数据预处理技术，这其中包括去除噪声、输入数据降维、删除无关数据等。数据的平衡化在分类问题中异常重要，一般认为训练集中的数据应该相对于标签类别近似于平均分布，也就是每一个类别标签所对应的数据量在训练集中是基本相等的，以避免网络过于倾向于表现某些分类的特点。为了平衡数据集，应该移除一些过度富余的分类中的数据，并相应地补充一些相对样例稀少的分类中的数据。还有一个办法就是复制一部分这些样例稀少分类中的数据，并在这些输入数据中加入随机噪声。

（3）卷积神经网络训练与数据规则化。将数据规则化到一个统一的区间（如[0，1]）中具有很重要的优点：防止数据中存在较大数值的数据造成数值较小的数据对于训练效果减弱甚至无效化。一个常用的方法是将输入和输出数据按比例调整到一个和激活函数（Sigmoid 函数等）相对应的区间。

（4）卷积神经网络训练与网络权值初始化。卷积神经网络的初始化主要是初始化卷积层和输出层的卷积核（权重）及偏置。网络权值初始化就是将网络中的所有连接权值（包括阈值）赋予一个初始值。如果初始权值向量处在误差曲面的一个相对平缓的区域的时候，网络训练的收敛速度可能会异常缓慢。一般情况下，网络的连接权值和阈值被初始化在一个具有 0 均值的相对小的区间内均匀分布，比如在[-0.30，0.30]这样的区间内。

（5）卷积神经网络训练与 BP 算法的学习速率。如果学习速率 n 选取得比较大，则会在训练过程中较大幅度地调整权值 w，从而加快网络训练的速度，但这会造成网络在误差曲面上搜索过程中频繁抖动且有可能使得训练过程不能收敛，而且可能越过一些接近优化 w。同样，比较小的学习速率能够稳定地使得网络逼近于全局最优点，但也有可能陷入一些局部最优区域。对于不同的学习速率设定都有各自的优缺点，而且还有一种自适应的学习速率方法，即 n 随着训练算法的运行过程而自行调整。

（6）卷积神经网络训练的收敛条件。有几个条件可以作为停止训练的判定条件：训练误差、误差梯度和交叉验证。一般来说，训练集的误差会随着网络训练的进行而逐步降低。

（7）卷积神经网络训练的训练方式。训练样例可以有两种基本的方式提供给网络训练使用，也可以是两者的结合：逐个样例训练（EET）、批量样例训练（BT）。在 EET 中，先将第一个样例提供给网络训练，然后开始应用 BP 算法训练网络，直到训练误差降低到一个可以接受的范围，或者进行了指定步骤的训练次数。然后再将第二个样例提供给网络训练。与 BT 相比，EET 的优点是只需要很少的存储空间，并且有更好的随机搜索能力，防止训练过程陷入局部最小区域。EET 的缺点是如果网络接收到的第一个样例就是劣质（有可能是噪声数据或者特征不明显）的数据，可能使得网络训练过程朝着全局误差最小化的反方向进行搜索。相对地，BT 方法是在所有训练样例都经过网络传播后才更新一次权值，因此每一次学习周期就包含了所有的训练样例数据。BT 方法的缺点也很明显，需要大量的存储空间，而且相比 EET 更容易陷入局部最小区域。而随机训练（ST）则是相对于 EET 和 BT 的一种折中的方法，ST 和 EET 一样也是一次只接受一个训练样例，但只进行一次 BP 算法并更新权值，然后接受下一个样例重复同样的步骤计算并更新权值，并且在接受训练集最后一个样例后，重新回到第一个样例进行计算。ST 和 EET 相比，保留了随机搜索的能力，同时又避免了训练样例中最开始几个样例如果出现劣质数据对训练过程的过度不良影响。

6.4.4 CNN 应用示例

【示例 6-4】 使用 TensorFlow 实现一个 LeNet-5 分类的例子。TensorFlow 是谷歌基于 DistBelief 进行研发的第二代人工智能学习系统，其命名来源于本身的运行原理，Tensor（张量）意味着 N 维数组，Flow（流）意味着基于数据流图的计算，TensorFlow 为张量从流图的一端流动到另一端计算过程。TensorFlow 是将复杂的数据结构传输至人工神经网络中进行分析和处理过程的系统（具体内容将在第 7 章深度学习中详细介绍）。

在本例中使用 MNIST 数据集，对 LeNet-5 手写数字（图片）分类进行分类精确度计算。MNIST（官方主页 yann.lecun.com/exdb/mnist/）是由 Google 实验室的 Corinna Cortes 和纽约大学柯朗研究所的 Yann LeCun 建立的一个手写数字数据库。数据来自美国国家标准与技术研究所（National Institute of Standards and Technology，NIST），训练库（mnist.train）由来自 250 个不同人手写的数字构成，其中 50%是高中学生，50%来自人口普查局（the Census Bureau）的工作人员。测试库（mnist.test）也是同样比例的手写数字数据。训练库有 60000 张手写数字图片，测试库有 10000 张。训练数据集包括 60000 张 28×28 像素的图像，这些 784（28×28）像素值被展开成一个维度为 784 的单一向量，并命名为 mnist.train.images。所有这 60000 张图像都关联了一个类别标签（表示其所属类别），一共有 10 个类别（0，1，2，…，9），作为形态为（60000，10）的数组保存，并命名为 mnist.train.labels。

LeNet-5 的七层结构分别是：convolutional layer1（C1）、max pooling（S1）、convolutional layer2（C2）、max pooling（S2）、fully connected layer1 + dropout（n1）、fully connected layer2（n2）、输出层（softmax 层，包含在 n2 中），如图 6-36 所示。

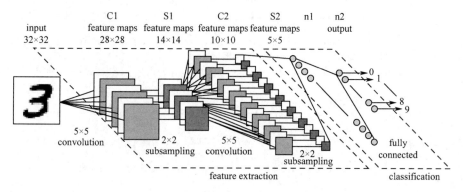

图 6-36　示例 6-4 中的 LeNet-5 网络结构图

代码 6-4（ch6_4_LeNet-5_Classifier.py）：

```
01   import tensorflow as tf
02   from tensorflow.examples.tutorials.mnist import input_data
03
04   mnist = input_data.read_data_sets('MNIST_data', one_hot=True)
05
06   sess = tf.InteractiveSession()
07
08   x = tf.placeholder("float", shape=[None, 784])   #训练数据
09   y_ = tf.placeholder("float", shape=[None, 10])   #训练标签数据
10
11   x_image = tf.reshape(x, [-1,28,28,1])
12
13   #第一层：卷积层(C1)
14   conv1_weights = tf.get_variable("conv1_weights", [5, 5, 1, 32], \
15           initializer=tf.truncated_normal_initializer(stddev=0.1))
16   conv1_biases = tf.get_variable("conv1_biases", [32],\
17           initializer=tf.constant_initializer(0.0))
18   conv1 = tf.nn.conv2d(x_image, conv1_weights, strides=[1, 1, 1, 1],\
19         padding='SAME')
20   relu1 = tf.nn.relu( tf.nn.bias_add(conv1, conv1_biases) )
21
22   #第二层：最大池化层(S1)
23   pool1 = tf.nn.max_pool(relu1, ksize=[1, 2, 2, 1], strides=[1, 2, 2, 1],\
24         padding='SAME')
25
26   #第三层：卷积层(C2)
27   conv2_weights = tf.get_variable("conv2_weights", [5, 5, 32, 64], \
28           initializer=tf.truncated_normal_initializer(stddev=0.1))
29   conv2_biases = tf.get_variable("conv2_biases", [64], \
30           initializer=tf.constant_initializer(0.0))
31   conv2 = tf.nn.conv2d(pool1, conv2_weights, strides=[1, 1, 1, 1],\
32         padding='SAME')
33   relu2 = tf.nn.relu( tf.nn.bias_add(conv2, conv2_biases) )
34
35   #第四层：最大池化层(S2)
36   pool2 = tf.nn.max_pool(relu2, ksize=[1, 2, 2, 1], \
37         strides=[1, 2, 2, 1], padding='SAME')
38
39   #第五层：全连接层(n1)
```

```
40    fc1_weights = tf.get_variable("fc1_weights", [7 * 7 * 64, 1024], \
41                  initializer=tf.truncated_normal_initializer(stddev=0.1))
42    fc1_baises = tf.get_variable("fc1_baises", [1024], \
43                 initializer=tf.constant_initializer(0.1))
44    pool2_vector = tf.reshape(pool2, [-1, 7 * 7 * 64])
45    fc1 = tf.nn.relu(tf.matmul(pool2_vector, fc1_weights) + fc1_baises)
46    keep_prob = tf.placeholder(tf.float32)
47    fc1_dropout = tf.nn.dropout(fc1, keep_prob)  #减少过拟合，加入Dropout层
48
49    #第六层：全连接层(n2)
50    fc2_weights = tf.get_variable("fc2_weights", [1024, 10], \
51              initializer=tf.truncated_normal_initializer(stddev=0.1))
52    fc2_biases = tf.get_variable("fc2_biases", [10], initializer= \
53                 tf.constant_initializer(0.1))
54    fc2 = tf.matmul(fc1_dropout, fc2_weights) + fc2_biases
55
56    #第七层：输出层softmax(n2)
57    y_conv = tf.nn.softmax(fc2)
58
59    #定义交叉熵损失函数
60    cross_entropy = tf.reduce_mean(-tf.reduce_sum(y_ * tf.log(y_conv), \
61                    reduction_indices=[1]))
62
63    #选择优化器，并让优化器最小化损失函数/收敛，反向传播
64    train_step = tf.train.AdamOptimizer(1e-4).minimize(cross_entropy)
65
66    correct_prediction = tf.equal(tf.argmax(y_conv,1), tf.argmax(y_,1))
67
68    accuracy = tf.reduce_mean(tf.cast(correct_prediction, tf.float32))
69
70    #开始训练
71    sess.run(tf.global_variables_initializer())
72    for i in range(10000):
73      batch = mnist.train.next_batch(50)
74      if i%50 == 0:
75        train_accuracy = accuracy.eval(feed_dict={x:batch[0], y_: batch[1],\
76                         keep_prob: 1.0})
77        print("step %d, training accuracy %g" % (i, train_accuracy))
78      train_step.run(feed_dict={x: batch[0], y_: batch[1], keep_prob: 0.5})
79
80    #在测试数据上测试准确率
81    print("test accuracy %g" % accuracy.eval \
82         (feed_dict={x: mnist.test.images, y_: mnist.test.labels,\
83       keep_prob: 1.0}))
84
```

【运行结果】

```
step 0, training accuracy 0.04
step 50, training accuracy 0.06
step 100, training accuracy 0.1
step 150, training accuracy 0.16
step 200, training accuracy 0.04
......
step 9750, training accuracy 0.88
step 9800, training accuracy 0.9
step 9850, training accuracy 0.92
step 9900, training accuracy 0.92
step 9950, training accuracy 0.96
test accuracy 0.9246
```

第 6 章 神经网络及其基础算法应用

【程序解析】
- 02～04 行：载入 mnist 数据集。
- 08 行：placeholder 鉴于每张图片分辨率为 28×28 像素，即 28 行 28 列个数据，对于简单 MNIST 模型，这样的数据结构还过于复杂，若将图像中所有像素的二维关系转化为一维关系，模型建立和训练将会很简单。为将该图片中的所有像素串行化，即将该图片格式变为 1 行 784 列（1×784 的结构）。对于模型的输出，可使用一个 1 行 10 列的结构，表示该模型分析手写图片后对应数字 0～9 的概率，概率最大者为 1，其余 9 个为 0。假设输入图像为 n，则输入数据集可表示为一个二维张量[n, 784]，对于输出，使用[n, 10]的二维张量。程序中使用占位符 placeholder 表示，张数参数 n 使用 None 占位，由具体输入的图像张数初始化。图片为 28×28，1 通道。
- 11 行：把 x 更改为 4 维张量，第 1 维代表样本数量，第 2 维和第 3 维代表图像长宽，第 4 维代表图像通道数，1 表示黑白。
- 14～20 行：第一层卷积层，过滤器大小为 5×5，当前层深度为 1，过滤器的深度为 32。移动步长为 1，使用全 0 填充，激活函数 Relu 去线性化。conv1 layer 卷积的输出层作为下一层网络的输入。第一层卷积层处理后将 n×28×28×1 的图像集转换为 n×28×28×32 的维度。
- 23 行：第二层最大池化层，池化层过滤器的大小为 2×2，移动步长为 2，使用全 0 填充。第一层卷积层处理后将 n×28×28×1 的图像集转换为 n×28×28×32 的维度，经历池化后变为 n×14×14×32。
- 26 行：第三层卷积层，过滤器大小为 5×5，当前层深度为 32，过滤器的深度为 64。
- 27 行：移动步长为 1，使用全 0 填充。
- 36 行：第四层最大池化层，池化层过滤器的大小为 2×2，移动步长为 2，使用全 0 填充。
- 39 行：第五层全连接层。本层神经网络将第二次池化后的 n×7×7×64 的四维张量输入图像转换为 n×3136 的二维张量，3136 是将 7×7×64 三维的数据转换为一维，之后该 n×3136 的张量与 weight 权重矩阵（[3136, 1024]的张量）相乘得到 n×1024 的二维张量输出给下一层网络层。
- 49 行：第六层全连接层，本层网络层权重矩阵为 1024×10，神经元节点数为 1024，分类节点为 10 个。为了应对过拟合，使用 dropout 以 0.5 的概率故意丢弃部分网络节点以提高网络适应性。
- 56 行：第七层输出层 softmax。对于一对一的输出结果，可采用 Sigmoid 函数处理，对于一对多的输出，如本例，采用 softmax。
- 66 行：tf.argmax()返回的是某一维度上其数据最大所在的索引值，在这里即代表预测值和真实值，判断预测值 y 和真实值 y_中最大数的索引是否一致，y 的值为 1～10 概率。
- 68 行：用平均值来统计测试准确率
- 72～78 行：训练 10000 次，每 50 次使用测试集对网络当前训练结果进行检测，打印正确率。评估阶段不使用 Dropout。训练阶段使用 50%的 Dropout。
- 81 行：在测试数据上测试准确率。

本例共训练 10000 次，批处理数为 50，并每 50 次输出一次分类的准确度。可以看出，通过训练，分类精确度得到较大的提高。此模型在测试数据上测试准确率为 0.9246。

第 7 章 深度学习及其典型算法应用

前面的章节对机器学习、神经网络做了介绍，本章要介绍的深度学习是以神经网络为核心的机器学习。首先介绍能展示神经网络训练过程的可视化工具 PlayGround，再介绍当前流行的 TensorFlow 深度学习框架，接着用 TensorFlow 来实现样板神经网络进行深度学习，最后介绍几个常用的深度学习框架以及样板深度学习平台。

7.1 神经网络可视化工具——PlayGround

PlayGround 是 Google 公司推出的一个对神经网络进行在线演示的实验平台，是一个非常直观的入门级神经网络的网站。这个图形化平台功能非常强大，将神经网络的训练过程直接可视化，同时也能让初学者对 TensorFlow 有一个感性的认识。

PlayGround 主页面（playground.tensorflow.org）如图 7-1 所示，主要分为 DATA（数据）、FEATURES（特征）、HIDDEN LAYERS（隐藏层）、OUTPUT（输出层）。

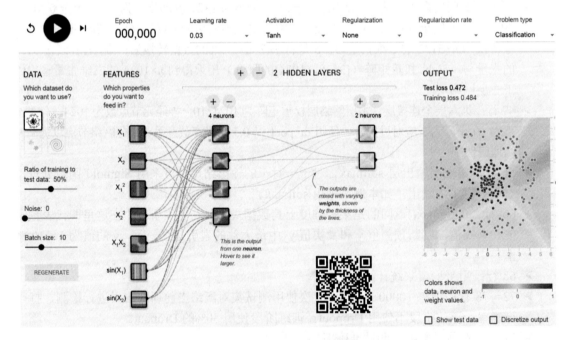

图 7-1　PlayGround 主页面

1. DATA（数据）

DATA 一栏里提供了 4 种不同形态的数据集，分别是圆形、异或、高斯和螺旋。平面内的数据分为蓝色和橙色两类，如图 7-2 所示。

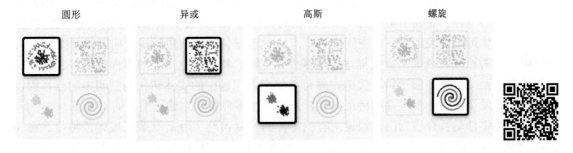

图 7-2　PlayGround 的 4 种数据形态

每组数据都是由不同形态分布的一群点组成的。每个点代表了一个样例，而点的颜色代表了样例的标签。比如需要判断某工厂生产的零件是否合格，那么橙色（印刷中呈灰色）的点可以表示所有不合格的零件，而蓝色（印刷中呈黑色）的点表示合格的零件，那么判定一个零件是否合格就变成了区分点的颜色了。使用神经网络的目标，就是通过训练，让神经网络知道哪些位置的点是橙色（不合格零件）、哪些位置的点是蓝色（合格零件）。

除此之外，PlayGround 在数据栏中还提供了非常灵活的数据配置，可以调节噪声、训练数据和测试数据的比例及 Batch size 的大小。

2. FEATURES（特征）

FEATURES 一栏对应了特征向量，包含了可供选择的 7 种特征：x_1、x_2、$x_1 \times x_1$、$x_2 \times x_2$、$x_1 \times x_2$、$\sin x_1$、$\sin x_2$，如图 7-3 所示。在本小节的样例中，可以认为 x_1 代表一个零件的长度误差，而 x_2 则表示零件的质量误差。

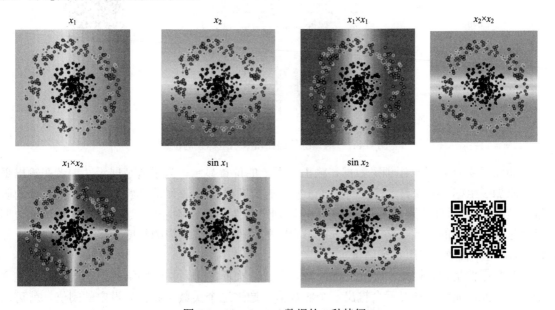

图 7-3　PlayGround 数据的 7 种特征

如图7-3所示，x_1可以看成以横坐标分布（左右分布）的数据特征，x_2是以纵坐标分布（上下分布）的数据特征，$x_1 \times x_1$和$x_2 \times x_2$是非负的抛物线分布，$x_1 \times x_2$是双曲抛物面分布，$\sin x_1$和$\sin x_2$是正弦分布。

为了将一个实际问题对应到平面上不同颜色点的划分，还需要将实际问题中的实体，如上述例子中的零件，变成平面上的一个点（在真实问题中，一般会从实体中抽取更多的特征，因此一个实体可以被表示为高维空间的一个点），这就是特征提取所解决的问题。以零件为例，可以用零件的长度和质量来大致描述一个零件。这样，物理学意义上的零件就可以转化成长度和质量这两个数据。通过特征提取，就可以将实际问题中的实体转化为空间中的点。假设使用长度和质量作为一个零件的特征向量，那么每个零件就是二维平面上的一个点。

以判定零件是否合格为例，假设所有的零件的长度误差（用x_1代表长度误差特征）在-6到+6之间（为简单起见，误差取整，共13个误差单位），零件的质量误差（用x_2代表质量误差特征）也在-6到+6之间（13个误差单位），那么零件的合格与否可以使用一组误差特征向量即(x_1, x_2)来表示。假设零件的合格标准为长度误差的绝对值小于等于3，同时质量误差的绝对值也小于等于3，那么(3, 3)、(-1, 3)、(-3, -2)等零件都是合格的，而(4, 3)、(-4, 5)、(-3, -4)等零件就不合格了。如图7-4所示，蓝色小点表示合格零件，而橙色小点表示不合格零件。

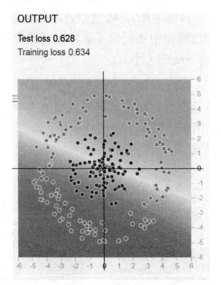

图7-4 一组训练数据在笛卡尔坐标系的位置

如图7-4所示是一组训练数据在输出平面上的位置显示。为了清楚展示，编者在输出平面上添加了坐标，纵轴表示特征向量x_1（零件的长度误差），横轴表示特征向量x_2（零件的质量误差）。这组训练数据是预先标注好的，以判定零件是否合格为例，这个标注好的训练数据集就是预先收集的一批合格零件和一批不合格的零件，计算它们的长度误差、质量误差，并按(x_1, x_2)组成一组组特征向量。

判断零件是否合格是一个二分类问题。在二分类问题中，神经网络的输出层往往只包含一个神经元，而这个神经元会输出一个实数值。通过这个实数值和预先设定的阈值，就可以得到最后的分类结果。以判定零件是否合格为例，如可以认为输出的数值小于等于3时，判定为零件合格,反之则零件不合格。一般认为当输出值离阈值越远时,得到的答案越可靠。

特征向量是神经网络的输入,神经网络的主体结构显示在图 7-1 的中间位置。目前主流的神经网络都是分层的结构,第一层是输入层,代表特征向量中每个特征的取值。比如一个零件的长度误差是 1,则 x_1 的取值就是 1,而该零件的质量误差为-2,则 x_2 的取值就是-2,那么该零件就可以被标注为坐标系上坐标为(1,-2)的一个点。同一层的神经元不会相互连接,而且每一层只和下一层连接,直到最后一层作为输出层得到计算的结果。

3. HIDDEN LAYERS(隐藏层)

在输入层和输出层之间的神经网络叫作隐藏层。一般一个神经网络的隐藏层越多,这个神经网络的深度就越深。而所谓"深度学习"中的深度和神经网络的层数是密切相关的。一般来讲,隐藏层越多,衍生出的特征类型也就越丰富,对于分类的效果也会越好。但不是层越多越好,层数多了训练的速度会变慢,同时收敛的效果不一定会更好。

在 TensorFlow PlayGround 中,可以通过点击"+"或者"-"按钮来增加或减少隐藏层数量和每个隐藏层神经元数量。隐藏层间连接线表示权重,蓝色表示神经元原始输出,橙色表示神经元负输出。组合连接线粗细深浅变化,深浅表示权重绝对值大小,越深越粗,权重越大。将鼠标悬浮于连接线上,可以看见并修改其权重的具体值。在 TensorFlow PlayGround 初始化时,各条连接线的权重是由系统给出的任意实数,在系统运行时,通过计算结果前馈传播和错误反向传播等算法,动态地自动调整各连接线的权重。

假设现在要区分一组预先标注好的零件误差数据,蓝色的点表示零件的长度误差和质量误差的绝对值都小于或等于 3,橙色的点表示零件的长度误差或质量误差有一项或两项大于 3,初始状态如图 7-5 所示。系统要做的事是通过训练,能够自动地将合格零件与不合格零件区分开来。

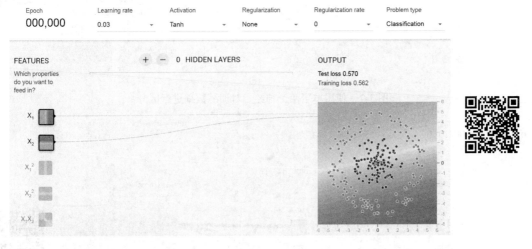

图 7-5　训练数据的初始状态

现在使用单层单个的神经元来试着对这组数据进行区分,系统选择默认设置。从图 7-6 可以看出,在迭代 1470 次后,使用单层单个神经元不能把这组数据进行区分。

单层单个神经元不能对训练数据进行区分,那么再增加一个神经元试试,如图 7-7 所示。从图 7-7 可以看出,在迭代 1017 次后,使用单层两个神经元仍然不能把这组数据进行区分。

那么再增加一个神经元试试(如图 7-8 所示)。从图 7-8 可以看出,在迭代 1030 次后,使用单层三个神经元完美地把这组数据进行了区分。

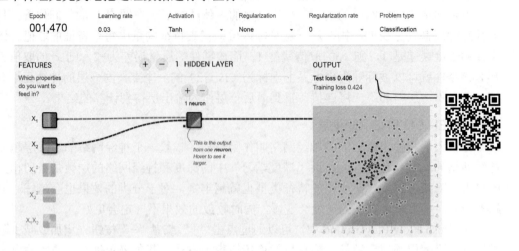

图 7-6　使用单层单个神经元对训练数据进行区分

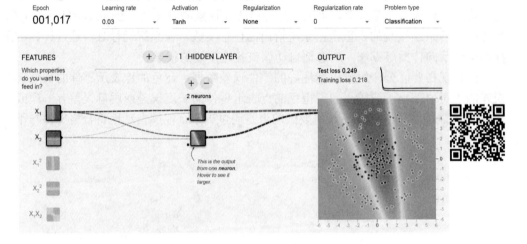

图 7-7　使用单层两个神经元对训练数据进行区分

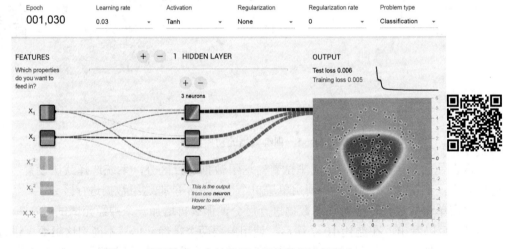

图 7-8　使用单层三个神经元对训练数据进行区分

如果长度误差 x_1 和质量误差 x_2 作为特征，神经网络的每一层的每个神经元都会将它们进行组合，通过不断地测试、调整 x_1 和 x_2 的权重来计算并将结果传送给下一层，而下一层神经网络的神经元会把这一层的输出再进行组合。组合时，根据上一次预测的准确性，通过 back propagation（反向传播算法）给每个组合重新设置不同的权重。

上面提到，在系统初始化时，连接线的权重是由系统任意设置的实数。将鼠标悬浮于连接线上，可以看见权重的具体值。如图 7-9 和图 7-10 所示。

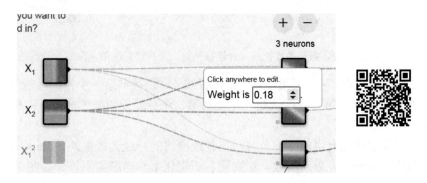

图 7-9　第一条连接线（x_1 连接到第一个神经元的细蓝线）的初始权重

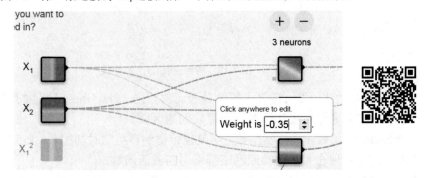

图 7-10　第三条连接线（x_1 连接到第二个神经元的橙色曲线）的初始权重

由图 7-9 和图 7-10 可见，第一条连接线（x_1 连接到第一个神经元的细蓝线）的初始权重值为 0.18，第三条连接线（x_1 连到第二个神经元的橙色曲线）的初始权重值为-0.35。读者若感兴趣，可以查看余下的几条连接线并记录。

当使用单层三神经元对训练数据完美区分后，再检查一下第一条及第三条连接线所对应的权重值，如图 7-11 和图 7-12 所示。

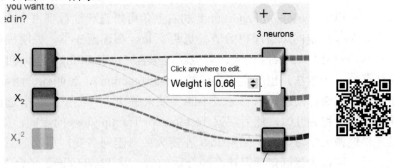

图 7-11　第一条连接线（x_1 连接到第一个神经元的细蓝线）训练后的权重

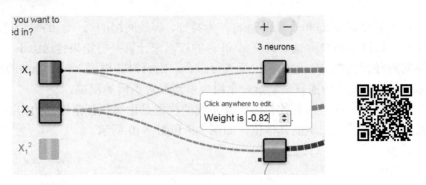

图 7-12　第三条连接线（x_1 连接到第二个神经元的橙色曲线）训练后的权重

由图 7-11 和图 7-12 可见，第一条连接线（x_1 连接到第一个神经元的细蓝线）的权重值经过训练后为 0.66，第三条连接线（x_1 连到第二个神经元的橙色曲线）的权重值经过训练后为 −0.82。

除了设置神经网络的深度及每一层神经网络的神经元数量外，PlayGround 还支持设定神经网络的学习速率、激活函数、正则化、正则化率和问题类型等，如图 7-13 所示。

Iterations	Learning rate	Activation	Regularization	Regularization rate	Problem type
000,000	0.01	Linear	None	0	Regression

图 7-13　神经网络的控制参数

Activation 是激活函数，定义了每个神经元的输出，PlayGround 提供了 4 种选择。读者可以一一尝试，并且通过可视化清楚地看懂它们的区别。

选择 Sigmoid 函数作为激活函数，明显能感觉到训练的时间很长，ReLU 函数能大大加快收敛速度，这也是现在大多数神经网络都采用的激活函数。

当把隐含层数加深后，会发现 Sigmoid 函数作为激活函数，训练过程 loss 降不下来，这是因为 Sigmoid 函数反向传播时出现梯度消失的问题（在 Sigmoid 接近饱和区时，变换太缓慢，导数趋于 0，这种情况会造成信息丢失）。

Learning Rate 是学习速率，决定每一步学习的步长，这个和梯度学习有关。运用梯度下降算法进行优化时，在梯度项前会乘以一个系数，这个系数就叫学习速率。学习速率如果太小函数收敛很慢，太大则可能无法找到极值，甚至函数无法收敛。

loss 是损失，简单地说就是预测值和实际值之间的差别。损失越小，表示模型预测结果越准确，这种模型就越好。PlayGround 的右上角可以直观地看到每一次迭代之后的 Training loss 和 Test loss 的走向。最理想的情况是两个 loss 都逐渐变小，说明模型越来越准确。如果 Training loss 减小而 Test loss 增大，可能就过拟合（over fitting）了。对于不同的问题，会有合适的计算 loss 的方法，也就是损失函数（loss function），也叫代价函数（cost function）。

学习速率的选择问题，只有通过不断尝试来解决。一个在实践中选择学习速率的办法是先把学习速率设置为 0.01，然后观察 Test loss 和 Training loss 的走向，如果 loss 一直在变小，就可以逐步地调大学习速率。如果 loss 在变大或者走向多变，那就得减小学习速率。经过一番尝试之后，可以大概确定学习速率的合适的值。从 PlayGround 平台右侧的 OUTPUT 栏可以清楚直观地看到每一步迭代后的 loss 趋势图，如图 7-14 所示。

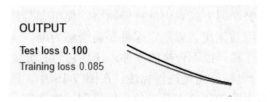

图 7-14 loss 趋势图

Problem Type 是问题类型，包含神经网络能够解决的两类问题：
- 分类（Classification），离散化的问题。
- 回归（Regression），连续性的问题。

4．OUTPUT（输出）

输出栏将输出的训练过程直接可视化,通过 Test loss 和 Training loss 来评估模型的好坏（如图 7-15 所示）。

OUTPUT 栏下的输出节点除了显示区分平面外，还显示了训练数据，也就是希望通过神经网络来区分的数据点。从图 7-15 中可以看到，经过单隐藏层三神经元，输出节点的区分平面已经可以完全区分不同颜色的数据点，即完全区分了合格零件和不合格零件。

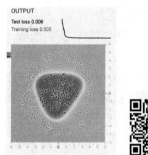

图 7-15 单层三个神经元对训练数据进行区分的结果

在使用神经网络来解决实际的分类或者回归问题时（如判定零件是否合格），需要合理地设置神经网络中的参数，而设置神经网络参数的过程就是神经网络的训练过程。只有经过有效训练的神经网络模型才可以真正地解决分类或者回归问题。如图 7-16 所示对比了训练之前及训练之后神经网络的分类效果。

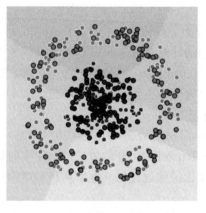
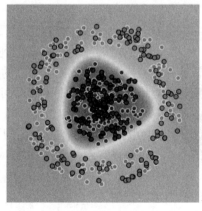

（a）训练前　　　　　　　　　　　　（b）训练后

图 7-16 PlayGround 训练前和训练后效果对比

从图 7-16 可以看出，模型在训练之前是无法完全区分蓝色点和橙色点的，但经过训练之后，模型区分效果就已经很好了。

本示例使用的是有监督学习方式来训练神经网络，使用有监督学习方式设置神经网络参数需要有一个标注好的训练数据集。以判定零件是否合格为例，这个标注好的训练数据集就是预先收集的一批合格零件和一批不合格的零件，计算它们的长度 x_1、质量误差 x_2，对每一个零件按 (x_1, x_2) 组成一组特征向量进行标注。在图 7-16 中，图上无小圈的蓝色点和橙色点就是训练数据集，而有小圈的蓝色点及橙色点就是测试数据集。而平面上或深或浅的颜色表示了神经网络模型做出的判断，颜色越深，表示神经网络对它做出的判断越有信心。图 7-16 中的浅色部分表示，如果某个点落在浅色部分，系统对这个点的判断不具有十分的信心。

图 7-16（a）显示的是一个神经网络在训练之前的分类效果，所有变量的取值都是随机的，可以看到这个平面上的颜色都很浅，完全区分不出橙色点和蓝色点。图 7-16（b）显示了神经网络经过训练后的情况，可以看到图上的蓝色点及橙色点被很清楚地区分开来，而且除了中间有一圈是浅色的，其他地方神经网络都可以给出非常确定的答案。

有监督学习的最重要思想是在已知答案的标注数据集上，模型给出的预测结果要尽量接近真实的答案。通过调整神经网络的参数对训练数据进行拟合，可以使得模型对未知的样本提供预测的能力。

在训练模型时，首先选取一小部分训练数据（一个 batch），然后这个 batch 的样例会通过向前传播算法得到神经网络模型的预测结果。因为训练数据都是有正确答案标准的，所以可以计算出当前神经网络模型的预测答案和正确答案之间的差距。最后基于预测值和真实值之间的差距，反向传播算法会更新神经网络参数的取值，使得在这个 batch 上神经网络模型的预测结果和真实答案更加接近了一步。通过多次（可能是几百万次甚至几亿次）迭代，神经网络的预测值会无限接近真实值，达到训练目标，神经网络训练结束。

7.2　TensorFlow 深度学习平台

7.2.1　TensorFlow 简介

TensorFlow 是谷歌 2015 年开源的一个人工智能平台。就如命名一样，TensorFlow 为张量（Tensor）从图（Map）的一端流动（Flow）到另一端的计算过程，也就是将复杂的数据结构传输至人工智能神经网络中进行分析和处理的系统。TensorFlow 可被用于数据处理、语音识别、图像识别、自然语言处理等多个深度学习领域，它可在小到一部智能手机、大到数千台数据中心服务器的各种设备上运行。TensorFlow 有如下特点：

（1）社区活跃。如图 7-17 所示是几个常用机器学习框架从 2013 年到 2017 年在 GitHub 社区关注度的曲线图。可以看到，自从 2015 年年底 TensorFlow 开源以来的一年多时间里，其在 GitHub 社区的关注度上升趋势明显，到 2017 年已经远远超过其他常用机器学习框架，成为最流行的机器学习框架。

（2）架构强大。TensorFlow 的主要架构如图 7-18 所示。RPC 和 RDMA 为网络层，主要负责传递神经网络算法参数。CPU 和 GPU 为设备层，主要负责神经网络算法中具体的运算操作。Kernel 为 TensorFlow 中算法操作的具体实现，如卷积操作、激活操作等。Distributed Master 用于构建子图；切割子图为多个分片，不同的子图分片运行在不同的设备上；Master 还负责分发子图分片到 Executor/Work 端。Executor/Work 在 CPU、GPU 等设备上调度执行子图操作，并负责向其他 Worker 发送和接收图操作的运行结果。Core API 把 TensorFlow 分割为前端和后端，Client 是前端系统的主要组成部分，它是一个支持 Python、C++、Java、Go 等的多语言编程环境，基于 Core API 触发 TensorFlow 后端程序运行。Training Libraries 和 Inference Libraries 是模型训练和推导的库函数，为用户开发应用模型使用。

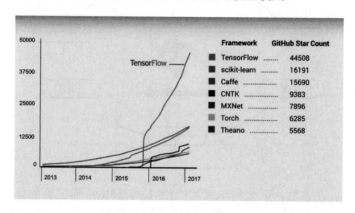

图 7-17 常用机器学习框架在 GitHub 的活跃程度

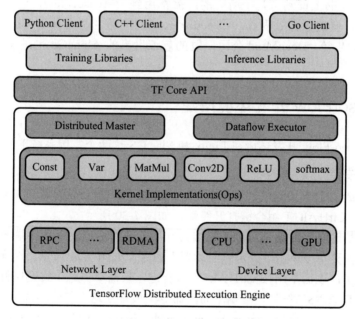

图 7-18 TensorFlow 架构图

（3）功能丰富（如图 7-19 所示）。TensorFlow 不仅可以做神经网络算法研究，也可以做普通的机器学习算法，甚至只要能够把计算表示成数据流图，都可以用 TensorFlow。这个工具可以部署在个人 PC、单 CPU、多 CPU、单 GPU、多 GPU、单机多 GPU、多机多 CPU、多机多 GPU、iOS、Android 手机上等，几乎涵盖各种场景的计算设备。TensorFlow 是使用 C++实现的，然后用 Python 封装，谷歌号召社区通过 SWIG 开发更多的语言接口来支持 TensorFlow。目前 TensorFlow 支持 Python、C++、Java 等语言。通过对线程、队列、异步计算、分布式的支持，TensorFlow 可以运行在各种硬件上，同时根据计算的需要，合理将运算分配到相应的设备，比如卷积就分配到 GPU 上进行加速运算。TensorFlow 中文社区

（www.tensorfly.cn）对 TensorFlow 的使用有详细的介绍。在 GitHub 代码托管平台（github.com/TensorFlow）上也可以找到很多优秀的 TensorFlow 开源项目。

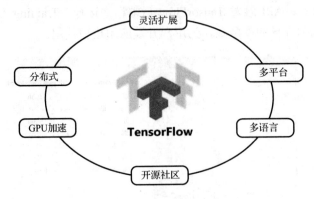

图 7-19　TensorFlow 功能

（4）应用广泛。在谷歌，研究科学家可以用 TensorFlow 研究新的算法，产品团队可以用它来训练实际的产品模型，更重要的是这样就更容易将研究成果转化为实际的产品。另外，Google 在白皮书上说到，几乎所有的产品都用到了 TensorFlow，比如搜索排序、语音识别、谷歌相册、自然语言处理等。很多知名公司的产品也都用到了 TensorFlow 架构，比如小米、京东、优步等。DeepMind 公司研发的震惊世界的 AlphaGo 也是 TensorFlow 的一个典型应用。

7.2.2　TensorFlow 开发环境搭建

下面介绍 TensorFlow 开发环境在 Linux 和 Mac OS 这两个常用系统下的搭建方法。

1. Ubuntu 下的安装

进入 VirtualBox，打开安装好的 Ubuntu（VirtualBox 和 Ubuntu 的详细安装方法见附录 A），在 Ubuntu 桌面按 Ctrl+Alt+T 组合键打开终端，如图 7-20 所示。

如果想以后快速打开终端，可以在终端打开后，在左边启动器的终端图标上单击鼠标右键，在弹出的快捷菜单中单击"锁定到启动器"命令，如图 7-21 所示。这样终端图标就一直存在于启动器上了，以后不用按 Ctrl+Alt+T 组合键，只需单击这个终端图标就可以直接打开终端。终端里面有个"$"符号，终端里面的命令一般都在这个符号后面输入。

在终端输入命令"sudo apt-get install python-dev python-pip"，按回车键，安装 Python 环境包和 pip 包，如图 7-22 所示。

命令中的"sudo"表示用管理员权限来进行下载安装，使用"sudo"会提示"password for ubuntu"，如图 7-22 所示。这是提示输入安装时设置的 Ubuntu 管理员密码，输入这个密码之后按回车键，就可以运行命令了。因为安全的原因，输入管理员密码时终端里不会有任何显示，不用理会，直接输入完毕即可。

可从 Python 网站（pypi.python.org/pypi/tensorflow）下载对应 Linux 版本的当前最新的 TensorFlow 安装包。此处点击 tensorflow-1.5.0-cp27-cp27mu-manylinux1_x86_64.whl 下载，在弹出的对话框中选择"Save File"后单击"OK"按钮，如图 7-23 所示。

图 7-20　在 Ubuntu 桌面打开终端

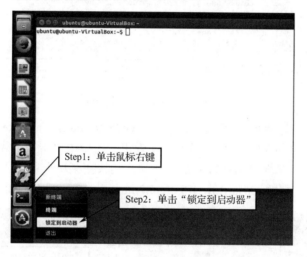

图 7-21　Ubuntu 中将终端锁定到启动器

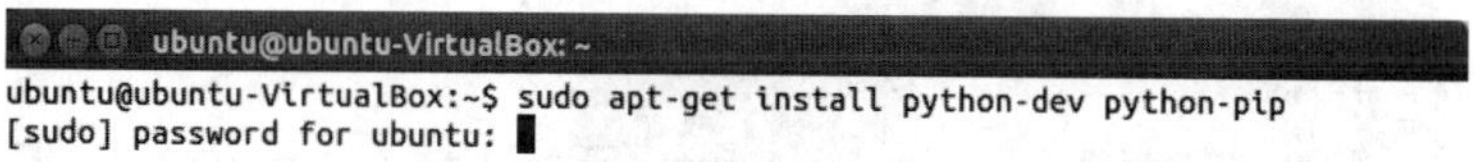

图 7-22　安装 Python 环境包和 pip 包

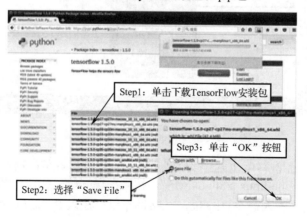

图 7-23　TensorFlow 安装包的下载

某些程序可能只在某个特定版本的 TensorFlow 下才能正常运行，如果需要下载和安装某个特定版本的 TensorFlow，只需在下载链接中写上版本号。例如，截至 2018 年 1 月 27 日，最新版本是 1.5.0，如果想下载 1.2.1 版本的 TensorFlow，在 pypi.python.org/pypi/tensorflow/1.2.1 下载即可。

输入命令"python"，按回车键，进入 Python 环境。输入命令"import pip"，按回车键，导入 pip。然后输入命令"print(pip.pep425tags.get_supported())"，按回车键，查看 pip 支持的文件名。查看完成后输入命令"exit()"，按回车键，退出 Python 环境。如图 7-24 所示。

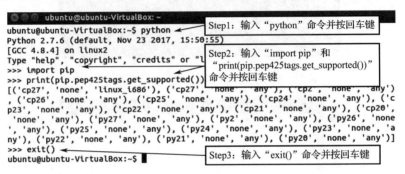

图 7-24　查看 pip 支持的安装文件

可以看到，pip 不支持 tensorflow-1.5.0-cp27-cp27mu-manylinux1_x86_64.whl 这样的资源文件名。在 Ubuntu 桌面上单击文件夹按钮，在弹出的窗口中单击"下载"命令，进入下载目录，在不被支持的文件名上单击鼠标右键，在弹出的快捷菜单上单击"重命名"命令，将下载的文件名改为 pip 支持的 tensorflow-1.5.0-cp27-none-linux_x86_64.whl，如图 7-25 所示。

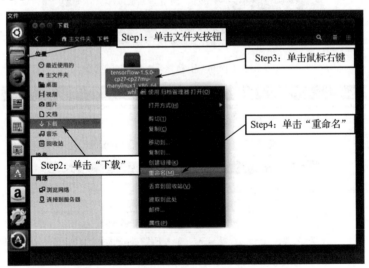

图 7-25　将 TensorFlow 安装文件重命名

然后在终端输入命令"cd 下载/"，按回车键，进入下载目录，输入命令"sudo pip install tensorflow-1.5.0-cp27-none-linux_x86_64.whl"，按回车键开始安装。如图 7-26 所示。

安装完成后，再次输入命令"python"，按回车键，进入 Python 环境，输入命令"import tensorflow as tf"，按回车键，如图 7-27 所示。如果没有任何报错信息，说明导入 TensorFlow

成功。至此，TensorFlow 安装成功。

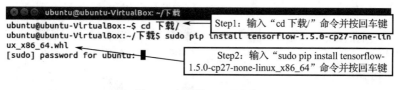

图 7-26　安装 TensorFlow

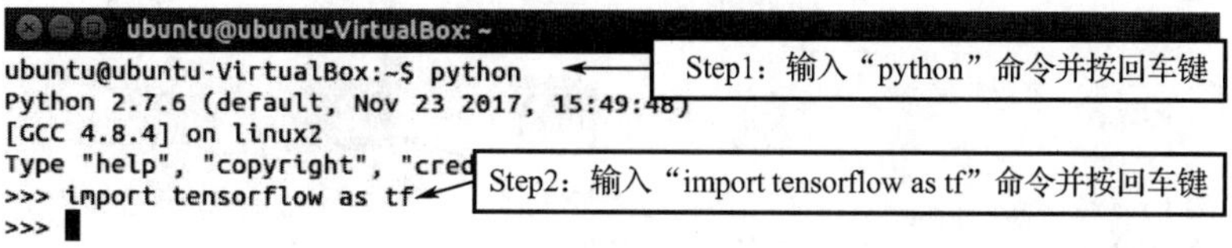

图 7-27　测试 TensorFlow 是否成功安装

2．Mac 系统下的安装

TensorFlow 在 Mac 系统下的安装过程和在 Linux 下的安装基本差不多，只有部分命令小有差异。单击 Mac 桌面左下角的 "Finder" 按钮，在弹出的窗口中单击左边的 "应用程序"项，接着双击右边的 "实用工具"图标，如图 7-28 所示。

图 7-28　打开实用工具窗口

在打开的窗口中双击 "终端"图标，打开 Mac 系统的终端，如图 7-29 所示。

打开的 Mac 系统终端显示如图 7-30 所示的字符。和 Ubuntu 下的终端一样，终端里面的命令一般都在 "$" 这个符号后面输入。

输入命令 "sudo easy_install pip"，按回车键，安装 pip，如图 7-31 所示。

输入命令 "sudo easy_install --upgrade six"，按回车键，升级安装 six，如图 7-32 所示。

输入命令 "sudo easy_install --upgrade numpy"，按回车键，升级 numpy，如图 7-33 所示。

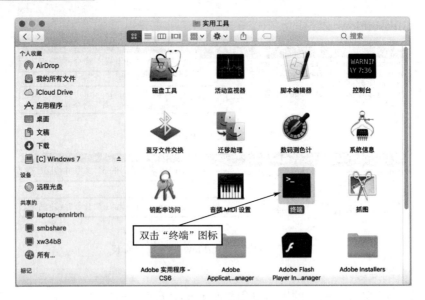

图 7-29 打开终端

```
xwdeMacBook-Pro:~ xw$
```

图 7-30 Mac 系统终端显示的字符

```
xwdeMacBook-Pro:~ xw$ sudo easy_install pip
Password:
Searching for pip
Reading https://pypi.python.org/simpl
Best match: pip 9.0.1
Downloading https://pypi.python.org/packages/11/b6/abcb525026a4be042b486df43905d
6893fb04f05aac21c32c638e939e447/pip-9.0.1.tar.gz#md5=35f01da33009719497f01a4ba69
d63c9
Processing pip-9.0.1.tar.gz
```

输入“sudo easy_install pip”命令并按回车键

图 7-31 安装 pip

```
xwdeMacBook-Pro:~ xw$ sudo easy_install --upgrade six
Password:
Searching for six
Reading https://pypi.python.org
Best match: six 1.11.0
Downloading https://pypi.python.org/packages/16/d8/bc6316cf98419719bd59c91742194
c111b6f2e85abac88e496adefaf7afe/six-1.11.0.tar.gz#md5=d12789f9baf7e9fb2524c0c64f
1773f8
Processing six-1.11.0.tar.gz
Writing /tmp/easy_install-sG79Xy/six-1.11.0/setup.cfg
Running six-1.11.0/setup.py -q bdist_egg --dist-dir /tmp/easy_install-sG79Xy/six
-1.11.0/egg-dist-tmp-HjVUEd
no previously-included directories found matching 'documentation/_build'
zip_safe flag not set; analyzing archive contents...
six: module references __path__
creating /Library/Python/2.7/site-packages/six-1.11.0-py2.7.egg
Extracting six-1.11.0-py2.7.egg to /Library/Python/2.7/site-packages
Adding six 1.11.0 to easy-install.pth file

Installed /Library/Python/2.7/site-packages/six-1.11.0-py2.7.egg
Processing dependencies for six
Finished processing dependencies for six
xwdeMacBook-Pro:~ xw$
```

输入“sudo easy_install --upgrade six”命令并按回车键

图 7-32 升级安装 six 依赖包

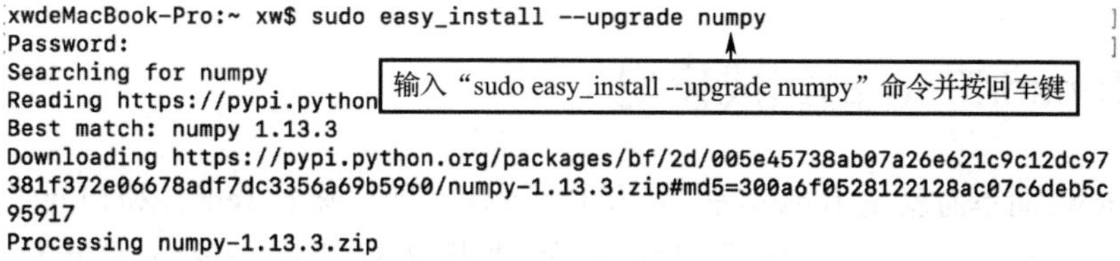

第 7 章 深度学习及其典型算法应用

```
xwdeMacBook-Pro:~ xw$ sudo easy_install --upgrade numpy
Password:
Searching for numpy                输入"sudo easy_install --upgrade numpy"命令并按回车键
Reading https://pypi.python.
Best match: numpy 1.13.3
Downloading https://pypi.python.org/packages/bf/2d/005e45738ab07a26e621c9c12dc97
381f372e06678adf7dc3356a69b5960/numpy-1.13.3.zip#md5=300a6f0528122128ac07c6deb5c
95917
Processing numpy-1.13.3.zip
```

图 7-33 升级安装 numpy 包

TensorFlow 在 Mac 系统下的安装过程和在 Linux 下的安装类似，只是需要下载 Mac OS 的安装包。在 Python 网站（pypi.python.org/pypi/TensorFlow）找到对应 Mac OS 版本的当前最新 TensorFlow 安装包，此处是 TensorFlow-1.5.0-cp27-cp27m-MacOSosx_10_11_x86_64.whl，如图 7-34 所示。

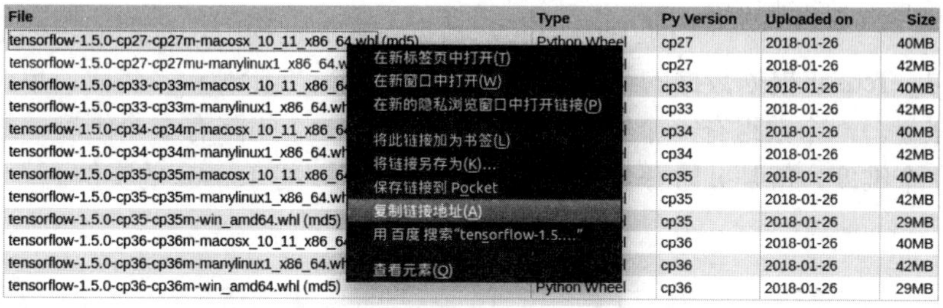

图 7-34 获取 Mac 下 TensorFlow 安装包的资源地址

选择文件 TensorFlow-1.5.0-cp27-cp27m-MacOSosx_10_11_x86_64.whl，单击鼠标右键，在弹出的快捷菜单中选择"复制链接地址"命令，将链接地址粘贴到 Mac 终端的命令行，输入命令"sudo pip install 粘贴的地址"，按回车键，安装 TensorFlow，如图 7-35 所示。

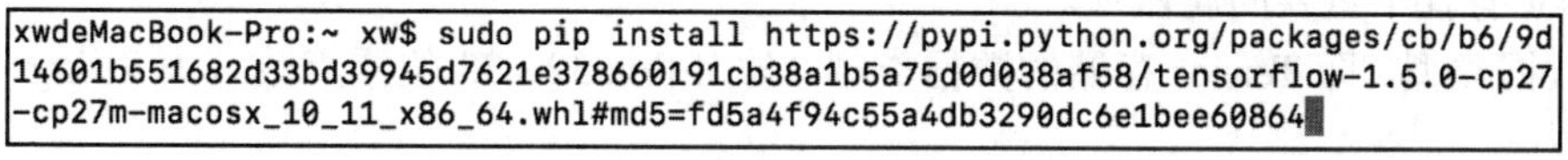

```
xwdeMacBook-Pro:~ xw$ sudo pip install https://pypi.python.org/packages/cb/b6/9d
14601b551682d33bd39945d7621e378660191cb38a1b5a75d0d038af58/tensorflow-1.5.0-cp27
-cp27m-macosx_10_11_x86_64.whl#md5=fd5a4f94c55a4db3290dc6e1bee60864
```

图 7-35 安装 TensorFlow

看到安装成功的提示后输入命令"python"，按回车键，进入 Python 环境，然后依次输入如图 7-36 所示的命令验证 TensorFlow 包能否正常导入，运行出结果 42 后，说明 TensorFlow 能正常导入，并且能成功运行。

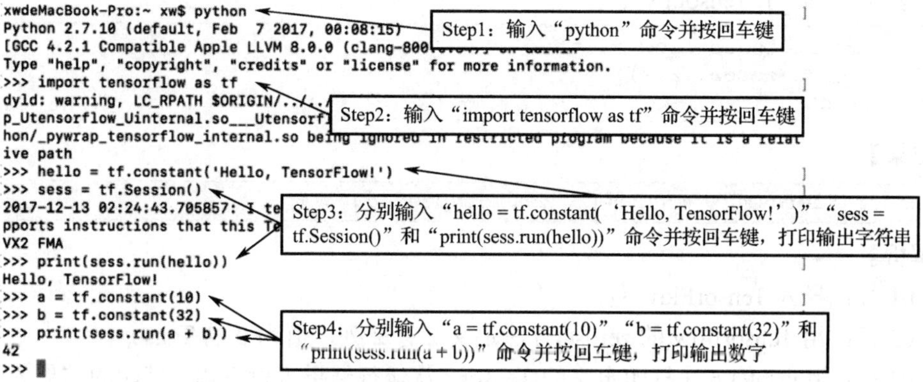

```
xwdeMacBook-Pro:~ xw$ python         Step1：输入"python"命令并按回车键
Python 2.7.10 (default, Feb 7 2017, 00:08:15)
[GCC 4.2.1 Compatible Apple LLVM 8.0.0 (clang-800
Type "help", "copyright", "credits" or "license" for more information.
>>> import tensorflow as tf
dyld: warning, LC_RPATH $ORIGIN/..
p_Utensorflow_Uinternal.so___Utensorfl  Step2：输入"import tensorflow as tf"命令并按回车键
hon/_pywrap_tensorflow_internal.so being ignored in restricted program because it is a relat
ive path
>>> hello = tf.constant('Hello, TensorFlow!')
>>> sess = tf.Session()
2017-12-13 02:24:43.705857: I te   Step3：分别输入"hello = tf.constant('Hello, TensorFlow!')"、"sess =
pports instructions that this T    tf.Session()"和"print(sess.run(hello))"命令并按回车键，打印输出字符串
VX2 FMA
>>> print(sess.run(hello))
Hello, TensorFlow!
>>> a = tf.constant(10)
>>> b = tf.constant(32)           Step4：分别输入"a = tf.constant(10)"、"b = tf.constant(32)"和
>>> print(sess.run(a + b))         "print(sess.run(a + b))"命令并按回车键，打印输出数字
42
>>>
```

图 7-36 测试 TensorFlow 是否成功安装

至此，TensorFlow 在 Mac 下的安装完成。

7.2.3 TensorFlow 的组成模型

TensorFlow，简单看就是 Tensor（张量）和 Flow（流），即意味着 Tensor 和 Flow 是 TensorFlow 最为基础的要素，如图 7-37 所示。Tensor 意味着 data（数据），是静态的形式。Flow 意味着流动，意味着计算和映射，即数据的流动、数据的计算和数据的映射，同时也体现数据是有向的流动、计算和映射，是动态的形式。

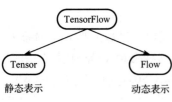

图 7-37 TensorFlow 的基础要素

1. TensorFlow 的数据模型——张量

TensorFlow 所有的数据都以张量（Tensor）的形式表示，即 TensorFlow 数据计算的过程中，数据流转都是采用 Tensor 的形式进行的。Tensor 根据数据的维度可以是 0 阶、1 阶、2 阶、…、多阶。单个的数据无维度，是 0 阶张量。一个数组有一个维度，是 1 阶张量。一个矩阵有 2 个维度，是 2 阶张量。如果数据有 n 个维度，就是 n 阶张量。如图 7-38 所示是一些 Tensor 的实例。

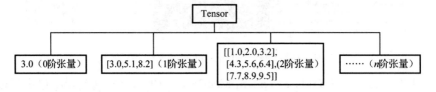

图 7-38 张量的维度示例

Tensor 有几个重要的属性：

- 数据类型，即 Tensor 存储的数据类型，如 tf.float32（32 位浮点数）、tf.String（字符串）等；
- 维数，即 Tensor 是几维的数据，0 阶张量的维数为 0，1 阶张量的维数为 1，2 阶张量的维数为 2，…，n 阶张量的维数为 n；
- 形状，0 阶张量的形状为[]，1 阶张量的形状为 [D0]，2 阶张量的形状为 [D0, D1]，…，n 阶张量的形状为[D0, D1, …, D(n-1)]。

代码 7-1（ch7_1_Tensor.py）：

```
01    import tensorflow as tf
02    a = tf.zeros((2,2))
03    print a
```

【运行结果】

```
Tensor("zeros:0", shape=(2, 2), dtype=float32)
```

【程序解析】

- 01 行：导入 TensorFlow 包。
- 02 行：用 Tensorflow 的 zeros()方法定义 2 行 2 列，值为 0 的 Tensor。
- 03 行：用 print()方法打印定义的 Tensor。从运行结果可以看出，打印的结果为 Tensor，数值为 0，大小为 2 行 2 列，数据类型为浮点数。

2. TensorFlow 的计算模型——计算图

计算图（Computational Graph）是由一系列边和节点组成的数据流图。每个椭圆形的节点都是一种操作，其有 0 个或多个 Tensor 作为输入边，且每个节点都会产生 0 个或多个 Tensor 作为输出边。即椭圆形的节点是将多条输入边作为操作的数据，然后通过操作产生新的数据。可以将这种操作理解为模型，或一个函数，如加、减、乘、除等操作。

简单地说，可以将计算图理解为统一建模语言（UML）的活动图，活动图和计算图都是一种动态图形。TensorFlow 的椭圆形节点（操作）类似活动图的节点（动作），TensorFlow 每个椭圆形的节点都有 Tensor 作为输入，可以将用户创建的起始 Tensor 看作是活动图的起始边，而 TensorFlow 最终产生的 Tensor 看作是活动图的终止边。圆形节点里面是常量数据，通过边可以进行数据流动，如图 7-39 所示。

常量 3.0 和常量 4.5 两个起始 Tensor 通过加法（add）操作后产生了一个新 Tensor（值 7.5）；接着新的 Tensor（值 7.5）和常量 3.0 经乘法（mult）操作后又产生了一个新 Tensor（值 22.5），因为 22.5 是 TensorFlow 最后产生的 Tensor，所以其为终止节点。

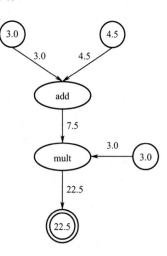

图 7-39 计算图实例

3. TensorFlow 运行模型——会话

会话（Session）是 TensorFlow 运行的上下文环境，TensorFlow 的操作和计算图都必须运行在 TensorFlow 的会话中。用 Session 运行如图 7-39 所示计算图的代码如下。

代码 7-2（ch7_2_Session.py）：

```
01   import tensorflow as tf
02   #建立计算图
03   node1 = node3 = tf.constant(3.0, tf.float32)
04   node2 = tf.constant(4.5)
05   tensor1 = tf.add(node1, node2)
06   tensor2 = tf.multiply(tensor1, node3)
07   print node1
08   print node2
09   print node3
10   #建立会话，执行计算图
11   session = tf.Session()
12   print session.run(node1)
13   print session.run(node2)
14   print session.run(node3)
15   print session.run(tensor1)
16   print session.run(tensor2)
17   session.close()
```

【运行结果】

```
Tensor("Const:0", shape=(), dtype=float32)
Tensor("Const_1:0", shape=(), dtype=float32)
Tensor("Const:0", shape=(), dtype=float32)
3.0
4.5
3.0
7.5
22.5
```

【程序解析】

> 01 行：导入 TensorFlow 包。
> 03 行：用 TensorFlow 的 constant()方法定义两个浮点类型的常量 3.0，常量名称分别为 node1 和 node3。
> 04 行：定义浮点类型的常量 4.5，常量名称为 node2。
> 05 行：调用 TensorFlow 的 add()方法，将常量 node1 和常量 node2 相加，得到张量 tensor1。
> 06 行：调用 TensorFlow 的 multiply()方法，将张量 tensor1 和常量 node3 相乘，得到张量 tensor2。
> 07～09 行：打印输出 node1、node2 和 node3。
> 11 行：调用 TensorFlow 的 Session()方法建立一个会话。
> 12～16 行：调用会话的 run()方法执行计算图，运行 5 个 Tensor，并用 print()方法将运行的数据打印输出。
> 17 行：调用会话的 close()方法关闭会话。

从运行结果可以看出，在执行计算图之前，TensorFlow 节点是一种静态结构，所以输出的并不是 3.0 和 4.0，而是 Tensor 对象；在执行计算图之后，才输出了节点的值，即为了让某个节点从初始节点开始变换，需要通过 Session 对象的 run()方法手动变换。

另外，Session 提供的是运行环境。Session 是 TensorFlow 系统宝贵的资源，用完后要及时释放，释放方式有如下两种：

- 直接调用 session.close()方式显式关闭 Session。
- 采用代码块。当前代码块执行完毕后，Session 会自动被析构释放掉，不必再调用 close()方法关闭，示例代码如代码 7-3 所示。

代码 7-3（ch7_3_SessionDestruction.py）：

```
01    with tf.Session() as sess:
02        result = sess.run(c)
03        print result
```

有一类 Session 是交互式 Session（InteractiveSession），这类 Session 能在运行过程中接收外部的输入。交互式的 Session 能更好地适用于这类场景。结合 Tensor.eval()和 Operation.run()来取代 Session.run()，这样的好处是避免在一个 Session 中长时间使用一个变量，如代码 7-4 所示。

代码 7-4（ch7_4_InteractiveSession.py）：

```
01    import tensorflow as tf
02    sess = tf.InteractiveSession()
03    x = tf.Variable([1.0, 2.0])
04    a = tf.constant([3.0, 3.0])
05    #initialize x by run
06    x.initializer.run()
07    # Add an op to subtract 'a' from 'x'.Run it and print the result
08    sub = tf.subtract(x, a)
09    print sub.eval()
10    # Close the session when we are done
11    sess.close()
```

【运行结果】

```
[-2.-1.]
```

【程序解析】
- ➢ 01 行：导入 TensorFlow 包。
- ➢ 02 行：用 TensorFlow 的 InteractiveSession()方法定义交互式 Session。
- ➢ 03 行：用 TensorFlow 的 Variable()方法定义名称为 x 的变量，值为[1.0,2.0]。
- ➢ 04 行：用 TensorFlow 的 constant()方法定义名称为 a 的常量，值为[3.0,3.0]。
- ➢ 06 行：用 x.initializer.run()对变量 x 进行初始化。
- ➢ 08 行：调用 TensorFlow 的 subtract()方法，将变量 x 和常量 a 相减，得到张量 sub。
- ➢ 09 行：用 print sub.eval()打印输出 sub。
- ➢ 11 行：调用 Session 的 close()方法关闭会话。

4．变量

（1）变量初始化。变量（Variables）是 TensorFlow 的一个重要概念，前面的实例更多使用的是 TensorFlow 的 constant 常量。Variables 在使用前必须先做好初始化。TensorFlow 提供了 tf.initialize_all_variables()快速初始化所有变量。示例代码如代码 7-5 所示。

代码 7-5（ch7_5_VariableInitialize.py）：

```
01    import tensorflow as tf
02    W = tf.Variable(tf.zeros((2, 2)), name="weights")
03    R = tf.Variable(tf.random_normal((2,2)), name="random_weights")
04    with tf.Session() as sess:
05        sess.run(tf.initialize_all_variables())
06        print sess.run(W)
07        print sess.run(R)
```

【运行结果】

```
[[ 0.  0.]
 [ 0.  0.]]
[[-0.31018317  0.23692112]
 [ 1.02140248  0.90240932]]
```

【程序解析】
- ➢ 01 行：导入 TensorFlow 包。
- ➢ 02 行：用 TensorFlow 的 Variable()方法定义名称为 weights 的变量，值为 zeros()方法定义的 0，大小为 2 行 2 列。
- ➢ 03 行：用 TensorFlow 的 Variable()方法定义名称为 random_weights 的变量，值为 TensorFlow 的 random_normal()方法定义的服从标准正态分布的随机数，大小为 2 行 2 列。
- ➢ 04 行：采用代码块的方式建立名称为 sess 的会话。
- ➢ 05 行：用 TensorFlow 的 initialize_all_variables()方法对所有变量进行初始化。
- ➢ 06~07 行：调用 Session 的 run()方法，计算运行两个变量，并用 print()方法打印输出计算结果。

（2）变量赋值。可以用一个变量赋值给另一个变量，示例代码如代码 7-6 所示。

代码 7-6（ch7_6_VariableAssign.py）：

```
01    import tensorflow as tf
02    weights = tf.Variable(tf.random_normal((2, 2), stddev=0.35), name=\
      "weights")
```

```
03     w2 = tf.Variable(weights.initialized_value(), name="w2")
04     with tf.Session() as sess:
05         sess.run(tf.initialize_all_variables())
06         print sess.run(weights)
07         print sess.run(w2)
```

【运行结果】

```
[[ 0.14935657 -1.15018809]
 [-0.48401392 -0.66850483]]
[[ 0.14935657 -1.15018809]
 [-0.48401392 -0.66850483]]
```

【程序解析】

> 01 行：导入 TensorFlow 包。
> 02 行：用 TensorFlow 的 Variable()方法定义名称为 weights 的变量，值为 random_normal()方法定义的服从正态分布的随机数，正态分布的均值为0，标准差为0.35，大小为2行2列。
> 03 行：用 TensorFlow 的 Variable()方法定义名称为 w2 的变量，值为 initialized_value()方法定义的 weights 的初始化值，即 weights 和 w2 具有相同的初始化值。
> 04 行：采用代码块的方式建立名称为 sess 的会话。
> 05 行：用 TensorFlow 的 initialize_all_variables()方法对所有变量进行初始化。
> 06~07 行：调用 Session 的 run()方法，计算运行两个变量，并用 print()方法打印输出计算结果。

运行结果显示，变量 weights 的值赋给了变量 w2。

（3）变量存储与恢复。tf.train.Saver 提供了 Variable 在某一时刻的转储功能和恢复功能，可以将变量某一时刻的值存储到磁盘，当需要使用时再从磁盘恢复出来，示例代码如代码7-7所示。

代码7-7（ch7_7_VariableSaveAndRestore.py）：

```
01  import tensorflow as tf
02  v1 = tf.Variable(tf.zeros((2, 2)), name="weights")
03  v2 = tf.Variable(tf.random_normal((2,2)), name="random_weights")
04  init_op = tf.initialize_all_variables()
05  saver = tf.train.Saver()
06  with tf.Session() as sess:
07      sess.run(init_op)
08      print sess.run(v1)
09      print sess.run(v2)
10      save_path = saver.save(sess, "/tmp/model.ckpt")
11      print "Model saved in file: %s" % save_path
12  with tf.Session() as sess:
13      saver.restore(sess, "/tmp/model.ckpt")
14      print sess.run(v1)
15      print sess.run(v2)
```

【运行结果】

```
[[ 0.  0.]
 [ 0.  0.]]
[[-0.62408924 -1.43202794]
 [ 0.0018543   0.59481972]]
Model saved in file: /tmp/model.ckpt
[[ 0.  0.]
 [ 0.  0.]]
[[-0.62408924 -1.43202794]
 [ 0.0018543   0.59481972]]
```

【程序解析】

- 01 行:导入 TensorFlow 包。
- 02 行:用 TensorFlow 的 Variable()方法定义名称为 weights 的变量,值为 zeros()方法定义的 0,大小为 2 行 2 列。
- 03 行:用 TensorFlow 的 Variable()方法定义名称为 random_weights 的变量,值为 TensorFlow 的 random_normal()方法定义的服从标准正态分布的随机数,大小为 2 行 2 列。
- 04 行:用 TensorFlow 的 initialize_all_variables()方法建立初始化操作 init_op。
- 05 行:用 tf.train.Saver()建立一个存储对象 saver,用来存储数据。
- 06 行:采用代码块的方式建立名称为 sess 的会话。
- 07 行:运行初始化变量的操作。
- 08~09 行:计算运行两个变量,并用 print()方法打印输出计算结果。
- 10~11 行:调用 saver 存储对象的 save()方法存储 sess 会话运行的所有数据,保存路径为 "/tmp/",存储的文件名为 "model.ckpt",并用文字显示数据已经保存。
- 13~15 行:调用 saver 对象的 restore()方法将存储的数据重新恢复出来,重新计算运行恢复出来的数据并打印计算结果。可以看到恢复的结果和存储的结果是完全一致的。

(4)变量更新。变量的值可以被更新,示例代码如代码 7-8 所示。

代码 7-8(ch7_8_VariableUpdate.py):

```
01  import tensorflow as tf
02  state = tf.Variable(0, name="counter")
03  new_value = tf.add(state, tf.constant(1))
04  update = tf.assign(state, new_value)
05  with tf.Session() as sess:
06      sess.run(tf.initialize_all_variables())
07      print sess.run(state)
08      for _ in range(3):
09          sess.run(update)
10          print sess.run(state)
```

【运行结果】

```
0
1
2
3
```

【程序解析】

- 01 行:导入 TensorFlow 包。
- 02 行:用 TensorFlow 的 Variable()方法定义名称为 counter 的变量,值为 0。
- 03 行:用 TensorFlow 的 add()方法对名称为 counter 的变量加上常量 1,产生新的名称为 new_value 的 Tensor。
- 04 行:用 TensorFlow 的 assign()方法将 new_value 的值赋给 counter。
- 05 行:采用代码块的方式建立名称为 scss 的会话。
- 06 行:运行初始化所有变量的操作。
- 07 行:计算运行 counter 变量并打印输出。因为此时初始定义的 counter 为 0,所以运行结果第 1 行输出结果为 0。

- 08 行：定义 3 次循环，将 09～10 行程序重复执行 3 次。
- 09～10 行：计算运行 update，打印输出 counter。第 09 行运行 update，因为第 04 行定义 update 时会调用 counter 变量和 new_value，所以此时会计算运行 counter 和 new_value，counter 运行结果为 0，而 new_value 是 counter 加上常量 1，所以 new_value 的运行结果为 1，将 new_value 赋值给 counter 后，counter 也变为 1。第 10 行运行 counter，在第 02 行输出的结果为 1。因为 09～10 行要执行 3 次，另外两次执行的操作和第一次一样，都是 counter 加上常量 1 之后赋值给 new_value，new_value 再赋值给 counter，并输出。所以后面两次的输出会以 1 为步长递增，即第 03 行输出结果为 2，第 04 行输出结果为 3。

（5）获取变量。变量可以被另一个地方获取并运行，示例代码如代码 7-9 所示。

代码 7-9（ch7_9_GetVariable.py）：

```
01    import tensorflow as tf
02    in1 = tf.constant(3.0)
03    in2 = tf.constant(2.0)
04    in3 = tf.constant(5.0)
05    temp = tf.add(in2, in3)
06    mul = tf.multiply(in1, temp)
07    with tf.Session() as sess:
08        result = sess.run([mul, temp])
09        print result
```

【运行结果】

```
[21.0, 7.0]
```

【程序解析】

- 01 行：导入 TensorFlow 包。
- 02～04 行：定义常量 in1、in2 和 in3，值分别为 3.0、2.0 和 5.0。
- 05 行：定义张量 temp，temp 由 in2 和 in3 相加产生。
- 06 行：定义张量 mul，mul 由 in1 和 temp 相乘产生。
- 07 行：采用代码块的方式建立名称为 sess 的会话。
- 08 行：计算运行 temp，得到结果 7.0，然后在计算运行 mul 时，刚好获取计算 temp 得到的 7.0，最后计算出 mul 的结果为 21.0。
- 09 行：输出计算结果。

（6）变量名作用域（Variable Scope）。变量名作用域类似变量的名字空间。variable_scope 设置命名空间，get_variable 获取命名空间，示例代码如代码 7-10 所示。

代码 7-10（ch7_10_VariableScope.py）：

```
01    import tensorflow as tf
02    with tf.variable_scope("foo"):
03        with tf.variable_scope("bar"):
04            v = tf.get_variable("v", [1])
05    print v.name
```

【运行结果】

```
foo/bar/v:0
```

【程序解析】

- 01 行：导入 TensorFlow 包。

- 02 行：定义名称为 foo 的变量名作用域。
- 03 行：在 foo 下定义名称为 bar 的变量名作用域。
- 04 行：在 bar 下获取名称为 v、大小为 1 的变量，如果没有这个变量，则创建这个变量。
- 05 行：输出变量 v 的 name。按照定义的结构，结果为 foo/bar/v:0，其中 0 代表这个变量是生成变量的这个运算的第一个结果。

变量名作用域可以进行变量共享，示例代码如代码 7-11 所示。

代码 7-11（ch7_11_ReuseOfVariableScope.py）：

```
01  import tensorflow as tf
02  with tf.variable_scope("foo"):
03      v = tf.get_variable("v", [1])
04      tf.get_variable_scope().reuse_variables()
05      v1 = tf.get_variable ("v", [1])
06  print v == v1
```

【运行结果】

```
True
```

【程序解析】

- 01 行：导入 TensorFlow 包。
- 02 行：定义名称为 foo 的变量名作用域。
- 03 行：在 foo 下获取名称为 v、大小为 1 的变量，如果没有这个变量，则创建这个变量。
- 04 行：调用 TensorFlow 的 get_variable_scope()方法获取当前的变量名作用域，并调用 reuse_variables()方法使得作用域可以共享变量。
- 05 行：将变量 v 和变量 v1 共享。
- 06 行：判断 v 和 v1 这两个变量是否相等，并输出判断结果。True 的结果表明两个变量相等，也就是变量可以共享。

在循环神经网络（RNN）场景中会用到该功能，主要用于大量共享变量。

（7）名称作用域（Name Scope）和 TensorBoard。名称作用域非常易于使用，且在用 TensorBoard 对 Graph 对象可视化时极有价值，在可视化中表示计算图的一个层级。示例代码如代码 7-12 所示。

代码 7-12（ch7_12_NameScope.py）：

```
01  import tensorflow as tf
02  with tf.name_scope("Scope_A"):
03      a = tf.add(1,2,name="A_add")
04      b = tf.multiply(a,3,name="A_mul")
05  with tf.name_scope("Scope_B"):
06      c = tf.add(4,5,name="B_add")
07      d = tf.multiply(c,6,name="B_mul")
08  e = tf.add(b,d,name="output")
09  writer = tf.summary.FileWriter('./name_scope', graph=\
    tf.get_default_graph())
10  writer.close()
```

【程序解析】

- 01 行：导入 TensorFlow 包。
- 02 行：定义名称为 Scope_A 的名称作用域。

> 03～04 行：在 Scope_A 下将两个常量 1 和 2 相加，得到名称为 a 的 Tensor，并且将 a 和 3 相乘，得到名称为 b 的 Tensor。
> 05 行：定义名称为 Scope_B 的名称作用域。
> 06～07 行：在 Scope_B 下将两个常量 4 和 5 相加，得到名称为 c 的 Tensor，并且将 c 和 6 相乘，得到名称为 d 的 Tensor。
> 08 行：将 b 和 d 相加，得到名称为 e 的 Tensor。
> 09 行：调用 TensorFlow 的 FileWriter() 方法，将以上各个名称作用域的所有数据流图汇总并写入新建的 name_scope 文件夹中，graph=tf.get_default_graph() 表示使用 TensorFlow 的默认图形设备。
> 10 行：在数据写入完毕之后关闭设备。

TensorBoard 是 TensorFlow 自带的一个强大的可视化工具，也是一个 Web 应用程序套件。TensorBoard 目前支持 7 种可视化，这 7 种可视化的主要功能如下：

- SCALARS：展示训练过程中的准确率、损失值、权重 / 偏置的变化情况。
- IMAGES：展示训练过程中记录的图像。
- AUDIO：展示训练过程中记录的音频。
- GRAPHS：展示模型的数据流图，以及训练在各个设备上消耗的内存和时间。
- DISTRIBUTIONS：展示训练过程中记录的数据的分布图。
- HISTOGRAMS：展示训练过程中记录的数据的柱状图。
- EMBEDDINGS：展示词向量（如 Word2vec）后的投影分布。

TensorBoard 通过运行一个本地服务器，来监听 6006 端口。在浏览器发出请求时，分析训练时记录的数据，绘制训练过程中的图像。

可以在代码 7-12 中看到，为了在 TensorBoard 中看到这些名称作用域的效果，可打开一个 FileWriter 对象，并将 Graph 对象写入磁盘。

由于 FileWriter 对象会将数据流图立即导出，运行完代码 7-12 之后，在终端可以进入代码 7-12 的程序所在的目录，并输入命令"tensorboard --logdir='./name_scope'"，按回车键，启动 TensorBoard。

上述命令将在用户的本地计算机启动一个端口号为 6006 的 TensorBoard 服务器。打开浏览器，并在地址栏输入 localhost:6006，导航至"GRAPHS"标签页，将看到如图 7-40 所示的结果。

单击 Scope_A 和 Scope_B 上的"+"，展开数据流图，就可以看到各自域中定义的各个 Tensor 以及 add 和 mul 的操作，如图 7-41 所示。

（8）Placeholders 和 Feed Dictionaries。用 TensorFlow 的 Placeholder 定义的占位符非常实用，可以在程序运行过程中进行参数的赋值，用于接收程序外部传入的值，示例代码如代码 7-13 所示。

代码 7-13（ch7_13_Placeholder.py）：

```
01  import tensorflow as tf
02  in1 = tf.placeholder(tf.float32)
03  in2 = tf.placeholder(tf.float32)
04  out = tf.multiply(in1, in2)
05  with tf.Session() as sess:
06      print sess.run([out], feed_dict={in1:[7.0], in2:[2.0]})
```

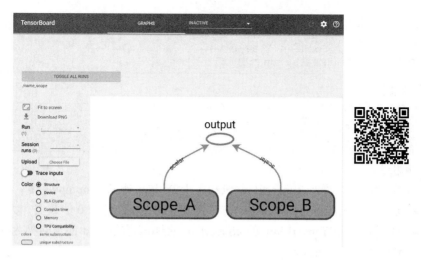

图 7-40　TensorBoard 可视化效果图

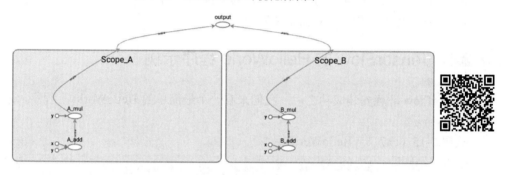

图 7-41　TensorBoard 可视化展开效果图

【运行结果】

```
[array([ 14.], dtype=float32)]
```

【程序解析】

- 01 行：导入 TensorFlow 包。
- 02～03 行：定义名称为 in1 和 in2 的占位符，类型为浮点数。
- 04 行：将 in1 和 in2 相乘，得到名称为 out 的 Tensor。
- 05 行：采用代码块的方式建立名称为 sess 的会话。
- 06 行：计算运行 out，并输出结果。由于占位符并没有初始值，只会根据类型分配和类型大小相当的存储空间，所以在计算时，需要先给每一个用到的占位符传递值，feed_dict 就是馈送数据值的字典，通过 feed_dict 可以给每个占位符馈送数据值。占位符得到了馈送的数据值后就可以计算运行了。

（9）数据转换为 Tensor。TensorFlow 提供了一个数据转换为 Tensor 的方法 convert_to_tensor()，示例代码如代码 7-14 所示。

代码 7-14（ch7_14_DataToTensor.py）：

```
01  import numpy as np
02  import tensorflow as tf
03  a = np.zeros((3, 3))
```

```
04    ta = tf.convert_to_tensor(a)
05    with tf.Session() as sess:
06        print sess.run(ta)
```

【运行结果】

```
[[ 0.  0.  0.]
 [ 0.  0.  0.]
 [ 0.  0.  0.]]
```

【程序解析】

- 01～02 行：导入 TensorFlow 包和用于 Python 计算的 numpy 包。
- 03 行：调用 numpy 的 zeros()方法定义名称为 a、值为 0 的数据，大小为 3 行 3 列。
- 04 行：调用 TensorFlow 的 convert_to_tensor()方法将 a 的值转换为 Tensor，并赋值给名称为 ta 的 Tensor。
- 05 行：采用代码块的方式建立名称为 sess 的会话。
- 06 行：计算运行 ta，并输出结果。

7.2.4 TensorFlow 的 HelloWorld 程序示例

TensorFlow 环境安装成功之后，我们来看一个最简单的 HelloWorld 小程序，示例代码如代码 7-15 所示。

代码 7-15（ch7_15_HelloWorld.py）：

```
01  import tensorflow as tf
02  # Create TensorFlow object called hello_constant
03  hello_constant = tf.constant('Hello World!')
04  with tf.Session() as sess:
05      # Run the tf.constant operation in the session
06      output = sess.run(hello_constant)
07      print output
```

【程序解析】

在 TensorFlow 中，数据是以整数、浮点数、字符串等形式存在的。这些值被封装在一个叫作 Tensor 的对象中。在 hello_constant = tf.constant('Hello World!')代码中，hello_constant 是一个 0 维度的字符串 Tensor，Tensors 还有很多不同大小，示例如下：

```
# A是0维32位整型Tensor
A = tf.constant(1234)
# B是1维32位整型Tensor
B = tf.constant([123,456,789])
# C是2维32位整型Tensor
C = tf.constant([[123,456,789],[222,333,444]])
```

tf.constant()是多个 TensorFlow 运算之一。tf.constant()返回的 Tensor 是一个常量 Tensor，因为这个 Tensor 的值不会变。

TensorFlow 的 API 构建在计算图的概念上，它是一种对数学运算过程进行可视化的方法。可以把上面运行的 TensorFlow 的代码 7-15 变成一个如图 7-42 所示的图。

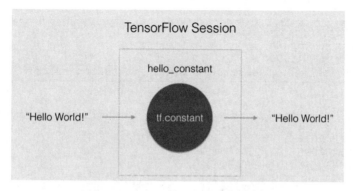

图 7-42　TensorFlow 的 Session 示意图

一个"TensorFlow Session"是用来运行图的环境。这个 Session 负责分配 GPU(s)或 CPU(s) 包括远程计算机的运算，使用方法如下：

```
with tf.Session() as sess:
    output = sess.run(hello_constant)
```

前面的第 03 行代码已经创建了一个名为 hello_constant 的 Tensor。这两行是在 Session 里对这个 Tensor 求值。

这段代码用 tf.Session 创建了一个名为 sess 的 Session 实例。sess.run()函数对 Tensor 求值，并返回结果。程序运行结果是输出字符串 "Hello World!"。

7.2.5　TensorFlow 实现线性回归

本节通过一个实例来看看 TensorFlow 如何实现线性回归，示例代码如代码 7-16 所示。

代码 7-16（ch7_16_ LinearRegression.py）：

```
01  import tensorflow as tf
02  import numpy as np
03
04  # create data
05  x_data = [21.5188,29.6623,38.5208,46.2798,53.4075,59.6218,\
    64.3324,73.7624,79.5243,86.9106]
06
07  y_data = [1.0235,1.3757,1.6384,2.1127,2.3912,2.8319,3.1755,3.5224,\
    8.2856,3.8784]
08
09  ### create tensorflow structure start ###
10  Weights = tf.Variable(tf.random_uniform([1], -1.0, 1.0))
11  biases = tf.Variable(tf.zeros([1]))
12
13  y = Weights * x_data + biases
14
15  loss = tf.reduce_mean(tf.square(y - y_data))
16  optimizer = tf.train.GradientDescentOptimizer(0.0002)
17  train = optimizer.minimize(loss)
18
19  init = tf.initialize_all_variables()
20  ### create tensorflow structure end ###
21
22  sess = tf.Session()
23  sess.run(init)    # Very important
24
```

```
25    for step in range(200001):
26        sess.run(train)
27        if step % 40000 == 0:
28            print step, sess.run(Weights), sess.run(biases)
```

【运行结果】

```
0      [-0.20799327]  [-0.01495901]
40000  [0.07081016]   [-0.87827677]
80000  [0.07282089]   [-1.0048019]
120000 [0.07311254]   [-1.0231538]
160000 [0.07314471]   [-1.0251786]
200000 [0.07314471]   [-1.0251786]
```

【程序解析】

> 01～02 行：导入 TensorFlow 包和 numpy 包。
> 05～08 行：定义数据 x_data 和 y_data，力求找 x_data 和 y_data 之间的线性关系。
> 10 行：定义权重变量 Weights，Weights 在-1 到 1 之间随机取值。
> 11 行：定义偏移量变量 biases，biases 取值为 0。
> 13 行：根据权重变量和偏移量变量定义结果变量 y。
> 15 行：定义损失函数 loss()，原则是使 y 和真实数据 y_data 尽可能接近。
> 16 行：定义梯度下降类型的优化器 optimizer，学习速率是 0.0002。
> 17 行：根据损失函数最小化原则确定的优化器定义训练方法 train。
> 19 行：初始化所有定义的 TensorFlow 变量。
> 22 行：定义 TensorFlow 的会话 sess。
> 23 行：用会话开始运行初始化的变量。
> 25 行：开始循环进行 200001 次训练。
> 26 行：代表每次循环进行一次训练,同时调整优化权重变量 Weights 和偏移量变量 biases。
> 27～28 行：表示每训练 40000 次之后，输出训练后的当前训练次数、当前权重变量 Weights 和当前偏移量变量 biases。

运行结果中最后一次得到的权重 0.07314471 和偏移量-1.0251786 所确定的线性关系可以用 y=0.07314471x-1.0251786 表示，可以在平面坐标系中画出这条直线，并标出 x_data、y_data 所确定的 10 个数据点，如图 7-43 所示。

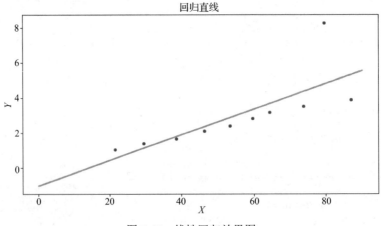

图 7-43　线性回归效果图

从图 7-43 可以看出，除了最上方的红点（噪声点），直线离其余 9 个数据点都很近，这说明经过了多次训练后，能够得到比较精确的线性模型的权重系数和偏移量，线性模型能较好地反映数据之间存在的线性关系。通过上面的例子可以看到，TensorFlow 在实现简单线性回归的应用上能取得比较好的效果。

7.2.6 TensorFlow 实现全连接神经网络

下面通过一个简单的实例来看看 TensorFlow 如何实现全连接神经网络，这个例子是对逻辑与运算的真值表数据进行训练，得到相应的模型参数，用模型参数来对输入值进行输出结果预测，如代码 7-17 所示。

代码 7-17（ch7_17_AndOperation.py）：

```
01  import tensorflow as tf
02
03  # 训练数据
04  X = [[0,0],[0,1],[1,0],[1,1]]
05  Y = [[0],[0],[0],[1]]
06
07  # 定义网络结构
08  N_INPUT_NODES = 2   # 2个输入节点
09  N_OUTPUT_NODES = 1  # 1个输出节点
10
11  # 定义训练迭代次数
12  N_STEPS = 20000     # 执行20000次训练
13  N_EPOCH = 1000      # 每隔1000次，输出一次训练结果
14
15  # 定义学习速率，即每次递减下降的大小
16  LEARNING_RATE = 0.02
17  # 定义接收训练数据的占位符
18  x_ = tf.placeholder(tf.float32,shape=[len(X),N_INPUT_NODES],\
19  name="x-input")  # 4*2 的矩阵
20  y_ = tf.placeholder(tf.float32,shape=[len(Y),N_OUTPUT_NODES],\
21  name="y-input")  # 4*1 的矩阵
22  # 定义权重和偏移量
23  weight= tf.Variable(tf.random_uniform\
24  ([N_INPUT_NODES,N_OUTPUT_NODES],-1,1), name="weight")
25  bias = tf.Variable(tf.zeros([N_OUTPUT_NODES]),name="bias")
26
27  # 定义前向传播函数
28  output = tf.sigmoid(tf.matmul(x_,weight)+bias)
29
30  # 定义损失函数（最小均方差），来描述预测值和真实值之间的差距
31  cost = tf.reduce_mean(tf.square(Y-output))
32
33  # 定义反向传播函数，即使用梯度下降的方法，求解损失函数的最小值
34   train = tf.train.GradientDescentOptimizer(LEARNING_RATE).minimize(cost)
35
36  # 初始化变量
37  init = tf.initialize_all_variables()
38  sess = tf.Session()
39  sess.run(init)
40
```

```
41      # 开始训练过程
42      for i in range(N_STEPS):
43          # 执行训练函数,将训练数据 feed 到模型中
44          sess.run(train,feed_dict={x_:X,y_:Y})
45          if i % N_EPOCH == 0:
46              # 每隔N_EPOCH 轮,输出一次训练结果
47              print 'SETPS: ',i,' cost: ',sess.run(cost,feed_dict={x_:X,\
                    y_:Y})
48
49      # 训练结束,执行一次预测过程,并查看结果
50      print 'output: ',sess.run(output,feed_dict={x_:X,y_:Y})
```

【运行结果】

```
SETPS:  0      cost:  0.260343
SETPS:  1000   cost:  0.163564
SETPS:  2000   cost:  0.1162
SETPS:  3000   cost:  0.0902687
SETPS:  4000   cost:  0.0737833
SETPS:  5000   cost:  0.0621967
SETPS:  6000   cost:  0.0535449
SETPS:  7000   cost:  0.0468276
SETPS:  8000   cost:  0.0414673
SETPS:  9000   cost:  0.0371003
SETPS:  10000  cost:  0.033483
SETPS:  11000  cost:  0.0304451
SETPS:  12000  cost:  0.0278637
SETPS:  13000  cost:  0.0256476
SETPS:  14000  cost:  0.0237278
SETPS:  15000  cost:  0.0220514
SETPS:  16000  cost:  0.0205768
SETPS:  17000  cost:  0.0192714
SETPS:  18000  cost:  0.0181087
SETPS:  19000  cost:  0.0170677
output:  [[ 0.00492084]
 [ 0.1367403 ]
 [ 0.1367407 ]
 [ 0.83535737]]
```

【程序解析】

> 01 行:导入 TensorFlow 包。与运算只有两个输入值都为 1 时的输出值才为 1,其余任何输入时的输出值都为 0。与运算的真值表如表 7-1 所示。

表 7-1 与运算真值表

X1	X2	Y
0	0	0
0	1	0
1	0	0
1	1	1

> 04~05 行:得到了用来训练模型的训练数据,X(X1,X2)表示四种输入,Y 表示输出。
> 08~09 行:定义了输入节点和输出节点的数量,与运算有两个输入、一个输出。
> 12 行:设置训练的次数。

- 13 行：设置每训练 1000 次，输出一次当前的结果。
- 16 行：定义学习速率，每训练一次，梯度按照这个速率来改变。
- 18~21 行：定义训练数据的占位符，因为训练数据总共 4 组，每组两个输入、一个输出，所以输入和输出的占位符分别定义为 4×2 的矩阵和 4×1 的矩阵。
- 23~24 行：初始化一组权重，规模为 2×1 的矩阵，矩阵的元素在-1 到 1 之间随机产生，服从-1 到 1 之间的均值分布。这样，四组输入（4×2 的矩阵）和权值（2×1 的矩阵）相乘之后，得到 4×1 的矩阵，也就是四个输出。
- 25 行：初始化偏移量为 0，偏移量加到输出上对输出进行调整。
- 28 行：定义前向传播函数，输入乘上权值加上偏移量实际上是线性变换，对这个结果用 sigmoid()函数进行去线性化的操作，得到最终的输出结果。sigmoid()函数也称为激活函数。对于每一组输入（1×2 的矩阵），它乘以权值，加上偏移量，然后用 sigmoid()函数激活。如果用 f' 表示 sigmoid()函数，w_1 和 w_2 表示权值，b 表示偏移量，则激活的过程可以用图 7-44 表示。

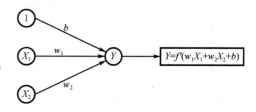

图 7-44 简单神经网络计算流程图

权值和偏移量初始化后不是一成不变的，可以在训练的过程中进行调整，训练的过程就是调整权值和偏移量，使得输出值和真实值尽可能接近。

- 31 行：定义损失函数（最小均方差），来描述预测值和真实值之间的差距。
- 34 行：定义反向传播函数，即使用梯度下降的方法，求解损失函数的最小值。每次训练，梯度按照第 16 行定义的学习速率变化，训练的原则是调整权值和偏移量，使得损失函数值最小。
- 37~39 行：建立一个会话，对前面所有定义的变量进行初始化。
- 42~47 行：用 20001 次的 for 循环进行 20001 次训练。每训练 1000 次，输出当前的损失函数的值，来查看训练的效果。
- 50 行：是对所有的 4 种输入，根据训练好的模型各参数的值进行运算，得到输出结果。可以将输出结果和真实结果进行比较，查看准确度。

从程序的运行结果可以看出，训练的次数越多，损失函数的值越来越小，这说明经过了多次训练后，用训练得到的模型来预测的输出结果和真实输出结果更加接近。另外，用 20000 次训练后得到的模型对 4 种输入预测的输出结果可以看到，前面 3 个结果接近于 0，后面 1 个结果接近于 1，这和真实结果是吻合的。通过上面的例子可以看到，TensorFlow 在实现全连接神经网络的应用上能取得比较好的效果。

7.3 深度学习在 MNIST 图像识别中的应用

7.3.1 MNIST 数据集及其识别方法

1. MNIST 介绍

MNIST 数据库是一个手写数字图像的数据库，它提供了 60000 的训练集和 10000 的测试集。它的每个图像都是被规范处理过的，是一张被放在中间部位的 28×28 的黑白图像，总共 4 个文件：

- train-images-idx3-ubyte：训练图像数据集。
- train-labels-idx1-ubyte：训练图像标记数据集。
- t10k-images-idx3-ubyte：测试图像数据集。
- t10k-labels-idx1-ubyte：测试图像标记数据集。

图像都被转成二进制放到了文件里面，每一个文件头部几个字节都记录着这些图像的信息，然后才是储存的图像信息。这些文件都可以在官网（yann.lecun.com/exdb/mnist）下载。

代码 7-18 是从训练集中所有标记为 0～9 的 10 个图像集合中分别抽取第一个图像进行显示。

代码 7-18（ch7_18_Number_MNIST.py）：

```
01  import tensorflow as tf
02  from tensorflow.examples.tutorials.mnist import input_data
03  import matplotlib.pyplot as plt
04  mnist = input_data.read_data_sets("MNIST_data/", one_hot=True)
05
06  fig, ax = plt.subplots(\
07      nrows=2,\
08      ncols=5,\
09      sharex=True,\
10      sharey=True, )
11
12  ax = ax.flatten()
13  for i in range(10):
14      img = mnist.train.images[(mnist.train.labels == 1)\
        [:,i]][0].reshape(28, 28)
15      ax[i].imshow(img, cmap='Greys', interpolation='nearest')
16
17  ax[0].set_xticks([])
18  ax[0].set_yticks([])
19  plt.tight_layout()
20  plt.show()
```

图 7-45 10 个数字手写体图像

【运行结果】

如图 7-45 所示。

【程序解析】

➢ 02～04 行：导入 input_data 用于自动下载和安装 MNIST 数据集，导入 Python 绘图库 matplotlib 中的 pyplot 模块用于绘图。

➢ 06～10 行：定义绘制 2 行 5 列共 10 个图像，图像在水平和垂直方向都均匀排列。

➢ 12 行：把 2 行 5 列的图像从二维变为一维。

➢ 13 行：表示变量 i 从 0 到 9 循环。

➢ 14 行：mnist.train.labels==1 表示取出所有标记为 1 的元素，[:,i]表示选择标记为数字 i 的所有图像，mnist.train.images[(mnist.train.labels==1)[:,i]]就是取出训练集中所有标记为数字 i 的图像，mnist.train.images[(mnist.train. labels==1) [:,i]][0]表示取所有标记为数字 i 的图像的第 1 个，reshape(28,28)表示变为 28×28 的点阵图像。

➢ 15 行：表示对取出的标记为数字 i 的第 1 个图像用 imshow()方法进行显示，'Greys'

表示灰度图，'nearest'表示最邻近插值法。
- 17~18 行：表示显示图像时在水平和垂直方向去掉刻度。
- 19 行：表示紧凑显示图像。
- 20 行：表示显示所有图像。显示结果是 0~9 总计 10 个数字图像，如图 7-45 所示。

仿照代码 7-18 的写法，代码 7-19 是从训练集中所有标记为数字 7 的图像集合中抽取前 25 个图像进行显示。

代码 7-19（ch7_19_NumberSeven_MNIST.py）：

```
01  import tensorflow as tf
02  from tensorflow.examples.tutorials.mnist import input_data
03  import matplotlib.pyplot as plt
04  mnist = input_data.read_data_sets("MNIST_data/", one_hot=True)
05  
06  fig, ax = plt.subplots(\
07      nrows=5,\
08      ncols=5,\
09      sharex=True,\
10      sharey=True, )
11  
12  ax = ax.flatten()
13  for i in range(25):
14      img = mnist.train.images[(mnist.train.labels == 1)\
         [:,7]][i].reshape(28, 28)
15      ax[i].imshow(img, cmap='Greys', interpolation='nearest')
16  
17  ax[0].set_xticks([])
18  ax[0].set_yticks([])
19  plt.tight_layout()
20  plt.show()
```

【运行结果】

显示结果是总计 25 个数字 7 的图像，分 5 行 5 列排列，如图 7-46 所示。

图 7-46 数字 7 的手写体图像

2. 手写体识别的步骤
- 将要识别的图片转为灰度图，并且转化为 28×28 矩阵（单通道，每个像素范围 0~1，1 为黑色，0 为白色）；
- 将 28×28 的矩阵转换成 1 维矩阵（也就是把第 2、3、4、5……行矩阵依次接入到第一行的后面，将 28×28 的矩阵变为 1 行 784 列的形式）；

- 用一个 1×10 的向量代表标签,也就是这个数字到底是几,例如,数字 0 对应的矩阵就是[1,0,0,0,0,0,0,0,0,0],数字 1 对应的矩阵就是[0,1,0,0,0,0,0,0,0,0];
- 用特定方法确定图片是哪个数字的概率;
- 用特定方法训练参数。

7.3.2 全连接神经网络识别 MNIST 图像

先看用 7.2.6 小节介绍的全连接神经网络来实现 MNIST 图像识别的例子,示例代码如代码 7-20 所示。

代码 7-20(ch7_20_Simple_Neural_Network.py):

```
01  import tensorflow as tf
02  from tensorflow.examples.tutorials.mnist import input_data
03  import sys
04  mnist = input_data.read_data_sets("MNIST_data/", one_hot=True)
05
06  x = tf.placeholder("float", [None, 784])
07  W = tf.Variable(tf.zeros([784, 10]))
08  b = tf.Variable(tf.zeros([10]))
09
10  y = tf.nn.softmax(tf.matmul(x, W)+b)
11
12  y_ = tf.placeholder("float", [None, 10])
13  cross_entropy = -tf.reduce_sum(y_*tf.log(y))
14
15  train_step = tf.train.GradientDescentOptimizer(0.01).\
16  minimize(cross_entropy)
17  init = tf.initialize_all_variables()
18  sess = tf.Session()
19  sess.run(init)
20
21  for i in range(1000):
22      batch_xs, batch_ys = mnist.train.next_batch(100)
23      sess.run(train_step, feed_dict={x: batch_xs, y_: batch_ys})
24      if i % 200 == 199:
25          correct_prediction = tf.equal(tf.argmax(y, 1), tf.argmax(y_, 1))
26          accuracy = tf.reduce_mean(tf.cast(correct_prediction, "float"))
27          print sess.run(accuracy, feed_dict={x: mnist.test.images, y_:\
28          mnist.test.labels})
```

【运行结果】

```
0.8994
0.9018
0.9138
0.9169
0.9179
```

【程序解析】

➢ 06 行:创建一个 placeholder,即输入数据的地方,第一个参数"float"为数据类型,第二个参数[None,784]为数据尺寸。

➢ 07~08 行:给 softmax 模型中的权重(W)和偏移量(b)创建 Variable 对象。对于简单的模型来说,可以直接将权重和偏移量全部初始化为 0,这里就是这么处理的,不过复杂的卷积、循环或比较深的全连接网络则需要合适的初始值。这里权重的尺寸是

[784,10]，784 是表示 28×28 的点阵图像的维度，10 是表示 0～9 的 10 个数字类别。

- 10 行：实现 Softmax 回归算法。softmax 是 tf.nn 中的一个函数，tf.nn 中包含大量的神经网络组件，而 tf.matmul() 是 TensorFlow 中的矩阵乘法函数。为了训练模型，需要一个损失值函数来评判分类精度，定义好损失值，则模型将自动求导并进行梯度下降，完成对 softmax 回归模型参数的自动学习。

- 12～13 行：对于最初的 W 和 b 的初始值，会有一个初始损失值，训练的目的就是使这个损失值越来越小，直到达到全局或者局部最优。而对于多分类问题，通常使用交叉熵作为损失值函数。在 TensorFlow 中实现交叉熵，首先定义一个 placeholder，这里第 12 行将 placeholder 定义为 y_，输入真实的 label，这里真实的 label 是训练图像标记数据集的真实分类数据，程序第 13 行就是计算 y_ 和 y 的交叉熵，其中 tf.reduce_sum() 用来求和。

- 15～16 行：采用常见的梯度优化算法随机 SGD（Stochastic Gradient Descent）得到训练的操作 train_step，当然除了 SGD，TensorFlow 还有很多优化器，只需要更改函数名字即可。定义好优化算法后，TensorFlow 就会根据我们定义的整个计算图自动求导，并根据反向传播算法进行训练，通过每一轮迭代更新参数来减少损失值。此处 SGD 优化算法的学习速率为 0.01，优化目标为交叉熵最小。

- 17～19 行：采用 TensorFlow 的全局参数初始化器 tf.initialize_all_variables()，并通过会话执行它的 run() 方法。

- 21～23 行：开始迭代的执行操作 train_step，并直接执行它的 run() 方法，这里每次随机抽取 100 条样本构成一个 mini-batch，并 feed 给 placeholder，然后调用 train_step 对这些样本进行训练。

- 24～28 行：每迭代 200 次，对模型进行验证，并输出结果。tf.argmax 是从一个 Tensor 中寻找最大值的序号，tf.argmax(y,1) 就是求各个预测的数字中概率最大的一个，而 tf.argmax(y_,1) 则是找真实数字类别。tf.equal 则是判断数字类别是否正确，得到计算分类是否正确的操作 correct_prediction。接着用 tf.cast 将之前的 correct_prediction 输出的 bool 类型转换为 float，再求平均。将测试数据的 label 输入评测流程 accuracy，计算在测试集上的正确率，最后打印结果。

可以看到，这里用 softmax 分类器来预测图片属于哪个数字，经过 1000 次训练后，识别准确率可以达到 91.79%。

7.3.3 卷积神经网络识别 MNIST 图像

本节构建了一个两层的神经网络，分别是 convolutional layer1 + max pooling 和 convolutional layer2 + max pooling，用 6.4 节介绍的卷积神经网络（CNN）来对 MNIST 手写体数字进行识别，如代码 7-21 所示。

代码 7-21（ch7_21_CNN_MNIST.py）：

```
01  import tensorflow as tf
02  from tensorflow.examples.tutorials.mnist import input_data
03  # number 1 to 10 data
04  mnist = input_data.read_data_sets('MNIST_data', one_hot=True)
05
```

```python
06  def compute_accuracy(v_xs, v_ys):
07      global prediction
08      y_pre = sess.run(prediction, feed_dict={xs: v_xs, keep_prob: 1})
09      correct_prediction = tf.equal(tf.argmax(y_pre,1), tf.argmax\
        (v_ys,1))
10      accuracy = tf.reduce_mean(tf.cast(correct_prediction, tf.float32))
11      result = sess.run(accuracy, feed_dict={xs: v_xs, ys: v_ys, keep_prob:\
        1})
12      return result
13
14  def weight_variable(shape):
15      initial = tf.truncated_normal(shape, stddev=0.1)
16      return tf.Variable(initial)
17
18  def bias_variable(shape):
19      initial = tf.constant(0.1, shape=shape)
20      return tf.Variable(initial)
21
22  def conv2d(x, W):
23      # stride [1, x_movement, y_movement, 1]
24      # Must have strides[0] = strides[3] = 1
25      return tf.nn.conv2d(x, W, strides=[1, 1, 1, 1], padding='SAME')
26
27  def max_pool_2x2(x):
28      # stride [1, x_movement, y_movement, 1]
29      return tf.nn.max_pool(x, ksize=[1,2,2,1], strides=[1,2,2,1],\
30      padding='SAME')
31  # define placeholder for inputs to network
32  xs = tf.placeholder(tf.float32, [None, 784]) # 28x28
33  ys = tf.placeholder(tf.float32, [None, 10])
34  keep_prob = tf.placeholder(tf.float32)
35  x_image = tf.reshape(xs, [-1,28,28,1])
36  #print(x_image.shape) #[n_samples,28,28,1]
37
38  ## conv1 layer ##
39  W_conv1 = weight_variable([5,5,1,32])
40  b_conv1  bias_variable([32])
41  h_conv1 = tf.nn.relu(conv2d(x_image,W_conv1)+b_conv1)
42  h_pool1 = max_pool_2x2(h_conv1)                    #output size 14x14x32
43
44  ## conv2 layer ##
45  W_conv2 = weight_variable([5,5,32,64])#patch 5x5,in size 32,out size
    #64
46  b_conv2 = bias_variable([64])
47  h_conv2 = tf.nn.relu(conv2d(h_pool1,W_conv2)+b_conv2)
48  h_pool2 = max_pool_2x2(h_conv2)                    #output size 7x7x64
49
50  ## func1 layer ##
51  W_fc1 = weight_variable([7*7*64,1024])
52  b_fc1 = bias_variable([1024])
53  #[n_samples,7,7,64]->>[n_samples,7*7*64]
54  h_pool2_flat = tf.reshape(h_pool2,[-1,7*7*64])
55  h_fc1 = tf.nn.relu(tf.matmul(h_pool2_flat,W_fc1)+b_fc1)
56  h_fc1_drop = tf.nn.dropout(h_fc1,keep_prob)
57
58  ## func2 layer ##
59  W_fc2 = weight_variable([1024,10])
60  b_fc2 = bias_variable([10])
61  prediction = tf.nn.softmax(tf.matmul(h_fc1_drop,W_fc2)+b_fc2)
62
```

```
63
64    # the error between prediction and real data
65    cross_entropy = tf.reduce_mean(-tf.reduce_sum(ys * tf.log\
      (prediction), reduction_indices=[1]))        # loss
66
67    train_step = tf.train.AdamOptimizer(1e-4).minimize(cross_entropy)
68
69    sess = tf.Session()
70    # important step
71    sess.run(tf.initialize_all_variables())
72
73    for i in range(1000):
74        batch_xs, batch_ys = mnist.train.next_batch(100)
75        sess.run(train_step, feed_dict={xs: batch_xs, ys: batch_ys,\
76        keep_prob: 0.5})
77        if i % 200 == 199:
78            print(compute_accuracy(mnist.test.images, mnist.test.labels))
```

【运行结果】

```
0.1512
0.9244
0.9489
0.9586
0.9639
```

【程序解析】

- 06~12 行：定义了求预测正确率的函数 compute_accuracy()。
- 14~16 行：用截断正态分布（truncated_normal）的方法定义了对权重进行初始化的函数 weight_variable()。截断正态分布和正态分布（random_normal）不同的是，截断正态分布会把（$\mu-2\sigma$，$\mu+2\sigma$）区间之外的值丢掉重新取值，这样保证初始化的权重值在均值 μ 附近，σ 是标准差，stddev=0.1 表示标准差为 0.1。
- 18~20 行：将偏移量初始化为常量 0.1。
- 22~25 行：定义了卷积函数，strides[0]和strides[3]的两个 1 是默认值，中间两个 1 代表 padding 时在 x 方向运动 1 步，y 方向运动 1 步，padding='SAME'代表经过卷积之后的输出图像和原图像大小一样。
- 27~30 行：定义了池化函数，ksize 指定池化核函数的大小。根据池化核函数的大小定义 strides 的大小，池化的核函数大小为 2×2，因此 ksize=[1,2,2,1]，步长为 2，strides=[1,2,2,1]。
- 32 行：表示输入图片的大小，28×28=784。
- 33 行：表示输出 0~9 共 10 个数字。
- 34 行：用于接收 dropout 操作的值，dropout 用于防止过拟合。
- 35 行：-1 代表先不考虑输入的图片例子多少这个维度，后面的 1 是 channel 的数量，因为我们输入的图片是黑白的，因此 channel 是 1，如果是 RGB 图像，那么 channel 就是 3。
- 39~42 行：表示第一层卷积层。39 行定义卷积核大小为 5×5，输入通道数 1，输出通道数 32，由于一个输出通道对应一个偏移量，所以 40 行定义偏移量大小也为 32，41 行做卷积运算，并使用 relu 激活函数激活，42 行做池化操作。

➢ 45~48 行：表示第二层卷积层。与第一层不同的是，第二层是 32 个输入通道，64 个输出通道。
➢ 51~56 行：全连接层第一层。51~52 行定义一般神经网络，将权重和偏移继续扩大为 1024。54 行将最后操作的数据展开。55 行运算，用 relu 函数激活。第 56 行是为了防止过拟合而进行的 dropout 操作。
➢ 59~67 行：最后一层全连接预测。59~60 行初始化最后一层的权重和偏移量。61 行用 softmax 分类器进行预测。65~67 行定义交叉熵为损失函数，用 Adam 梯度优化算法得到训练的操作 train_step。
➢ 69~78 行：操作步骤和前面基本一样，用会话初始化变量后，用 Adam 优化算法迭代训练 1000 次，每过 200 次迭代输出一次正确率。

可以看到，这里用二层卷积神经网络来预测图片属于哪个数字，经过 1000 次训练后，识别准确率可以达到 96.39%，比全连接神经网络的识别准确率有了大幅度提高。

7.3.4 循环神经网络识别 MNIST 图像

循环神经网络（RNN）相比传统的神经网络在处理序列化数据时更有优势，因为 RNN 能够加入上下文信息进行考虑。一个简单的 RNN 如图 7-47 所示。将这个循环展开得到循环神经网络展开图，如图 7-48 所示。

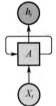
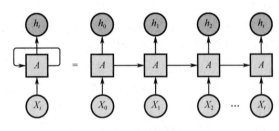

图 7-47　循环神经网络　　　　　图 7-48　循环神经网络展开图

上一时刻的状态会传递到下一时刻，这种链式特性决定了 RNN 能够很好地处理序列化的数据。RNN 在语音识别、语言建模、翻译、图片描述等问题上已经取得了很好的效果。

根据输入、输出的不同和是否有延迟等一些情况，RNN 在应用中有如图 7-49 所示的一些形态。

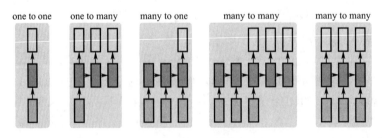

图 7-49　循环神经网络的形态

RNN 能够把状态传递到下一时刻，好像对一部分信息有记忆能力一样，例如在图 7-48 中，h_2 的值可能会由 x_0、x_1 的值来决定。但是，对于一些复杂场景，由于距离太远，中间间隔了太多状态。例如在图 7-48 中，如果 t 很大，x_0、x_1 的值对 h_t 的值几乎起不到任何作用（梯度消失和梯度爆炸）。

由于 RNN 不能很好地处理这种问题，于是出现了 LSTM（Long Short Term Memory），也就是一种加强版的 RNN（LSTM 可以改善梯度消失问题）。简单来说，就是原始 RNN 没有长期的记忆能力，于是就给 RNN 加上了一些记忆控制器，实现对某些信息能够较长期的记忆，而对某些信息只有短期记忆能力。

如图 7-50 所示，LSTM 中存在 Forget Gate、Input Gate、Output Gate 来控制信息的流动程度。

下面用循环神经网络的方法来对 MNIST 手写体数字进行识别，如代码 7-22 所示。

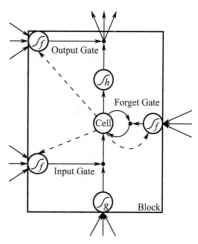

图 7-50 LSTM 的信息流动

代码 7-22（ch7_22_RNN_MNIST.py）：

```
01  import tensorflow as tf
02  import sys
03  from tensorflow.examples.tutorials.mnist import input_data
04  mnist = input_data.read_data_sets('MNIST_data/', one_hot=True)
05
06  # configuration
07  #       O * W + b -> 10 labels for each image, O[? 128], W[128 10], B[10]
08  #       ^ (O: output 28 vec from 28 vec input)
09  #       |
10  #     +-+  +-+         +--+
11  #     |1|->|2|-> ...   |28| n_steps = 28
12  #     +-+  +-+         +--+
13  #      ^    ^    ...    ^
14  #      |    |           |
15  # img1:[28] [28] ... [28]
16  # img2:[28] [28] ... [28]
17  # img3:[28] [28] ... [28]
18  # ...
19  # img128(batch_size=128)
20  # each input size =28
21
22  # hyperparameters
23  learning_rate = 0.001
24  training_iters = 100000
25  batch_size = 128
26
27  n_inputs = 28       #
28  n_steps = 28        #
29  n_hidden_units = 128    # neurons in hidden layer
30  n_classes = 10          # MNIST classes (0-9 digits)
31
32  # X, input shape: (batch_size, n_steps, n_inputs)
33  x = tf.placeholder(tf.float32, [None, n_steps, n_inputs])
34  #y, shape:(batch_size,n_classes)
35  y = tf.placeholder(tf.float32, [None, n_classes])
36
37  # Define weights and biases
38  #in:
39  #out:
```

```
40    weights = {\
41        # (28, 128)
42        'in': tf.Variable(tf.random_normal([n_inputs, n_hidden_units])),\
43        # (128, 10)
44        'out': tf.Variable(tf.random_normal([n_hidden_units, n_classes]))\
45    }
46
47    biases = { \
48        # (128, )
49        'in': tf.Variable(tf.constant(0.1, shape=[n_hidden_units, ])), \
50        # (10, )
51        'out': tf.Variable(tf.constant(0.1, shape=[n_classes, ])) \
52    }
53
54    def RNN(X, weights, biases):
55    # hidden layer for input to cell
56    ##########################################
57    # X (128 batch,28 steps,28 inputs) ==> (128 batch * 28 steps, 28
58    #    inputs)
59        X = tf.reshape(X, [-1, n_inputs])
60        # into hidden
61        # X_in =[128 b*28 s,28 i]*[28 i,128 h]=[128 b * 28 s, 128 h]
62        X_in = tf.matmul(X, weights['in']) + biases['in']
63        # X_in ==> (128 batch, 28 steps, 128 hidden)
64        X_in = tf.reshape(X_in, [-1, n_steps, n_hidden_units])
65    # cell
66        # basic LSTM Cell.
67        cell = tf.contrib.rnn.BasicLSTMCell\
68        (n_hidden_units,forget_bias=1.0,state_is_tuple=True)
69        # lstm cell is divided into two parts (c_state, h_state)
70        init_state = cell.zero_state(batch_size, dtype=tf.float32)
71        # dynamic_rnn receive Tensor (batch, steps, inputs)
72        # time_major=False
73        outputs, final_state = tf.nn.dynamic_rnn\
74        (cell, X_in, initial_state=init_state, time_major=False)
75
76        # hidden layer for output as the final results
77        # unpack to list [(batch, outputs)..] * steps
78        # permute time_step_size and batch_size,[28, 128, 28]
79        outputs = tf.unstack(tf.transpose(outputs, [1,0,2]))
80        #  shape = (128, 10)
81        results = tf.matmul(outputs[-1], weights['out']) + biases['out']
82        return results
83
84    pred = RNN(x, weights, biases)
85    cost = tf.reduce_mean(tf.nn.softmax_cross_entropy_with_logits\
86    (logits=pred, labels=y))
87    train_op = tf.train.AdamOptimizer(learning_rate).minimize(cost)
88
89    correct_pred = tf.equal(tf.argmax(pred, 1), tf.argmax(y, 1))
90    accuracy = tf.reduce_mean(tf.cast(correct_pred, tf.float32))
91
92    with tf.Session() as sess:
93        init = tf.global_variables_initializer()
94
95        sess.run(init)
96        step = 0
97        while step * batch_size < training_iters:
98            batch_xs, batch_ys = mnist.train.next_batch(batch_size)
```

```
 99            batch_xs = batch_xs.reshape([batch_size, n_steps, n_inputs])
100
101            sess.run([train_op], feed_dict={x: batch_xs,y: batch_ys,})
102            if step % 130 == 0:
103              print(sess.run(accuracy, feed_dict={x: batch_xs,y: batch_ys\
104              ,}))
105            step += 1
```

【运行结果】

```
0.265625
0.9140625
0.9375
0.9609375
0.9921875
0.9609375
0.984375
```

【程序解析】

- 23～25 行：定义了循环神经网络学习时采用的一些参数，23 行是学习速率；24 行是迭代训练次数；25 行是批处理尺寸，也就是一次处理的训练样本数量。
- 27～30 行：定义了循环神经网络的参数。27 行是输入层的输入大小；28 行定义长度 28；29 行定义隐含层特征数 128；30 行定义输出的数量，因为是分类问题，这里有数字 0～9，所以一共有 10 个。
- 33 行：构建 TensorFlow 的输入 X 的 placeholder。
- 35 行：构建输出 y 的 placeholder。
- 40～52 行：初始化从输入到输出之间每一层的权值和偏移量。
- 54～82 行：定义了用循环神经网络来预测给定图像内容的函数，主要功能是对于每次处理的 128 个训练集中的 28×28 的图像进行预测，判断这 128 个图像属于哪个数字，并给出 128 个预测结果并标记。
- 84 行：调用定义的函数来进行预测，并给出预测结果 pred。
- 85～90 行：和前面程序的功能类似，也是定义损失函数，选择优化算法，进行预测并求出预测的正确率。
- 92～105 行：也和前面程序的功能类似，利用会话来运行，每过 130 次批处理后，对预测的正确率进行输出。

可以看到，循环神经网络的训练效果甚至更好，识别准确率达到了 98.4375%。

对全连接神经网络、卷积神经网络以及循环神经网络的特点以及对 MNIST 识别的准确率的比较如表 7-2 所示。

表 7-2 三种神经网络的特点及其 MNIST 识别准确率的比较

性 能 比 较	全连接神经网络	卷积神经网络	循环神经网络
特点	简单的全连接+激活函数	通过卷积核提取图像特征	每一刻的输出结果引入了前面输出结果的影响因素
识别准确率	91.79%	96.39%	98.4375%

7.4 典型深度学习平台

7.4.1 典型深度学习平台简介

深度学习框架被应用于计算机视觉、语音识别、自然语言处理及生物信息学等领域，并获得了极好的效果。前面已经学习了最流行的 TensorFlow 深度学习框架，下面一起来认识目前深度学习中其他最常使用的开源框架。

1. Caffe

Caffe 由加州大学伯克利分校的贾扬清博士开发，全称为 Convolutional Architecture for Fast Feature Embedding，是一个清晰而高效的开源深度学习框架，目前由伯克利视觉学中心（Berkeley Vision and Learning Center，BVLC）进行维护（贾扬清曾就职于 MSRA、NEC、Google Brain，他也是 TensorFlow 的作者之一，目前任职于 Facebook FAIR 实验室）。

Caffe 基本流程：Caffe 遵循了神经网络的一个简单假设——所有的计算都是以 layer 的形式表示的，layer 做的事情就是获得一些数据，然后输出一些计算以后的结果。比如说卷积——就是输入一个图像，然后和这一层的参数（filter）做卷积，输出卷积的结果。每一个层级（layer）需要做两个计算：前向 forward 是从输入计算输出，然后反向 backward 是从上面给的 gradient 来计算相对于输入的 gradient，只要这两个函数实现了以后，就可以把很多层连接成一个网络。这个网络做的事情就是输入我们的数据（图像或者语音等），然后来计算我们需要的输出（比如说识别的标签）。在训练的时候，可以根据已有的标签来计算损失和 gradient，然后用 gradient 来更新网络的参数。

Caffe 的优势：
- 上手快：模型与相应优化都是以文本形式而非代码形式给出。
- 速度快：能够运行最棒的模型与海量的数据。
- 模块化：方便扩展到新的任务和设置上。
- 开放性：公开的代码和参考模型用于再现。
- 社区好：可以通过 BSD-2 参与开发和讨论。

2. Torch

Torch 是一个有大量机器学习算法支持的科学计算框架，其诞生已经有十年之久，但是真正起势得益于 Facebook 开源了大量 Torch 的深度学习模块和扩展。Torch 的另外一个特殊之处是采用了编程语言 Lua（该语言曾被用来开发视频游戏）。

Torch 的优势：
- 构建模型简单；
- 高度模块化；
- 快速高效的 GPU 支持；
- 通过 Lua JIT 接入 C；
- 数值优化程序等；
- 可嵌入到 iOS、Android 和 FPGA 后端的接口。

3. Theano

Theano 2008 年诞生于蒙特利尔理工学院，Theano 派生出了大量深度学习 Python 软件包，最著名的包括 Blocks 和 Keras。Theano 的核心是一个数学表达式的编译器，它知道如何获取你的结构，并使之成为一个使用 numpy、高效本地库的高效代码，如 BLAS 和本地代码（C++）在 CPU 或 GPU 上尽可能快地运行。它是为深度学习中处理大型神经网络算法所需的计算而专门设计的，是这类库的首创之一（发展始于 2007 年），被认为是深度学习研究和开发的行业标准。

Theano 的优势：
- 集成 numpy，使用 numpy.ndarray；
- 使用 GPU 加速计算，比 CPU 快 140 倍（只针对 32 位 float 类型）；
- 有效的符号微分，计算一元或多元函数的导数；
- 速度和稳定性优化，比如能计算很小的 x 的函数 $\log(1+x)$ 的值；
- 动态地生成 C 代码，更快地进行计算；
- 广泛的单元测试和自我验证，检测和诊断多种错误；
- 灵活性好。

4. Deeplearning4j

顾名思义，Deeplearning4j 是 "for Java" 的深度学习框架，也是首个商用级别的深度学习开源库。Deeplearning4j 由创业公司 Skymind 于 2014 年 6 月发布，使用 Deeplearning4j 的不乏埃森哲、雪弗兰、博斯咨询和 IBM 等明星企业。Deeplearning4j 是一个面向生产环境和商业应用的高成熟度深度学习开源库，可与 Hadoop 和 Spark 集成，即插即用，方便开发者在 App 中快速集成深度学习功能，可应用于人脸/图像识别、语音搜索、语音转文字（Speech to text）、垃圾信息过滤（异常侦测）、电商欺诈侦测等深度学习领域。

5. ConvNetJS

这是斯坦福大学博士生 Andrej Karpathy 开发的浏览器插件，基于万能的 JavaScript，可以在你的浏览器中训练深度神经模型。不需要安装软件，也不需要 GPU。

6. MXNet

出自 CXXNet、Minerva、Purine 等项目的开发者之手，主要用 C++ 编写。MXNet 强调提高内存使用的效率，甚至能在智能手机上运行诸如图像识别等任务。

7. Chainer

Chainer 是一个日本的深度学习创业公司 Preferred Networks 发布的 Python 框架。Chainer 的设计基于 define by run 原则，也就是说，该网络在运行中动态定义，而不是在启动时定义。

7.4.2 样板深度学习平台的体验与分析

前面已经以 MNIST 图像识别为例介绍了深度学习平台在图像识别领域中的应用，下面介绍基于语音和文字识别的样板深度学习平台。

1. 百度语音识别和语音合成系统

与机器进行语音交流，让机器明白人在说什么，这是人们长期以来梦寐以求的事情。中国物联网校企联盟把语音识别比作"机器的听觉系统"。语音识别技术就是让机器通过识别和理解过程把语音信号转变为相应的文本或命令的技术。语音识别的基本过程就是对大量的语音进行特征提取，用人工智能的方法进行训练，得到训练好的模型库，然后和待识别的语音进行模式匹配，进而得到正确的识别结果。而语音合成是将文本或命令转变为语音的过程，它是语音识别的逆过程。不论是语音识别还是语音合成，都要用到人工智能的相关技术通过训练来得到模型，然后用模型来进行语音和文本、命令的相互转换。借着深度学习技术的发展，很多企业的语音识别和语音合成也做得非常成熟了，识别与合成的正确率相当高。这里介绍一下百度的语音识别和语音合成。百度已经把语音识别和语音合成做成了程序模块，以网络链接的接口形式对外开放。只要简单注册一个百度账户，就可以非常方便地对开放的接口进行调用，实现语音识别和语音合成。

如果已经成功注册了百度账号，用账号登录之后，访问百度语音 App 地址（yuyin.baidu.com/app），可以看到如图 7-51 所示界面。

图 7-51　应用管理界面

单击"创建应用"图标，进入如图 7-52 所示界面。

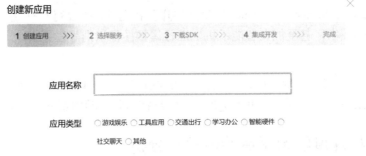

图 7-52　创建新应用界面

任选一个应用名称,选择一种应用类型,然后单击"下一步"按钮,进入如图 7-53 所示界面。

图 7-53　选择服务界面

服务类型可根据自己的需求,选择语音识别或者语音合成。这里以语音识别为例来介绍,语音合成的操作步骤大同小异,在此不再赘述。选择"语音识别",单击"下一步"按钮,进入如图 7-54 所示界面。

图 7-54　SDK 选择界面

选择"语音识别 SDK",单击"下一步"按钮,进入如图 7-55 所示界面。

在如图 7-55 所示界面中选择"RestApi SDK 下载"里面的 Python 进行下载。下载完毕后仍然单击"下一步"按钮,进入如图 7-56 所示界面。

图 7-55　RestApi SDK 下载界面

图 7-56　应用选择界面

在如图 7-56 所示界面中选择好平台和应用包名，单击"下一步"按钮，进入如图 7-57 所示界面。

单击"服务设置"按钮，进入如图 7-58 所示界面。

在如图 7-58 所示界面中单击左上角的"应用管理"项，进入如图 7-59 所示界面。

这里可以看到所有创建的应用，包括语音识别和语音合成的应用。单击某个应用右侧的"查看 key"链接，就可以看到该应用的 App ID、API Key 和 Secret Key 了。有了这些资源，就可以通过 Python 程序来请求语音识别和语音合成了。在运行程序之前，需要先打开终端输入命令"sudo pip install pydub"安装 Python 的音频库 pydub，如图 7-60 所示。

第 7 章　深度学习及其典型算法应用

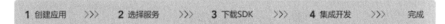

图 7-57　完成界面

图 7-58　服务设置界面

图 7-59　创建应用后的应用管理界面

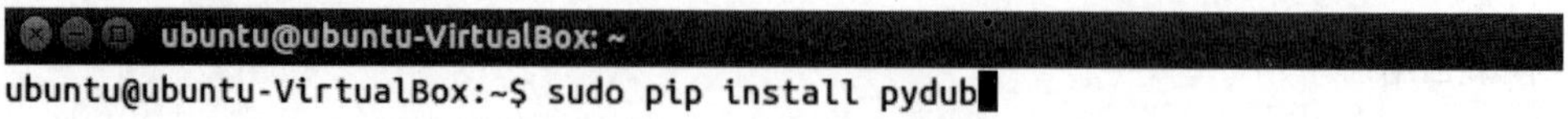

```
ubuntu@ubuntu-VirtualBox:~$ sudo pip install pydub
```

图 7-60　安装 pydub 音频库

然后输入命令"sudo pip install baidu-aip"安装百度语音合成的 Python 开发包 baidu-aip，如图 7-61 所示。

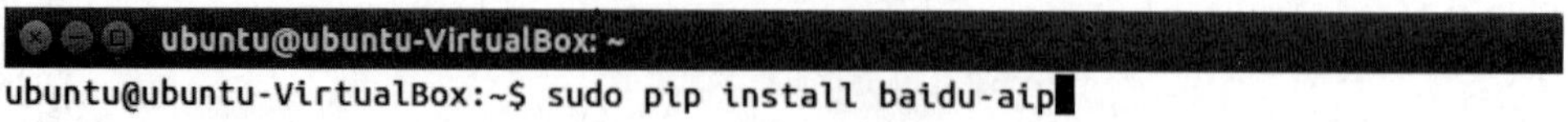

```
ubuntu@ubuntu-VirtualBox:~$ sudo pip install baidu-aip
```

图 7-61　安装 baidu-aip

接着输入命令"sudo pip install --upgrade requests"升级安装 requests 包，如图 7-62 所示。

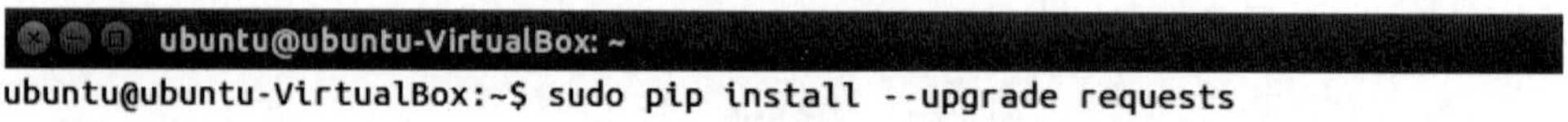

```
ubuntu@ubuntu-VirtualBox:~$ sudo pip install --upgrade requests
```

图 7-62　升级安装 requests

最后输入命令"sudo apt-get install libav-tools"安装 libav-tools 包，如图 7-63 所示。

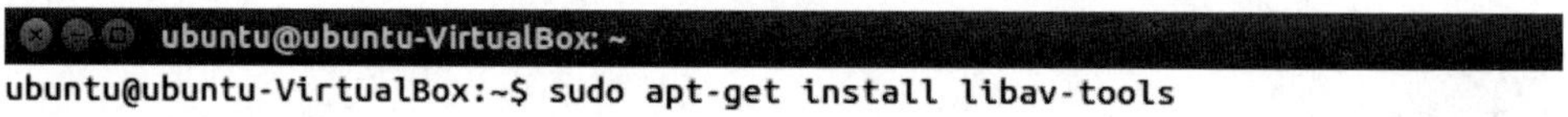

```
ubuntu@ubuntu-VirtualBox:~$ sudo apt-get install libav-tools
```

图 7-63　安装 libav-tools

实例代码如代码 7-23 所示。

代码 7-23（ch7_23_BaiduVoice.py）：

```
01  import requests
02  import json
03  import base64
04  import wave
05  from pydub import AudioSegment
06  from aip import AipSpeech
07  import io
08
09  class BaiduRest:
10      def __init__(self, cu_id, api_key, api_secret):
11          #获取 token 的网络接口
12          self.token_url = "https://openapi.baidu.com/oauth/2.0/token"
13          #语音识别网络接口
14          self.upvoice_url = 'http://vop.baidu.com/server_api'
15          self.cu_id = cu_id
16          self.getToken(api_key, api_secret)
17          return
18
19      def getToken(self, api_key, api_secret): #token 数据
20          data={'grant_type':'client_credentials','client_id':api_key,\
21          'client_secret':api_secret}
22          r=requests.post(self.token_url,data=data)
23          Token=json.loads(r.text)
24          self.token_str = Token['access_token']
25
26      def getText(self, filename): #语音数据格式
27          data = {"format":"wav","rate":16000, "channel":1,\
```

```
28          "token":self.token_str,"cuid":self.cu_id," lan":"zh"}
29         #打开 wav 音频文件读取音频数据并调用语音识别接口进行识别
30         wav_fp = open(filename,'rb')
31         voice_data = wav_fp.read()
32         data['len'] = len(voice_data)
33         data['speech'] = base64.b64encode(voice_data).decode('utf-8')
34         post_data = json.dumps(data)
35         r=requests.post(self.upvoice_url,data=bytes(post_data))
36         #获取识别得到的文本
37         return r.json()["result"][0].encode('utf-8')
38
39     def ConvertToWav(self,filename,wavfilename):
40         #打开 mp3 文件并读取数据
41         fp=open(filename,'rb')
42         data=fp.read()
43         fp.close()
44         #获取音频字节流数据
45         aud=io.BytesIO(data)
46         sound=AudioSegment.from_file(aud,format='mp3')
47         raw_data = sound._data
48         #将 mp3 音频数据转换为 wav 音频数据
49         l=len(raw_data)
50         f=wave.open(wavfilename,'wb')
51         f.setnchannels(1)
52         f.setsampwidth(2)
53         f.setframerate(16000)
54         f.setnframes(l)
55         f.writeframes(raw_data)
56         f.close()
57         return wavfilename
58
59 if __name__ == "__main__": #语音合成
60     client = AipSpeech('语音合成应用的 App ID','\
61     语音合成应用的 API Key','语音合成应用的 Secret Key')
62     client.setSocketTimeoutInMillis(60000)
63     text = raw_input()
64     result = client.synthesis(text, 'zh', 1, )
65     # 将结果写入 mp3 音频文件
66     with open('audio.mp3', 'wb') as f:
67         f.write(result)
68     #语音识别
69     api_key = "语音识别应用的 API Key "
70     api_secret = "语音合成应用的 Secret Key "
71     #初始化百度语音识别类的实例
72     bdr = BaiduRest("test_Python", api_key, api_secret)
73     print(bdr.getText(bdr.ConvertToWav("audio.mp3", "audio.wav")))
```

【运行结果】

你好百度
你好百度,

【程序解析】

> 01～07 行：导入运行程序必需的包，包括请求语音识别、语音合成网络接口的 requests 包，处理接口返回数据的 json 包，以及一些处理音频的包。
> 09 行：开始定义百度语音识别的类 BaiduRest。

- ➢ 10 行：定义初始化函数。
- ➢ 12 行：定义获取 token 的网络接口。
- ➢ 14 行：定义语音识别的网络接口。
- ➢ 15 行：定义实例的 id（可自行取名）。
- ➢ 16 行：调用获取 token 的函数。
- ➢ 19 行：定义获取 token 的函数。
- ➢ 20~21 行：定义 token 数据。
- ➢ 22 行：通过 token 的网络接口请求 token。
- ➢ 23~24 行：得到 token 及其字符串内容。
- ➢ 26 行：定义语音识别的函数。
- ➢ 27~28 行：定义语音数据格式。
- ➢ 30~34 行：打开 wav 音频文件读取音频数据并打包成 json 格式。
- ➢ 35 行：调用语音识别接口对音频数据进行识别。
- ➢ 37 行：获取识别得到的文本。
- ➢ 39 行：定义将 mp3 文件转换为 wav 文件的函数。
- ➢ 41~43 行：打开 mp3 文件并读取数据。
- ➢ 45~47 行：获取音频字节流数据。
- ➢ 49~57 行：新建 wav 音频文件，将 mp3 音频字节流数据转换并写入 wav 音频文件。
- ➢ 59 行：开始定义程序的主函数。
- ➢ 60~61 行：初始化 AipSpeech 语音合成对象，里面的 3 个参数分别是所建立的百度语音合成应用的 AppID、APIKey 和 SecretKey。
- ➢ 62 行：设置调用语音合成网络接口的超时时间。
- ➢ 63 行：等待用户输入要合成为语音的文本。
- ➢ 64 行：对输入的文本进行语音合成。
- ➢ 66~67 行：将合成结果写入 mp3 音频文件。
- ➢ 69~70 行：填入所建立的百度语音识别应用的 APIKey 和 SecretKey。
- ➢ 72 行：初始化百度语音识别类的实例。
- ➢ 73 行：将 mp3 音频文件转换为 wav 音频文件后，调用语音识别的函数并输出识别得到的文本。

程序运行完成后，在源程序文件所在的目录下，可以看到输入的文字"你好百度"被成功合成为音频文件 audio.mp3，audio.mp3 文件也被成功转换为 audio.wav 音频文件。从输出结果可以看到 audio.wav 音频也被成功识别出其中的语音内容"你好百度"。至此，百度的语音合成和语音识别在程序中都得以实现。

2．图灵聊天机器人

前面介绍了语音领域的深度学习案例，以下介绍一个自然语言处理的案例——图灵聊天机器人。

图灵聊天机器人的实现方法和百度语音差别不大，同样也是要在图灵聊天机器人的官网（www.tuling123.com）注册一个账号，然后登录，创建自己的聊天机器人的应用，获取应用的用户 id 和 key，发送消息后，通过图灵机器人提供的网络接口来发送回复消息的请求，实现

第7章 深度学习及其典型算法应用

和图灵机器人聊天。

前面已经详细介绍了如何创建百度语音的应用,以及如何查看应用的 id 和相应的 key。图灵机器人的操作方法和百度语音差不多,这里不再赘述。

图灵机器人聊天的源代码如代码 7-24 所示。

代码 7-24(ch7_24_ChatRobot.py):

```
01  import requests
02  print "图灵机器人:你好,我是图灵机器人"
03  while 1:
04      s = raw_input("我:")
05      resp = requests.post("http://www.tuling123.com/openapi/api",\
            data={"key": "d59c41e816154441ace453269ea08dba",\
06          "info": s,\
07          "userid": "123456"\
08          })
09      resp = resp.json()
10      print '图灵机器人:',resp['text']
```

【运行结果】

图灵机器人:你好,我是图灵机器人
我:你好
图灵机器人: 你好呀~找我干嘛?
我:你的姓名?
图灵机器人:我叫图灵机器人,不要被我的名字所迷倒哦!
我:你是哪里人?
图灵机器人:我来自大北京,一个充满故事的地方。

【程序解析】

- ➢ 01 行:引入请求网络的 requests 包。
- ➢ 02 行:输出一行欢迎标语"你好,我是图灵机器人"。
- ➢ 03 行:开始循环对用户输入的消息做出应答,也就是实现聊天。
- ➢ 04 行:等待用户输入聊天消息。
- ➢ 05~08 行:根据输入的消息,用自己创建的聊天机器人应用的 id 和 key 调用图灵机器人的网络接口,请求回复消息。
- ➢ 09 行:获取返回消息的 json 格式。
- ➢ 10 行:取出其中的文本并显示。

可以看到,图灵机器人聊天内容是与实际环境相吻合的,说明图灵机器人有较强的自然语言识别能力,并能根据语境做出正确的应答。

第 8 章 人工智能的机遇、挑战与未来

8.1 人工智能的行业应用日趋火爆

1. 云计算、大数据助力人工智能

今天的"云计算"已经像电力、自来水一样，按需提供计算服务、存储服务和软件服务，既有商业化的公共云，也有许多行业、企业的私有云。如图 8-1 所示给出了我国目前具有代表性的四大公有云 BATH，即百度云、阿里云、腾讯云和华为云。如图 8-2 所示给出了一个典型的行业云（私有云）的体系结构。

图 8-1 中国四大公有云 BATH

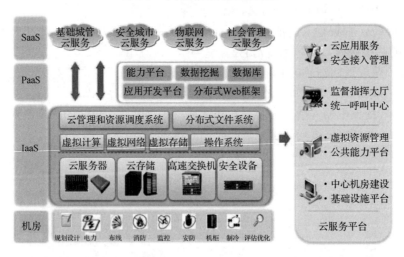

图 8-2 一种典型的行业云（私有云）的体系结构

随着互联网、物联网和移动通信等技术的广泛应用，各行各业的数据正在井喷式地增长

(如图 8-3 所示)。这些数据是现代人类的宝藏,蕴含着大量的知识、规律和价值。这些爆炸式增长的数据,即现在统称的大数据(BigData),由于其 4V 特征(体量巨大 Volume、类型繁多 Variety、价值密度低 Value、要求处理速度快 Velocity),使得其存储、传输和处理都十分困难。实际上,云计算解决了大数据的存储、计算和传输问题,而机器学习和深度学习等人工智能技术解决了大数据的分析、挖掘和利用问题。

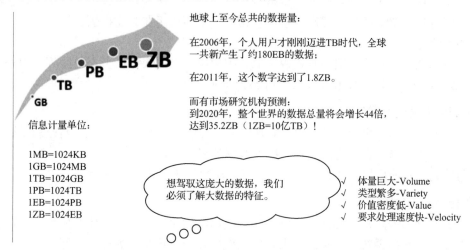

图 8-3　全球大数据的爆发式增长

　　如果把人工智能比喻为火箭,那么大数据就是它的燃料,云计算就是它的引擎。实际上,人工智能之所以历经了六十多年后才于近几年成为热门,主要原因归根于在传统机器学习基础上,于 2006 年大放光彩的人工智能关键实现技术——"深度学习"。人工智能至此才在多项技术上取得重大突破,具有了实用价值。而深度学习正是在云计算和大数据强力支撑下才取得了实质性进展。

　　目前,在云计算强大的计算力和对大数据的处理力(获取、存储、传输和转换等)的有力支撑下,借助深度学习算法的多项突破,人工智能在多项关键技术上取得了重大进展,为行业应用奠定了通用技术基础。

- 大数据分析:机器学习、深度学习广泛应用于各行各业的数据分析、挖掘、预测和规划与控制。
- 语音识别:自然语言识别率达到 97%,接近人类的识别水平。
- 语音合成:支持音色选择、音量语速定义、领域词库和个性化发音,已经实用化、产品化,已接近人类的发音特征。
- 图像识别:图像标签(物体、目标的识别)的错误率从 2010 年的 28.5%下降到了 2017 年的 2.5%,优于人类的 4%,人脸识别准确率达到了 99.5%。
- 计算机视觉:在完成回答有关图像的开放式问题任务上的表现,截至 2017 年 8 月最好的 AI 系统准确率达到 70%,接近人类 85%左右的水平了。
- 文本理解:在确定句子句法结构、机器翻译和既定问题答案抽取等任务上的表现,已经越来越接近人类。
- 机器人:工业机器人、服务机器人、专用机器人等已经广泛应用于人类的生产、生活和工作中。谷歌 AlphaGo 的围棋水平、IBM Watson 的肿瘤诊治水平、科大讯飞翻译的同声传译水平、KUKA 机器人的乒乓球水平、达芬奇微创手术机器人的灵巧程度等都已经接近或超过了人类专业人员的特定专项水平。

2．人工智能助力金融

人工智能在金融领域的应用，主要是通过机器学习、语音识别、语义理解、视觉识别等方式来分析、预测、辨别交易数据、价格走势等信息，从而为客户提供投资理财、股权投资等服务，同时规避金融风险，提高金融监管力度。主要应用在智能投顾、智能客服、安防监控、金融监管等场景。

目前较为领先的企业，国内有蚂蚁金服、因果树、交通银行、平安集团等，国外企业有 Welthfront、Kensol，以及被 IBM 收购的 Promontory。

3．人工智能助力电商零售

人工智能在电商零售领域的应用，主要是利用大数据分析技术，智能地管理仓储与物流、导购等方面，用以节省仓储物流成本，提高购物效率，简化购物程序。

目前较为领先的应用企业有亚马逊、京东、阿里巴巴、梅西百货等。

4．人工智能助力安防

人工智能助力安防，主要是解决安防领域数据结构化、业务智能化及应用大数据化的问题。长久以来，安防系统每天都产生大量的图像以及视频信息，处理这些冗余的、庞大的数据所需人力成本较高而且效率非常低。因此，人工智能在安防行业的应用主要依靠视频智能分析技术，通过对监控画面的智能分析获得相关信息、采取安防行动。主要应用包括智能监控和安保机器人等。

目前较为领先的应用企业有海康威视、旷视科技、格林深瞳、360、尚云在线等。

5．人工智能助力教育

人工智能进入教育领域主要能实现对知识的归类，以及利用大数据的搜集，通过算法去为学生计算学习曲线，为使用者匹配高效的教育模式。同时，针对儿童幼教的机器人能通过深度学习与儿童进行情感上的交流。

人工智能助力教育还包括智能评测、个性化辅导、儿童陪伴等场景。目前科大讯飞、云知声等公司在行业中较为领先。然而，在情感陪护机器人方面，尽管国内已有不少企业主打儿童陪伴机器人产品推出，但实质上机器人在情感陪护上仍然未达到令人满意的水平。

6．人工智能助力医疗健康

人工智能在医疗健康领域的应用，主要是通过大数据分析（医学影像、资料等），完成对部分病症的辅助诊断，提高诊断效率和质量。同时，在手术领域，手术机器人也得到了广泛应用；在治疗领域，基于智能康复的仿生机械假肢等也有一些应用。

应用场景主要是医疗健康的监测诊断、智能医疗设备等。较知名的企业有华大基因、联影智能、碳云智能，以及麻省理工学院的达芬奇外科手术系统等。

7．人工智能助力个人生活

人工智能系统在个人助理领域的应用相对比较成熟。即通过智能语音识别、自然语言处理和大数据搜索、深度学习，实现人机交互。个人助理系统在接受文本、语音信息之后，通过识别、搜索、分析之后进行回馈，返回用户所需要的信息。

人工智能个人助理目前普遍用于智能手机上的语音助理、语音输入、家庭管家和陪护机器人上。较为知名的应用项目（产品）有微软小娜和小冰、苹果 Siri、Google Assistant、Facebook Messenger 的 M 虚拟助手、百度度秘、讯飞输入法、Amazon Echo、叮咚智能音箱、扫地机器人、软银 Pepper 机器人等。

8．人工智能助力自动驾驶

人工智能在驾驶领域的应用最为深入。通过依靠人工智能、视觉计算、雷达、监控装置和全球定位系统协同合作，让计算机可以在无人类主动操作的情况下，自动安全地进行操作。自动驾驶系统主要由环境感知、决策协同、控制执行等子系统组成。

目前自动驾驶的主要应用场景包括智能汽车、公共交通、快递用车、军事应用、工业应用等。目前领先的企业主要有谷歌、特斯拉、百度、Uber、奔驰、京东、亚马逊等。

8.2 "智能代工"大潮来袭

1．"智能代工"的含义

"智能代工"是指随着人工智能技术的发展，智能系统、智能机器人取代人的某些工作岗位。好处是可以解放人的一些脑力和体力劳动，提高工作质量和效率；弊端是一些职业可能由此消失并带来全社会职业结构的变化。实际上，人工智能也将创造出许多新的工作岗位，就像计算机技术制造出程序员、软件工程师、架构工程师、网络工程师等许多工种一样。

纵观世界历史，每一次工业革命都会带来生产力的跨越式提升以及社会结构的深刻改变。作为引领第五次工业革命的核心技术，人工智能对人类生产生活以及各个行业的波及之大、影响之广，已经超乎一般人的想象，充满机遇和挑战。如图 8-4 所示概括了人类社会工业革命走过的 200 多年历程以及对 AI 引爆第五次工业革命的预测。

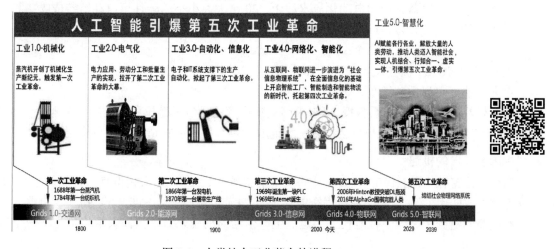

图 8-4 人类社会工业革命的进程

2017 年 6 月 9 日在第十九届浙洽会主题论坛上，世界经济论坛人工智能委员会主席、卡内基梅隆大学计算机学院副院长贾斯汀·卡塞尔指出，在未来 15 年，随着自动驾驶、超人类视觉听觉、智能工作流程等技术的发展，专业司机、保安、放射科医生、行政助理、税务员、家政服务员、记者、翻译等工作都将可能被人工智能所取代。恒生电子执行总裁范径武表示：

"技术的进步必然会让一部分职业消失,令职业结构产生变化。"中国人民大学新闻学院教授匡文波指出,职业中可自动化、计算机化的任务越多,就越有可能被交给机器完成,其中以行政、销售、服务业最为危险。

以下是一些"智能代工"的场景和案例:

- 成立于 2006 年的苏州穿山甲机器人公司总部位于江苏省昆山市,主要经营送餐机器人。在总部大楼餐厅内,该公司制造的机器人正在餐桌间穿梭;位于同一片区域的工厂里,则排列着几百台送餐机器人正在等待出货,每台价格约为 3 万元人民币,2017 年实现销售收入 1092 万元。
- 2017 年 7 月,江西省南昌市,一家面积仅有 25 平方米的 we-go 无人智能便利店在 2017 年夏天可谓"火"了一把。没有店员、没有收银窗口,琳琅满目的商品自选自取;选购商品后,1 秒感应,3 秒结算,5 秒出门,方便又快捷。
- 徐工集团副总经理、徐工挖机事业部总经理李宗介绍:"在动臂焊接方面,我们采用了行业智能化程度最高的柔性焊接生产线,焊接线会自动给机器人分配任务。全过程的自动化消除了人工操作的不稳定性,使质量得到保证,产能提高 50%。"
- 裸眼 3D 镜头传递高清影像,"章鱼爪"机械臂通过微创口探进患者腹腔,拨开、旋转、切割、缝合……智能手术机器人手术创口小、出血少,患者术后辅助药物费用相对更低,且恢复时间更短。运用全球人工智能和大数据"问诊"已在不少医院落地,智能医疗方兴未艾。王共先是江西首例使用达芬奇手术机器人完成手术的医生。2016 年,他所在的医院共完成机器人单机手术 841 例,越来越多患者开始主动选择手术机器人实施治疗。在南京鼓楼医院手术室,达芬奇手术机器人约一人多高,主刀医生坐在操控台前,通过三维高清内窥镜观测,双手操作 2 个主控制器来指挥多个机械手臂进行手术。
- 北京、天津、义乌等地快递公司启动机器人智能分拣系统,可减少 70%的分拣人力。浙江一家喷雾器企业的自动化流水线上,20 个大大小小的配件可自动组装成喷头。人工智能正在代替金融行业的交易员,高盛位于纽约的股票现金交易部门曾经有 600 个交易员,如今只剩下 2 个……
- 德国的 KUKA 机器人(智能机器手臂)于 2014 年 3 月击败了世界乒乓球名将蒂姆波尔,它还可以安装汽车、锯木、造房。

以色列希伯来大学历史系教授、《未来简史》作者尤瓦尔·赫拉利也提出,在未来 20 到 30 年间,将有超过 50%的工作机会被人工智能取代,人工智能将造就"无用阶层"。

2. "中国智造"的机遇

扫地、擦窗有"智能代工",警察指挥交通有"智能代工",无人超市有"智能代工",快递分拣有"智能代工",金融交易有"智能代工",就连陪伴孩子,只要一声令下,"机器人书童"都能随叫随到……当"智能代工"走进生产生活的细枝末节,其需求量将是怎样一个数字?

科大讯飞董事长刘庆峰说:"不久的将来,每个小孩都会有一个 AI 老师,每个老人都会有一个 AI 护理,每一辆车都会装上一个 AI 系统,AI 会遍布中国……"

"当越来越多的场合体会到'智能代工'的好处,需求量将会持续上升。"长期从事人工智能与机器人交叉研究和教学的中国科技大学教授陈小平认为,人工智能产业前景广阔,将是"中国智造"的下一个掘金点。

随着我国人口老龄化进程加快,劳动力短缺问题将日益突出,"智能代工"的市场空间将更加广阔。有数据测算,中国的劳动力人口从 2012 年开始减少,人手不足问题日渐严重,"智能代工"的需求很有可能进一步扩大。

"看看无人机就会知道,当需求爆发时,不能用一般的思路去看待。"穿山甲机器人创始人宋育刚说,他坚信销售额增加 10 倍的目标一定能够实现。

采用"智能代工"的南昌华兴针织实业有限公司董事长王春华说,一台设备可相当于 50 个人工,企业生产效率提高了三成。

3. "智能代工"带来的挑战

能在第一时间自动生成稿件,瞬时输出分析研判,一分钟内能将重要资讯和解读送达用户的新闻写作机器人;能模拟人的语气聊天对话,感觉亲切的微软小冰、百度小度;能将人工需要 36 万小时完成的工作在几秒之内完成的软件……近年来,人工智能的应用越来越多,各方面发展也在逐步完善,并且在很多方面的表现都超越了一般的人工。几乎可以肯定,本世纪末或者就在几十年后,我们所熟悉的职业中,从体力劳动到脑力劳动,许多工作将被智能机器或者说新一轮自动化技术取代。

世界著名物理学家史蒂芬·霍金认为,人工智能给人类社会带来的冲击也将更为巨大。2016 年年底,他曾在英国《卫报》发表文章预言说,工厂的自动化已经让众多传统制造业工人失业,人工智能的兴起很有可能会让失业潮波及诸多群体,最后只给人类留下护理、创造和监管等工作。

目前,我国的就业形势并不乐观,仅 2017 年就有 800 多万大学毕业生需要就业。2018 年的《政府工作报告》也指出,城镇新增就业要达到 1100 万人以上。人类的思维和创新能力是人工智能无法取代的,人工智能的发展也会衍生出许多新的职业。人工智能的各项研究不是为了取代人类,而是为了更好地服务于人类。未来以人工智能行业为核心的相关产业、技术、服务类工作将成为国内乃至全球最吃香的"黄金职业"。只不过机会是留给有准备的人的,与其忧虑,不如更新观念去获取新知,及时抓住人工智能环境下的新机遇。

"回顾历史,审视人类命运,就会发现,每一个人类文明都始终在探索和创新。"全球顶尖人工智能科学家李飞飞说,"可以想象,几十年后,收入最高的职业必然会依赖于那些目前尚未被发明的机械与技术。我们之所以还无法想象这些职业的存在,是因为机器人能创造出我们今天还无法想象的未来需求。"

AlphaGo 之父戴密斯·哈萨比斯说:"目前就应着手思考如何改善教育质量、提升就业能力,考虑如何重新分配被替代的工人。就个人而言,应树立起终身学习的理念,也许每 5 年就要重新考虑一下自己的职业道路。"他认为,虽然不必担忧人工智能对社会造成威胁,但面对未来的挑战,从政府、社会到个人,都应该立即行动起来,拥抱转型。

8.3 新 IT、智联网与社会信息物理系统

中国科学院自动化研究所王飞跃教授结合信息技术、人工智能和工业革命的进程,于 2017 年 12 月在《文化纵横》刊发了《人工智能:第三轴心时代的来临》一文,以气势恢宏的历史视野,指出人工智能所代表的智能科技,实际昭示着以开发人工世界为使命的第三轴心时代

的开始。如果说农业时代是第一轴心文明对物理世界的开拓,工业时代是资本主义对第二轴心世界的开发,那么,以人工智能为代表的技术将推动一个围绕"智理世界"而展开的平行社会的到来。智能科技不是人类生存发展的敌人,只要合理利用,必将像工业和信息技术一样,极大推动人类社会的发展。

本节下述内容,系统总结和解释王飞跃教授提出的"IT 新解""智联网"和"社会物理网络系统"等系列新概念。

1. 人工智能与 IT 新解

2016 年 AlphaGo 战胜人类围棋高手之后,极大地唤起了世人对人工智能的关注与兴趣,一些媒体借机把人工智能渲染到几乎是科幻的地步;更有甚者直接把科幻电影故事当事实来描述人工智能技术,依据是"今日之科幻,就是明天的现实",以致引发社会上有些人对人工智能过度和不必要的担心与恐惧。实际上,完全没有必要对眼前的人工智能技术过于激动甚至"骚动"。虽然深度学习在语音处理、图像识别、文本分析等许多方面有了很大的突破,但其"智能"水平目前依然十分初等,距离完成人的日常工作的一般要求还相差甚远,离机器取代甚至"统治"人类的梦幻更是遥遥无期!其实,当今人们对人工智能的惊叹,还远不及二百多年前农民对火车的惊奇:拉得如此之多,跑得如此之快,还自己动!事实上,那时以蒸汽机为代表的第一次工业革命刚刚开始,出现的蒸汽火车极其初等,时速只有 5 千米左右,应该与当今人工智能的智力水平不相上下。想想从昔日的蒸汽火车到现在的高速列车所经历的二百年发展过程,我们人类完全可以"淡定",扎扎实实埋头苦干,把机械替代人力劳作的光辉历史,再一次化为机器替换"智力辛苦"的崭新征程。

王飞跃教授结合信息技术、人工智能和工业革命的进程,给出了一种英文缩写 IT 的新解,并明确指出"未来的 IT,一定是'老、旧、新'三个 IT 的平行组合和使用":

- 传统的代表信息技术的 IT(Information Technology),今天已经是"旧"IT;
- 今天的 IT 将代表智能技术(Intelligent Technology),是"新"IT,
- 二百年多年前的 IT 代表工业技术(Industrial Technology),即"老"IT。

20 世纪最伟大的科学哲学家之一卡尔·波普尔认为,现实是由三个世界组成的:物理世界、心理世界和人工世界(或称知理世界、智理世界)。每个世界的开发都有自己的主打技术,物理世界是"老"IT 工业技术,心理世界靠"旧"IT 信息技术,而人工世界的开发则必须依靠"新"IT 智能技术。人工智能成了"热门",大数据成了"宝藏",云计算成了"引擎"。工业技术基本解决了人类发展的资源不对称问题,互联网信息技术很快会解决信息不对称问题,接下来智能技术将面临解决人类智力不对称问题的艰巨任务。通过消除不对称问题,使我们的生活越来越美好,这就是人类社会发展的根本动机和动力。

新 IT 智能技术的持续开发,将使目前初级智力的"蒸汽火车",尽快成为未来的先进智能"高速列车",进一步解放人类的身体于劳作、释放人类的心脑于烦累,在更新更高的层面造福于人类社会。

2. 智联网

毫无疑问,今天人类已在信息社会的基础上开始了智能社会的建设。智能社会的创立需要智能的产业和智能的经济来支撑。如何实现"按需制造"的个性化绿色生产并把市场管理的"无形之手"化为"智能之手",就是智能产业和智能经济的核心问题和任务。为此,就像现代社会需要交通、能源、互联网等基础设施一样,智能社会也必须有相应的基础设施才能实现。

第8章 人工智能的机遇、挑战与未来

从技术的层面看，人类社会的历史，几乎就是社会基础设施建设的历史。具体而言，就是围绕着物理、心理和人工三个世界建"网"的历史（如图 8-5 所示）：

- 第一张网是 Grids 1.0，主体就是交通网；
- 第二张网是 Grids 2.0，以电力为主的能源网；
- 第三张网是 Grids 3.0，以互联网为主的信息网；
- 第四张网是 Grids 4.0，正在建设之中的物联网；
- 第五张网是 Grids 5.0，刚刚起步的、进入智能社会的智联网。

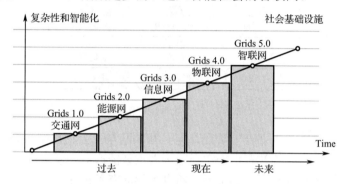

图 8-5 智能社会的基础设施

智联网（The Society of Minds，SoM）是为物理、心理和人工世界提供智能服务的人工智能系统的总称。今天由全球许多商业公司在人工智能技术层上提供的专项智能 Web 服务，就可以看作是初级智联网的节点，如科大讯飞的语音服务、旷世科技的人脸识别服务、高德地图的智能导航服务等。

图 8-6 展示了由五张网将物理、心理和人工三个世界紧密地整合为一个整体的演进路径和组成情况，其中交通、信息、智联分别是物理、心理、人工世界自己的主网，而能源网和物联网分别是物理世界和心理世界、心理世界和人工世界之间的过渡和转换。人类通过 Grids 2.0 从物理世界获得动力和能源，借助 Grids 4.0 从人工世界吸收知识和智源。这五张网，就构成了人类智慧社会完整的基础设施和平台系统。

图 8-6 智能社会的基础设施

3．社会物理网络系统

如图 8-6 所示的五张网络将人类社会的物理、心理和人工三个世界紧密地联系在一起，构成了社会信息物理系统（Cyber-Physical-Social Systems，CPSS）（如图 8-7 所示）。这个系统实现 Grids 1.0 到 Grids 5.0 的互联、互通、互助与融合，通过不断的发展、完善、进化，从机器化、自动化、信息化走向智能化，实现人机结合、知行合一、虚实一体，进而真正建成智能产业、智能经济和智能社会。

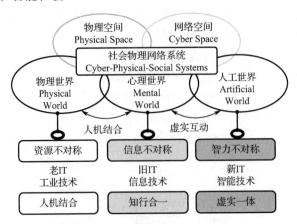

图8-7 社会物理网络的构成

尽管目前的人工智能处于弱智能阶段,但是智联网与社会物理网络系统的逐步完善,必将引爆第五次工业革命,高等教育也一定会紧跟人工智能产业的发展而行动:

- 工业1.0是围绕蒸汽机发展起来的,所以大学就有了机械系;
- 工业2.0的核心是电动机,所以大学又有了电机系;
- 工业3.0自然是受计算机的推动,所以大学有了计算机系;
- 工业4.0靠网络通信和互联网,所以大学有了通信学院、物联网学院;
- 工业5.0靠虚实平行的智能系统,目前北京大学、厦门大学等多所大学都有了智能科学与工程系,南京大学、西安电子科技大学、南京信息职业技术学院等几十多所高校设立了人工智能学院,而且把智能科学与技术(人工智能)列为国家一级学科的努力也正在进行。

对于新的智能时代,首先要有激动之心,因为这是时代的召唤;其次要有敬畏之心,因为这是科技发展的必然;最后还要持平常之心,因为智能技术同其他技术一样,是把双刃剑,但不会威胁人类的生存和发展,只要合理利用,必将像农业、工业和信息技术一样,造福人类,推动社会发展。

回忆一下二百多年前始于1811年的英国著名的"卢德运动"。当时第一次工业革命刚刚开始,一些工人把机器视为贫困的根源,担心机器会夺去人类的工作进而毁灭人类,所以用捣毁机器作为反抗。今天的机器已经比二百多年前强大多了,实际情况是机器不但没有夺走人类的工作,反而是造福人类甚至人类离开机器几乎不能工作了。号称"计算机"的机器计算能力强大、存储能力强大,几十年了不但没有取代人类,反而构建成了现代信息社会,创造了程序员、软件工程师、架构工程师、网络工程师等许多新的工种。未来不是人工智能使50%~70%的工人失业,未来是人工智能为我们提供90%以上的工作!未来,没有智能技术,我们将无法工作。

《未来简史》的作者尤瓦尔·赫拉利博士称人工智能将使许多人变成"无用阶级",又引起人们的一阵担心。无用了?多么可怕!其实,这是人类的进步,一个稳定和成规模的"无用阶级"的产生,是走向智能社会的必要保障。"征询过去"可以清楚地看到,"无用阶级"就是更进一步,更别忘了四百年前徐光启翻译那本"无用"的《几何原本》时之悲情感言:无用之用,众用之基!

担心人工智能毁灭人类的霍金曾说：我们不能把飞机失事归结于万有引力；同样，我们不能把人类毁灭归罪于人工智能，要担心诸如原子弹一类的杀人武器。

8.4 人工智能的未来

8.4.1 发展趋势预测

1．大公司将赢得未来

谷歌、百度、亚马逊、阿里巴巴、Facebook、腾讯、IBM、华为和讯飞等大公司将引领人工智能技术的发展，原因是大公司拥有海量数据和顶尖的研发队伍。在为应用程序和产品开发服务部署机器学习方面，谷歌可能是处于最前沿的公司之一。它不仅是较早系统开展人工智能研究的公司，而且还拥有 7 万多名员工。此外，谷歌大脑是一个深度学习人工智能研究项目，谷歌拥有其整个团队。谷歌大脑的研究涵盖了机器学习、自然语言理解、深度学习算法和技术以及机器人技术等领域。

2．算法和技术将会进行整合

所有已经对人工智能进行投资的第二梯队公司（比如 Face++、Salesforce、Baidu 和 Twitter）都紧跟在拥有大数据的公司后面，并开始使用他们的数据、算法和人工智能技术。

数据交易将存在于行业用户之间，而算法和技术很有可能会进行整合。数据交易以及算法和技术的整合将使人工智能发挥更强大的作用。

随着像谷歌、讯飞、百度和 Facebook 等这样的大公司不断地收购小公司，小公司手中的算法将被集成到大公司的核心平台或解决方案之中。谷歌收购了 DeepMind 这家构建了通用深度学习算法的、位于伦敦的人工智能公司，目的就是为了获得比其他科技公司更大的商业优势。另一方面，Facebook 收购 Wit.ai 是为自己的语音识别和语音接口提供帮助，同时它还收购了人工智能创业公司 Ozlo，以改进其 M 虚拟助理的技术。

3．数据众包市场将非常巨大

几乎所有的人工智能公司都渴望获得庞大的数据集，以便实现他们对人工智能的研究与开发。许多公司采用众包的方式来获取大量的数据。目前已经有多种不同的方式来评估众包数据的质量和可靠性，不仅企业可以从这些数据中获得收益，而且也能给消费者一个保证。OpenDataNow.com 的创始人兼编辑 Joel Gurin 表示："我们生活在众包文化中，越来越多的人愿意并且乐于通过社交媒体分享他们的知识。"

谷歌正通过众包的方式获取大量的图像来构建成像算法。它还使用众包来协助改进服务质量，如翻译、转录、手写识别和地图。亚马逊还使用众包人工智能来改进 Alexa 超过 15000 个的现有功能。

4．企业并购

CBInsights 的统计数据显示，收购人工智能公司的竞争已经开始。在 2018 年，我们看到更多为了智力资本和人才而并购企业的行为。机器学习和人工智能领域中的所有小公司都将可能被大型企业收购，这主要有两个原因：

- 人工智能不能在没有数据集的情况下独立工作。由于大公司拥有大量的数据集，所以对于小公司而言，自己并没有太大的竞争优势。
- 没有数据的算法没有任何用处，没有算法使用的数据也几乎没有价值。数据是算法的核心，获取大量的数据非常重要。

哥伦比亚大学创意机器实验室的机器人工程师和总监 Hod Lipson 指出："如果说数据是燃料，那么算法则是引擎。"

5．用工具的开源换取更大的市场份额

大公司将会把自己的算法和工具集开源出来以获得更大的市场份额。基于市场的数据和算法获取壁垒将大大降低，而人工智能的新应用将会增加。通过对工具的开源，原本有限制或无法获得人工智能工具的小公司将可以获得大量的数据来训练和启动复杂的人工智能算法。

谷歌首席执行官 Sundar Pichai 谈到人工智能的开源问题时说："我们大家可以做的最令人兴奋的一件事就是揭开机器学习和人工智能的神秘面纱，让所有人都可以一睹芳容。"此外，框架、SDK 和 API 将成为所有主要企业引导消费者使用习惯的标准。基于 SaaS 和 PaaS 的模型将成为所有这些公司遵循的商业模式。

6．人机交互技术将得到改进

更多与 Siri、小冰类似的基于机器人的解决方案将成为人工智能公司的入门级产品。例如，计算机目前可用于语音分析和面部识别，而以后计算机将能够根据用户的语调来识别他的心情，这称为情感分析。

制造自动化和非消费者关注领域的解决方案将第一个得到改进。制造自动化的改进主要归因于采用自动化、机器人和先进制造技术在内的复杂技术而节省下来的劳动成本。

在 2018 年，非消费者解决方案的改进已普遍存在，比如农业和医药领域的人机交互技术等。

7．人工智能逐步影响所有的垂直行业

制造业、客户服务、金融、医疗保健和交通运输已经受到了人工智能的影响，人工智能将会影响更多的垂直行业，例如：
- 保险——人工智能将通过自动化技术改进索赔流程。
- 法律——自然语言处理可以在几分钟内总结数千页的法律文件，从而减少时间和提高效率。
- 公关与媒体——人工智能能提高数据处理的速度。
- 教育——虚拟导师的开发；人工智能辅助论文分级；适应性学习计划、游戏和软件；由人工智能驱动的个性化教育课程将改变学生和教师的互动方式。
- 健康——机器学习可用于创建更复杂、更准确的方法，来预测患者出现症状之前的患病时间。

8．安全、隐私、伦理与道德问题

人工智能的所有东西，包括算法、数据、系统、网络等，都容易受到安全问题和隐私问题的威胁。传统的网络空间安全技术可以保护 AI 基础设施（存储、传输、计算等）的安全，而算法、模型和数据的防篡改、防欺诈、可控制等则是需要深度研究和开发的 AI 安全技术。

人工智能隐私问题有关的安全方面的需求，如将银行账户和健康信息进行保密，将更多

地依赖于安全性方面的立法、工具和研究。

人工智能的伦理问题也将成为未来几年的主要关注点，包括：
- 人工智能会对人类产生伤害，还是对人类有益？
- 有人担心机器人可能会取代人类，特别是在需要同理心的领域，比如护士、理疗师和警察。
- 谁来为无人驾驶汽车发生的重大事故负责？携带武器的军用无人机由多人远距离操控，如果对大量平民产生伤害，究竟是应该惩罚那些做出实际行为的机器（并不知道自己在做什么），还是那些设计或下达命令的人，或者两者兼而有之？如果机器应当受罚，那究竟如何处置呢？是应当将所有记忆全部清空，还是直接销毁呢？目前还没有相关法律对其进行规范与制约。

8.4.2 中国的人工智能布局

1. 中国发力新一代人工智能

2017年是中国人工智能发展过程非常不平凡的一年，国家先后发布了一系列有关推进人工智能产业发展的规划、计划和建设工程。2017年7月，国务院印发的《新一代人工智能发展规划》提出：
- 到2020年，人工智能总体技术和应用与世界先进水平同步；
- 到2025年，人工智能基础理论实现重大突破，部分技术与应用达到世界领先水平，人工智能成为我国产业升级和经济转型的主要动力，智能社会建设取得积极进展；
- 到2030年，人工智能理论、技术与应用总体达到世界领先水平，成为世界主要人工智能创新中心。

2017年11月，科技部宣布，新一代人工智能发展规划和重大科技项目进入全面启动实施阶段，公布了首批四个国家新一代人工智能开放创新平台：
- 依托百度建设自动驾驶平台；
- 依托阿里云建设城市大脑平台；
- 依托腾讯建设医疗影像平台；
- 依托讯飞建设智能语音平台。

2017年12月，工信部印发《促进新一代人工智能产业发展三年行动计划（2018—2020年）》，计划通过推进培育人工智能重点产品、夯实核心基础能力、深化发展智能制造、建立产业支撑体系四项任务，力争到2020年实现一系列人工智能标志性产品取得重要突破，在若干重点领域形成国际竞争优势，人工智能和实体经济融合进一步深化，产业发展环境进一步优化的发展目标。这是一个人工智能产业落地的指导性文件，人工智能产业化方向和时间表逐渐明晰。该计划明确指出：人工智能的行业应用是实现制造强国和网络强国建设、助力实体经济转型升级的重要方式，积极推进智能网联汽车、智能服务机器人、智能无人机、医疗影像辅助诊断系统、视频图像身份识别系统、智能语音交互系统、智能翻译系统、智能家居八个细分领域的加速发展。

2018年4月，为了引导高等学校瞄准世界科技前沿，不断提高人工智能领域科技创新、人才培养和国际合作交流等能力，为我国新一代人工智能发展提供战略支撑，教育部制定、印发了《高等学校人工智能创新行动计划》，明确：

- 加快人工智能领域学科建设。支持高校在计算机科学与技术学科设置人工智能学科方向，深入论证并确定人工智能学科内涵，完善人工智能的学科体系，推动人工智能领域一级学科建设。
- 加强人工智能领域专业建设。推进"新工科"建设，形成"人工智能+X"复合专业培养新模式，到 2020 年建设 100 个"人工智能+X"复合特色专业；推动重要方向的教材和在线开放课程建设，到 2020 年编写 50 本具有国际一流水平的本科生和研究生教材，建设 50 门人工智能领域国家级精品在线开放课程；在职业院校大数据、信息管理相关专业中增加人工智能相关内容，培养人工智能应用领域技术技能人才。
- 加强人工智能领域人才培养。加强人才培养与创新研究基地的融合，完善人工智能领域多主体协同育人机制，以多种形式培养多层次的人工智能领域人才；到 2020 年建立 50 家人工智能学院、研究院或交叉研究中心，并引导高校通过增量支持和存量调整，加大人工智能领域人才培养力度。
- 构建人工智能多层次教育体系。在中小学阶段引入人工智能普及教育；不断优化完善专业学科建设，构建人工智能专业教育、职业教育和大学基础教育于一体的高校教育体系；鼓励、支持高校相关教学、科研资源对外开放，建立面向青少年和社会公众的人工智能科普公共服务平台，积极参与科普工作。

2．中国企业继续发力人工智能

近年来，全球科技与互联网巨头们纷纷发力人工智能。国外以微软、谷歌、Facebook 为首的巨头们已经站在了业界之巅，国内的华为、"BAT"（百度、阿里巴巴、腾讯）以及科大讯飞、旷世科技等巨头也纷纷行动起来。前有李彦宏希望百度转型为人工智能科技公司，后有腾讯宣布将在西雅图成立人工智能研究实验室。就连有着商业基因的阿里巴巴也要致力于人工智能技术与商业应用的结合，与云计算、大数据、物联网在整个电商网络下共生。

- 百度布局最早。百度的 AI 战略布局主要分三块——百度大脑、百度云和 DuerOS。在 2013 年成立了 IDL（深度学习研究院）；2014 年在硅谷成立人工智能实验室，同年 7 月成立大数据实验室。而且百度并不局限于单一领域，在包括机器学习、图像识别、语音识别、自动驾驶等多个层面都收获颇丰。与其说百度布局早不如说是形势所迫，搜索业务在逐渐衰落，如果不寻找新的突破将来被"干掉"也不无可能。2016 年 9 月百度首次展示了在人工智能领域的成果——百度大脑，利用计算机技术模拟人脑，实现语音、图像、自然语言处理和用户画像等功能。其中，在语音方面，识别成功率达 97%；图像方面，人脸识别准确率达 99.7%。除此之外，百度大脑将在医疗、交通、金融等领域展开合作，同时，助力百度无人车发展。
- 阿里巴巴的 AI 全面崛起。在人工智能方面主要是和电商相结合，云计算一直是核心。最早被人熟知的人工智能成果就是"阿里小蜜"，致力于成为会员的购物私人助理，以平均响应不到一秒的效率应对淘宝、天猫每天上百万级别的交易，通过语义分析与联想，让会员专享 1 对 1 的客户顾问服务。值得一提的是，阿里巴巴还将启动代号为"NASA"的计划，面向未来 20 年组建强大的独立研发部门，建立新的机制体制，为服务 20 亿人的"新经济体"储备核心科技。阿里巴巴的人工智能已经应用到交通预测、智能客服、法庭速记、气象预测等领域，阿里机器人 ET 更是因为成功预测《我是歌手 4》总决赛冠军得主为李玟而一战成名。并且在 2017 年 1 月，阿里与饿了么合作研发出人工智能 ET 新的调度引擎。任务订单不再按照时间排布，而是根据骑手现有任务、路径重新规划，使得配送路径更短，更省时间。作为商业帝国，阿里巴巴将人工智能的中心还是放在电商领域，支持秒级别内对海量用户行为和 10 亿商品知识图谱进行实时分析。"接地气"的技术让阿里巴巴大大提高了某些情况下的工作效率，并以该技术塑造繁荣的商业生态。阿里巴巴最终会实现双向智能化，并向公共事业、医疗事业、教育事业等方向发展。

- 腾讯进军智能领域。作为现在三巨头中的市值排名靠前的腾讯，在人工智能方面布局算比较晚的，但是对于腾讯的实力却不容小觑。擅长整合资源是其优势，相信在以后的发展并不会输给前两位。腾讯现在最注重的人工智能方面便是场景使用，基于强大的云计算发力行业应用与服务场景。腾讯旗下的深度学习平台 DI-X 集数据开发、训练、预测和部署于一体，适用于图像识别、语音识别、自然语言处理、机器视觉等领域。凭借着 QQ、微信、美团、滴滴、京东、58 同城共享大数据，守着庞大的高质量用户数据，腾讯可以迅速突破社交平台而转向智能内容平台。丰厚的现金储备可以让腾讯有更多的时间去沉淀，去尝试，并最终推出强有力的智能产品。

3. 科大讯飞强势占据智能语音处理高地

科大讯飞是一家专业从事智能语音及语言技术、人工智能技术研究，软件及芯片产品开发，语音信息服务及电子政务系统集成的国家级骨干软件企业。2008 年，科大讯飞在深圳证券交易所挂牌上市。它作为中国智能语音与人工智能产业领导者，在语音合成、语音识别、口语评测、自然语言处理等多项技术上拥有国际领先的成果。它是我国唯一以语音技术为产业化方向的"国家 863 计划成果产业化基地""国家规划布局内重点软件企业""国家高技术产业化示范工程"，并被原信息产业部确定为中文语音交互技术标准工作组组长单位，牵头制定中文语音技术标准。经过十余年的发展，在智能语音处理领域取得了一系列突出业绩：

- 2003 年和 2011 年，两次荣获"国家科技进步奖"；2005 年和 2011 年，两次获得中国信息产业自主创新最高荣誉"信息产业重大技术发明奖"。自 20 世纪 90 年代中期以来，在历次的国内外语音合成评测中，各项关键指标均名列前茅。2008 年至今，连续在国际说话人、语种识别评测大赛中名列前茅。2014 年，首次参加国际口语机器翻译评测比赛（International Workshop on Spoken Language Translation）即在中英和英中互译方向中以显著优势勇夺第一。2016 年，国际语音识别大赛（CHiME）科大讯飞取得全部指标第一。在认知智能领域，相继获得国际认知智能测试（Winograd Schema Challenge）全球第一、国际知识图谱构建大赛（NIST TAC Knowledge Base Population Entity Discovery and Linking Track）核心任务全球第一。2011 年，"国家智能语音高新技术产业化基地""语音及语言信息处理国家工程实验室"相继落户合肥，有利于进一步汇聚产业资源，提升科大讯飞产业龙头地位。
- 率先发布了全球首个提供移动互联网智能语音交互能力的讯飞开放平台，并持续升级优化。基于该平台，相继推出了讯飞输入法、灵犀语音助手等示范性应用，并与广大合作伙伴携手推动各类语音应用深入到手机、汽车、家电、玩具等各个领域，引领和推动着移动互联网时代大潮下输入和交互模式的变革。
- 基于拥有自主知识产权的世界领先智能语音技术，已推出从大型电信级应用到小型嵌入式应用，从电信、金融等行业到企业和消费者用户，从手机到车载，从家电到玩具，能够满足不同应用环境的多种产品，已占有中文语音技术市场 70%以上市场份额。

- 2014 年推出了"讯飞超脑计划"，目标是让机器不仅"能听会说"，还要"能理解会思考"，从而实现一个中文的认知智能计算引擎，未来将引领在家居、教育、客服、医疗等领域的智能应用。2015 年重新定义了万物互联时代的人机交互标准，发布了对人工智能产业具有里程碑意义的人机交互界面——AIUI。2016 年，围绕科大讯飞人工智能开放平台的使用人次与创业团队成倍增长，带动超百万人进行双创活动。截至 2017 年 1 月，讯飞开放平台在线日服务量超 30 亿人次，合作伙伴达到 25 万家，用户数超 9.1 亿，以科大讯飞为中心的人工智能产业生态持续构建。

4．旷世科技凸显计算机视觉实力

旷视以深度学习和物联传感技术为核心，立足于自有原创深度学习算法引擎 Brain++，深耕金融安全、城市安防、手机 AR、商业物联、工业机器人五大核心行业，致力于为企业级用户提供全球领先的人工智能产品和行业解决方案。发展至今，旷视已在北京、西雅图、南京设立独立研究院，并在十余个核心城市设立分部。在"赋能机器之眼，构建城市大脑"的愿景下，旷视正在推动人工智能技术在中国及全球范围的产业落地，并通过打造 MegCity 城市大脑数据平台为构建智慧城市、平安城市基础设施而奋斗。

旷视的核心人脸识别技术 Face++ 曾被美国著名科技评论杂志《麻省理工科技评论》评定为 2017 全球十大前沿科技，同时公司入榜全球最聪明公司并位列第 11 名。在中国科技部火炬中心"独角兽"榜单中，旷视排在人工智能类首位。

依托其原创的深度学习算法引擎 Brain++，旷世以人脸识别为切入点，开发了一系列实用技术和产品：

- 动态人脸识别：实现视频流中人脸检测、关键点定位及人脸识别功能的毫秒级响应，使得人脸识别技术可以在实际场景中实现非配合式快速处理，可广泛应用于地产、安防、交通等领域。
- 在线/离线活体检测：通过云、硬件级解决方案，实现对关键点实时标注和变化的检测，完成在线上及线下场景进行实名验证过程中对照片攻击、切换攻击、面具攻击、遮挡攻击的防御。
- 超大人像库实时检索：系统支持身份证图片、视频监控截图、社会资源录像截图等多种图片源，针对不同图片库质量进行优化，对光照、局部遮挡、跨年龄段、非正常表情等情况进行优化，并完成千万级别库的实时检索。
- 证件识别：识别身份证、行驶证、驾驶证等各类证件上的文字，并返回结构化的结果。在识别过程中，可区分复印件、屏幕翻拍件或是后期合成等。目前已被支付宝、中信银行在内的 300 多家金融机构使用。
- 行人检测、轨迹分析：识别图片、视频流中出现的行人位置和数量，并可以完成对行人头部、身体、四肢的实时分割与追踪，可以对视频流中同一人员行动轨迹进行追踪与分析，广泛应用于零售、安防、物业等领域。

5．华为的 AI 战略及全栈全场景解决方案

华为作为全球第一的电信设备商、排名前三的终端厂商，已经积极投入到 AI 浪潮，提出了华为的 ALL in AI 发展战略及解决方案。

华为发展的 AI 五大战略：

- 投资基础研究：在计算视觉、自然语言处理、决策推理等领域构筑数据高效（更少的数据需求）、能耗高效（更低的算力和能耗）、安全可信、自动自治的机器学习基础能力。
- 打造全栈方案：打造面向云、边缘和端等全场景的、独立的以及协同的、全栈解决方案，提供充裕的、经济的算力资源，简单易用、高效率、全流程的 AI 平台。
- 投资开放生态和人才培养：面向全球，持续与学术界、产业界和行业伙伴广泛合作，打造人工智能开放生态，培养人工智能人才。
- 解决方案增强：把 AI 思维和技术引入现有产品和服务，实现更大价值、更强竞争力。
- 内部效率提升：应用 AI 优化内部管理，对准海量作业场景，大幅度提升内部运营效率和质量。

华为的全场景、全栈 AI 解决方案中，全场景是指包括公有云、私有云、各种边缘计算、物联网行业终端以及消费类终端等部署环境；全栈是技术功能视角，是指包括芯片、芯片使能、训练和推理框架及应用使能平台（Application Enablement Platform，AEP）在内的全堆栈方案。

华为的全栈解决方案具体包括：
- Ascend：基于统一、可扩展架构的系列化 AI IP 和芯片，包括 Max、Mini、Lite、Tiny 和 Nano 五个系列。包括 2018 年 10 月发布的华为昇腾 910（Ascend 910），是当时全球已发布的单芯片计算密度最大的 AI 芯片。还有 Ascend 310，是当时面向边缘计算场景最强算力的 AI SoC。
- CANN：芯片算子库和高度自动化算子开发工具。
- MindSpore，支持端、边、云独立的和协同的统一训练和推理框架。
- 应用使能：提供全流程服务（ModelArts）、分层 API 和预集成方案。

总体来说，华为人工智能的发展战略，是以持续投资基础研究和 AI 人才培养，打造全栈全场景 AI 解决方案和开放全球生态为基础：
- 面向华为内部，持续探索支持内部管理优化和效率提升；
- 面向电信运营商，通过 SoftCOM AI 促进运维效率提升；
- 面向消费者，通过 HiAI，让终端从智能走向智慧；
- 面向企业和政府，通过华为云 EI 公有云服务和 FusionMind 私有云方案为所有组织提供充裕经济的算力并使能其用好 AI；
- 同时华为也面向全社会开放提供 AI 加速卡和 AI 服务器、一体机等产品。

8.4.3 全球人工智能的产业规模

随着大量资金的不断涌入，围绕人工智能领域的创业公司数量大幅提升。根据 Venture Scanner 对全球 71 个国家人工智能公司的统计，截至 2017 年第三季度，全球人工智能创业公司数量已有 1287 家，其中 585 家获得投资，投资金额总计达到 77 亿美元，而其中美国投资金额超过 31 亿美元。2015 年全球人工智能市场规模达到 1684 亿元，预计 2018 年将达到 2697 亿元，复合增长率达到 17%。预计 2020 年全球人工智能市场规模将达到 6800 亿元，形成千亿美元级别市场，如图 8-8 所示。

在全球科技创新的大背景下，人工智能企业之间的竞争日趋激烈。谷歌、微软、IBM、Facebook 等企业凭借自身优势，积极布局整个人工智能领域。各大科技企业通过加大研发投入力度、招募高端人才、建设实验室等方式加快关键技术研发；同时，通过收购等方式吸收人工智能优秀中小企业来提升整体竞争力；此外，各大企业还积极开放、开源技术平台，构建围绕自有体系的生态环境。

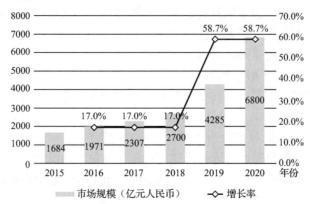

图 8-8　2015—2020 年全球人工智能市场规模及增长率

8.5　人工智能面临的挑战

8.5.1　人工智能面临的人才挑战

人才缺口巨大、人才结构失衡是当前全球人工智能发展所面临的一个巨大挑战。据领英人才（LinkedIn）统计，截至 2017 年一季度，全球拥有约 190 万名人工智能专业人才，其中美国约占二分之一。这一数量的人才储备远无法满足未来几年中人工智能在垂直领域及消费者市场快速、稳健增长的宏观需求。人才供需矛盾显著，高级算法工程师、研究员和科学家的身价持续走高。人才结构方面，高端人才、中坚力量和基础人才间的数量比例远未达到最优。

另据腾讯发布的《2017 年全球人工智能人才白皮书》显示，全球 AI 领域人才约 30 万，其中，高校领域约 10 万人，产业界约 20 万人，而市场需求则在百万量级。这种紧缺将会在未来一段时间中持续。白皮书的数据显示，全球共有 367 所具有人工智能研究方向的高校，每年毕业 AI 领域的学生约 2 万人，远远不能满足市场对人才的需求。

为此，产业界开始不断通过组建研究院或者进行大赛的方式来推动人工智能人才数量和质量的增长。2017 年由我国发起的"AI Challenger 全球 AI 挑战赛"即出于这样一个目的。根据赛事举办方提供的数据，2017 年的 AI Challenger 合计参赛队有 8892 支，参赛选手及重复参赛的人次一共有 106790 名，其中国内选手占 92%，主要来自北京、广东、上海等地。

在当日的 AI Challenger 会场中，大赛发起人李开复博士如此表示："我们为什么要做这样一件事情？非常简单的理由：AI 是未来发展最重要的方向。AI 能赋予各个不同领域创造各种的机会，但是 AI 的燃料其实是数据，所以我们希望那些没有机会在 BAT 接触海量数据的同学们、研究员们、潜在的创业者们，能在他还没有离开学校、还没有踏出创业之路时就有机会接触到世界级别的、精确的、大量的数据，这样他才能够知道在这样一个领域里面，能做出怎样的结果，也能够充分领会数据在做 AI 过程中起到什么样的作用。"

8.5.2 人工智能面临的技术挑战

近年来,人工智能很热,这不是人工智能的第一次热潮。历史上,人工智能历经四次热潮,然而最后都进入"严冬"。其中一个重要原因就是想法虽好,理论也不错,但在技术上面临的难题实在太多,很难实现。尼克·波斯特洛姆在其《超级智能》一书中就提到:"为什么人工智能的发展总是落后于预期呢?这主要是因为创造人工智能所遭遇的技术困难远远超过了先驱们认为的程度。但这也只是说明我们遇到了很大的技术难题,以及我们离解决这些难题还有多远。"

从大方向上来说,深度学习这一当今人工智能领域最耀眼的技术,其核心是模仿人脑神经元网络处理信息的方式,然而人类对人脑的运作机理还了解得很不深入。就连深度学习领域的杰出科学家、Facebook 人工智能实验室主任 Yann LeCun 都表示,"大脑无监督学习是如何实现的,我们还不得而知,我们还没有能力开发出一个类似大脑皮质的算法","我们知道最终的答案是无监督学习,但是现在我们还没有找到这个答案"。此外,人类的一些技能也不仅仅依托于人脑。雷蒙德·库兹韦尔在其著作《奇点临近》一书中曾提到:"一个人的性格和技能不是只存在于其大脑中(虽然大脑是一个主要区域)。我们的神经系统遍布整个身体,但同时内分泌系统(荷尔蒙)也对我们具有重要的影响。"

归纳起来,人工智能在模仿人类智能方面还具有诸多的理论和技术挑战:

- 当前主流的、以深度学习为基础建立的人工智能技术一般是用大数据解决小问题,而人类智能往往能够以小数据解决大问题;
- 人类可以凭借自己的观察和判断形成最终的价值决策,而当前机器的语音识别、视觉识别等 AI 能力还很难支撑对事物的理解与判断,距离完整的行为规划或事项决策仍有较大的发展空间;
- 人类的学习可以适应持续动态变化的环境,而目前的机器学习(深度学习)一般是定期离线训练,不能有效应对时时刻刻都可能发生变化的环境;
- 人类可以综合利用各种智能解决不同问题,现阶段的智能系统通常仅能解决限定场景领域有清晰边界的问题;
- 时下热门的深度学习方法往往是"黑盒子",缺乏足够的理论支持,模型内部机制和决策过程不透明。

另外,在人工智能一些具体的技术上还面临很多技术细节难题有待突破。以语音识别为例,虽然目前很多产品语音识别精确度达到了较高水平,但大多都是在比较安静的情况下才能实现;而在比较嘈杂的环境中,语音识别就很困难。例如小鱼在家公司在开发家庭智能陪伴机器人的过程中,就花费了大量资源用在解决噪声问题上。

8.5.3 人工智能面临的法律、安全与伦理挑战

对于人工智能给人类社会带来的影响是好是坏,就像外星人对人类是友好还是邪恶一样,人们的看法不一。把人工智能看得太全能、太完美,这对人工智能的发展是一种"捧杀";而把人工智能看得太邪恶、太龌龊,会抢人类的饭碗,带来大量失业,甚至是灭绝人类,则是对人工智能的一种"棒杀"。

历史上曾掀起多次发展人工智能的热潮，一些人对人工智能的发展速度和作用所持态度过于乐观。他们不仅认为人工智能很快就会实现，而且认为人工智能会无所不能，不日就会给人类社会带来翻天覆地的变化。这种过于乐观的看法虽然激发起人们一时对人工智能发展的热情和期待，然而一旦遇到困难和挫折，人工智能的研究殿堂就变得门可罗雀了，因为人们发现它很难那么快实现，而且离"完美"与"万能"还遥不可及。Yann LeCun 就曾表示，"一些不实宣传对于人工智能是非常危险的。在过去的 50 年里，人工智能就先后因为不实宣传而沉沦了四次。关于人工智能的炒作必须停止。"

除了"捧杀"，还有"棒杀"。一些科技界精英认为人工智能未来会给人类社会带来"存在风险（existential risk）"。所谓存在风险，是指那些威胁到整个人类发展，或是将人类彻底毁灭的风险。特斯拉公司创始人埃隆·马斯克曾表示，"我们需要十分小心人工智能，它可能比核武器更危险""每个巫师都声称自己可以控制所召唤的恶魔，但没有一个是最终成功的；因此，只要稍有不慎，人工智能就会为研究它和使用它的人带来无法预估的恶果"。著名物理学家史蒂芬·霍金也曾表示，"人工智能可能是一个'真正的危险'。机器人可能会找到改进自己的办法，而这些改进并不总是会造福人类。"

计算机世界研究院在 2015 年面向普通民众的调研中发现，近四成民众认为未来人工智能可能会失控，进而给人类社会带来灾难。调研中向受访者询问"随着人工智能未来变得越来越发达，您认为人工智能会不会失控，给人类社会带来灾难"时，有 38.3%的受访者认为会，认为不会的受访者占比为 21.28%，前者几乎是后者的两倍。由此可见，很多民众都认识到了人工智能在高度发达后所具有的潜在危险性，分析其背后原因，可能与很多经典影视作品都表现了人工智能的危险性有关。另外，不少媒体也曾报道了史蒂芬·霍金等科技大佬对人工智能危险性的警告性言论。

对人工智能的棒杀除了这种略带科幻色彩的"存在危险"外，一些人认为人工智能的发展也会给人类生活带来一些直接的冲击，比如会抢人类饭碗，造成大量人失业。这种担忧是基于以下逻辑：由于人工智能可以干越来越多之前只有人类才能做的事情，而且成本更低、效率更高，很多人会丢掉自己的工作。

在同一调研中，近七成民众认为人工智能会大量减少人类就业机会。在调研中询问受访者"您认为随着人工智能未来广泛应用于各行各业，会不会大量减少人类的就业机会"时，高达 65.96%的受访者认为会，有 25.53%的受访者表示不会，另外还有 8.51%的受访者表示不好判断。值得关注的是，在向受访者询问他们在人工智能其他方面未来趋势性判断的问题时，表示"不好判断"的受访者一般要占四成左右，而在回答本问题时，表示不好判断的受访者不到一成，这反映出普通民众更确定人工智能会减少人类就业机会。

1. 相关法律的完善

实现人工智能广泛而深度的应用，不仅需要成熟的技术做支撑，还需要成熟的法律法规来规范。就像在互联网时代，法律法规出现了不少盲区，需要改进创新。在人工智能时代，法律需要改进和创新的地方更多。就拿一个很重要的问题来说，如果人工智能造成了危害，那么法律是应该追究相关技术厂商的责任，还是仅仅惩罚"犯事"的机器就行了？就像美国生命未来研究所（FLI）在一封关于促进人工智能健康发展的公开信中所提到的关于自动驾驶法律监管的问题——"如果自动驾驶汽车能够削减美国年度汽车死亡人数 40000 人的一半，那么汽车制造商得到的不是 20000 张感谢信，而是 20000 张诉讼状。什么法律框架可以实现自动驾驶汽车的安全利益？人工智能带来的法律问题是由原来的法律解决还是分开单独处理？"自动驾驶只是人工智能的一个应用领域，其他领域同样面临法律监管的难题。

2．网络安全

在互联网时代，网络安全的风险是做任何事情都无法规避的，可以说是一个老生常谈的话题。然而人工智能领域的网络安全具备一些新特征和新挑战。云计算是支撑人工智能的重要基础，然而当数据存储和计算都集中于云端，这相当于"把所有鸡蛋都放在一个篮子里"，一旦出现网络安全事故，所造成的危害和损失是重大的。未来人类生产、生活中的很多设备都会受控于云端的人工智能。如果人工智能因遭受网络攻击而"失控"，不仅会带来经济损失，甚至会危及人类生命安全。科幻小说《三体》中就描述了生活在未来城市的男主人公，在饭店吃饭、出行等各种生活场景中，先后遭受到了来自餐厅机器人服务员、自动驾驶汽车等人工智能设备的突然攻击，而这一切都因为这些"智能"设备被想杀他的外星人控制了。这个情节现在听起来还比较科幻，但在未来真的有可能成为人工智能给人类社会带来的一大隐患，必须认真面对和解决。

在某种程度上，网络安全问题是关系到人工智能"是正是邪"的根本性问题。现在对人工智能的态度上，一些人视为"魔鬼"，一些人视为"天使"。不管人工智能是什么，一旦它被不法之徒通过网络攻击而控制，即使它是"天使"，也会做出"魔鬼"的事情。尼克·波斯特洛姆在《超级智能》一书中提到了他对人工智能网络安全问题的担忧。他认为，在发展人工智能的同时，必须做好网络安全方面的研究和控制。然而如果各个国家围绕人工智能的研究和应用掀起了类似"军备竞赛"的竞争，那么在竞争压力下，各参与方为了追求速度，可能会降低在网络安全领域的投入，轻装上阵，快些赶路，而这无疑将为未来的人工智能时代带来莫大隐患。

3．隐私保护

隐私问题在某种程度上是和网络安全相伴相生的问题。在人工智能时代，你生活和工作中的机器会越来越"懂"你，了解你的兴趣爱好、生活习惯等。例如你的手机个人助手，会实时分析你和别人的联系内容。如果你给某人发了一条短信，说晚上一起吃个饭吧，那么手机个人助手就会向你推荐合适的餐厅。这是一项很贴心的管家服务，解放了你很多时间，然而这是以牺牲你的个人隐私为前提的。你可能会说，反正我的手机个人助手又不是人，它知道这些隐私也无妨。然而一旦发生了网络安全事故，你的这些隐私就极有可能被别有用心的人所掌握。

未来，在人工智能广泛、深入应用的情况下，人类隐私的安全隐患不仅存在于个人生活中，还存在于公共生活中。如前所述，视频监控将成为未来人工智能在城市安防中的重要应用领域。未来的视频监控所发挥的作用不仅是事后寻找破案线索，而是事件发生的同时，人工智能就能迅速对事情性质做出判断，然后告知相关人员前去处理，甚至是预测事件的发生，在事件发生之前就告知人类采取措施。这很像科幻电影《少数派报告》中的情节，未来也会成为现实。可以说，你一出家门就生活在人工智能视线里，它在注视你、保护你，这会给你带来安全，但也暴露了你全天的行踪，显然有时你不想让别人知道你的行踪。

4．伦理问题

人工智能的持续进步和广泛应用带来的好处将是巨大的。但是，为了让 AI 真正有益于人类社会，我们也不能忽视 AI 背后的伦理问题。

第一个是算法歧视。可能人们会说，算法是一种数学表达，是很客观的，不像人类那样有各种偏见、情绪，容易受外部因素影响，怎么会产生歧视呢？之前国外的一些研究表明，法官在饿着肚子的时候，倾向于对犯人比较严厉，判刑也比较重。算法也正在带来类似的歧视问题。比如，一些图像识别软件之前还将黑人错误地标记为"黑猩猩"或者"猿猴"。2016年3月，微软公司在美国的Twitter上上线的聊天机器人Tay在与网民互动过程中，成为了一个集性别歧视、种族歧视等于一身的"不良少女"。随着算法决策越来越多，类似的歧视也会越来越多。而且，算法歧视会带来危害。一方面，如果将算法应用在犯罪评估、信用贷款、雇佣评估等关切人身利益的场合，一旦产生歧视，必然危害个人权益。另一方面，深度学习是一个典型的"黑箱"算法，连设计者可能都不知道算法如何决策，要在系统中发现有没有存在歧视和歧视根源，在技术上是比较困难的。

为什么算法并不客观，可能暗藏歧视？算法决策在很多时候其实就是一种预测，用过去的数据预测未来的趋势。算法模型和数据输入决定着预测的结果。因此，这两个要素也就成为算法歧视的主要来源。一方面，算法在本质上是"以数学方式或者计算机代码表达的意见"，包括其设计、目的、成功标准、数据使用等都是设计者、开发者的主观选择，设计者和开发者可能将自己所怀抱的偏见嵌入算法系统。另一方面，数据的有效性、准确性，也会影响整个算法决策和预测的准确性。比如，数据是社会现实的反映，训练数据本身可能是歧视性的，用这样的数据训练出来的AI系统自然也会带上歧视的影子；再比如，数据可能是不正确、不完整或者过时的，带来所谓的"垃圾进，垃圾出"的现象；更进一步，如果一个AI系统依赖多数学习，自然不能兼容少数族裔的利益。此外，算法歧视可能是具有自我学习和适应能力的算法在交互过程中习得的，AI系统在与现实世界交互过程中，可能没法区别什么是歧视、什么不是歧视。

更进一步，算法倾向于将歧视固化或者放大，使歧视自我长存于整个算法里面。算法决策是在用过去预测未来，而过去的歧视可能会在算法中得到巩固并在未来得到加强，因为以错误的输入形成的错误输出作为反馈，进一步加深了错误。最终，算法决策不仅仅会将过去的歧视做法代码化，而且会创造自己的现实，形成一个"自我实现的歧视性反馈循环"。包括预测性警务、犯罪风险评估、信用评估等都存在类似问题。归根到底，算法决策其实缺乏对未来的想象力，而人类社会的进步需要这样的想象力。

第二个是隐私忧虑。很多AI系统，包括深度学习，都是大数据学习，需要大量的数据来训练学习算法。数据已经成了AI时代的"新石油"。这带来新的隐私忧虑。一方面，如果在深度学习过程中使用大量的敏感数据，这些数据可能会在后续被披露出去，对个人的隐私会产生影响。所以国外的AI研究人员已经在提倡如何在深度学习过程中保护个人隐私。另一方面，考虑到各种服务之间大量交易数据，数据流动更加频繁，数据成为新的流通物，可能削弱个人对其个人数据的控制和管理。当然，现在已经有一些可以利用的工具来在AI时代加强隐私保护，诸如经规划的隐私、默认的隐私、个人数据管理工具、匿名化、假名化、差别化隐私、决策矩阵等都是在不断发展和完善的一些标准，值得在深度学习和AI产品设计中提倡。

第三个是责任与安全。霍金、施密特等之前都警惕强人工智能或者超人工智能可能威胁人类生存。但在具体层面，AI安全包括行为安全和人类控制。从阿西莫夫提出的机器人三定律到2017年阿西洛马会议提出的23条人工智能原则，AI安全始终是人们关注的一个重点。美国、英国、欧盟等都在着力推进对自动驾驶汽车、智能机器人的安全监管。此外，安全往往与责任相伴。如果自动驾驶汽车、智能机器人造成人身、财产损害，谁来承担责任？如果按照现有的法律责任规则，因为系统是自主性很强的，它的开发者是难以预测的，包括黑箱的存在，很难解释事故的原因，未来可能会产生责任鸿沟。

第四个是机器人权利,即如何界定 AI 的人道主义待遇。随着自主智能机器人越来越强大,那么它们在人类社会到底应该扮演什么样的角色呢?自主智能机器人到底在法律上是什么?自然人?法人?动物?物?我们可以虐待、折磨或者杀死机器人吗?欧盟已经在考虑要不要赋予智能机器人"电子人"的法律人格,具有权利义务并对其行为负责。这个问题未来值得更多探讨。此外,越来越多的教育类、护理类、服务类的机器人在看护孩子、老人和病人,这些交互会对人的行为产生什么样的影响,需要得到进一步研究。

8.6 拥抱人工智能的明天

人工智能经过六十多年的孕育发展,2016 年终于迎来了大跨越的"元年",以 AlphaGo 围棋、图像识别和自然语言处理等一系列重大突破为触点,引爆了全球的广泛关注、推动和应用,获得了人才、资金、政策的广泛集聚。30 年前看互联网,20 年前看移动互联网,15 年前看物联网,10 年前看电子商务,5 年前看人工智能,世界上有几个人能够预料到今天的发展、应用和普及状况?高速网络几乎无处不在,智能手机几近普及,移动办公、电子商务、移动支付、电子警察、自动驾驶、智能家居、语音交互、机器翻译、智慧教育、智能监控、服务机器人,等等,已经进入了人们工作和生活的各个环节。

展望未来,人工智能也将如同人类日常生活中的水和电一样,无人不需、无时不用、无处不在,可以方便地按需取用。

1. 人工智能产品将全面进入消费级市场

在商业服务、家庭服务领域的全面应用,正为人工智能的大规模商用打开一条新的出路:

- 通信巨头华为已经发布了自主研发的人工智能芯片(麒麟 970/980)并将其应用在旗下智能手机产品 Mate 10/20/X 中;苹果公司推出的 iPhone X 也采用了人工智能技术实现面部识别等功能;三星发布的语音助手 Bixby 则从软件层面对长期以来停留于"你问我答"模式的语音助手做出升级。搭载人工智能应用的智能手机已经与人们的生活越来越近。
- 在人形机器人市场,日本软银公司研发的人形情感机器人 Pepper 从 2015 年 6 月开始每月面向普通消费者发售 1000 台,每次都被抢购一空。人工智能机器人背后隐藏着的巨大商业机会同样让国内创业者陷入狂热,粗略统计目前国内人工智能机器人团队超过 100 家。相信在不久的将来,人们将会像挑选智能手机一样挑选机器人。
- 零售巨头沃尔玛 2016 年开始与机器人公司 Five Elements 合作,将购物车升级为具备导购和自动跟随功能的机器人。中国的零售企业苏宁也与一家机器人公司合作,将智能机器人引入门店用于接待和导购。餐饮巨头肯德基也曾与百度合作,在餐厅引入百度机器人度秘来实现智能点餐。2016 年 5 月,情感机器人 Pepper 也开始出现在软银的各大门店,软银移动业务负责人认为商业领域智能机器人很快将进入快速发展期。

2. 认知类人工智能产品将赶超人类专家顾问水平

"认知专家顾问"在 Gartner 的报告中被列为未来 2~5 年被主流采用的新兴技术,这主要依赖于深度学习能力的提升和大数据的积累:

- 在金融投资领域,人工智能已经有取代人类专家顾问的迹象。在美国,从事智能投资顾问的不仅仅是 Betterment、Wealthfront 这样的科技公司，老牌金融机构也察觉到了人工智能对行业带来的改变。高盛和贝莱德分别收购了 Honest Dollar 与 Future Advisor，苏格兰皇家银行也曾宣布用智能投资顾问取代 500 名传统理财师的工作。金融数据服务商 Kensho 开发的程序分析工作只需一分钟，而拿着高达 35 万美元年薪的分析师们需要 40 小时才能做完同样的工作。预计到 2026 年，有 33%~50%的金融业工作人员会失去工作，他们的工作将被人工智能所取代。

- 国内一家创业团队目前正在将人工智能技术与保险业相结合，在保险产品数据库基础上通过分析和计算搭建知识图谱，并收集保险语料，为人工智能问答系统做数据储备，最终连接用户和保险产品。这对目前仍然以销售渠道为驱动的中国保险市场而言显然是个颠覆性的消息，它很可能意味着销售人员的大规模失业。

- 在医疗诊断领域，如 IBM Washon、英国 Babylon Health 公司的 Online Doctor Consultations、联影智能公司的 uAI 等医疗诊断系统，已经在效率、准确度、客观性等多个方面超过人类专家水平。

- 关于人工智能的学习能力，凯文·凯利曾形象地总结说："使用人工智能的人越多，它就越聪明；人工智能越聪明，使用它的人就越多。"就像人类专家顾问的水平很大程度上取决于服务客户的经验一样，人工智能的经验就是数据以及处理数据的经历。随着使用人工智能专家顾问的人越来越多，未来 2~5 年人工智能有望达到人类专家顾问的水平。

3．人工智能将成为可复用、可购买的智能服务

图像、视频、文本和语音是人工智能的四大基础处理对象，其通用的实现技术、处理方式方法和平台构成了人工智能三层产业生态的中间层——技术层。经过多年的发展，已经在理论和技术上取得了一系列的突破，并且开发出了一系列相关的实用工具、产品和服务，奠定了人工智能由计算智能向感知智能和认知智能迈进的基础。

当前，尽管全球的科技巨头几乎都在发力，想抢占技术层的通用技术制高点。但是，从技术规律和人工智能产业发展趋势上看，通用的图像、视频、文本和语音处理技术，一定是少数几家公司或机构达到制高点后，通过"服务"的方式为整个产业所用。这里的"服务"是指提供可以远程调用的"Web Service"或应用开发工具"SDK"。例如，科大讯飞的语音输入法与 AIUI 服务，旷世科技的人脸识别服务，高德的智能导航服务，等等。

事实上，全球 AI 产业应用层上的大量厂家、机构，正在开发和推出各种各样的、专门的 AI 应用，这些应用都可以通过 Web 服务的方式提供可复用的、免费或可购买的智能服务，用户通过智能终端、移动互联网、智能设备可以方便地使用，如远程医疗诊断、健康监控、机器翻译、语音交互、智能导游、智能导购，等等。

4．人工智能人才将呈现井喷式的大量需求

党的十九大报告提出，推动互联网、大数据、人工智能和实体经济深度融合。《新一代人工智能发展规划》也明确提出：到 2020 年人工智能总体技术和应用与世界先进水平同步，核心产业规模超过 1500 亿元，带动相关产业规模超过 1 万亿元；到 2025 年部分技术与应用达到世界领先水平，核心产业规模超过 4000 亿元，带动相关产业规模超过 5 万亿元；到 2030 年技术与应用总体达到世界领先水平，核心产业规模超过 1 万亿元，带动相关产业规模超过 10 万亿元。据艾媒咨询发布的数据显示，2016 年中国人工智能产业规模已达 100.60 亿元，增长率 43.3%；

第8章 人工智能的机遇、挑战与未来

2017年升至51.2%，产业规模达152.10亿元，并将于2019年增至344.30亿元。分析人士表示，这一数字距离1500亿元的目标甚远，说明中国人工智能产业发展潜力巨大。

人工智能产业的蓬勃发展，人才的短缺是大问题。一些业内人士表示，国内的供求比例为1：10，供需严重失衡。领英人才（LinkedIn）发布的《全球AI领域人才报告》显示，截至2017年一季度，领英人才平台的全球人工智能领域专业技术人才数量超过190万，美国拥有最为庞大的人才库，数量超过85万人；而在中国，这个数字刚刚超过5万人，在全球排名第七位。目前业内人工智能人才的基本情况是：顶层人才来自美国硅谷和国内外高校，一线员工有很大一部分是内部转岗，还有部分是通过校园招聘来的。如图8-9所示是2017年腾讯研究院给出的BAT AI人才的技术方向分布情况。

5. 人类的知识、智慧、人性或将重新定义

从发展趋势上看，人工智能的进步或将改写人类对自我、知识和教育的理解。假如多数的医生、律师、教师、程序员、工人被机器所代替，人们或将需要重新开始讨论"人"的自我定义和"知识"的新时代价值。当传统的知识、技能、技术已成为智能机器人仅需调用、复制和执行的简单命令，那么"为什么要学法律、学医学、学操作、学编程"的疑问及背后对自我价值的疑惑就必将引发社会教育结构的变革。传统的人与人之间通过智力、知识、技能或技术组合的不同而形成的差异或将被人工智能抹平。名医、大律师、高考状元、工匠等领域大师，或许就像当今围棋大师下不过AlphaGo一样，其专项能力将不再能作为准确评价其智能和学识的方式了……

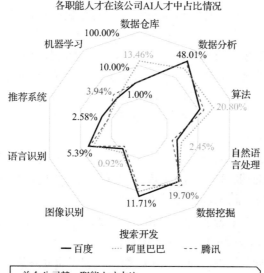

图8-9 AI人才在BAT中的占比

当在体力劳动和脑力劳动里独立的人类相对于机器都不再具备水平、能力、效率和经济优势时，人的存在形态、存在价值以及与机器的交互融合将成为未来前沿学术研究的重要课题，这将会是一次人类社会的集体迷失，也会是人类价值的再次追寻……

2017年，人工智能领域爆发了好几件大事：

- AlphaGo再胜人类。5月，AlphaGo Master与人类实时排名第一的棋手柯洁对决，最

终连胜三盘。然而在短短 40 天之后，新一代 AlphaGo Zero，从空白状态学起，在无任何人类输入的条件下，AlphaGo Zero 迅速自学围棋，并以 100∶0 的成绩完胜前代版本。

- 腾讯宣布进军 AI。6 月，腾讯宣布正式向外开放在计算机视觉、智能语音识别、自然语言处理等领域的人工智能技术，正式进军 AI。
- 百度无人驾驶汽车上北京五环。2017 百度 AI 开发者大会上，百度创始人、董事长兼首席执行官李彦宏通过视频直播展示了一段自己乘坐公司研发的无人驾驶汽车的情景。
- AI 教育要从娃娃抓起。7 月 20 日，国务院印发《新一代人工智能发展规划》，明确指出人工智能成为国际竞争的新焦点，应逐步开展全民智能教育项目，在中小学阶段设置人工智能相关课程，逐步推广编程教育，建设人工智能学科，培养复合型人才，形成我国人工智能人才高地。
- AI 领域投资额猛增。2017 年前三季度，在人工智能领域，我国共有 107 个项目获得投资，获得投资总金额 201.2 亿元左右，相比 2016 年全年实现 48.6%的增长。在全球市场上以 Intel、百度等巨头为主体的人工智能收购案例共计 22 起。计算机视觉、无人驾驶和智慧医疗领域获得较高的投融资。
- 阿里巴巴成立达摩院。2017 年 10 月，阿里巴巴宣布投资千亿成立达摩院，在全球各地建立实验室，启动人工智能领域争夺战计划，用于涵盖基础科学和颠覆式技术创新的研究。
- 机器人 Sophia 首获公民身份。2017 年 10 月 25 日，在沙特阿拉伯举行的"未来投资倡议"大会上，美女机器人 Sophia 被授予沙特公民身份，标志着她成为了历史上首个获得公民身份的机器人。
- 国家正式公布人工智能四大平台。2017 年 11 月 15 日，科技部召开新一代人工智能发展规划暨重大科技项目启动会。会议宣布了首批国家新一代人工智能开放创新平台名单：百度的自动驾驶、阿里云的城市大脑、腾讯的医疗影像、科大讯飞的智能语音。

今后，人工智能将继续它的主流之旅，SAGE 公司人工智能副总裁 Kriti Sharma 从八大方面对人工智能进行了展望：

- 创造拟人机器人的欲望将会消退。人工智能产业将开始摆脱开发类似于人类物理结构技术，例如 Sophia 机器人。AI 工程师和开发人员将转向构建算法驱动的人工智能，以人为的方式响应，制定决策并与人员交互。
- 更多关注消费者对人工智能的认同和采纳。从事 AI 领域的公司，将努力与购买和订阅 AI 驱动的产品和服务的人们建立信任。
- AI 的监管环境将向前发展。随着英国、美国、欧盟和世界其他地方的政府试图了解该技术的核心价值、风险，行业参与者将开始关注如何自我调节人工智能技术的企业应用和实践的未来。这种自律将超越人工智能，以解决企业和公众对数据隐私及保护的担忧。
- AI 将被更广泛的人接受。就在最近几年前，人们需要数据科学和工程方面的高级学位人才来建立 AI 技术，使用算法和开发软件。今天，开发者工具、培训计划和可用的职业机会更多地存在，将非技术人员引入 AI 应用领域，使得没有深厚技术背景的人在 AI 合作的金融、科技、交通、医疗保健等重要行业的前线占据一席之地。
- 人们将学会与 AI 合作。虽然某些职位确实会被人工智能技术取代，但是许多岗位将会发展成与人工智能合作共存，追求更好的客户服务，提高生产力，提高工作的准确性，从而优化对公司带来的效益。
- 网络安全将用 AI 应对复杂威胁。目前，黑客破解技术远超网络安保技术。为了应对这种趋势，谷歌、脸书和亚马逊等科技行业的领导者将寻找更多的机会与麻省理工学院、纽约大学和其他领先机构的小型创业公司及学术研究人员合作，生产密不可分的 AI 驱动安全解决方案。这些合作伙伴关系将有助于构建可以跨网络和平台部署的防黑客 AI 系统，以监控、发现和防止黑客行为。
- AI 行业将解决更复杂的问题。人工智能包括一个复杂而关键的技术网络。人工智能技术的存在可以解决商业和日常生活中的复杂问题，包括从管理整个劳动力到应对气候变化。
- 新的一年，新的 AI 机会。AI 应用将继续繁荣和多样化。人工智能产业内部以及私营、公共和学术部门之间将有更紧密的研究和发展联系。

6. 一次非凡的突破——打电话的 AI 通过了图灵测试

英国数学家、逻辑学家，被视为计算机科学之父的艾伦·图灵（Alan Turing）博士，于 1950 年发表了一篇划时代的论文，预言人类能创造出具备真正智能的机器。他还提出了著名的图灵测试：如果一台机器能与人类展开对话（通过电传设备）而不被识别出身份，那么这台机器就具有智能。68 年后的 2018 年 5 月 11 日，Google I/O 2018 大会最后一天，此前不久刚刚获得年度图灵奖的 Alphabet 新任董事长、曾经的美国斯坦福大学校长 John Hennessy 教授登上舞台："这五十多年来，我目睹着不可思议的 IT 产业上演一波又一波的革命，互联网、芯片、智能手机、计算机……展现着各自的魔力。但仍有一件事，我认为将会真正改变我们的生活，那就是机器学习和人工智能领域的突破……人们投入这个领域的研究已经五十多年了，终于，我们取得了突破。为了实现这个突破，我们所需要的基本计算能力是之前设想的 100 万倍。但最终我们还是做到了。这是一场革命，将会改变世界……"

Google I/O 2018 大会首日，Google CEO 桑达尔·皮查伊展示了最新研发的对话 AI——Google Duplex（如图 8-10 所示），它能够在真实的环境下，打电话给美发店、餐馆预约服务和座位，全程流畅交流，完美应对不知情的人类接线员。Google Duplex 一出，现场所有的人都震惊了。效果非常好。坊间观众们缓过神来一想：Google 演示的这个 AI，难不成就是通过了图灵测试？没错，John Hennessy 教授亲口确认："在预约领域，这个 AI 已经通过了图灵测试。"

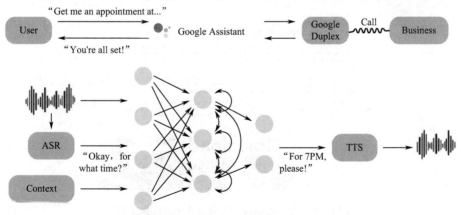

图 8-10 谷歌电话 AI——Duplex 示意图

John Hennessy 教授进一步解释道："这是一个非凡的突破，虽然这个 AI 不是在所有情境下取得突破，但仍然指明了未来的道路。因为通过图灵测试,意味着机器终于可以思考了……"

附录 A
VirtualBox 虚拟机软件与 Linux 的安装和配置

一、VirtualBox 虚拟机软件简介

所谓"虚拟机"(Virtual Machine, VM),就是通过运行在宿主计算机上的、通过软件模拟出的,可以安装操作系统、可以像普通计算一样使用、可以监控和管理的纯软件仿真的计算机,也称为虚拟机器、虚拟计算机、虚拟电脑。VirtualBox 是由 Oracle 公司提供的一款开源的虚拟机创建、管理和监控软件。在 VirtualBox 官网(www.virtualbox.org)上可以免费下载 VirtualBox 软件二进制版本的安装文件及 OSE 版本的源代码,如图 F1-1 所示。VirtualBox 可以方便地安装到 Windows、Mac OS X、Linux 或 UNIX(Solaris)等多种宿主机操作系统平台上;可以根据需要,灵活、简便地创建和管理多个、多种"虚拟机",并安装和执行 Windows(从 Windows 3.1 到 Windows 10、Windows Server 2012,几乎所有的 Windows 系统都支持)、Mac OS X、Linux、OpenBSD、Solaris、IBM OS2,甚至 Android 等操作系统。与同性质的 VMware 及 Virtual PC 虚拟机软件相比较,VirtualBox 的独到之处包括远端桌面协定(RDP)、iSCSI 及对 USB 的支持。

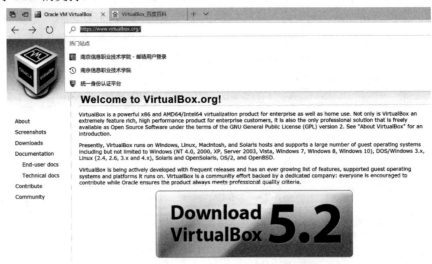

图 F1-1 从 VirtualBox 官网下载 VirtualBox 5.2

VirtuaBox 特别适合学生、学者和开发人员在只用一台计算机(台式机、笔记本,甚至平板电脑)的情况下,简单地创建多台虚拟机,安装各种操作系统,配置多种软件环境,进行学习、研究和开发。

【操作 1-1】 进入 VirtualBox 官网下载页面。单击图 F1-1 上的 Download 按钮，进入如图 F1-2 所示的安装文件选择下载页面。

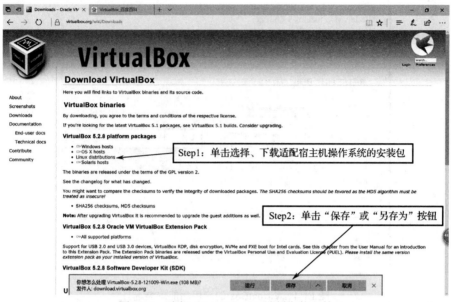

图 F1-2　选择 VirtualBox 二进制安装文件

【操作 1-2】 选择安装文件。根据将要安装 VirtualBox 的宿主机的操作系统情况，选择与 Windows、Mac OS X、Linux 或 Solaris 相匹配的安装文件。如果宿主机是 Windows 操作系统，就选择"Windows Hosts"安装文件。

二、VirtualBox 的安装

【操作 2-1】 启动安装。在资源管理器中找到并双击运行前面下载的 VirtualBox 安装文件（如 VirtualBox-5.2.8-121009-Win.exe），启动安装进程，如图 F1-3 所示。

图 F1-3　VirtualBox 的主安装界面

【操作 2-2】 选择 VirtualBox 的应用功能（参见图 F1-4）。包括 USB 支持、网络设置和 Python 语言支持，选择默认安装即可。

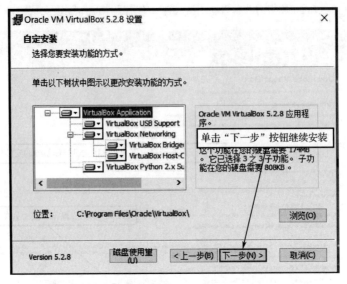

图 F1-4　VirtualBox 的应用功能安装选择

【操作 2-3】 自定义安装特征。主要是 VirtualBox 主界面的启动方式等选项，默认全部选择，如图 F1-5 所示。

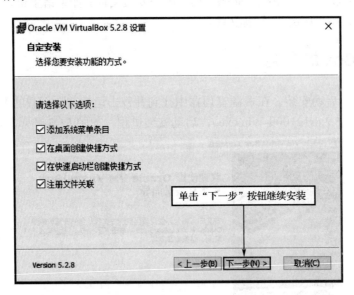

图 F1-5　自定义安装特征

【操作 2-4】 处理网络复位请求。忽略这个网络界面的警告，如图 F1-6 所示。

【操作 2-5】 设置回看或启动安装，如图 F1-7 所示。

【操作 2-6】 完成安装进程。文件复制、设置后，安装完成，此处还可以选择"安装后引导×××"选项，如图 F1-8 所示。

附录 A　VirtualBox 虚拟机软件与 Linux 的安装和配置

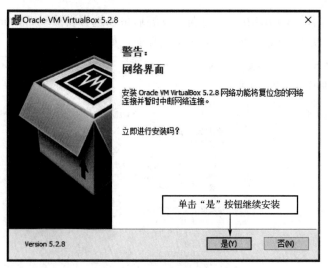

图 F1-6　网络中断警告

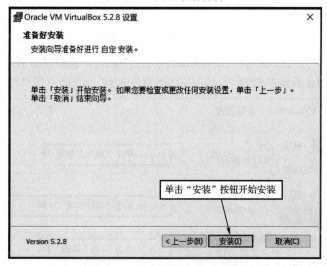

图 F1-7　设置回看或启动安装

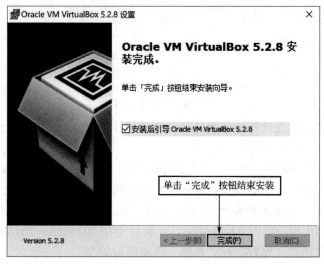

图 F1-8　文件复制、设置后，安装完成

【操作 2-7】 启动 VirtualBox 主界面。安装后可以选择自启动 VirtualBox，也可以通过"开始"菜单、桌面快捷方式启动 VirtualBox 主界面，如图 F1-9 所示。

图 F1-9 Virtual Box 主界面

【操作 2-8】 界面语言设定。在 VirtualBox 主界面上，选择"管理"→"全局设定"子菜单，弹出如图 F1-10 所示的设置项，单击"语言"按钮，选择"简体中文（中国）"。

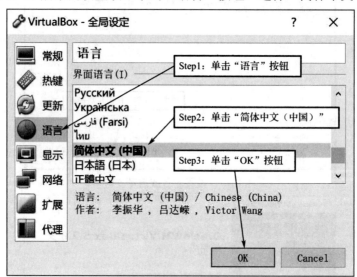

图 F1-10 界面语言设定

【操作 2-9】 虚拟机文件存放位置与认证方式选择。创建、选择虚拟机文件的存放位置，选择认证库形式，如图 F1-11 所示。

【操作 2-10】 启动向导，创建一个虚拟机（虚拟电脑）。单击 VirtualBox 主界面左上角的"新建"按钮，创建一个新的虚拟机，如图 F1-12 所示。

【操作 2-11】 设定虚拟机内存大小。根据宿主计算机内存的大小和拟创建虚拟机的数量，设定该虚拟机的内存大小，如图 F1-13 所示。一般设定在 1024MB～2048MB 就可以了，后续还可以根据使用情况通过"设置"→"系统"菜单随时调整。

【操作 2-12】 创建虚拟硬盘，如图 F1-14 所示。

附录 A　VirtualBox 虚拟机软件与 Linux 的安装和配置

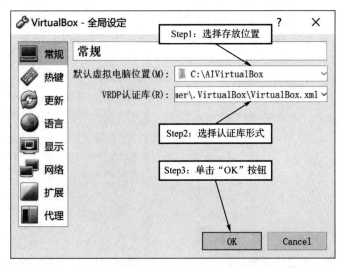

图 F1-11　虚拟机文件存放位置与认证方式选择

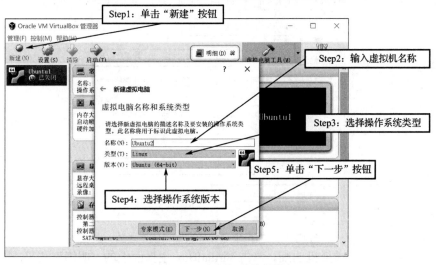

图 F1-12　虚拟机初始设置

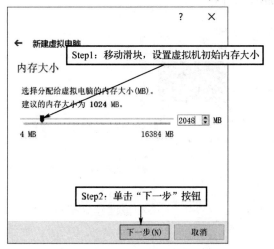

图 F1-13　虚拟机内存初始大小设置

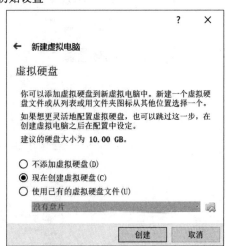

图 F1-14　虚拟硬盘选项

【操作2-13】 选择虚拟硬盘的文件类型，如图F1-15所示。

【操作2-14】 确定虚拟硬盘容量的分配方式或大小，如图F1-16所示。

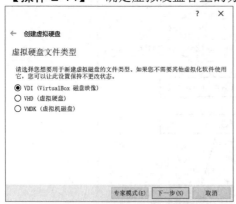
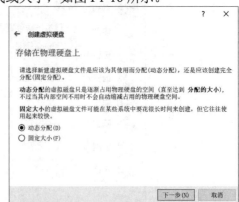

图F1-15　虚拟硬盘文件类型选择　　　　图F1-16　虚拟硬盘分配方式或大小选项

【操作2-15】 确定虚拟硬盘的文件名称和保存位置，如图F1-17所示。

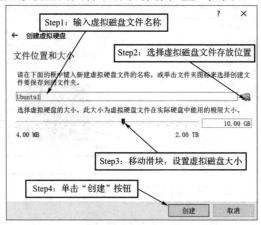

图F1-17　虚拟硬盘文件大小和位置选项

【操作2-16】 查看虚拟机明细。单击VirtualBox主界面上的"明细"按钮，所创建的虚拟机的明细信息将会在窗口中分类显示出来，如图F1-18所示。

图F1-18　查看虚拟机明细

【操作 2-17】 查看 Ubuntu1 虚拟机的相关文件。如图 F1-19 所示给出了通过前述步骤创建虚拟机后所产生的相关文件名称和存放位置。这些文件包含虚拟机的全部设置、软件等信息，可以方便地实现虚拟机的备份、移动、复制、恢复等功能。

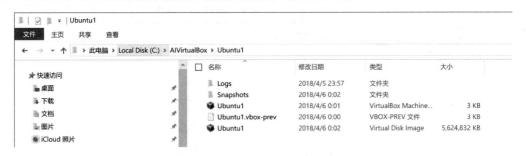

图 F1-19　虚拟机相关文件样例

三、下载 Ubuntu 14.04 操作系统光盘镜像安装文件

Ubuntu（中文名称：乌班图、优般图或友帮拓）是一个以桌面应用为主的开源 GNU/Linux 操作系统，基于 Debian GNU/Linux，支持 x86、amd64（即 x64）和 PowerPC 架构，由全球化的专业开发团队（Canonical Ltd.）打造。从 2004 年 10 月发布 4.10 版本到 2018 年 1 月发布 17.10 版本，经过短短十几年的发展，衍生出一大批桌面、服务器和移动端系列操作系统产品，在全球获得广泛应用。2014 年 4 月发布的 14.04 LTS 是一个比较稳定的桌面应用 Linux 操作系统版本，许多开源工具和平台都对其有比较好的支持。本书就以 Ubuntu 14.04 为例具体介绍其下载和安装方法。

【操作 3-1】 进入 Ubuntu 官网（www.ubuntu.com/download/alternative-downloads），如图 F1-20 所示。光盘镜像安装文件大小有 1GB 左右，国内外许多的镜像网站（与官网内容一致）都可下载，选择国内的镜像网站下载速度会快一些，具体操作如图 F1-20 至图 F1-22 所示。

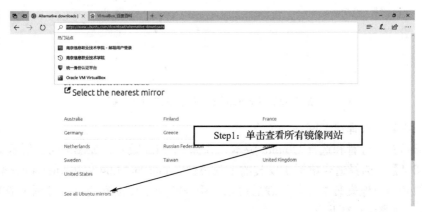

图 F1-20　Ubutun 官网

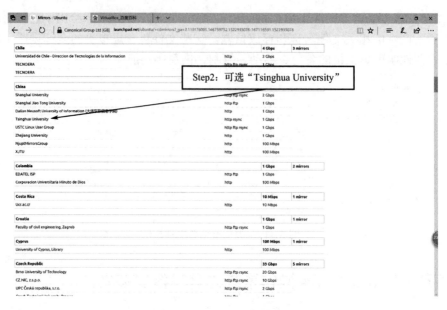

图 F1-21　Ubuntu 镜像网站

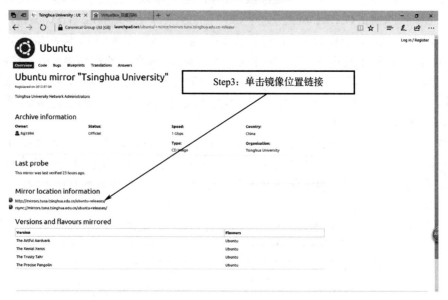

图 F1-22　Ubuntu 清华大学镜像网站入口

【操作 3-2】　选择镜像网站。

【操作 3-3】　查看和选择 Ubuntu 版本。选择 14.04.5 版本，如图 F1-23 所示。

【操作 3-4】　选择适合虚拟机安装的下载镜像。ubuntu-14.04.5-desktop-amd64.iso 是桌面版、64 位的光盘镜像安装文件，下载后可以采用虚拟光驱直接安装，也可刻录成光盘、U 盘保存和安装，如图 F1-24 所示。

【操作 3-5】　查看下载的镜像文件，为后续正式安装做好准备。在 Windows 资源管理器中查看和确认成功下载的 Ubuntu 光盘镜像安装文件的名称、位置、大小，如图 F1-25 所示。

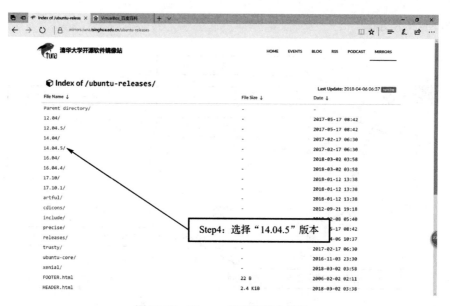

图 F1-23　Ubuntu 发布的版本信息

图 F1-24　Ubuntu14.04.5 光盘镜像安装文件选择

图 F1-25　查看下载的 Ubuntu 光盘镜像安装文件

【操作 3-6】　挂载 Ubuntu 安装镜像文件到虚拟光驱。通过"开始"菜单或桌面快捷方式重新启动 VirtualBox，进入 VirtualBox 的主界面，将下载的光盘镜像安装文件（如 ubuntu-14.04.5-desktop-amd64.iso）挂载到所创建的虚拟机（如前面创建的 Ubuntu1 虚拟机）

上，如图 F1-26 所示。

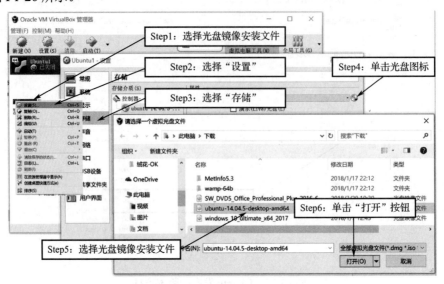

图 F1-26　挂载 Ubuntu 安装镜像文件到虚拟光驱

【操作 3-7】　查看安装镜像文件挂载情况。如图 F1-27 所示是成功挂载 Ubuntu 安装镜像文件到虚拟光驱后的情况。

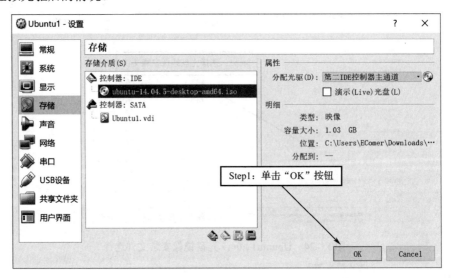

图 F1-27　成功挂载 Ubuntu 安装镜像文件到虚拟光驱后的情况

四、安装 Ubuntu 操作系统

【操作 4-1】　启动 Ubuntu1 虚拟机。虚拟机可以通过主界面上的"控制"菜单进行各种控制，也可以在左侧虚拟机列表中通过鼠标右键单击虚拟机名称后，在弹出的快捷菜单中对虚拟机进行控制，包括设置、启动、暂停、退出、显示等。简单的启动可以方便地通过"启动"按钮即可实现，如图 F1-28 所示。

附录 A　VirtualBox 虚拟机软件与 Linux 的安装和配置

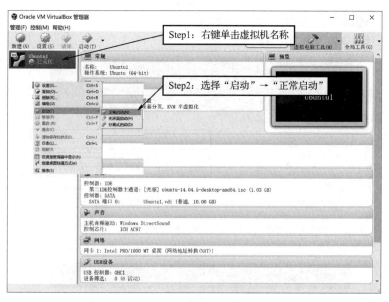

图 F1-28　VirtualBox 虚拟机控制

【操作 4-2】　选择"中文（简体）"并单击"安装 Ubuntu"按钮启动安装向导。第一次启动虚拟机时，由于前面已经在虚拟光驱上挂载了可以引导系统的 Ubuntu 安装镜像文件，系统会自动启动安装向导，如图 F1-29 所示。

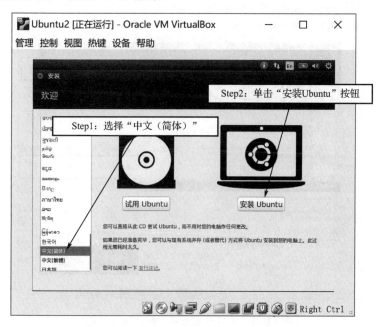

图 F1-29　Ubuntu 语言选择与启动安装

【操作 4-3】　选择"安装中下载更新"和"安装这个第三方软件"选项。如果离线安装，即计算机没有直接接入 Internet，可以不更新、不安装第三方软件，可待系统安装结束后有机会接入 Internet 时再更新和安装，如图 F1-30 所示。

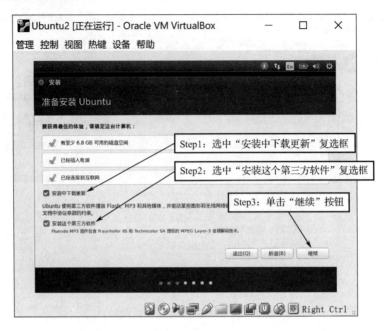

图 F1-30　更新与第三方软件安装选项

【操作 4-4】　选择安装方式，确认磁盘写入，如图 F1-31 所示。

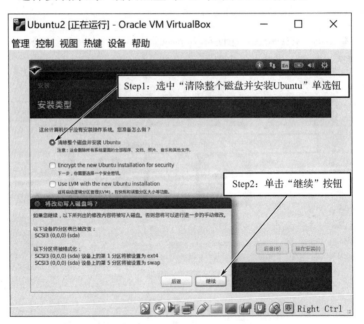

图 F1-31　选择安装方式，确认磁盘写入

【操作 4-5】　选择所在地区。明确所在地区，便于处理国家、城市、语言等位置相关的事务，如图 F1-32 所示。

【操作 4-6】　选择键盘布局。一般为了便于操作，选择"英语（美国）"键盘布局，如图 F1-33 所示。

附录 A　VirtualBox 虚拟机软件与 Linux 的安装和配置

图 F1-32　国家、城市信息

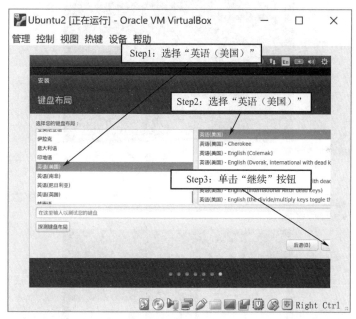

图 F1-33　选择键盘布局

【操作 4-7】　添加用户信息和虚拟机名称。名字、密码要用简洁、形象、容易记忆和录入的英文及数字，便于后续学习中的经常引用、录入和使用，如图 F1-34 所示。

【操作 4-8】　正式启动安装进程。由于安装文件比较多，还有下载的任务，所以安装过程需要几分钟到几十分钟不等。等待过程中，可以阅读、了解安装画面的提示和介绍信息，如图 F1-35 和图 F1-36 所示。

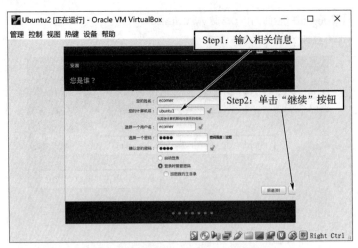

图 F1-34　添加用户信息和虚拟机名称

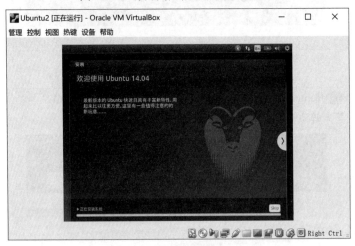

图 F1-35　正式启动系统安装

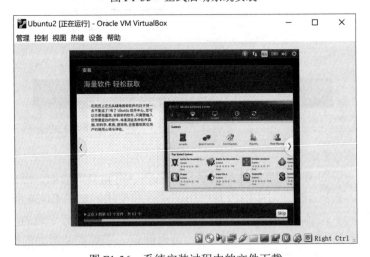

图 F1-36　系统安装过程中的文件下载

【操作 4-9】　安装完成，重启虚拟机系统。重启虚拟机还可以通过 VirtualBox 主界面的"控制"菜单进行，如图 F1-37 所示。

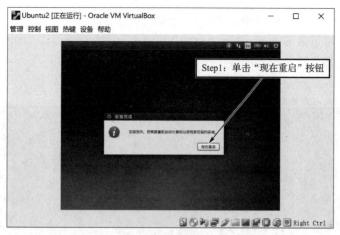

图 F1-37　安装完成，重启虚拟机系统

【操作 4-10】　按回车键强制重启虚拟机系统，如图 F1-38 所示。或者在 VirtualBox 主界面左侧通过鼠标右键单击虚拟机名称后，在弹出的快捷菜单中选择"重启"命令，完成 Ubuntu 的基本安装，如图 F1-39 所示。

图 F1-38　Ubuntu 首次强制重启

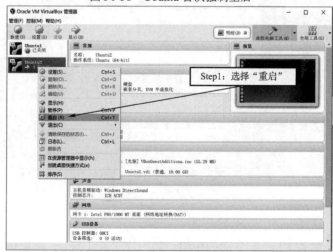

图 F1-39　虚拟机的控制与重启

【操作 4-11】 首次进入 Ubuntu 桌面。虚拟机重新启动后，提示输入登录密码，输入正确密码并回车后即可进入 Ubuntu 桌面，如图 F1-40 和图 F1-41 所示。如果输入正确密码，还提示错误，则有可能是键盘输入法或大小写错误。

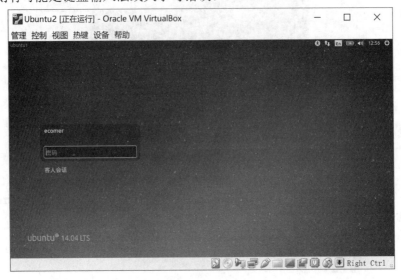

图 F1-40　Ubuntu 桌面登录界面

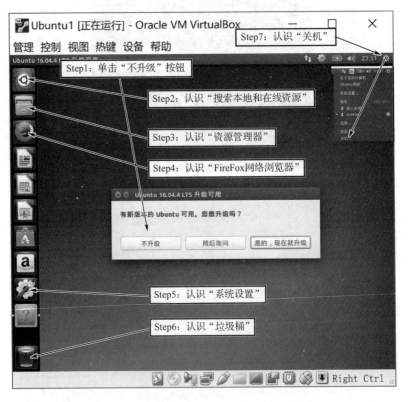

图 F1-41　Ubuntu 桌面

【操作 4-12】 熟悉 Ubuntu 桌面的使用。第一次进入 Ubuntu 桌面可以暂时不升级，先熟悉一下左侧的常用工具按钮，测试一下网络是否畅通，如图 F1-41 所示。

五、安装 VirtualBox 虚拟机软件的增强功能

上面的步骤完成后，Ubuntu 的安装也就基本完成了，只是还有以下问题：
- 屏幕分辨率不够；
- 鼠标光标停顿延迟、呆板；
- 无法与宿主机共享剪切板等。

这些问题可以通过安装 VirtualBox 虚拟机软件的增强功能来解决。

【操作 5-1】 启动增强功能安装。在启动的 Ubuntu1 虚拟机的主菜单上，选择"设备"→"安装增强功能"命令，如图 F1-42 所示。

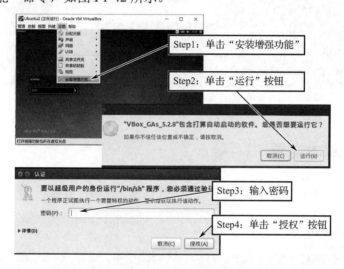

图 F1-42　Virtual Box 增强功能安装

【操作 5-2】 确认安装。安装进程如图 F1-43 所示，按回车键完成安装，返回 Ubuntu 桌面。

图 F1-43　Virtual Box 增强功能安装进程

【操作 5-3】　认识和熟悉 VirtualBox 虚拟机的"控制"菜单以及 Ubuntu 系统菜单按钮，如图 F1-44 所示。

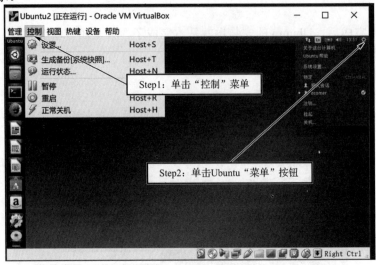

图 F1-44　虚拟机控制界面

六、Ubuntu 基本设置

【操作 6-1】　Ubuntu 系统设置。单击"系统设置"按钮，查看、了解各种设置入口与界面形式，如图 F1-45 所示。

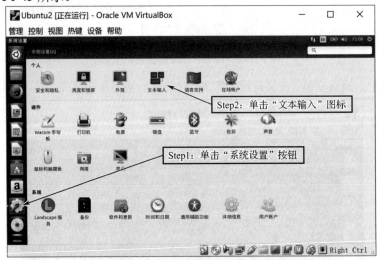

图 F1-45　Ubuntu 系统设置界面

【操作 6-2】　输入法设置，如图 F1-46 所示。

【操作 6-3】　字符终端设置。字符终端简称"终端（Terminal）"，是一种通过字符界面与系统进行交互的常用特殊输入/输出窗口。字符终端快捷方式的创建如图 F1-47 所示。

【操作 6-4】　启动与关闭字符终端。通过左侧工具条上的字符终端按钮可以启动一个终端窗口，通过 Ctrl+Alt+T 组合键可以方便地启动多个字符终端窗口，每个窗口用于执行不同的任务，如图 F1-48 所示。

附录 A　VirtualBox 虚拟机软件与 Linux 的安装和配置

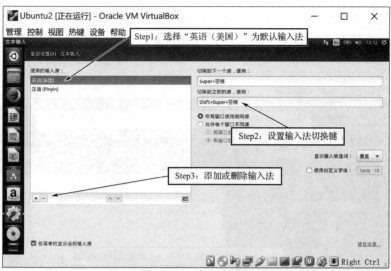

图 F1-46　输入法设置

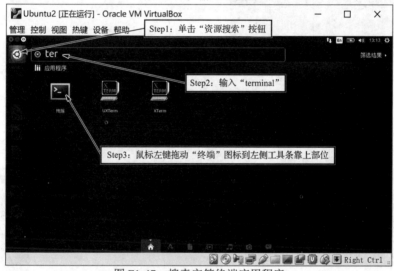

图 F1-47　搜索字符终端应用程序

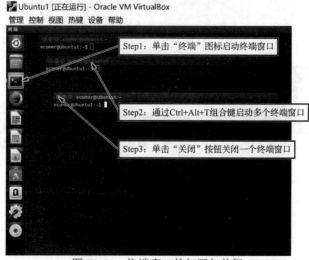

图 F1-48　终端窗口的打开与关闭

【操作6-5】 终端的格式配置。可根据显示屏幕的大小和个人喜好，对终端的大小、颜色、字体等格式方便地进行配置，如图F1-49至图F1-51所示。

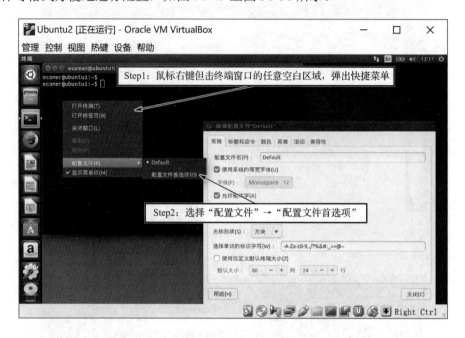

图F1-49 启动终端配置窗口

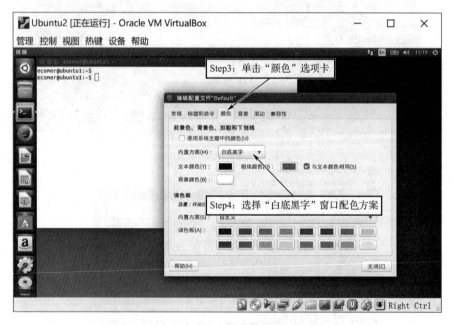

图F1-50 终端窗口的颜色配置

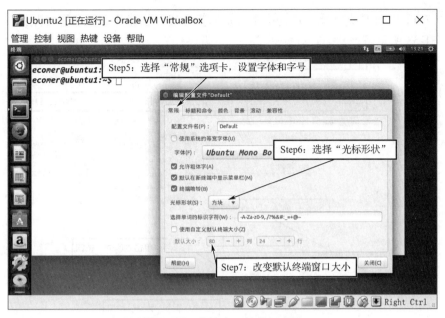

图 F1-51　终端窗口的常规配置

【操作 6-6】　设置超级用户（root 用户）的密码。安装 Ubuntu 时设定的用户是管理员级别的账户（如本书示例的 ecomer 账户），开机进入桌面系统需要的账户和密码就是这个账户和密码。实际上 Linux 系统还内置了一个权限最大的账户 root，即通常所说的"超级用户"，安装时 root 账户的密码是随机的，可以通过管理员账户修改一次，终端命令是"sudo passwd"，如图 F1-52 所示。

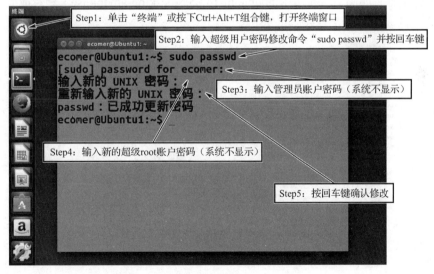

图 F1-52　修改超级账户 root 的密码

七、宿主机与虚拟机的共享操作设置

VirtualBox 提供了虚拟机与宿主机（主机）之间方便地进行共享的功能，包括共享文件夹、共享剪切板和文件拖放等。

【操作7-1】 文件夹共享。启动宿主机资源管理器,创建计划共享的文件夹,并设置权限,如图 F1-53 所示。

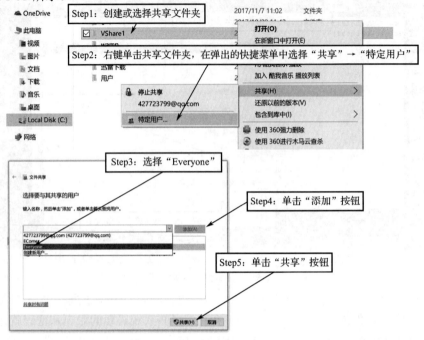

图 F1-53 文件夹共享

Linux 除了通过上述的虚拟机上的虚拟光驱安装以外,还可以将下载的光盘映像文件(也称为安装镜像文件,如图 F1-54 所示的 ubuntu-14.05.5-desktop-amd64.iso)刻录成光盘、U 盘,直接引导计算机进行独立安装或多重引导安装。

图 F1-54 将 ubuntu-14.05.5-desktop-amd64.iso 文件刻盘后直接安装

附录 B

Linux（Ubuntu 14.4）的基本命令与使用

一、Linux 的目录结构

如图 F2-1 所示给出了 Linux 的基本目录结构和主要存放内容。这是一个从 UNIX 到 Linux 多年延续下来的文件组织结构，需要逐步了解和操作。"/"表示根目录，"/home"表示根目录下的 home 子目录，"/home/ecomer"表示 home 下的子目录 ecomer，依此类推。

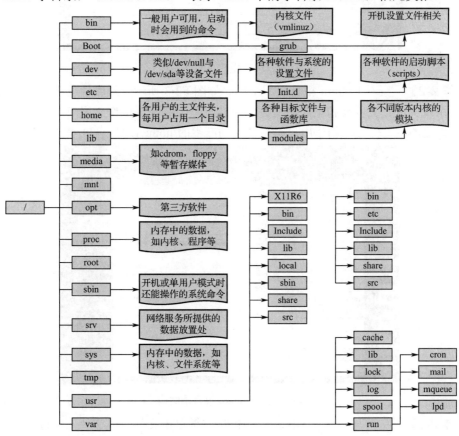

图 F2-1　Linux 的基本目录结构和主要存放内容

二、桌面图形界面文件管理

【操作 2-1】　查看用户主文件夹与新建文件夹。启动 Ubuntu1 虚拟机，登录进入 Ubuntu

桌面，单击左侧工具栏上的"文件"按钮，弹出文件管理窗口，如图 F2-2 所示。文件管理窗口由两部分构成：左侧为资源分类、分层组织窗口，右侧为下层细节显示窗口，缺省显示为当前用户的主文件夹（如/home/ecomer）内容。

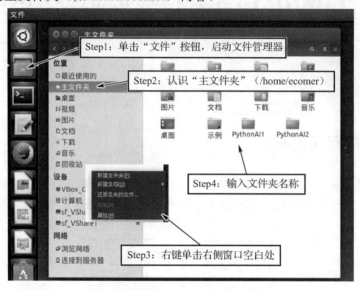

图 F2-2 用户主文件夹

【操作 2-2】 查看 Ubuntu 根目组织结构。如图 F2-3 所示，通常情况下，用户只浏览、查看这些系统文件、文件夹和里面的文件，不做删除、修改等操作。用户主要的文件操作权限限定在自己的主文件夹（创建用户时系统自动产生的/home/[用户名]）里。

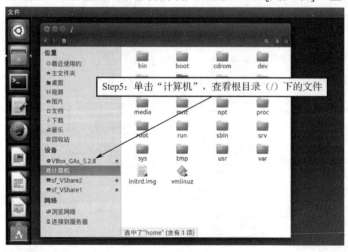

图 F2-3 Ubuntu 根目录结构

【操作 2-3】 文件与文件基本操作。用鼠标右键单击文件夹或文件，通过弹出的快捷菜单，可以方便地进行文件与文件夹的多项基本操作，如图 F2-4 至图 F2-7 所示。

三、Ubuntu 终端字符界面文件操作

【操作 3-1】 打开和关闭终端窗口。通过桌面工具按钮和 Ctrl+Alt+ T 组合键可以方便地

启动一到多个 Ubuntu 终端窗口，然后使用各种"字符命令"对系统进行控制和交互，如图 F2-8 所示。

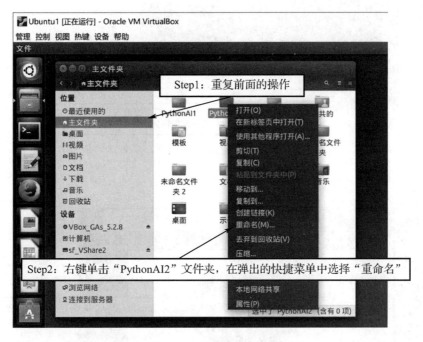

图 F2-4 文件与文件夹基本操作

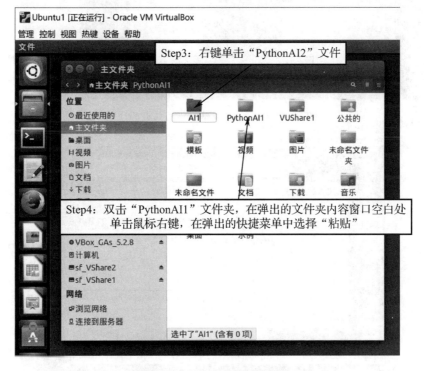

图 F2-5 文件夹的复制与粘贴

【操作 3-2】 路径切换与文件和文件夹查看。ls、cd、mkdir、rmdir 是 Linux 的基础常用命令，如图 F2-9 所示。

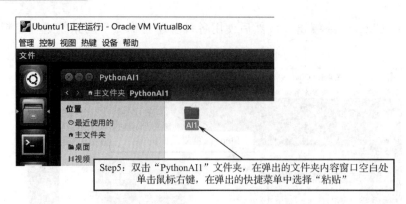

图 F2-6 文件夹的复制与粘贴结果

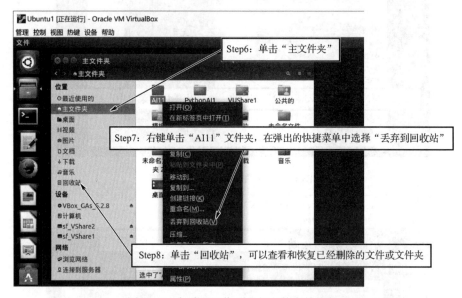

图 F2-7 查看"回收站"与文件夹的恢复

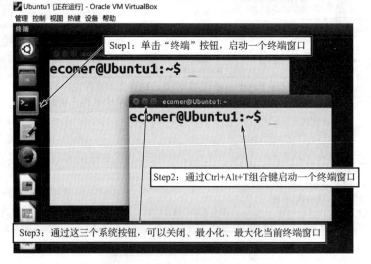

图 F2-8 终端窗口的启动与控制

附录 B Linux (Ubuntu 14.4)的基本命令与使用

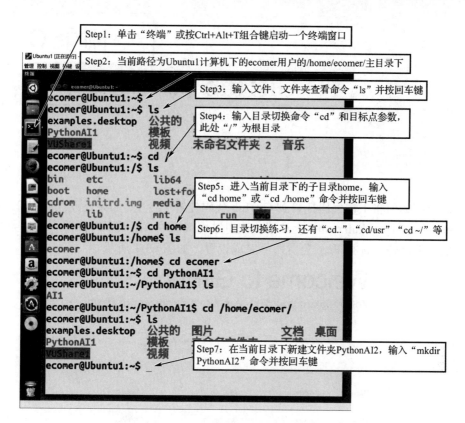

图 F2-9 基本 Linux 命令使用

【操作 3-3】 Ubuntu 系统查看与更新，如图 F2-10 所示。

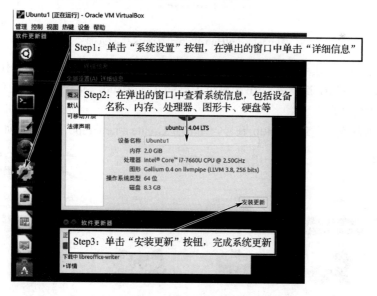

图 F2-10 系统查看与更新

附录 C
GitHub 代码托管平台

本附录介绍如何将工程代码托管到 GitHub 代码托管平台上。如果还没注册 GitHub 账号，请到 GitHub 的官网（github.com）上注册。注册过程很简单，就跟平时注册小网站会员一样，需要注意的地方就是，选择 Free 免费账号完成设置，如图 F3-1 所示。

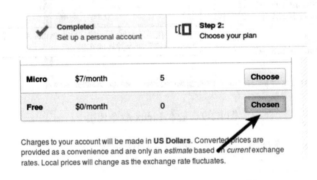

图 F3-1　GitHub 代码托管平台欢迎页面

注册完成之后，记住要验证邮箱！如果未验证邮箱，是无法完成后续操作的。

如果已经注册 GitHub 账号，在计算机上安装了 GitHub，而一直还没上传过代码，可以按照下述步骤上传代码：

（1）打开浏览器，登录 GitHub 账号，单击"Create a new repo"按钮，如图 F3-2 所示。

图 F3-2　登录 GitHub 账号

（2）跳转至下一个页面，填写 Repository name，如 TEST，在 Add .gitignore 项根据所使用的语言进行选择，其他的默认，然后单击"Create repository"按钮，如图 F3-3 所示。

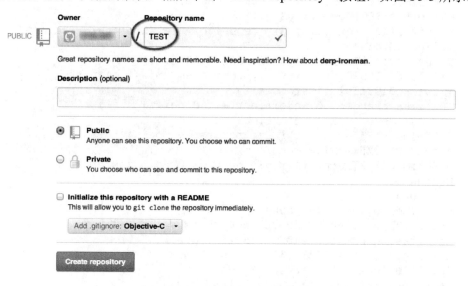

图 F3-3　填写 repository name

然后 GitHub 自动生成关于托管本工程的简单命令行，HTTP、SSH 后面的链接是创建的远程仓库地址，如图 F3-4 所示。

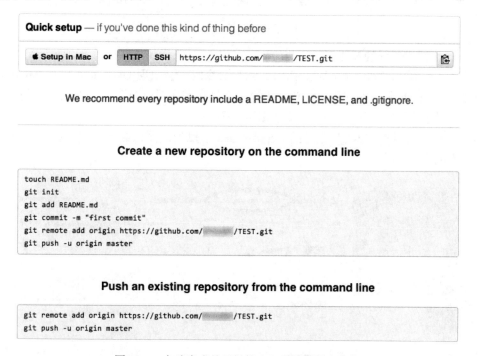

图 F3-4　自动生成关于托管本工程的简单命令行

（3）打开 xcode 创建一个工程，比如创建的工程名为 TESTDemo，然后打开终端，进入 TESTDemo 文件夹，输入"Create a new repository on the command line"提示的命令，如图 F3-5 所示。

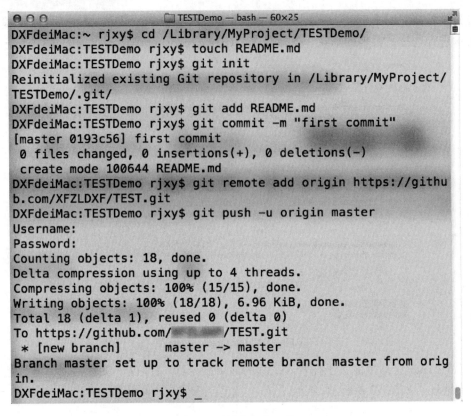

图 F3-5　创建一个工程

至此，工程代码已经托管完毕。

当在终端上输入"git push -u origin master"命令时，会出现 Username 和 Password，要求输入注册的 GitHub 账号和密码。注意：在输入账号和密码时一直显示为空白，这是为了防止用户隐私泄露而不显示任何信息，不是计算机假死现象。

（4）现在就可以在 GitHub 账号的 Repositories 中找到前面在终端上提交的 TESTDemo 代码工程，如图 F3-6 所示。

图 F3-6　查看提交的 TESTDemo 代码工程

打开 TEST，https://github.com/XFZLDXF/TEST.git 就是代码工程的链接，通过该链接就可以把这个工程里面的内容克隆到本地，如图 F3-7 所示。

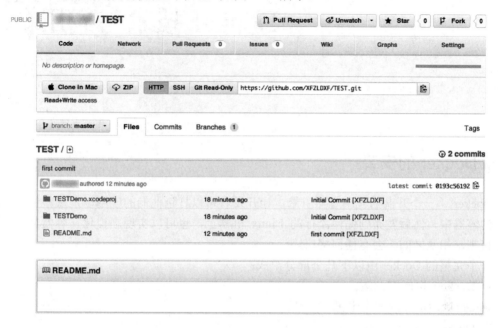

图 F3-7　将工程里面的内容克隆到本地

解释输入的命令：

- touch README.md：文件是关于工程代码的介绍，类似于使用说明书
- git init：初始化一个本地的 git 仓库，生成隐藏的.git 目录（隐藏的.git 目录可通过 ls -aF 命令查看）。
- git add README.md：把 README.md 文件添加到仓库中。
- git commit -m "first commit"：执行提交说明，在 Git 中这个属于强制性的。
- git remote add origin https://github.com/XFZLDXF/TEST.git：添加本地仓库 origin 和指定远程仓库地址。
- git push origin master：推送本地仓库到远程指定的 master 分支上。

附录 D
Docker 技术与应用

一、Docker 的安装

Docker 是一个开源的应用容器引擎,让开发者可以打包他们的应用以及依赖包到一个可移植的容器中,然后发布到任何流行的 Linux 机器上,也可以实现虚拟化。容器是完全使用沙箱机制,相互之间不会有任何接口。

一个完整的 Docker 由以下几个部分组成:
- DockerClient 客户端;
- Docker Daemon 守护进程;
- Docker Image 镜像;
- DockerContainer 容器。

在 Ubuntu 中可以进行 Docker 的安装,按照以下步骤操作即可。

(1)更新、安装依赖包。

更新包命令:sudo apt-get update

安装依赖包命令:sudo apt-get install apt-transport-https

ca-certificates

curl

software-properties-common

(2)添加官方密钥。

命令:curl -fsSL https://download.docker.com/Linux/ubuntu/gpg | sudo apt-key add -

(3)添加仓库。

命令:sudo add-apt-repository "deb[arch=amd64] https://download.docker.com/Linux/ubuntu $(lsb_release -cs) stable"

(4)安装 Docker。

①更新安装包,命令:sudo apt-get update

②安装最新版 Docker,命令:sudo apt-get install lxc-docker

③安装完成后,可以查看安装的 Docker 版本,命令:docker –v

二、Docker 中 TensorFlow 的安装

Docker 安装好之后,就可以在其中安装和使用深度学习框架 TensorFlow 了,步骤如下:

(1)下载 TensorFlow 镜像。

pull 命令：sudo docker pull TensorFlow/TensorFlow

（2）创建运行 TensorFlow 容器。

命令：docker run --name my-tensortflow -it -p 8888:8888 -v ~/TensorFlow:/test/data TensorFlow/TensorFlow

其中：

- docker run：运行镜像。
- --name：为创建容器名，即 my-tensortflow。
- -it：保留命令行运行。
- -p 8888:8888：将本地的 8888 端口映射到 http://localhost:8888。
- -v ~/TensorFlow:/test/data TensorFlow/TensorFlow：将本地的/TensorFlow 文件夹挂载到新建容器的 /test/data 下（这样创建的文件可以保存到本地 ~/TensorFlow），TensorFlow/TensorFlow 为指定的镜像，默认标签为 latest（即 TensorFlow/TensorFlow:latest）。

（3）开启 TensorFlow 容器。

①在浏览器中输入 http:localhost:8888。

②将命令行生成的 token 贴在网页的 passwor or token 框里，单击"Login"按钮。

③在首页可以新建一个 Python 来测试。

（4）开启、关闭 TensorFlow 容器。

关闭命令：docker stop my-tensortflow

开启命令：docker start my-tensortflow

开启后在浏览器中输入 http://localhost:8888/ 就可以登录了。

附录 E
人工智能的数学基础与工具

一、行列式

1. 行列式的定义

（1）二阶行列式

$$D = \begin{vmatrix} a_{11} & a_{12} \\ a_{21} & a_{22} \end{vmatrix} = a_{11}a_{22} - a_{21}a_{12}$$

（2）三阶行列式

由 9 个元素组成的一个算式，记为 D

$$D = \begin{vmatrix} a_{11} & a_{12} & a_{13} \\ a_{21} & a_{22} & a_{23} \\ a_{31} & a_{32} & a_{33} \end{vmatrix} = (-1)^{1+1}a_{11}\begin{vmatrix} a_{22} & a_{23} \\ a_{32} & a_{33} \end{vmatrix} + (-1)^{1+2}a_{12}\begin{vmatrix} a_{21} & a_{23} \\ a_{31} & a_{33} \end{vmatrix} + (-1)^{1+3}a_{13}\begin{vmatrix} a_{21} & a_{22} \\ a_{31} & a_{32} \end{vmatrix}$$

$$= a_{11}(a_{22}a_{33} - a_{23}a_{32}) - a_{12}(a_{21}a_{33} - a_{23}a_{31}) + a_{13}(a_{21}a_{32} - a_{22}a_{31})$$

$$= a_{11}a_{22}a_{33} - a_{11}a_{23}a_{32} - a_{12}a_{21}a_{33} + a_{12}a_{23}a_{31} + a_{13}a_{21}a_{32} - a_{13}a_{22}a_{31}$$

称为三阶行列式，其中 $\begin{vmatrix} a_{22} & a_{23} \\ a_{32} & a_{33} \end{vmatrix}$ 是原行列式 D 中划去元素 a_{11} 所在的第一行、第一列后剩下的元素按原来顺序组成的二阶行列式，称它为元素 a_{11} 的余子式，记作 M_{11}，即 $M_{11} = \begin{vmatrix} a_{22} & a_{23} \\ a_{32} & a_{33} \end{vmatrix}$

类似地，记 $M_{12} = \begin{vmatrix} a_{21} & a_{23} \\ a_{31} & a_{33} \end{vmatrix}$，$M_{13} = \begin{vmatrix} a_{21} & a_{22} \\ a_{31} & a_{32} \end{vmatrix}$

并且令 $A_{ij} = (-1)^{i+j}M_{ij}$ （i，$j = 1,2,3$）

称为元素 a_{ij} 的代数余子式。

因此，三阶行列式也可以表示为

$$D = \begin{vmatrix} a_{11} & a_{12} & a_{13} \\ a_{21} & a_{22} & a_{23} \\ a_{31} & a_{32} & a_{33} \end{vmatrix} = a_{11}A_{11} + a_{12}A_{12} + a_{13}A_{13} = \sum_{j=1}^{3} a_{1j}A_{1j}$$

而且它的值可以转化为二阶行列式计算而得到。

（3）n 阶行列式

由 n^2 个元素组成的一个算式，记为 D

$$D = \begin{vmatrix} a_{11} & a_{12} & \cdots & a_{1n} \\ a_{21} & a_{22} & \cdots & a_{2n} \\ \vdots & \vdots & & \vdots \\ a_{n1} & a_{n2} & \cdots & a_{nn} \end{vmatrix}$$

称为 n 阶行列式，简称行列式。其中 a_{ij} 称为 D 的第 i 行第 j 列的元素（$i,j = 1,2,\cdots,n$）。

当 $n=1$ 时，规定：
$$D = |a_{11}| = a_{11}$$

当 $n-1$ 阶行列式已定义，则 n 阶行列式
$$D = a_{11}A_{11} + a_{12}A_{12} + \cdots + a_{1n}A_{1n} = \sum_{j=1}^{n} a_{1j}A_{1j}$$

其中，A_{1j} 为元素 a_{1j} 的代数余子式。

此定义是 n 阶行列式 D 按第一行的展开式。通过二阶、三阶行列式的展开式可以推出，n 阶行列式的展开式中共有 $n!$ 乘积项，每个乘积项中含有 n 个取自不同行不同列的元素，并且带正号和带负号的项各占一半。

2．行列式的性质

（1）转置行列式的概念

如果把 n 阶行列式

$$D = \begin{vmatrix} a_{11} & a_{12} & \cdots & a_{1n} \\ a_{21} & a_{22} & \cdots & a_{2n} \\ \vdots & \vdots & & \vdots \\ a_{n1} & a_{n2} & \cdots & a_{nn} \end{vmatrix}$$

中的行与列按原来的顺序互换，得到新的行列式

$$D^{\mathrm{T}} = \begin{vmatrix} a_{11} & a_{21} & \cdots & a_{n1} \\ a_{12} & a_{22} & \cdots & a_{n2} \\ \vdots & \vdots & & \vdots \\ a_{1n} & a_{2n} & \cdots & a_{nn} \end{vmatrix}$$

那么，称行列式 D^{T} 为 D 的转置行列式。显然 D 也是 D^{T} 的转置行列式。

（2）行列式的性质

性质 1　行列式 D 与它的转置行列式 D^{T} 相等，即 $D = D^{\mathrm{T}}$

行列式中行与列所处的地位是一样的，所以，凡是对行成立的性质，对列也同样成立。

由性质 1 和 n 阶下三角形行列式的结论，可以得到 n 阶上三角形行列式的值等于它的对角线元素乘积，即

$$\begin{vmatrix} a_{11} & a_{12} & \cdots & a_{1n} \\ 0 & a_{22} & \cdots & a_{2n} \\ \vdots & \vdots & & \vdots \\ 0 & 0 & \cdots & a_{nn} \end{vmatrix} = a_{11}a_{22}\cdots a_{nn}$$

性质 2　如果将行列式的任意两行（或列）互换，那么行列式的值改变符号，即

$$\begin{vmatrix} a_{11} & a_{12} & \cdots & a_{1n} \\ \vdots & \vdots & & \vdots \\ a_{i1} & a_{i2} & \cdots & a_{in} \\ \vdots & \vdots & & \vdots \\ a_{j1} & a_{j2} & \cdots & a_{jn} \\ \vdots & \vdots & & \vdots \\ a_{n1} & a_{n2} & \cdots & a_{nn} \end{vmatrix} = - \begin{vmatrix} a_{11} & a_{12} & \cdots & a_{1n} \\ \vdots & \vdots & & \vdots \\ a_{j1} & a_{j2} & \cdots & a_{jn} \\ \vdots & \vdots & & \vdots \\ a_{i1} & a_{i2} & \cdots & a_{in} \\ \vdots & \vdots & & \vdots \\ a_{n1} & a_{n2} & \cdots & a_{nn} \end{vmatrix}$$

性质 3 行列式一行（或列）的公因子可以提到行列式记号的外面，即

$$\begin{vmatrix} a_{11} & a_{12} & \cdots & a_{1n} \\ \vdots & \vdots & & \vdots \\ ka_{i1} & ka_{i2} & \cdots & ka_{in} \\ \vdots & \vdots & & \vdots \\ a_{n1} & a_{n2} & \cdots & a_{nn} \end{vmatrix} = k \begin{vmatrix} a_{11} & a_{12} & \cdots & a_{1n} \\ \vdots & \vdots & & \vdots \\ a_{i1} & a_{i2} & \cdots & a_{in} \\ \vdots & \vdots & & \vdots \\ a_{n1} & a_{n2} & \cdots & a_{nn} \end{vmatrix}$$

推论 如果行列式中有一行（或列）的全部元素都是零，那么这个行列式的值为零。

性质 4 如果行列式中两行（或列）对应元素全部相同，那么行列式的值为零，即

$$\begin{array}{c} \\ \\ i行 \\ \\ j行 \\ \\ \end{array} \begin{vmatrix} a_{11} & a_{12} & \cdots & a_{1n} \\ \vdots & \vdots & & \vdots \\ a_{i1} & a_{i2} & \cdots & a_{in} \\ \vdots & \vdots & & \vdots \\ a_{i1} & a_{i2} & \cdots & a_{in} \\ \vdots & \vdots & & \vdots \\ a_{n1} & a_{n2} & \cdots & a_{nn} \end{vmatrix} = 0$$

推论 行列式中如果两行（或列）对应元素成比例，那么行列式的值为零。

性质 5 行列式中一行（或列）的每一个元素如果可以写成两数之和，即

$$a_{ij} = b_{ij} + c_{ij} \quad (j=1,2,\cdots,n)$$

那么，此行列式等于两个行列式之和，这两个行列式的第 i 行的元素分别是 $b_{i1}, b_{i2}, \cdots, b_{in}$ 和 $c_{i1}, c_{i2}, \cdots, c_{in}$，其他各行（或列）的元素与原行列式相应各行（或列）的元素相同，即

$$\begin{vmatrix} a_{11} & a_{12} & \cdots & a_{1n} \\ \vdots & \vdots & & \vdots \\ b_{i1}+c_{i1} & b_{i2}+c_{i2} & \cdots & b_{in}+c_{in} \\ \vdots & \vdots & & \vdots \\ a_{n1} & a_{n2} & \cdots & a_{nn} \end{vmatrix} = \begin{vmatrix} a_{11} & a_{12} & \cdots & a_{1n} \\ \vdots & \vdots & & \vdots \\ b_{i1} & b_{i2} & \cdots & b_{in} \\ \vdots & \vdots & & \vdots \\ a_{n1} & a_{n2} & \cdots & a_{nn} \end{vmatrix} + \begin{vmatrix} a_{11} & a_{12} & \cdots & a_{1n} \\ \vdots & \vdots & & \vdots \\ c_{i1} & c_{i2} & \cdots & c_{in} \\ \vdots & \vdots & & \vdots \\ a_{n1} & a_{n2} & \cdots & a_{nn} \end{vmatrix}$$

性质 6 在行列式中，把某一行（或列）的倍数加到另一行（或列）对应的元素上去，那么行列式的值不变，即

$$\begin{vmatrix} a_{11} & a_{12} & \cdots & a_{1n} \\ \vdots & \vdots & & \vdots \\ a_{i1} & a_{i2} & \cdots & a_{in} \\ \vdots & \vdots & & \vdots \\ a_{j1}+ka_{i1} & a_{j2}+ka_{i2} & \cdots & a_{jn}+ka_{in} \\ \vdots & \vdots & & \vdots \\ a_{n1} & a_{n2} & \cdots & a_{nn} \end{vmatrix} = \begin{vmatrix} a_{11} & a_{12} & \cdots & a_{1n} \\ \vdots & \vdots & & \vdots \\ a_{i1} & a_{i2} & \cdots & a_{in} \\ \vdots & \vdots & & \vdots \\ a_{j1} & a_{j2} & \cdots & a_{jn} \\ \vdots & \vdots & & \vdots \\ a_{n1} & a_{n2} & \cdots & a_{nn} \end{vmatrix}$$

性质 7 行列式 D 等于它的任意一行或列中所有元素与它们各自的代数余子式乘积之和，即

$$D = \sum_{k=1}^{n} a_{ik} A_{ik} \quad 或 \quad D = \sum_{k=1}^{n} a_{kj} A_{kj}$$

其中，$i,j = 1,2,\cdots,n$，换句话说，行列式可以按任意一行或列展开。

性质 8 行列式 D 中任意一行（或列）的元素与另一行（或列）对应元素的代数余子式乘积之和等于零，即当 $i \neq j$ 时，

$$\sum_{k=1}^{n} a_{ik} A_{jk} = 0 \quad 或 \quad \sum_{k=1}^{n} a_{ki} A_{kj} = 0$$

（3）行列式的计算

行列式的基本计算方法常用的有两种："降阶法"和"化三角形法"。

降阶法是选择零元素最多的行（或列），按这一行（或列）展开；或利用行列式的性质把某一行（或列）的元素化为仅有一个非零元素，然后再按这一行（或列）展开。

例 1 计算

$$D = \begin{vmatrix} 2 & 0 & 1 & -1 \\ -5 & 1 & 3 & -4 \\ 1 & -5 & 3 & -3 \\ 3 & 1 & -1 & 2 \end{vmatrix}$$

解：$D \xrightarrow{c_1 \leftrightarrow c_3} - \begin{vmatrix} 1 & 0 & 2 & -1 \\ 3 & 1 & -5 & -4 \\ 3 & -5 & 1 & -3 \\ -1 & 1 & 3 & 2 \end{vmatrix} \xrightarrow[r_3 - 3r_1]{\substack{r_2 - 3r_1 \\ r_4 + r_1}} - \begin{vmatrix} 1 & 0 & 2 & -1 \\ 0 & 1 & -11 & -1 \\ 0 & -5 & -5 & 0 \\ 0 & 1 & 5 & 1 \end{vmatrix}$

$\xrightarrow{r_3 \div (-5)} 5 \begin{vmatrix} 1 & 0 & 1 & -1 \\ 0 & 1 & -11 & -1 \\ 0 & 1 & 1 & 0 \\ 0 & 1 & 5 & 1 \end{vmatrix} \xrightarrow[r_4 - r_2]{r_3 - r_2} 5 \begin{vmatrix} 1 & 0 & 1 & -1 \\ 0 & 1 & -11 & -1 \\ 0 & 1 & 1 & 0 \\ 0 & 1 & 5 & 1 \end{vmatrix}$

$\xrightarrow[r_4 - r_2]{r_3 - r_2} 5 \begin{vmatrix} 1 & 0 & 1 & -1 \\ 0 & 1 & -11 & -1 \\ 0 & 0 & 12 & 1 \\ 0 & 0 & 16 & 2 \end{vmatrix} \xrightarrow{r_4 - \frac{4}{3} r_3} 5 \begin{vmatrix} 1 & 0 & 1 & -1 \\ 0 & 1 & -11 & -1 \\ 0 & 0 & 12 & 1 \\ 0 & 0 & 0 & \frac{2}{3} \end{vmatrix}$

$= 5 \times 8 = 40$

Python 程序实现代码如下:

```
01   from numpy import *
02   E=mat([[2,0,1,-1],[-5,1,3,-4],[1,-5,3,-3],[3,1,-1,2]])
03   print(linalg.det(E))
```

二、矩阵

1. 矩阵的概念

矩阵是数的矩形阵表。

由 $m \times n$ 个元素 a_{ij} ($i=1,2,\cdots,m$; $j=1,2,\cdots,n$) 排列成的一个 m 行 n 列（横称行，纵称列）有序矩形数表，并加圆括号或方括号标记：

$$\begin{pmatrix} a_{11} & a_{12} & \cdots & a_{1n} \\ a_{21} & a_{22} & \cdots & a_{2n} \\ \vdots & \vdots & & \vdots \\ a_{m1} & a_{m2} & \cdots & a_{mn} \end{pmatrix} \text{ 或 } \begin{bmatrix} a_{11} & a_{12} & \cdots & a_{1n} \\ a_{21} & a_{22} & \cdots & a_{2n} \\ \vdots & \vdots & & \vdots \\ a_{m1} & a_{m2} & \cdots & a_{mn} \end{bmatrix}$$

称为 m 行 n 列矩阵，简称 $m \times n$ 矩阵。矩阵通常用大写加粗字母 $\boldsymbol{A}$、$\boldsymbol{B}$、$\boldsymbol{C}$ ……表示，例如上述矩阵可以记为 $\boldsymbol{A}$ 或 $\boldsymbol{A}_{m \times n}$，也可记为

$$\boldsymbol{A} = [a_{ij}]_{m \times n}$$

特别地，当 $m=n$ 时，称 $\boldsymbol{A}$ 为 n 阶矩阵，或 n 阶方阵。在 n 阶方阵中，从左上角到右下角的对角线称为主对角线，从右上角到左下角的对角线称为次对角线。

当 $m=1$ 或 $n=1$ 时，矩阵只有一行或只有一列，即

$$\boldsymbol{A} = \begin{bmatrix} a_{11} & a_{12} & \cdots & a_{1n} \end{bmatrix} \text{ 或 } \boldsymbol{A} = \begin{bmatrix} a_{11} \\ a_{21} \\ \vdots \\ a_{m1} \end{bmatrix}$$

分别称为行矩阵或列矩阵，亦称为行向量或列向量。

当 $m=n=1$ 时，矩阵为一阶方阵。一阶方阵可作为数对待，但决不可将数看作是一阶方阵。

注意：矩阵与行列式有着本质的区别。

（1）矩阵是一个数表；而行列式是一个算式，一个数字行列式通过计算可求得其值。

（2）矩阵的行数与列数可以相等，也可以不等；而行列式的行数与列数则必须相等。

（3）对于 n 阶方阵 $\boldsymbol{A}$，有时也需计算它对应的行列式（记为 $|\boldsymbol{A}|$ 或 $\det \boldsymbol{A}$），但方阵 $\boldsymbol{A}$ 和方阵行列式 $\det \boldsymbol{A}$ 是不同的概念。

若两个矩阵的行数与列数分别相等，则称它们是同型矩阵。

若矩阵 $\boldsymbol{A} = [a_{ij}]$ 与 $\boldsymbol{B} = [b_{ij}]$ 是同型矩阵，并且它们的对应元素相等，即

$$a_{ij} = b_{ij} \ (i=1,2,\cdots,m; j=1,2,\cdots,n)$$

则称矩阵 $\boldsymbol{A}$ 与矩阵 $\boldsymbol{B}$ 相等，记为 $\boldsymbol{A} = \boldsymbol{B}$。

矩阵按元素的取值类型可分为实矩阵（元素都是实数）、复矩阵（元素都是复数）和超矩阵（元素本身是矩阵或其他更一般的数学对象）。此处只讨论实矩阵。

2. 矩阵的运算

（1）矩阵的加法

设 $A=[a_{ij}]$，$B=[b_{ij}]$ 是两个 $m\times n$ 矩阵，规定：

$$A+B=[a_{ij}+b_{ij}]_{m\times n}=\begin{bmatrix} a_{11}+b_{11} & a_{12}+b_{12} & \cdots & a_{1n}+b_{1n} \\ a_{21}+b_{21} & a_{22}+b_{22} & \cdots & a_{2n}+b_{2n} \\ \vdots & \vdots & & \vdots \\ a_{m1}+b_{m1} & a_{m2}+b_{m2} & \cdots & a_{mn}+b_{mn} \end{bmatrix}$$

称矩阵 $A+B$ 为 A 与 B 的和。

定义中蕴含了同型矩阵是矩阵相加的必要条件，故在确认记号 $A+B$ 有意义时，即已承认了 A 与 B 是同型矩阵的事实。

若 $A=[a_{ij}]$，$B=[b_{ij}]$ 是两个 $m\times n$ 矩阵，由矩阵加法和负矩阵的概念，规定

$$A-B=A+(-B)=[a_{ij}]+[-b_{ij}]=[a_{ij}-b_{ij}]$$

称 $A-B$ 为 A 与 B 的差。

（2）矩阵的数乘

设 λ 是任意一个实数，$A=[a_{ij}]$ 是一个 $m\times n$ 矩阵，规定

$$\lambda A=[\lambda a_{ij}]_{m\times n}=\begin{bmatrix} \lambda a_{11} & \lambda a_{12} & \cdots & \lambda a_{1n} \\ \lambda a_{21} & \lambda a_{22} & \cdots & \lambda a_{2n} \\ \vdots & \vdots & & \vdots \\ \lambda a_{m1} & \lambda a_{m1} & \cdots & \lambda a_{mn} \end{bmatrix}$$

称矩阵 λA 为数 λ 与矩阵 A 的数量乘积，或简称之为矩阵的数乘。

由定义可知，用数 λ 乘以一个矩阵 A，需要用数 λ 乘以矩阵 A 的每一个元素。特别地，当 $\lambda=-1$ 时，即得到 A 的负矩阵 $-A$。

例 2 设 $A=\begin{pmatrix} 1 & 3 & -2 \\ 1 & -1 & 4 \end{pmatrix}$，$B=\begin{pmatrix} -3 & 1 & 2 \\ 2 & 3 & -1 \end{pmatrix}$，求 $A-2B$。

解 $A-2B=\begin{pmatrix} 1 & 3 & -2 \\ 1 & -1 & 4 \end{pmatrix}-2\begin{pmatrix} -3 & 1 & 2 \\ 2 & 3 & -1 \end{pmatrix}$

$=\begin{pmatrix} 1 & 3 & -2 \\ 1 & -1 & 4 \end{pmatrix}-\begin{pmatrix} -6 & 2 & 4 \\ 4 & 6 & -2 \end{pmatrix}=\begin{pmatrix} 7 & 1 & -6 \\ -3 & -7 & 6 \end{pmatrix}$

Python 程序实现代码如下：

```
01  from numpy import *
02  A=array([[1,3,-2],[1,-1,4]])
03  B=array([[-3,1,2],[2,3,-1]])
04  C=A-2*B
05  print(C)
```

（3）矩阵的乘法

设 A 是一个 $m\times s$ 矩阵，B 是一个 $s\times n$ 矩阵，C 是一个 $m\times n$ 矩阵，

$$A = \begin{bmatrix} a_{11} & a_{12} & \cdots & a_{1s} \\ a_{21} & a_{22} & \cdots & a_{2s} \\ \vdots & \vdots & & \vdots \\ a_{m1} & a_{m2} & \cdots & a_{ms} \end{bmatrix}, \quad B = \begin{bmatrix} b_{11} & b_{12} & \cdots & b_{1n} \\ b_{21} & b_{22} & \cdots & b_{2n} \\ \vdots & \vdots & & \vdots \\ b_{s1} & b_{s2} & \cdots & b_{sn} \end{bmatrix}, \quad C = \begin{bmatrix} c_{11} & c_{12} & \cdots & c_{1n} \\ c_{21} & c_{22} & \cdots & c_{2n} \\ \vdots & \vdots & & \vdots \\ c_{m1} & c_{m2} & \cdots & c_{mn} \end{bmatrix}$$

其中，$c_{ij} = a_{i1}b_{1j} + a_{i2}b_{2j} + \cdots + a_{is}b_{sj} = \sum_{k=1}^{s} a_{ik}b_{kj}$ $i=1,2,\cdots,m$；$j=1,2,\cdots,n$），则矩阵 C 称为矩阵 A 与 B 的乘积，记为 $AB=C$。

在矩阵的乘法定义中，要求左矩阵的列数与右矩阵的行数相等，否则不能乘法运算。乘积矩阵 $C=AB$ 中的第 i 行第 j 列个元素等于 A 的第 i 行元素与 B 的第 j 列对应元素的乘积之和，简称为行乘列法则。

例3 已知 $A = \begin{pmatrix} 1 & 0 & 3 & -1 \\ 2 & 1 & 0 & 2 \end{pmatrix}$，$B = \begin{pmatrix} 4 & 1 & 0 \\ -1 & 1 & 3 \\ 2 & 0 & 1 \\ 1 & 3 & 4 \end{pmatrix}$，求 AB。

解 $c_{11}=1\times4+0\times(-1)+3\times2+(-1)\times1=9$

$c_{12}=1\times1+0\times1+3\times0+(-1)\times3=-2$

$c_{13}=1\times0+0\times3+3\times1+(-1)\times4=-1$

$c_{21}=2\times4+1\times(-1)+0\times2+2\times1=9$

$c_{22}=2\times1+1\times1+0\times0+2\times3=9$

$c_{23}=2\times0+1\times3+0\times1+2\times4=11$

$$AB = C = \begin{pmatrix} 9 & -2 & -1 \\ 9 & 9 & 11 \end{pmatrix}$$

Python 程序实现代码如下：

```
01  from numpy import *
02  A=mat([[1,0,3,-1],[2,1,0,2]])
03  B=mat([[4,1,0],[-1,1,3],[2,0,1],[1,3,4]])
04  C=A*B
05  print(C)
```

因为矩阵 B 的列数与 A 的行数不等，所以乘积 BA 没有意义。

（4）矩阵的转置

将矩阵 A 的行与列按顺序互换所得到的矩阵，称为矩阵 A 的转置矩阵，记为 A^T，即

$$A = \begin{bmatrix} a_{11} & a_{12} & \cdots & a_{1n} \\ a_{21} & a_{22} & \cdots & a_{2n} \\ \vdots & \vdots & & \vdots \\ a_{m1} & a_{m2} & \cdots & a_{mn} \end{bmatrix}, \quad A^T = \begin{bmatrix} a_{11} & a_{21} & \cdots & a_{m1} \\ a_{12} & a_{22} & \cdots & a_{m2} \\ \vdots & \vdots & & \vdots \\ a_{1n} & a_{2n} & \cdots & a_{mn} \end{bmatrix}$$

矩阵的转置方法与行列式相类似，但是，若矩阵不是方阵，则矩阵转置后，行、列数都变了，各元素的位置也变了，所以通常 $A \neq A^T$。

例4 设 $A = \begin{pmatrix} 1 & 3 & -2 \\ 0 & -1 & 4 \end{pmatrix}$，$B = \begin{pmatrix} 1 & -1 & 7 \\ 4 & 3 & 0 \\ 2 & 1 & 2 \end{pmatrix}$，求 $(AB)'$。

解　因为

$$AB = \begin{pmatrix} 1 & 3 & -2 \\ 0 & -1 & 4 \end{pmatrix} \begin{pmatrix} 1 & -1 & 7 \\ 4 & 3 & 0 \\ 2 & 1 & 2 \end{pmatrix} = \begin{pmatrix} 9 & 6 & 3 \\ 4 & 1 & 8 \end{pmatrix}$$

于是

$$(AB)' = \begin{pmatrix} 9 & 4 \\ 6 & 1 \\ 3 & 8 \end{pmatrix}$$

Python 程序实现代码如下：

```
01  from numpy import *
02  A=mat([[1,3,-21],[0,-1,4]])
03  B=mat([[1,-1,7],[4,3,0],[2,1,2]])
04  C=A*B
05  print(C.T)
```

（5）矩阵的逆

对于矩阵 A，若存在矩阵 B，满足

$$AB=BA=E$$

则称矩阵 A 为可逆矩阵，简称 A 可逆，称 B 为 A 的逆矩阵，记为 A^{-1}，即 $A^{-1}=B$。

由定义可知，A 与 B 一定是同阶的方阵，而且 A 若可逆，则 A 的逆矩阵是唯一的。

由于在逆矩阵的定义中，矩阵 A 与 B 的地位是平等的，因此也可以称 B 为可逆矩阵，称 A 为 B 的逆矩阵，即 $B^{-1}=A$，也就是说，A 与 B 互为逆矩阵。

例5　设 $A = \begin{pmatrix} 1 & 2 & 3 \\ 2 & 2 & 1 \\ 3 & 4 & 3 \end{pmatrix}$，求 A 的逆矩阵。

解　$|A| = 2 \neq 0$，因而 A^{-1} 存在.

计算

$$A_{11}=2, A_{12}=-3, A_{13}=2,$$
$$A_{21}=6, A_{22}=-6, A_{23}=2,$$
$$A_{31}=-4, A_{32}=5, A_{33}=-2,$$

得

$$A^* = \begin{pmatrix} 2 & 6 & -4 \\ -3 & -6 & 5 \\ 2 & 2 & -2 \end{pmatrix}$$

所以

$$A^{-1} = \frac{1}{2} \begin{pmatrix} 2 & 6 & -4 \\ -3 & -6 & 5 \\ 2 & 2 & -2 \end{pmatrix} = \begin{pmatrix} 1 & 3 & -2 \\ -\frac{3}{2} & -3 & \frac{5}{2} \\ 1 & 1 & -1 \end{pmatrix}$$

Python 程序实现代码如下：

```
01    from numpy import *
02    A=mat([[1,2,3],[2,2,1],[3,4,3]])
03    print(A.I)
```

例6 设 $A = \begin{pmatrix} 1 & 2 & -2 \\ 2 & -3 & 2 \\ -2 & -1 & 1 \end{pmatrix}$，求 A^{-1}。

解 $(A|E) = \begin{pmatrix} 1 & 2 & -2 & : & 1 & 0 & 0 \\ 2 & -3 & 2 & : & 0 & 1 & 0 \\ -2 & -1 & 1 & : & 0 & 0 & 1 \end{pmatrix} \xrightarrow[r_3+2r_1]{r_2-2r_1} \begin{pmatrix} 1 & 2 & -2 & : & 1 & 0 & 0 \\ 0 & -7 & 6 & : & -2 & 1 & 0 \\ 0 & 3 & -3 & : & 2 & 0 & 1 \end{pmatrix}$

$\xrightarrow{r_2+2r_3} \begin{pmatrix} 1 & 2 & -2 & : & 1 & 0 & 0 \\ 0 & -1 & 0 & : & 2 & 1 & 0 \\ 0 & 3 & -3 & : & 2 & 0 & 1 \end{pmatrix} \xrightarrow[r_3+2r_2]{r_1+2r_2} \begin{pmatrix} 1 & 0 & -2 & : & 5 & 2 & 4 \\ 0 & -1 & 0 & : & 2 & 1 & 2 \\ 0 & 0 & -3 & : & 8 & 3 & 7 \end{pmatrix}$

$\xrightarrow{r_1-\frac{2}{3}r_3} \begin{pmatrix} 1 & 0 & 0 & : & -\frac{1}{3} & 0 & -\frac{2}{3} \\ 0 & -1 & 0 & : & 2 & 1 & 2 \\ 0 & 0 & -3 & : & 8 & 3 & 7 \end{pmatrix} \xrightarrow[r_3\times\left(-\frac{1}{3}\right)]{r_2\times(-1)} \begin{pmatrix} 1 & 0 & 0 & : & -\frac{1}{3} & 0 & -\frac{2}{3} \\ 0 & 1 & 0 & : & -2 & -1 & -2 \\ 0 & 0 & 1 & : & -\frac{8}{3} & -1 & -\frac{7}{3} \end{pmatrix}$,

所以

$$A^{-1} = \begin{pmatrix} -\frac{1}{3} & 0 & -\frac{2}{3} \\ -2 & -1 & -2 \\ -\frac{8}{3} & -1 & -\frac{7}{3} \end{pmatrix}.$$

Python 程序实现代码如下：

```
01    from numpy import *
02    A=mat([[1,2,-2],[2,-3,2],[-2,-1,1]])
03    print(A.I)
```

用初等行变换法求给定的 n 阶方阵 A 的逆矩阵 A^{-1}，并不需要知道 A 是否可逆。在对矩阵 $[A|E]$ 进行初等行变换的过程中，若 $[A|E]$ 的左半部分出现了零行，说明矩阵 A 的行列式 $\det A = 0$，可以判定矩阵 A 不可逆。若 $[A|E]$ 中的左半部分能化成单位矩阵 E，说明矩阵 A 的行列式 $\det A \neq 0$，可以判定矩阵 A 是可逆的，而且这个单位矩阵 E 右边的矩阵就是 A 的逆矩阵 A^{-1}，它是由单位矩阵 E 经过同样的初等行变换得到的。

三、n 维向量

1. n 维向量的定义

由 n 个数 $a_1, a_2, \cdots, a_n$ 组成的 n 元有序数组称为一个 n 维向量（vector），这 n 个数称为该向量的 n 个分量，第 i 个数 a_i 称为 n 维向量的第 i 个分量。

向量一般用小写的粗体希腊字母 $\boldsymbol{\alpha}$、$\boldsymbol{\beta}$、$\boldsymbol{\gamma}$ 等表示，如 $\boldsymbol{\alpha} = \{a_i\}_n$ $(i = 1, 2, \cdots, n)$。

n 维向量写成一行称为行向量，即为行矩阵；n 维向量写成一列称为列向量，即为列矩阵。

通常，我们将列向量记为

$$\boldsymbol{\alpha} = \begin{bmatrix} a_1 \\ a_2 \\ \vdots \\ a_n \end{bmatrix}$$

而将行向量记为列向量的转置，即

$$\boldsymbol{\alpha}^{\mathrm{T}} = \begin{bmatrix} a_1 & a_2 & \cdots & a_n \end{bmatrix}^{\mathrm{T}}$$

联想三维空间中的向量或点的坐标，能帮助我们直观理解向量的概念。当 $n > 3$ 时，n 维向量没有直观的几何形象，但仍将 n 维实向量的全体 R^n 称为 n 维向量空间。

若干个同维数的列向量（或同维数的行向量）组成的集合称为向量组。

例如，矩阵

$$A = \begin{bmatrix} a_{11} & a_{12} & \cdots & a_{1n} \\ a_{21} & a_{22} & \cdots & a_{2n} \\ \vdots & \vdots & & \vdots \\ a_{m1} & a_{m2} & \cdots & a_{mn} \end{bmatrix}$$

有 n 个 m 维列向量

$$\boldsymbol{\alpha}_1 = \begin{bmatrix} a_{11} \\ a_{21} \\ \vdots \\ a_{m1} \end{bmatrix}, \quad \boldsymbol{\alpha}_2 = \begin{bmatrix} a_{12} \\ a_{22} \\ \vdots \\ a_{m2} \end{bmatrix}, \quad \cdots, \quad \boldsymbol{\alpha}_n = \begin{bmatrix} a_{1n} \\ a_{2n} \\ \vdots \\ a_{mn} \end{bmatrix}$$

向量组 $\boldsymbol{\alpha}_1, \boldsymbol{\alpha}_2, \cdots, \boldsymbol{\alpha}_n$ 称为矩阵 A 的列向量组。同样，矩阵 A 又有 m 个 n 维行向量

$$\boldsymbol{\beta}_1 = \begin{bmatrix} a_{11} & a_{12} & \cdots & a_{1n} \end{bmatrix},$$
$$\boldsymbol{\beta}_2 = \begin{bmatrix} a_{21} & a_{22} & \cdots & a_{2n} \end{bmatrix},$$
$$\cdots$$
$$\boldsymbol{\beta}_m = \begin{bmatrix} a_{m1} & a_{m2} & \cdots & a_{mn} \end{bmatrix}$$

向量组 $\boldsymbol{\beta}_1, \boldsymbol{\beta}_2, \cdots, \boldsymbol{\beta}_m$ 称为矩阵 A 的行向量组。

反之，有限个向量所组成的向量组可以构成一个矩阵。m 个 n 维列向量组成的向量组 $\boldsymbol{\alpha}_1, \boldsymbol{\alpha}_2, \cdots, \boldsymbol{\alpha}_m$ 构成一个 $m \times n$ 矩阵

$$A = \begin{bmatrix} \boldsymbol{\alpha}_1 & \boldsymbol{\alpha}_2 & \cdots & \boldsymbol{\alpha}_m \end{bmatrix}$$

m 个 n 维行向量组成的向量组 $\boldsymbol{\beta}_1, \boldsymbol{\beta}_2, \cdots, \boldsymbol{\beta}_m$ 构成一个 $m \times n$ 矩阵

$$A = \begin{bmatrix} \boldsymbol{\beta}_1 \\ \boldsymbol{\beta}_2 \\ \vdots \\ \boldsymbol{\beta}_m \end{bmatrix}$$

2. n 维向量间的线性关系

设向量组 A：$\boldsymbol{\alpha}_1, \boldsymbol{\alpha}_2, \cdots, \boldsymbol{\alpha}_m$ 有 m 个 n 维向量，若有 m 个数 $k_1, k_2, \cdots, k_m$，使得

$$\boldsymbol{\alpha} = k_1 \boldsymbol{\alpha}_1 + k_2 \boldsymbol{\alpha}_2 + \cdots + k_m \boldsymbol{\alpha}_m$$

则称 $\boldsymbol{\alpha}$ 为 $\boldsymbol{\alpha}_1, \boldsymbol{\alpha}_2, \cdots, \boldsymbol{\alpha}_m$ 的线性组合，或称 $\boldsymbol{\alpha}$ 由 $\boldsymbol{\alpha}_1, \boldsymbol{\alpha}_2, \cdots, \boldsymbol{\alpha}_m$ 线性表示。

3. n 维向量间的线性相关与线性无关

设 $\alpha_1, \alpha_2, \cdots, \alpha_m$ 为 m 个 n 维向量，若有不全为零的 m 个数 $k_1, k_2, \cdots, k_m$，使得关系式
$$k_1\alpha_1 + k_2\alpha_2 + \cdots + k_m\alpha_m = \mathbf{0}$$
恒成立，则称向量组 $\alpha_1, \alpha_2, \cdots, \alpha_m$ 线性相关；否则，称向量组 $\alpha_1, \alpha_2, \cdots, \alpha_m$ 线性无关。即若仅当 $k_1 = k_2 = \cdots = k_m = 0$ 时，上式才成立，则 $\alpha_1, \alpha_2, \cdots, \alpha_m$ 线性无关。

定理 1 若关于向量组 $\alpha_1, \alpha_2, \cdots, \alpha_m$ 的齐次线性方程组
$$x_1\alpha_1 + x_2\alpha_2 + \cdots + x_m\alpha_m = \mathbf{0}$$
有非零解，则向量组 $\alpha_1, \alpha_2, \cdots, \alpha_m$ 线性相关；若齐次线性方程组只有唯一的零解，则向量组 $\alpha_1, \alpha_2, \cdots, \alpha_m$ 线性无关。

定理 2 向量组 $\alpha_1, \alpha_2, \cdots, \alpha_m$ $(m \geq 2)$ 线性相关的充分必要条件是：其中至少有一个向量可以由其余向量线性表示。

附录 F
公开数据集介绍与下载

数据集（Data Set），顾名思义是一个数据的集合，数据的每一行都对应于数据集中的一个成员，每一列代表一个特定变量（字段、属性）。公共的数据集方便各位学者将实验结果做对比，以此来说明自己算法的正确性。

可以用两种方法导入数据。一种是导入各大平台内置的数据集，例如，scikit-learn 提供了一些标准数据集（如表 T6-1 所示），其中，鸢尾花数据集是由三种鸢尾花各 50 条数据构成的数据集，每个样本包含萼片（sepals）的长和宽、花瓣（petals）的长和宽 4 个特征，用于分类任务；波士顿房价数据集包含 506 条数据，每条数据包含城镇犯罪率、一氧化氮浓度、住宅平均房间数、到中心区域的距离以及自住房平均房价等信息。

表 T6-1　Scikit-learn 中的标准数据集

类　别	数据集名称	调用方式	适用算法
小数据集	波士顿房价数据集	load_boston()	回归
	鸢尾花数据集	load_iris()	分类
	糖尿病数据集	load_diabetes()	回归
	手写数字数据集	load_digits()	分类
大数据集	Olivetti 脸部图像数据集	fetch_olivetti_faces()	降维
	新闻分类数据集	fetch_20newsgroups()	分类
	带标签的人脸数据集	fetch_lfw_people()	分类、降维
	路透社新闻语料数据集	fetch_rcv1()	分类

另外一种是导入本地的或者网络上的数据集。下文主要从图像、文本、语音和视频方面介绍一些经典的数据集。

一、图像

1. MNIST

MNIST 数据集来自美国国家标准与技术研究所（National Institute of Standards and Technology，NIST），是一个用于手写数字识别的数据集（如图 F6-1 所示），数据集中包含 60000 个训练样本、10000 个示例测试样本，每个样本图像的宽×高为 28×28 像素，已经归一化并形成固定大小，预处理工作已经基本完成。图片都被转成二进制存放到文件里面，每个像素被转成了 0~255，0 代表白色，255 代表黑色，标签值是 0~9。在机器学习中，主流的机器学习平台（包括 scikit-learn）很多都使用该数据集作为入门级别的介绍和应用。主要包含 4 个文件：

- Training set images: train-images-idx3-ubyte.gz（9.9MB，包含 60000 个样本）；
- Training set labels: train-labels-idx1-ubyte.gz（29KB，包含 60000 个标签）；
- Test set images: t10k-images-idx3-ubyte.gz（1.6MB，包含 10000 个样本）；
- Test set labels: t10k-labels-idx1-ubyte.gz（5KB，包含 10000 个标签）。

下载地址：http://yann.lecun.com/exdb/mnist/

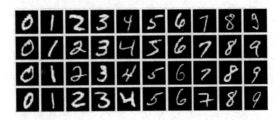

图 F6-1　MNIST 数据集示意图

2. Dogs vs. Cats 数据集

Dogs vs. Cats 数据集是 Kaggle 数据竞赛的一道赛题，利用给定的数据集，用算法实现猫和狗的识别。数据集由训练数据和测试数据组成，训练数据包含猫和狗各 12500 张图片，测试数据包含 12500 张猫和狗的图片（见图 F6-2），数据格式为处理后的 CSV 文件。

下载地址：https://www.kaggle.com/c/dogs-vs-cats/data/

图 F6-2　Dogs vs. Cats 数据集示意图

3. ImageNet

MNIST 将初学者领进了图像识别领域，而 ImageNet 数据集对图像识别起到了巨大的推动作用。ImageNet 是图像识别领域应用得非常多的一个数据集，其文档详细，有专门的团队维护，使用非常方便，几乎成为了目前图像识别领域算法性能检验的"标准"数据集。

ImageNet 数据集就像一个网络一样，拥有多个 node（节点）。每个 node 相当于一个 item 或者 subcategory。ImageNet 数据集平均提供 1000 个图像来说明每个同义集合（概念、类别），实际上就是一个巨大的可供图像/视觉训练的图片库。ImageNet 数据有 1400 多万幅图片，涵盖 2 万多个类别，其中有超过百万的图片有明确的类别标注和图像中物体位置的标注。2010 年 4 月 30 日更新信息如下：

（1）Total number of non-empty synsets: 21841

（2）Total number of images: 14197122

（3）Number of images with bounding box annotations: 1034908

（4）Number of synsets with SIFT features: 1000

（5）Number of images with SIFT features: 1.2 million

下载地址：http://www.image-net.org/

4．IMDB-WIKI 500k+

IMDB-WIKI 500k+是一个包含名人人脸图像、年龄、性别的数据集，图像和年龄、性别信息从 IMDb 和 Wikipedia 网站抓取，总计 20284 位名人的 523051 张人脸图像及对应的年龄和性别。其中，获取自 IMDb 的 460723 张，获取自 WiKi 的 62328 张，如图 F6-3 所示。

下载地址：https://data.vision.ee.ethz.ch/cvl/rrothe/imdb-wiki/。

图 F6-3　IMDB-WIKI 500k+数据集示意图

5．3D MNIST

3D MNIST 是一个 3D 数字识别数据集，用以识别三维空间中的数字字符，如图 F6-4 所示。

下载地址：https://www.kaggle.com/daavoo/3d-mnist/

图 F6-4　3D MNIST 数据集示意图

二、文本

1．WikiText

WikiText 是源自高品质维基百科文章的大型语言建模语料库，由 Salesforce MetaMind 维护。

WikiText 英语词库数据（The WikiText Long Term Dependency Language Modeling Dataset）是一个包含 1 亿个词汇的英文词库数据，这些词汇是从 Wikipedia 的优质文章和标杆文章中提取得到的，包括 WikiText-2 和 WikiText-103 两个版本。WikiText-2 是 PennTreebank（PTB）词库中词汇数量的 2 倍，WikiText-103 是 PennTreebank（PTB）词库中词汇数量的 110 倍。每个词汇还同时保留产生该词汇的原始文章，这尤其适合需要长时间依赖（Long Term Dependency）自然语言建模的场景。与 Penn Treebank(PTB)的 Mikolov 处理版本相比，WikiText

数据集更大。WikiText 数据集还保留数字、大小写和标点符号（见图 F6-5）。

下载地址：http://metamind.io/research/the-wikitext-long-term-dependency-language-modeling-dataset/

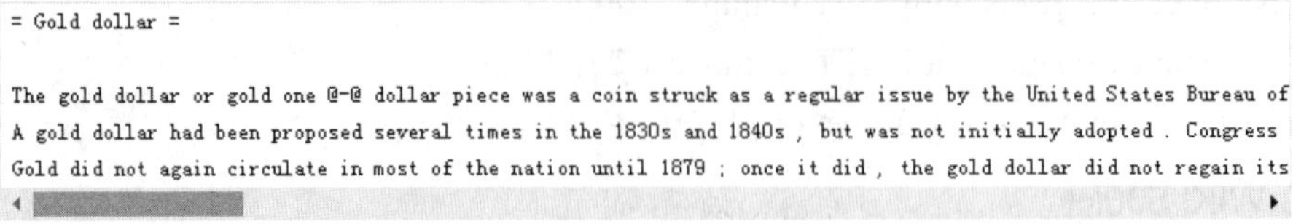

```
= Gold dollar =

The gold dollar or gold one @-@ dollar piece was a coin struck as a regular issue by the United States Bureau of
A gold dollar had been proposed several times in the 1830s and 1840s , but was not initially adopted . Congress
Gold did not again circulate in most of the nation until 1879 ; once it did , the gold dollar did not regain its
```

图 F6-5　WikiText 数据集示意图

2．Question Pairs

第一个来源于 Quora（一个社交网络服务网站）的包含重复/语义相似性标签的数据集，为每个逻辑上不同的查询设置一个规范的页面，使得知识共享在许多方面更加高效。Question Pairs 数据集由超过 40 万行的潜在问题的问答组成。每行数据包含问题 ID、问题全文以及指示该行是否真正包含重复对的二进制值，可以应用于自然语言理解和智能问答。Quora 的一个重要原则是每个逻辑上不同的问题都有一个单独的问题页面。举一个简单的例子，"美国人口最多的州是什么？"和"美国哪个州的人口最多？"这样的疑问不应该单独存在，因为两者背后的意图是相同的，在是否重复属性上有所体现，如图 F6-6 所示。

下载地址：https://data.quora.com/First-Quora-Dataset-Release-Question-Pairs/

id	qid1	qid2	question1	question2	is_duplicate
447	895	896	What are natural numbers?	What is a least natural number?	0
1518	3037	3038	Which pizzas are the most popularly ordered pizzas on Domino's menu?	How many calories does a Dominos pizza have?	0
3272	6542	6543	How do you start a bakery?	How can one start a bakery business?	1
3362	6722	6723	Should I learn python or Java first?	If I had to choose between learning Java and Python, what should I choose to learn first?	1

图 F6-6　Question Pairs 数据集示意图

三、语音

大多数语音识别数据集是有所有权的，这些语音数据为它们的所属公司产生效益，因此，在这一领域里，许多可用的数据集相对比较陈旧。

1．2000 HUB5 English

2000 HUB5 English 由 LDC（the Linguistic Data Consortium，语言数据联盟）开发，由 NIST 主办的 2000 HUB5 评估中使用的 40 个英语电话谈话的成绩单组成。HUB5 评估系列侧重于通话时的会话语音转换，将会话语音转换为文本。该数据集目标是探索有前途的对话语音识别新领域，开发融合这些想法的先进技术，并衡量新技术的性能。如图 F6-7 所示为该数据集中语音对应文本示意图。

下载地址：https://catalog.ldc.upenn.edu/LDC2002T43/

2．LibriSpeech

LibriSpeech 是由 Vassil Panayotov 在 Daniel Povey 的协助下整理的大约 1000 小时的 16kHz 英文演讲的语料库。这些数据包括文本和语音，来源于 LibriVox 项目的有声读物，并经过仔细分类。

下载地址：http://www.openslr.org/12/

```
#Language: eng
#File id: 6489


533.71 535.28 B: they think lunch is too long

533.86 533.95 A: (( ))

535.43 536.44 A: they think lunch is too long

536.67 537.28 B: {laugh}
```

图 F6-7　2000 HUB5 English 数据集示意图

四、视频

Densely Annotated Video Segmentation 视频分割数据

DenselyAnnotatedVideoSegmentation 是一个高清视频中的物体分割数据集（见图 F6-8），包括 50 个视频序列，3455 个帧标注，视频采集自高清 1080p 格式。

下载地址：http://davischallenge.org/

图 F6-8　Densely Annotated Video Segmentation 视频分割数据示意图

附录 G 人工智能的网络学习资源

一、Coursera

Coursera 是免费的大型公开在线课程项目，旨在同世界顶尖大学合作，在线提供免费的网络公开课程。Coursera 的合作院校包括斯坦福大学、密歇根大学、普林斯顿大学、宾夕法尼亚大学、佐治亚理工学院、杜克大学、华盛顿大学、加州理工学院、莱斯大学、爱丁堡大学、多伦多大学、洛桑联邦理工学院-洛桑（瑞士）、约翰·霍普金斯大学公共卫生学院、加州大学旧金山分校、伊利诺伊大学厄巴纳-香槟分校以及弗吉尼亚大学等。

1. Machine Learning

Andrew Ng（吴恩达）是斯坦福大学的副教授，也曾是百度的首席科学家。该课程主要讲解有监督和无监督学习、线性和逻辑回归、正则化方法、朴素贝叶斯理论，并探讨了机器学习的应用和如何实现相关机器学习算法。默认听课的学生已经具备一定的概率、线性代数和计算机科学方面的基础知识。本课程大约 11 周，尽管课程使用 Octave 和 MATLAB 软件辅助分析，但吴恩达老师用极其清楚直白的语言深入浅出地讲解，侧重于概念理解而不是数学，对数学、统计、IT 基础薄弱的学生十分友好，获得大量好评，值得一学。

课程链接：https://www.coursera.org/learn/MacOShine-learning/

2. Neural Networks for Machine Learning

本门课程是深度学习必修课程，讲师为该领域的专家 Geoffrey Hinton。课程聚焦于神经网络和深度学习，是深入了解该领域最好的课程之一。课程要求微积分、Python 基础，涉及许多专有名词，对初学者难度较大，需自己查找相关资料。

课程官方介绍："（你会在这门课）学习人工神经网络以及它们如何应用于机器学习，比方说语音、物体识别、图像分割（image segmentation）、建模语言、人体运动，等等。我们同时强调基础算法，以及对它们成功应用所需的实用技巧。"

Coursera 课程链接：https://www.coursera.org/learn/neural-networks/
网易课程链接：http://c.open.163.com/coursera/courseIntro.htm?cid=77/

3. Artificial Intelligence

本课程由台湾大学的于天立助理教授主讲，给予人工智能一般性的介绍，并且深入探索三种常用的搜索：不利用问题特性的 uninformed search，使用问题特性的 informed search，以及针对零和对局的 adversarial search。课程中除了讲解各种搜索的技术之外，也同时探讨它们的优缺点及应用范围，使学习者更容易运用相关技术。课程有两大课程目标：使学习者了解如何以搜索达成人工智能；使学习者能将相关技术应用到自己的问题上。

课程链接：https://www.coursera.org/learn/rengong-zhineng/

二、Udacity 平台

Udacity 是一家营利性在线教育机构，教学语言为英语。Udacity 的平台不仅有视频，还有自己的学习管理系统，内置编程接口、论坛和社交元素。

1．人工智能入门

该课程是人工智能入门最好的公开课之一，课程内容主要涉及领域包括：概率推理、机器学习、信息检索、机器人学、自然语言处理等。两位主讲者 Peter Norvig 和 Sebastian Thrun，一个是 Google 研究总监，另一个是斯坦福著名机器学习教授，均是与吴恩达、Yann Lecun 同级别的顶级人工智能专家。该课程倾向于介绍人工智能的实际应用，其课程练习广受好评。

课程链接：https://cn.udacity.com/course/intro-to-artificial-intelligence--cs271/

2．机器学习入门（中/英）

机器学习是通向数据分析领域最令人兴奋的职业生涯的"头等舱"机票。随着数据源以及处理这些数据所需计算能力的不断增强，直捣数据"黄龙"已成为快速获取洞见和做出预测的最简单直白的方法。

机器学习将计算机科学和统计学结合起来，驾驭这种预测能力。对于所有志向远大的数据分析师和数据科学家，或者希望将浩瀚的原始数据整理成提纯的趋势和预测值的其他所有人士，机器学习都是一项必备技能。本课程通过机器学习的视角讲授终端到终端的数据调查过程。课程讲解如何提取和识别最能表示数据的有用特征、一些最重要的机器学习算法，以及如何评价机器学习算法的性能。此课程提供中文版本。

课程链接：https://cn.udacity.com/course/intro-to-MacOShine-learning--ud120/

3．深度学习（中/英）by Google

Udacity 提供的"将机器学习带入了新的阶段"，这门课程是免费的课程。谷歌这门为期三个月的课程并不是为初学者设计的，它介绍的是深度学习、深度神经网络、卷积网络的动机，以及面向文本和序列的深度模型。课程导师 Vincent Vanhoucke 和 Arpan Chakraborty 希望参与者能够具有 Python 和 GitHub 编程经验，并且了解机器学习、统计学、线性代数和微积分的基本概念。区别其他平台课程，TensorFlow（谷歌内部深度学习图书馆）课程的好处是学生可以自定义学习进度。

课程链接：https://cn.udacity.com/course/deep-learning--ud730/

4．机器学习（进阶）

机器学习标志着计算机科学、数据分析、软件工程和人工智能领域内的重大技术突破。AlphaGo 战胜人类围棋冠军、人脸识别、大数据挖掘，都和机器学习密切相关。这个项目将引导学生如何成长为一名机器学习工程师，并将预测模型应用于金融、医疗、教育等领域内的大数据处理。先修知识需要掌握中级编程知识、中级统计学知识、中级微积分和线性代数知识。

课程链接：

https://cn.udacity.com/course/MacOShine-learning-engineer-nanodegree--nd009-cn-advanced/

三、edX

Machine Learning

该课程的主讲者是哥伦比亚大学副教授 John Paisley，他只是一名相对普通的青年学者，于 2017 年首次开课，是时下较新的机器学习入门课程。这门课中，学习者会了解到机器学习的算法、模型和方法，以及它们在现实生活中的应用。

课程链接：https://www.edx.org/course/MacOShine-learning-columbiax-csmm-102x/

四、学堂在线

人工智能前线系列课程

在本系列课程中，微软亚洲研究院的研究员们带来人工智能研究前沿知识，包括多媒体计算、知识挖掘与图计算、自然语言处理以及微软认证服务技术。同时，通过项目实践增强学习者的人工智能技术实践能力，对人工智能感兴趣的人群都可以参加学习。

课程链接：http://www.xuetangx.com/livecast/microdegree/introduce/5/

附录 H
人工智能的技术图谱

人工智能（AI）、机器学习（ML）、深度学习（DL）的关系如图 F8-1 所示。

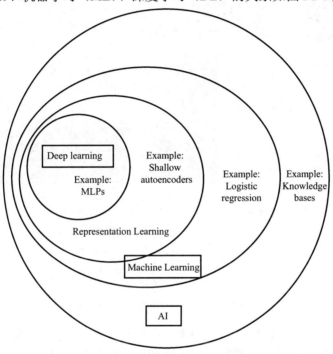

图 F8-1　人工智能、机器学习、深度学习的关系

人工智能可看作人的大脑，是用机器来诠释人类的智能；机器学习是让这个大脑去掌握认知能力的过程，是实现人工智能的一种方式；深度学习是大脑掌握认知能力过程中很有效率的一种学习工具，是一种实现机器学习的技术。所以，人工智能是目的、是结果，机器学习是方法，深度学习是工具。

人工智能分类：
- 弱人工智能：特定领域，感知与记忆存储，如图像识别、语音识别；
- 强人工智能：多领域综合，认知学习与决策执行，如自动驾驶；
- 超人工智能：超越人类的智能，独立意识与创新创造。

如图 F8-2 所示，人工智能产业链有三层结构，分别是基础层、技术层、应用层。基础层以硬件为核心，专业化、加速化的运算速度是关键，包括大数据、计算力和算法。技术层专注通用平台，算法、模型为关键，开源化是趋势，包括计算机视觉、语音识别和自然语言处理。应用层与产业场景的深度融合是发展方向。

人工智能技术应用导论

人工智能技术应用领域（见图F8-3）：

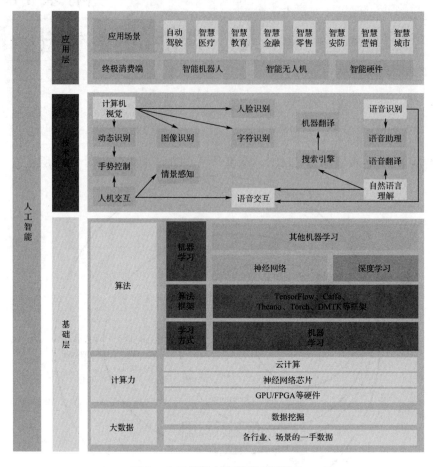

F8-2　人工智能产业链有三层结构

- ◆ 互联网和移动互联网应用：搜索引擎、内容推荐引擎、精准营销、语音与自然语言交互、图像内容理解检索、视频内容理解检索、用户画像、反欺诈。
- ◆ 自动驾驶、智慧交通、物流、共享出行：自动驾驶汽车（传感器、感知、规划、控制、整车集成、车联网、高精度地图、模拟器）、智慧公路网络和交通标志、共享出行、自动物流车辆和物流机器人、智能物流规划。
- ◆ 智能金融：银行业（风控和反欺诈、精准营销、投资决策、智能客服）、保险业（风控和反欺诈、精准营销、智能理赔、智能客服）、证券基金投行业（量化交易、智能投顾）。
- ◆ 智慧医疗：医学影像智能判读、辅助诊断、病历理解与检索、手术机器人、康复智能设备、智能制药。
- ◆ 家用机器人和服务机器人：智能家居、老幼伴侣、生活服务。
- ◆ 智能制造业：工业机器人、智能生产系统。
- ◆ 人工智能辅助教育：智慧课堂、学习机器人。
- ◆ 智慧农业：智慧农业管理系统、智慧农业设备。
- ◆ 智能新闻写作：写稿机器人、资料收集机器人。

附录 H 人工智能的技术图谱

- 机器翻译：文字翻译、声音翻译、同声传译。
- 机器仿生：动物仿生、器官仿生。
- 智能律师助理：智能法律咨询、案例数据库机器人。
- 人工智能驱动的娱乐业。
- 人工智能艺术创作。
- 智能客服。
- ……

人工智能技术图谱	数学基础	微积分、线性代数、概率统计、信息论、集合论和图论、博弈论	
	计算机基础	计算机原理、程序设计语言、操作系统、分布式系统、算法基础	
	机器学习算法	机器学习基础	估计方法、特征工程
		线性模型	线性回归
		逻辑回归	
		决策树模型	GBDT
		支持向量机	
		贝叶斯分类器	
		神经网络	深度学习　MLP、CNN、RNN、GAN
		聚类算法	k均值算法
	机器学习分类	有监督学习	分类任务、回归任务
		无监督学习	聚类任务
		半监督学习	
		强化学习	
	问题领域	语音识别、字符识别（手写识别）、机器视觉、自然语言处理（机器翻译）、自然语言理解、知识推理、自动控制、游戏理论和人机对弈（象棋、围棋、德州扑克、星际争霸）、数据挖掘	
	机器学习架构	加速芯片	CPU、GPU、FPGA、ASIC、TPU
		虚拟化容器	Docker
		分布式结构	Spark
		库与计算框架	TenorFlow、scikit-learn、Caffe、MXNET、Theano、Torch、Microsoft CNTK
		可视化解决方案	
		云服务	Amazon ML、Google Cloud ML、Microsoft Azure ML、阿里云ML
	数据集	计算机视觉	MNIST、CIFAR 10 & CIFAR 100、ImageNet、LSUN、PASCAL VOC、SVHN、MS COCO、Visual Genome、Labeled Faces in the Wild
		自然语言	文本分类数据集、WikiText、Question Pairs、SQuAD、CMU Q/A Dataset、Maluuba Datasets、Billion Words、Common Crawl、bAbi、The Children's Book Test、Stanford Sentiment Treebank、Newsgroups、Reuters、IMDB、UCI's Spambase
		语音	2000 HUB5 English、LibriSpeech、VoxForge、TIMIT、CHIME、TED-LIUM: TED
		推荐和排序系统	Netflix Challenge、MovieLens、Million Song Dataset、Last.fm
		网络和图表	Amazon Co-Purchasing 和 Amazon Reviews、Friendster Social Network Dataset
		地理测绘数据库	OpenStreetMap、Landsat8、NEXRAD
	其他相关AI技术	知识图谱、统计语言模型、专家系统、遗传算法、博弈算法（纳什均衡）	

图 F8-3　人工智能技术图谱

附录 I
人工智能技术应用就业岗位与技能需求

目前,就业市场上对人工智能技术应用岗位的需求可以粗略地分为算法、数据、应用研发、解决方案、运维、市场及销售等几大类。

1. 算法工程师

算法工程师包括:音/视频算法工程师(通常统称为语音/视频/图形开发工程师)、图像处理算法工程师、计算机视觉算法工程师、自然语言算法工程师、数据挖掘算法工程师、搜索算法工程师、控制算法工程师(机器人控制)等。

算法工程师的任务是制定一套合理的算法逻辑,让 AI 快速、准确地习得某个指令。当前人力资源市场对算法工程师的需求主要集中在数据挖掘、自然语言处理、机器学习、计算机视觉、移动端图像算法、底层优化算法等岗位。算法工程师的专业要求通常是人工智能、计算机、电子、通信、数学等相关专业;学历基本要求本科及以上(但随着 AI 技术落地的普及,学历要求也随之下降,如苏州在 2017 年度的 AI 职位需求中,超过 1/3 的用人单位学历要求在大专以上);英语要求熟练,基本上能阅读国外专业书刊;必须掌握人工智能及计算机相关知识,熟练使用仿真工具 MATLAB 等;必须会一门编程语言。

算法工程师的技能要求在不同方向的差异较大,但都必须通晓:

- 机器学习。
- 大数据处理:熟悉至少一个分布式计算框架 Hadoop/Spark/Storm/ map-reduce/MPI。
- 数据挖掘。
- 扎实的数学功底。
- 熟悉至少一门编程语言,例如 Java/Python/R/C/C++。

(1) 图像算法/计算机视觉工程师类

包括图像算法工程师、图像处理工程师、音/视频处理算法工程师、计算机视觉工程师。

要求人工智能、计算机、数学、统计学相关专业毕业;能使用深度学习方法解决视频图像中的目标检测、分类、识别、分割、语义理解等问题;精通 Python 及 C/C++语音,掌握常见的机器学习、模式识别算法;能够利用采集样本进行训练和算法优化;精通 DirectX HLSL 和 OpenGL GLSL 等 shader 语言,熟悉常见图像处理算法 GPU 实现及优化;熟练使用 TensorFlow 开发平台、MATLAB 数学软件、CUDA 运算平台、VTK 图像图形开源软件(医学领域:ITK,医学图像处理软件包);熟悉 OpenCV/OpenGL/Caffe 等常用开源库;通晓人脸识别、行人检测、视频分析、三维建模、动态跟踪、车识别、目标检测跟踪识别等技术;熟悉基于 GPU 的算法设计与优化及并行优化;对于音/视频领域还必须掌握 H.264 等视频编解码标准和 FFMPEG,熟悉 RTMP 等流媒体传输协议,熟悉视频和音频解码算法,研究各种多媒体文件格式、GPU 加速等。

（2）机器学习工程师

要求人工智能、计算机、数学、统计学相关专业毕业；通晓人工智能、机器学习；熟悉 Hadoop/Hive 以及 Map-Reduce 计算模式，熟悉 Spark、Shark；熟悉大数据挖掘；能够进行高性能、高并发的机器学习、数据挖掘方法及架构的研发。

（3）自然语言处理工程师

要求人工智能、计算机相关专业毕业；掌握文本数据库；熟悉中文分词标注、文本分类、语言模型、实体识别、知识图谱抽取和推理、问答系统设计、深度问答等 NLP 相关算法；能够应用 NLP、机器学习等技术解决海量 UGC 的文本相关性；能够进行分词、词性分析、实体识别、新词发现、语义关联等 NLP 基础性研究与开发；掌握人工智能技术、分布式处理、Hadoop；掌握数据结构和算法。

（4）数据挖掘算法工程师类

包括推荐算法工程师、数据挖掘算法工程师。

要求计算机、通信、应用数学、金融数学、模式识别、人工智能等专业毕业；掌握机器学习、数据挖掘技术；熟悉常用机器学习和数据挖掘算法，包括但不限于决策树、K-means、SVM、线性回归、逻辑回归以及神经网络等算法；熟练使用 SQL、MATLAB、Python 等工具；对分布式计算框架如 Hadoop、Spark、Storm 等大规模数据存储与运算平台有实践经验；有扎实的数学基础。

（5）搜索算法工程师

要求人工智能、计算机、数学、统计学相关专业毕业；通晓数据结构、海量数据处理、高性能计算、大规模分布式系统开发；熟悉 Hadoop、Lucene；精通 Lucene/Solr/Elastic Search 等技术，并有二次开发经验；精通倒排索引、全文检索、分词、排序等相关技术；熟悉 Java，熟悉 Spring、MyBatis、Netty 等主流框架；优秀的数据库设计和优化能力，精通 MySQL 数据库应用；了解推荐引擎和数据挖掘及机器学习的理论知识。

（6）控制算法工程师类

包括云台控制算法、飞控控制算法、机器人控制算法工程师。

要求人工智能、计算机、电子信息工程、航天航空、自动化等相关专业毕业；精通自动控制原理（如 PID）、现代控制理论，精通组合导航原理、姿态融合算法、电机驱动；精通卡尔曼滤波，熟悉状态空间分析法对控制系统进行数学模型建模、分析调试；有硬件设计的基础。

2．数据分析工程师

包括数据分析工程师和数据标注专员。

数据分析工程师的任务是获取海量数据，从中找出规律，给出解决方案。包括通过大数据平台分析行业的经营数据，完成统计与预测的工作；进行数据分析，挖掘数据特征及潜在的关联，为运营提供参考依据；从数据的角度给出决策建议；行业数据的整理、统计、建模与分析，进行数据分析相关软件的设计与开发；进行机器学习算法研究及并行化实现，为各种大规模机器学习应用提供稳定服务。

要求计算机、应用数学、数据挖掘、机器学习、人工智能、统计、运筹学等专业毕业；对机器学习、数据挖掘算法及其应用有比较全面的认识和理解；熟悉数据分析常用方法，熟悉 R、Python、Scala 等语言；熟练运用 Java 或 C++并具备 Python 语言开发能力；有 SQL 开发经验；具有 NLP 处理工具、网络爬虫、结构化数据提取、数据分析等使用/开发经验；有 Hadoop、MapReduce、Spark 等经验；有自然语言处理、机器翻译等 AI 领域的相关经验。

数据分析的另一个岗位是数据标注专员。其任务是负责对资源样本进行数据标注和简单分析；提取资源样本中的特征并进行标注、分析整理及归类；充分理解数据标注的背景和标准，较为精确地完成任务，为相关策略的制定提供依据。任职要求：沟通能力好，责任心强，思维逻辑能力强，细致认真，有耐心；有人工智能、机器学习、智能识别统计分析方面工作经验；头脑灵活，对分析数据和发现问题比较敏感；思维灵活，熟悉办公软件，对日常英语较为熟练。

3．人工智能运维工程师

AI 运维工程师的任务是负责 AI 技术落地传统行业的部署实施；负责 AI 私有化场景下运维解决方案，保障高可用，如高可用架构设计与优化、部署、变更迭代、监控、预案建设、客户需求响应；负责 AI 私有化部署交付过程，保障交付效率，如服务器软硬件安装、Linux 系统调试、模块负载均衡；负责 AI 私有化运维平台研发，如通过自动化、平台化的方式解决私有场景中的各类通用运维问题；同时负责 AI 业务架构的可运维性设计，推动及开发高效的自动化运维、管理工具，提升运维工作效率；进行全方位的性能优化，将用户体验提升到极致；进行精确容量测算和规划，优化运营成本；保障服务稳定，负责各产品线服务 24×7 的正常运行等。

要求计算机相关专业毕业，具备互联网运维工作经验；精通 Linux 系统，熟练使用 Shell、Python、C、Java 等一门以上编程语言；熟练使用 Office 等办公软件，有较强的分析和解决问题能力，强烈的责任感、缜密的逻辑思维能力，善于用数据说话；具备良好的项目管理及执行能力；熟悉常见运维工具的使用如 zabbix、puppet 等，有二次开发经验者；熟悉 Linux 底层、网络，以及 Container、KVM 等虚拟化资源隔离技术；熟悉 Java 语言，掌握基本 Java 服务故障定位经验，熟悉 JVM、GC 调优；有机器学习、计算机视觉、自然语言处理等领域工作经验。

4．应用研发工程师（AI+）

AI 应用研发工程师的主要任务是负责 AI 技术落地于传统行业的应用开发，如使用语音识别、语义理解、图像识别、人脸识别技术等 AI 前沿技术建设智慧城市、智能客服等；负责客户 AI 应用项目的系统设计和开发工作，协助算法工程师将 AI 技术应用到客户实际项目中去。AI 应用研发的本质是 AI+。目前 AI 技术落地传统行业大概可以分为以下几类：

- 智能（服务）机器人：服务机器人、客服机器人、家用服务机器人、餐饮服务机器人、医疗机器人、迎宾机器人、儿童机器人、仿真机器人、拟脑机器人、教育机器人、清洁机器人、传感型机器人、交互型机器人、自主型机器人、娱乐机器人、对话式机器人等。
- 智能识别机器应用：生物识别、图像识别、指纹识别、智能语音识别、智能语言识别、自然语言识别、虹膜识别、人脸识别、静脉识别、文字识别、视网膜识别、遥感图像识别、车牌识别、驻波识别、多维识别等。

附录 I 人工智能技术应用就业岗位与技能需求

- 智能生活：自动驾驶汽车、自动驾驶辅助系统、自动驾驶轨道列车、自动驾驶航空设备、智能交通、智慧教育、智慧医疗、无人购物、智能控制技术、智能家居、智能家电、智能穿戴设备、虚拟现实、增强现实等。
- 机器视觉/机器学习及其应用：智能搜索引擎、计算机视觉、图像处理、机器翻译、数据挖掘、知识发现、知识表示、知识处理系统等。
- 其他人工智能：大数据及数据智能、人机交互、生命科学、人工智能科研机构、实验室、高等院校、培训机构、新闻媒体等相关单位。

AI 应用研发工程师的任职要求：人工智能、计算机、软件或相关专业毕业，具有扎实的代码功底和实战能力；熟练掌握 Java、Python、shell 语言及其生态圈；熟悉 Linux 操作系统及其环境中的开发模式；熟悉常用的数据库技术，了解常用的各类开源框架、组件或中间件；熟悉 Hadoop 技术及其生态圈（Spark 等）；熟悉相关行业（产业）。

5. 解决方案工程师

目前在 AI 技术落地到传统产业时，严重缺乏既懂 AI 技术又懂实际业务的人才。懂 AI 技术是指较为系统深入地学习过机器学习，能讲清楚神经网络训练过程，用过 Caffe 或者 TensorFlow 或别的框架。懂实际业务是指深入理解某行业，知道某行业商业模式和痛点。AI 技术落地要从行业真正的痛点和需求出发，找好垂直领域并专注做深。

AI 解决方案工程师的任务是把 AI 核心技术和行业需求进行绑定。与人工智能相关行业典型用户进行需求与技术交流；针对相关人工智能行业典型应用场景，进行深度学习软件框架设计，研发相关模型、算法，采用深度学习方法提升其应用准确率；针对相关人工智能行业典型应用场景，设计深度学习数据处理、训练、推理过程的系统架构，包括数据存储、计算、调度架构，并对关键技术问题进行验证，解决相关技术难点问题，形成产品型解决方案；联合用户进行解决方案验证和优化，对 AI 解决方案产品进行测试与验证，给出方案评测报告和优化建议；对 AI 技术进行支持、技术培训和文档输出。

AI 解决方案工程师的入职门槛较高，不仅要了解 AI 技术本身，还要了解哪些行业对 AI 有需求，在具备 AI 技术的基础知识的同时，还必须具有产品和商业市场思维。通常要求入职者具有机器学习、深度学习、人工智能、计算机视觉、语音等相关专业背景；熟悉机器学习算法，深度学习 CNN、RNN、LSTM 等算法；具有计算机视觉、智能语音、视频处理、金融、医疗健康等相关专业知识或工作经验；熟悉 Linux 下 shell、C、C++、Python 等编程，熟悉 CUDA；具有基于 Linux 下 GPU 平台的应用和系统测试经验，具有 Linux 下 GPU 多节点多卡使用和正确率调优经验，CUDA 程序开发经验；熟练使用 Caffe、Tensorflow、MXNet、Torch、CNTK 等至少一种深度学习框架；熟悉 Linux，具有 Linux 下的编程经验，熟悉 HPC 系统架构；具有大规模 AI 系统设计经验。

6. AI 市场运营、销售工程师

AI 市场运营、销售工程师的任务是学习与掌握相关技术知识和产品知识，培养敏锐的市场捕捉和判别能力；系统整合客户资源，疏通销售渠道，全面负责产品的推广与销售；掌握客户需求，建设渠道，主动开拓，完成上级下达的任务指标；独立完成项目的策划与推广，建立和维护良好的客户关系；掌握市场动态，及时向销售经理汇报行情；负责项目合同的策划与撰写，以及负责产品的检验、交付；稳固老客户，发掘新客户；完善客户管理体系和市场竞争体系；评估、预测和控制销售成本，促使销售利润最大化

积极与相关部门沟通协调，促使生产与销售过程最优化；根据企业整体销售计划与战略，制定自身的销售目标与策略；负责展销会的策划与实施；提供优质的服务，提高产品的附加价值。

  销售工程师的能力要求：大专以上学历，理工科专业背景；具有本行业专业背景；了解自己产品的优缺点，了解市场走向，把握客户心理；有一定的技术背景，对所销售产品比较了解，可以把客户的需求以比较专业的眼光进行分析，反馈给技术部门，便于及时得到技术部门的支持；扎实的人际交流能力，给客户以正面的感觉；一定的财务能力，对客户进行分析，找到潜在的突破点。

参 考 文 献

[1] 王飞跃. 新IT与新轴心时代：未来的起源和目标[J]. 探索与争鸣，2017，（10）

[2] Fei-Yue Wang. Computational Social Systems in a New Period: A Fast Transition Into [9]the Third Axial Age[J]. IEEE TRANSACTIONS ON COMPUTATIONAL SOCIAL SYSTEMS, 2017, 4

[3] 王飞跃."直道超车"的中国人工智能梦[N]. 环球时报，2017.15

[4] 孙志军，薛磊，许阳明，王正. 深度学习研究综述[J]. 计算机应用研究，2012，（08）

[5] 邓茗春，李刚. 几种典型神经网络结构的比较与分析[J]. 信息技术与信息化，2008，（6）：29-31

[6] 余敬，张京，武剑，王小琴. 重要矿产资源可持续供给评价与战略研究[M]. 经济日报出版社，2015，（03）

[7] 赵力. 语音信号处理[M]. 北京：机械工业出版社，2009.06

[8] [美]Stuart J. Russell，等，殷建平，等译. 人工智能（第三版）[M]. 北京：清华大学出版社，2017.1

[9] 小甲鱼. 零基础入门学习Python[M]. 北京：清华大学出版社，2016.11

[10] 张良均，杨海宏，何子健，杨征等. Python与数据挖掘[M]. 北京：机械工业出版社，2016.11

[11] [印]Gopi Subramanian著，方延风，刘丹译. Python数据科学指南[M]. 北京：人民邮电出版社，2016.12

[12] [印]Ivan Idris著，冯博，严嘉阳译. Python数据分析实战[M]. 北京：机械工业出版社，2017.8

[13] 周志华. 机器学习[M]. 北京：清华大学出版社，2016.1

[14] [美]PeterHarrington著，李锐，李鹏等译. 机器学习实战[M]. 北京：人民邮电出版社，2013.6

[15] 赵志勇. Python机器学习算法[M]. 北京：电子工业出版社，2017.7

[16] 范淼，李超. Python机器学习及实践——从零开始通往Kaggle竞赛之路[M]. 北京：清华大学出版社，2016.10

[17] 喻宗泉，喻晗. 神经网络控制[M]. 西安：西安电子科技大学出版社，2009

[18] 曾喆昭. 神经计算原理及其应用技术[M]. 北京：科学出版社，2012

[19] 刘冰，国海霞. MATLAB神经网络超级学习手册[M]. 北京：人民邮电出版社，2014

[20] 韩力群. 人工神经网络教程[M]. 北京：北京邮电大学出版社，2006.12

[21] 张立毅，等. 神经网络盲均衡理论、算法与应用[M]. 北京:清华大学出版社,2013.12

[22] 孙增圻，邓志东，张再兴. 智能控制理论与技术（第二版）[M]. 北京：清华大学出版社，2011

[23] 闻新，张兴旺，朱亚萍，李新. 智能故障诊断技术：MATLAB应用[M]. 北京：北京航空航天大学出版社，2015.09

[24] 吴建华. 水利工程综合自动化系统的理论与实践[M]. 北京：中国水利水电出版社，2006.5

[25] 张宏建，孙志强，等. 现代检测技术[M]：北京：化学工业出版社，2007.9

[26] 施彦，韩力群，廉小亲. 神经网络设计方法与实例分析[M]. 北京：北京邮电大学出版社，2009

[27] 李嘉璇. TensorFlow 技术解析与实战[M]. 北京：人民邮电出版社，2017.6

[28] 郑泽宇，顾思宇. TensorFlow 实战 Google 深度学习框架[M]. 北京：电子工业出版社，2017.3

[29] [美]Sam Abrahams，等. 面向机器智能的 TensorFlow 实践[M]. 北京：机械工业出版社，2017.4

[30] 林大贵. 大数据巨量分析与机器学习[M]. 北京：清华大学出版社，2017.1

[31] [美]BrianWard 著，江南，等译. 精通 Linux[M]. 北京：人民邮电出版社，2015.7

[32] [美]Clinton W. Brownley 著，陈光欣译. Python 数据分析基础[M]. 北京：人民邮电出版社出版，2017.8

[33] 罗攀，蒋仟著. 从零开始学 Python 网络爬虫[M]. 北京：机械工业出版社，2017.10

[34] Scikit-learn: Machine Learning in Python, Pedregosaet al., JMLR 12, pp. 2825-2830, 2011.

[35] [印]Ujjwal Karn, An Intuitive Explanation of Convolutional Neural Networks, The Data Science Blog, August 11, 2016

[36] 张德丰，等. MATLAB 神经网络应用设计[M]. 北京：机械工业出版社，2009.1

[37] 雷锋网（www.leiphone.com）

[38] 品途商业评论网（www.pintu360.com）

[39] CSDN 博客（blog.csdn.net）

[40] 菜鸟教程（www.runoob.com）

[41] 廖雪峰的官方网站（www.liaoxuefeng.com）

[42] 博客园（www.cnblogs.com）

[43] yann.lecun.com

[44] ImageNet（www.image-net.org）

[45] MBAlib（wiki.mbalib.com）

[46] GitHub（www.github.com）

[47] TensorFlow（www.tensorflow.org）

[48] 牛人微信（weixin.niurenqushi.com）

[49] 阿里云云栖社区（yq.aliyun.com）

[50] 搜狐网（www.sohu.com）

[51] Coursera（www.coursera.org）

[52] Udacity（cn.udacity.com）

[53] edX（www.edx.org）

[54] 网易公开课（open.163.com）

[55] 学堂在线（www.xuetangx.com）

[56] 百度百科（baike.baidu.com）